U0163083

前沿电子信息专业教材系列

无线通信
新技术与实践

钱良 刘静 杨峰 丁良辉 编著

上海交通大学出版社
SHANGHAI JIAO TONG UNIVERSITY PRESS

内容提要

全书分基础篇、系统篇和拓展篇三部分共 15 章。基础篇主要阐述了蜂窝通信系统的最新标准化结果、发展趋势及重要的组织工作内容,以及未来无线蜂窝通信领域中新技术的发展趋势;系统篇介绍了物联网在传统无线领域中接入能力、系统架构方面的未来发展方向,更创新性地纳入了数据库、平台架构等方面的概念,还介绍了数据挖掘的基本概念及人工智能算法的基础框架,为未来通信智能化提供了前瞻性的内容;拓展篇从无线通信的未来应用出发,从通信受限、计算受限及未来交叉领域,向读者介绍了无线通信的发展潜能。本书与传统教材最大的不同点是让学生围绕实践环节学习和完成不同的尝试。

本书为上海交通大学电子信息学科本科生教材,也可作为高等院校相关专业的教材及相关行业的培训参考资料。

图书在版编目(CIP)数据

无线通信新技术与实践/ 钱良等编著. —上海:
上海交通大学出版社,2021(2023重印)
ISBN 978 - 7 - 313 - 24254 - 9

Ⅰ.①无… Ⅱ.①钱… Ⅲ.①无线电通信 Ⅳ.
①TN92

中国版本图书馆 CIP 数据核字(2020)第 241005 号

无线通信新技术与实践

WUXIAN TONGXIN XINJISHU YU SHIJIAN

编　　著:钱　良　等
出版发行:上海交通大学出版社　　　　　　　地　　址:上海市番禺路 951 号
邮政编码:200030　　　　　　　　　　　　　电　　话:021 - 64071208
印　　制:上海万卷印刷股份有限公司　　　　经　　销:全国新华书店
开　　本:787 mm×1092 mm　1/16　　　　　印　　张:26.5
字　　数:612 千字
版　　次:2021 年 2 月第 1 版　　　　　　　印　　次:2023 年 7 月第 2 次印刷
书　　号:ISBN 978 - 7 - 313 - 24254 - 9
定　　价:79.00 元

前　言

　　无线通信是属于通信与信息系统学科下的专业技术。由于无线通信应用能够摆脱各类线缆的束缚，给人类带来方便的操作与交互，所以近30年来，以蜂窝通信产业为典型应用的无线通信技术得到了长足的发展，从专业调度等应用领域快速占据了人们的日常生活。而随着4G蜂窝宽带通信技术的发展，还引发了移动互联网等影响更为深远、规模更大的通信产业升级，形成了通信与信息系统的融合。

　　本书由基础篇、系统篇、扩展篇三个部分共15章组成，分别介绍蜂窝无线通信技术、蜂窝通信以外的其他各类无线通信技术以及无线通信技术与其他领域的交叉融合技术。介绍各类无线通信领域的新技术。本书按照高等院校本科生教学改革的相关要求，在介绍新技术概念的同时，注重介绍技术发展的历史脉络与发展方向，帮助读者全面系统地建立并正确理解相关技术框架，并通过每个部分的实践环节，引导读者具备正确的动手能力。

　　在基础篇中，本书从无线蜂窝通信领域最近几年新技术状态开始，介绍无线通信接入部分的发展历史及演进目标，以及无线交换网络的相关组织工作，从而使得读者对无线蜂窝系统为代表的无线通信领域有全面的认知。在现有技术介绍的基础上，本书围绕未来无线通信的发展方向，分别从频域、空域等受到香农极限约束的通信维度，介绍相应关键技术的发展现状及未来发展方向。还介绍了计算、存储等维度与通信维度之间的效能互换过程，初步揭示了广义通信过程的工作方式与特点。在基础篇的最后，笔者从实践环节，介绍了物理层信号收发的实践操作平台，读者可以根据自己的水平及兴趣，有选择地对其中的若干实验细节进行技术验证，也可以在此基础上，进一步验证各类空域信号处理以及广义通信过程的关键技术，有助于读者更为全面地了解各类无线通信新技术的发展特点。

　　在系统篇中，本书介绍无线蜂窝通信系统以外其他各类与人们生活应用息息相关的无线通信系统。从技术发展历史来看，最早的无线通信系统用于广播，播发内容包括各类音频及视频业务。尽管现在在城市区域或者发达地区，有线通信系统占据了大部分业务范围，但无线通信依旧在有声有色的发展过程中。本书介绍了广播媒体网络的发展现状，并从技术角度展望了未来广播通信系统的技术特征。无线局域网络，是最近获得飞速发展的无线通信系统。由于其技术发展速度快、应用场合多、已经快速切入人们的日常生活，成为现代化社会的标志性基础设施。本书从无线局域网的发展历史切入，介绍了近距离无线局域网与可穿戴设备、移动无线网络(指支持高速(大于 120 km/h))，以及车联网等未来无线局域网络的关键应用。物联网网络是未来无线通信发展的最为重要的发展方向。之所以物联网网络会在无线通信新技术领域引起重视，是因为物联网能够进一步给人们的日常生活带来翻天覆地的变化，每一件人类活动的对象都可以主动、智能、全面地计入人类的活动范围，为人类活动提供各类技术及应用支持。本书从物联网的发展路线介绍入手，从数据汇聚与数据处理角度，对典型的应用过程进行阐述，并重点围绕典型的物联网编程实验，引导读者对其中的编程过程进行实践。

在拓展篇中，本书重点介绍无线通信与各类其他领域的结合。首先是以无中心网络架构为特点的未来无线通信组网架构。尽管在民用无线通信中，无中心网络架构尚未发挥重要作用，但在以战术通信为代表的典型应用场景中，无中心网络架构将提供异常灵活的网络支撑与应用模式。本书将从目前无中心网络的技术协议标准化、MAC 层协议、路由协议、网络质量评估等方面进行新技术领域的成果介绍。随着移动互联网产业的迅猛发展，数据通信与无线网络有了非常紧密的技术耦合。其次，本书在介绍分布式数据网络的基础上，重点讲述各类分布式数据处理的方法，包括可能会在未来无线数据网络中迅速发展的实时数据通信架构，以及移动端容器的基本概念，并针对不同的实践要求进行移动互联网与面向行业应用的介绍，吸引读者进行相关的技术实践活动。在拓展篇中，还通过对信息与金融两个领域的交叉融合技术介绍，向读者展示了信息技术在金融领域的各种行业应用模式，重点介绍了区块链等典型的信息金融交叉成果，以及移动互联网的各类拓展应用。

以移动互联网、移动物联网为典型应用的无线通信技术，是当前发展最为迅猛的通信技术。因此，单纯从著书授课的角度，很难跟上日新月异的技术发展变化，也不利于读者通过本书所介绍的实践环节，快速接触最新的技术发展。因此，本书在结构设计上，在基础篇、系统篇、扩展篇三部分以文字形式呈现的同时，也整理了相关实践操作的 Website，通过每月持续的实践环节更新迭代，实现课程内容的在线更新。本书编写组相关人员，也会在本书出版后继续保持上述的更新迭代速度，使得本书成为一个在线学习和实践操作的技术对接平台。

目 录

第一篇 基 础 篇

第二篇 系 统 篇

第三篇　拓　展　篇

第 一 篇

基 础 篇

基础篇是本著作所描述新技术领域的技术基础汇总。任何面向未来应用场景的新技术及其实践过程,其技术本质均可以视为数学理论与物理定律的不断挑战与突破。无线通信作为通信与信息系统最为重要的领域之一,已经形成了完备的知识体系。其中,参考香农(Shannon)理论体系,频域、空域、时域及信号幅度的信号处理,均可视为传统基础知识。而随着计算和存储等概念被纳入到广义通信范围,通信过程对信息的搬运过程,也逐渐扩展到对信息的深度处理、存储、加工、计算、挖掘等方法论,并由此引入了面向计算/存储的基础知识扩展。

基础篇首先从产业链最为广泛的蜂窝通信系统为介绍切入点,对无线蜂窝通信系统的标准化进程及发展趋势进行了介绍。无线通信经历了百花齐放的 2G 时代及技术高速发展的 3/4G 时代,需要面向全球视野,实现对各类技术在标准化、规范化方面的协同统一。国际电联由此推动 3GPP(3RD Generation Partner Project)对上述关键技术进行承载支持。通过对本章内容的了解,读者可以对 3GPP 的标准化方法、发展历史及演进目标、截止到本书编撰时间点为止的主要无线标准化技术进行统一了解。在蜂窝网络的核心交换层面,本章也重点对接入网、核心网的若干技术进行了重点介绍,而读者可以在拓展篇中,全面了解无中心网络架构所对应的无线局域网、无中心网络等内容。在本章中,参考经典香农理论范围,重点针对频域和空域的无线通信新技术进行了介绍与讲解,对于高/超高频段、可见光等频域处理手段,以及多天线所代表的空域处理手段等,进行了涵盖关键技术、数学理论与模型、关键算法等方面的内容介绍。与介绍传统无线通信新技术不同,本书将计算与存储等维度的处理方法,视为广义通信的定义覆盖范围,并由此介绍了以内容为中心的计算与存储常见处理架构,重点对于存储维度下通信架构、通信编码等方面的增益进行了详细的理论推导与分析,向读者介绍了新条件下,如何有效拓展经典香农理论的容限范围,并阐述相应系统增益获取的基本原理。

在本环节的实践部分,读者能够基于通用的物理层收发编程平台,从物理层的各类算法角度对传统通信及多天线系统的通信收发过程,进行兼顾可视化方面的实践操练,可以对无线通信物理层的新型信号处理技术有一定的了解。

第1章 无线蜂窝通信系统的标准化进程及发展趋势

无线蜂窝通信历经多年发展,其技术演进已经进入一个非常规范化的过程。世界范围内,几乎所有的电信领域的技术活动,都被直接或者间接纳入第三代合作伙伴计划(英语:3rd Generation Partnership Project,即 3GPP)的管理范畴。

第三代合作伙伴计划是一个成立于 1998 年 12 月的标准化机构。目前其成员包括欧洲的 ETSI、日本的 ARIB 和 TTC、中国的 CCSA、韩国的 TTA、北美洲的 ATIS 和印度的电信标准开发协会。3GPP 的目标是在 ITU 的 IMT－2000 计划范围内制定和实现全球性的(第三代)移动电话系统规范。它致力于 GSM 到 UMTS(W－CDMA)的演化,虽然 GSM 到 W－CDMA 空中界面差别很大,但是其核心网采用了 GPRS 的框架,因此仍然保持一定的延续性。3GPP 和 3GPP2 两者实际上存在一定竞争关系,3GPP2 致力于以 IS－95(在北美和韩国应用广泛的 CDMA 标准,中国电信 CDMA 与之兼容)向 IS－2000 过渡,和高通公司关系更加紧密。

下面介绍 3GPP 组织的架构和主要成员。3GPP 的组织成员:3GPP 的会员主要包括 3 类(见图 1.1)

(1) 组织伙伴(OP,Organizational Partner)包括:欧洲的 ETSI(European Telecommunications Standards Institute,欧洲电信标准化协会)、日本的 ARIB(Association of Radio Industries and Business,

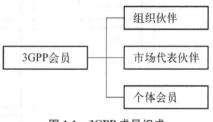

图 1.1 3GPP 成员组成

无线行业企业协会)和 TTC(Telecommunications Technology Committee,电信技术委员会)、中国的 CCSA(China Communications Standards Association,中国通信标准化协会)、韩国的 TTA(Telecommunications Technology Association,电信技术协会)、北美的 ATIS(The Alliance for Telecommunications Industry Solution,世界无线通信解决方案联盟)、印度的 TSDSI(Telecommunications Standards Development Society,India,电信标准开发协会)。

组织伙伴里面这六个国家(地区)的七个组织,我们通常也叫作 SDO(Standards Development Organization,标准开发组织)。SDO 共同决定 3GPP 的整体政策和策略。3GPP 受 SDO 委托制定通用的技术规范,而各个 SDO 成员可能会制定国家和地区性的标准,在此过程中需要参考 3GPP 相关标准规范。

(2) 市场代表伙伴(MRP,Market Representation Partners)包括:被邀请参与 3GPP 以提供建议,并对 3GPP 中的一些新项目提出市场需求(如业务和功能需求等)的合作伙伴。

包括：3G Americas/Femto 论坛/FMCA/Global UMTS TDD Alliance/GSA/GSM Association/ IMS Forum/InfoCommunication Union/IPV6 论坛/MobileIGNITE/TDIA/TD‐SCDMA 论坛/UMTS 论坛等 13 个组织。

（3）个体会员也称独立会员(individual members,IM)：注册加入 3GPP 的独立成员，拥有和组织伙伴成员相同的参与权利。各个希望参与 3GPP 标准制定工作的实体(包括设备商和运营商)均需首先注册为任一 SDO 中的成员，从而成为 3GPP 的 individual number，才具有相应的 3GPP 决定权以及投票权。

全球各知名设备商、运营商均具有 3GPP 的个体会员席位，共同参与标准规范讨论制定。例如：运营商：VDF，Orange，NTT，AT&T，Verizon，CMCC 等。设备商：Ericsson，NSN&Nokia，Huawei，ZTE 等。

下面介绍 3GPP 的组织架构，如图 1.2 所示。

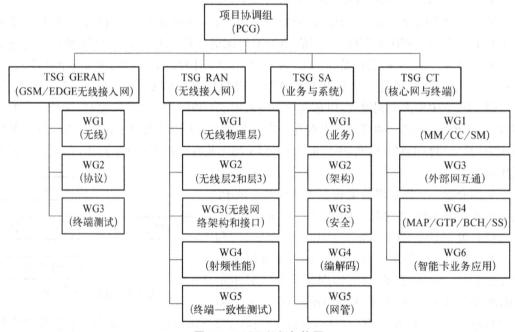

图 1.2　3GPP 组织架构图

从图 1.2 中可以看出，3GPP 组织包括：项目合作组(project cooperation group，PCG)、技术规范组(technology standards group，TSG)。其中 PCG 主要负责 3GPP 总的管理、时间计划、工作分配、事务协调等。TSG 主要负责技术方面的工作。每一个 TSG 下面又分为多个工作组(work group，WG)。TSG 可以根据工作需要，新建工作组。WG 负责承担具体的任务。

1.1　3GPP 的标准化方法

标准化是指导各类企业生产产品，使之符合行业统一规范的过程。通过标准化过程，不同的生产企业的产品不仅可以做到统一品质,更为重要的是可以形成互换、互联、互通的技术状态。这一点在电信领域尤其重要。

3GPP 的输出之一就是各类的标准化成果。3GPP 的标准是由诸多"Release"构成的,因此 3GPP 的讨论频繁地涉及各个 Release 的功能。但实际上,3GPP 工作组并不直接制定标准,而是提供技术规范(TS)和技术报告(TR),并由 TSG 批准。一旦 TSG 批准了,就会提交到组织的成员,在进行各自的标准化处理流程。3GPP 制定的标准规范以 Release 作为版本进行管理(大家通常听说的 R99,R4,R5,这个 R 就是这里 Release 的 R),平均一到两年就会完成一个版本的制定。从建立之初的 R99,之后到 R4,目前已经发展到 R14。3GPP 对工作的管理和开展以项目的形式,最常见的形式是 Study Item 和 Work Item。3GPP 对标准文本采用分系列的方式进行管理,如常见的 WCDMA 和 TD-SCDMA 接入网部分标准在 25 系列中,核心网部分标准在 22、23 和 24 等系列中,LTE 标准在 36 系列中,等等。

关于系列和内容的对应关系:

00-13 系列:GSM only(before Rel-4);

21-36 系列:3G/GSM R99 and later;

41-55 系列:GSM only (Rel-4 and later)。

如今 IMS/HSDPA/HSUPA/LTE/SAE/MBMS 等比较热门的概念,都是参考 21-36 系列的标准。

3GPP 规范命名规则需要了解系列号的含义,也在很大程度上就掌握了 3GPP 规范的命名含义。系列号的前 1 个数字体现了规范所属的系统,后 1 个数字体现了规范的类别(与前 1 个数字结合)。3GPP 负责两个系统的规范:"3G 系统"和"GSM 系统"。所谓"3G 系统"和"GSM 系统"主要根据无线接入部分的不同来区分的。具体而言,"3G 系统"是指的是使用 UTRAN 无线接入网的系统;"GSM 系统"指的是使用 GERAN 无线接入网的 3GPP 系统。如果根据从分配的系列号来看,还可以更为细致的划分为 3 个系统:"3G 系统""GSM 系统"和"早期 GSM 系统"。这三个系列之间有着紧密的关联。简单来说,"早期 GSM 系统"代表的是过去,是后两者的前身,其本身已不再发展了。"3G 系统"和"GSM 系统"都是在"早期 GSM 系统"的基础上继承而来的。后二者是并行发展的,它们的区别主要在于无线接入部分。某种程度上"3G 系统"的无线接入部分相对于"早期 GSM 系统"可以认为是一场革命,而"GSM 系统"的无线接入部分则是对"早期 GSM 系统"的改良;对于核心网部分二者基本上是雷同的。

从系列号的命名上,可以很容易区分出这三个系统的规范。一般来说,系列号 01~13 用于命名"早期 GSM 系统";系列号 21~35 用于"3G 系统";系列号 41~55 用于命名"GSM 系统"。然而,由于"3G 系统"和"GSM 系统"许多内容(特别是在核心网方面)都是相同的,所以很多规范都是同时适用于"3G 系统"和"GSM 系统",这样的规范通常也使用系统号 21~35 来命名,但是文档号的第 1 位必须为"0"指示该规范可适用于两个系统。例如,29.002 可以同时适用于"3G 系统"和"GSM 系统",而 25.101 和 25.201 只适用于"3G 系统"。

无论"3G 系统""GSM 系统"还是"早期 GSM 系统"它们的文档的类别的划分都是基本一致的,都可以划分为:① 需求;② 业务方面;③ 技术实现;④ 信令协议(用户设备-网络);

⑤ 无线方面；⑥ 媒体编码 CODECs；⑦ 数据 Data；⑧ 信令协议（无线系统-核心网）；⑨ 信令协议（核心网内）；⑩ Programme management；⑪ 用户标识模块（SIM/USIM）；⑫ 操作和维护 O&M 等方面。规范的所属的类别也同样会体现在其系列号上。例如，09，29，49 系列的规范是关于核心网信令协议方面的。关于规范的系列号与所属系统及其内容所属类别的关系具体见表 1.1。

表 1.1 规范的详细内容

规 范 内 容	早期 GSM 系统 (Ph1，Ph2，R96， R97 R98，R99)	GSM 系统 (R4，R5，R6， R7，…)	3G(含 GSM)系统 (R99，R4，R5， R6，R7，…)
00 一般信息	00 系列		
01 需求	01 系列	41 系列	21 系列
02 业务方面（"stage2"）	02 系列	42 系列	22 系列
03 技术实现（"stage 2"）	03 系列	43 系列	23 系列
04 信令协议（"stage 3"）	04 系列	44 系列	24 系列
05 无线方面	05 系列	45 系列	25 系列
06 媒体编码 CODECS	06 系列	46 系列	26 系列
07 数据 Data	07 系列		27 系列
08 信令协议（"stage 3"）（无线系统-核心网）	08 系列	48 系列	28 系列
09 信令协议（"stage 3"）（核心网内）	09 系列	49 系列	29 系列
10 Programme management	10 系列	50 系列	30 系列
11 用户标识模块（SIM / USIM）	11 系列	51 系列	31 系列
12 操作和维护 O&M	12 系列	52 系列	32 系列
13 接入需求与测试规范	13 系列(1)	13 系列(1)	
14 安全方面	—2	—2	33 系列
11 用户识别模块与测试规范	11 系列	—2	34 系列
15 安全算法	—4	55 系列	35 系列

就 3G 系统而言，需要关注的主要是 22 系列、23 系列、24 系列、29 系列的规范（对 GSM 系统中的情况也是类似的，这里不再赘述）。其中 22 系列主要是对业务的定义与描述，即业务规范的内容；23 系列包含了用于实现业务的系统的构成、体系架构等内容；24 系列和 29 系列主要包含了用来实现业务的系统间的接口的详细描述，即所谓协议规程。这两个系列的规范本身通常并不一定直接给出内容，而是会经常直接引用 ITU - T 和 IETF 的相关规范。关于 GSM 核心网及 CAMEL 的体系架构的规范，主要分布在 23 系列里；关于 MAP、CAP 协议的规范，分布在 29 系列里（因为这些协议是关于核心网内部接口的）。关于 IMS 体系架构方面的规范，主要分布在 23 系列里；关于呼叫与会话建立协议（基于 SIP/SDP）方

面的规范,主要分布在 24 系列里(因为这些协议是关于终端与网络之间接口的);关于用户定位、鉴权及业务数据管理的协议(基于 Diameter),主要分布在 29 系列里(因为这些协议是关于核心网内部接口的)。与 OCS 相关的规范主要分布在 32 系列里。

3G 规范编号中系列号之后为文档号(例如:3GPP TS 29.329 V6.3.0)。与系列号不同,文档号本身并无一般意义上明确含义,但是就具体的规范而言,也能归纳出一些的规律。首先,在不同的系统中,关于同样的主题内容的规范(如果存在的话)会使用同样的文档号。例如,3GPP TS 09.78 和 3GPP TS 29.078 都是关于 CAP 的规范,前者应用于"早期 GSM 系统"中,后者同时应用于"3G 系统"及"GSM 系统"中。此外,在同一系统的不同系列中,关于内容比较相关的规范通常也会使用相同或相近的文档号。比如,3GPP TS 23.078 是关于 CAMEL 系统体系架构,3GPP TS 29.078 是关于 CAMEL 的接口协议的,二者使用了相同的文档号。再比如,3GPP TS 23.228 是关于 IMS 系统体系架构的,3GPP TS 24.228 是关于 IMS 呼叫信令流程,二者也使用了相同的文档号。

版本号(version)。版本由三个域组成,从左到右分别为 major 域、technical 域、editorial 域,之间通过下角圆点号"."分隔。每个域的取值都是一个从 0 开始的数字。比如某个规范的版本显示为 version 4.7.1;表示其 major 域值为 4、technical 域值为 7、editorial 值为 1。

(1) major 域反映了规范的阶段:

0=不成熟的草案;

1=草案,至少完成了 50%,并且已经或很快向相关的 TSG 展示;

2=草案,至少完成了 80%,并且已经或很快向相关的 TSG 提交请求核准;

3 或更大=规范,已经由相关 TSG 核准,并处于修改控制中;反映了规范所应用的 Release。

因此,一个 Release 7 的规范在经过 TSG 核准后能会从 version 2.0.0 直接变成 version 7.0.0,这是正常的。

(2) technical 域反映了规范所进行的技术层面上的改动次数。每当规范做一次技术修改,technical 域就会递增。

(3) editorial 域反映了非技术层面上的改动,比如一些排版上的变化,等等。

另外,与版本有关的,3GPP 还使用了另一个术语:Release。为了满足新的市场需求,3GPP 规范需要不断地增强,添加新的特征。与此同时,也需要给开发者提供一个相对稳定的实现基准。3GPP 使用了一个并行的"Releases"体系。version 通常是关于一个文档的。Release 是关于规范整体的。一个 Release 中的每一个规范的 version 的值应该与 Release 的值有明显的关联,这样根据一个规范文档的 version 值就可以很容易知道该文档属于那个 Release(见表 1.2)。

在"早期 GSM 系统"以及 R99 的"3G 系统"中,Release 和 version 的值并无直接对应的关系。这在一定程度上给人们查阅规范带来了不便。从 Rel‐4 开始,3GPP 规范的 Release 和 version 有了直接的对应关系。一个规范文档的 version 的 major 域的值将会指示出该规范所适用的 Release,这样达到了 Release 和 version 在某种程度的一致性,方便了读者查询规范。

表 1.2　Release 与 version 对照表

时　间	早期 GSM 系统 （01～13 系列）		3G 系统 （21～35 系列）		GSM 系统 （41～55 系列）	
	Release	version	Release	version	Release	version
1990	Ph1	3.x.x				
1994	Ph2	4.x.x				
1997	R96	5.x.x				
1998	R97	6.x.x				
1999	R98	7.x.x				
1999	R99	8.x.x			R99	3.x.x
2001			Rel－4	4.x.x	Rel－4	4.x.x
2002			Rel－5	5.x.x	Rel－5	5.x.x
2004			Rel－6	6.x.x	Rel－6	6.x.x
2007			Rel－7	7.x.x	Rel－7	7.x.x
			Rel－8	8.x.x	Rel－8	8.x.x

1.2　3GPP 的发展历史与演进目标

　　如上节介绍的 3GPP 组织,工作范围是为第三代移动通信系统(主要是 UMTS)制定全球适用技术规范和技术报告,实现由 2G 网络到 3G 网络的平滑过渡,保证未来技术的后向兼容性,支持轻松建网及系统间的漫游和兼容性。随后工作范围得到了改进,增加了对无线网络技术长期演进系统的研究和标准制定。

　　3GPP 制定的标准规范以 Release 作为版本进行管理,平均一到两年就会完成一个版本的制定,从建立之初的 R99(一开始采用年代计序,后来不再采用这种方式),之后到 R4,目前已经发展到 R14。每个 R,都代表了一个阶段,代表了这个阶段的新技术和新概念。

　　R99 版本的主要特点是接入网采用 WCDMA 技术,核心网方面基于 GSM,即保留 GSM 电路交换部分,增加了分组域部分,用于支持基于分组交换的数据业务。在系统能力方面,目前除了支持 GSM/GPRS 提供的所有业务以外,还支持上下行速率为 384Kbps 的数据业务。在业务方面,智能网规范提出了支持能力级 CS2 的 CAMEL3,并提出了 OSA 的初步架构。这种组网方式适合于传统的 GSM/GPRS 运营商,因为运营商可以沿用原有核心网设备,增加无线接入网即可实现 3G 业务,这样就保护了运营商的已有投资。

　　R4 版本与 R99 版本比较,在无线接入网方面没有网络结构的变化,只是在无线技术方面提出了一些改进,来提高系统性能。例如增加了 Node B 的同步选项,有利于降低与 TDD 的干扰和网管的实施;规定了直放站的使用,扩大特定区域的覆盖范围;增加了无线接入承载的 QoS 协商,使得无线资源管理效率更高。在核心网方面,最大的变化在电路域,引入了软交换的概念,将控制和承载分开,原来的 MSC 变为 MSC Server 和媒体网关 MGW,话音通过 MGW 由分组域来传送。相应的在七号信令的承载方面也提出了新的方案,即基于 ATM 和 IP 的方案。所以在 R4 网络中,不仅话音和数据可以通过统一的分组网络(ATM 或 IP 网络)来传送,基于七号信令的移动应用协议 MAP 和 CAP 也可以通过分组网络来传送,为核心网向全 IP 的演进迈出了重要一步。

R5 版本是全 IP(或全分组化)的第一个版本,在无线接入网方面的改进包括以下方面,提出了高速下行分组接入 HSDPA 技术,使得下行速率可以达到 8～10 Mbps,大大提高了空中接口的效率;Iu、Iur、Iub 接口增加了基于 IP 的可选传输方式,使得无线接入网实现了 IP 化;在核心网方面,最大的变化是在 R4 的基础上增加了 IP 多媒体子系统(即 IMS 系统),它和分组域一起实现实时和非实时的多媒体业务,并可以实现与电路域的互操作。实际上,这时没有电路域也可以实现话音呼叫,在 R5 中仍然保留电路域并实现与 IMS 的互操作主要是保护运营商的 R99 的网络投资,这一点正如前面所述。但是如果技术成熟的话,对于新运营商而言,完全不需要建设电路域来实现话音业务,IMS 和分组域都可以代劳了。

R6 版本在网络架构方面并没有太大的变化,主要是增加了一些新的功能特性,并对已有的功能特性进行了增强。在 R6 版本中,UMTS 移动网为 PTT(一键通)业务提供承载能力,PTT 业务应用层规范 OMA(开放移动联盟)制定;用户经过 WLAN 接入时可与 UMTS 用户一样使用移动网业务,有多个互通层面,包括统一鉴权、计费、利用移动网提供的 PS 和 IMS 业务、不同接入方式切换时业务不中断;多个移动运营商共享接入网,且有各自独立的核心网或业务网。

R7 版本继续对 IMS 技术进行了增强,提出了语音连续性,CS 域与 IMS 与 IMS 域业务融合,在安全性方面引入了 Early IMS 技术,以解决 2G 卡接入 IMS 网络的问题。提出了策略控制和计费的新架构,但 R7 版本的 PCC 是一个不可商用的版本。在业务方面,R7 对组播业务,IMS 多媒体电话,紧急呼叫等业务进行了严格的定义,使整个系统的业务能力进一步提高。

R8 版本是 3GPP 组织制定的 UMTS 技术标准的长期演进技术 LTE 的第一个版本。迫于 WiMAX 等移动通信技术的竞争压力,为继续保证 3GPP 系统在未来 10 年内的竞争优势,3GPP 标准组织在 R8 阶段正式启动了 LTE 和系统架构演进(SAE)两个重要项目的标准制定。R8 阶段重点针对 LTE/SAE 网络的系统架构,无线传输关键技术,接口协议和功能,基本消息流程,系统安全等方面均进行了细致的研究和标准化。在无线接入网方面,将系统的峰值数据速率提高至下行 100 Mbit/s;在核心网方面,引入了全新的纯分组域核心网系统架构,并支持多种非 3GPP 接入网技术接入该统一的核心网。另外,R8 还对 IMS 技术进行增强,提出了 Common IMS 课题,及重点解决 3GPP 与 3GPP2,TISPAN 等几个标准化组织之间的 IMS 技术的融合和统一。

R9 版本是 LTE 的增强版,只是对 R8 做了一些补充,以及基于 R8 做了一些小小的改进。主要包括 PWS(公共预警系统):在自然灾害或者其他危急情况下,公众应该能及时收到准确的警报。引入了 Femto Cell,用于办公室或者家中,并通过固话宽带连接至运营商网络。此外,R9 还引入了多层波束赋形,在 eNB 估算位置,直接将波束指向 UE,波束赋型可以提升小区边缘吞吐率,R8 只支持单层波束赋形,R9 将之扩展至多层波束赋形。R9 定义了三种 LTE 定位方法,即 A-GPS(辅助 GPS),OTDOA(到达时间差定位法)和 E-CID(增强型小区 ID)。R8 完成了物理层对多媒体广播多播业务(MBMS)的定义,R9 完成了更高层的定义,与传统网络不同,LTE 从数据速率和容量的角度出发,使运营商可以通过 LTE 网络提供广播服务。

R10 属于 LTE-A 标准。由于国际电信联盟(ITU)提出了 R8 无法实现的更高速率要求,为此,R10 对很多重要的功能加以提升。具体内容包括:增强型上行链路多址,R10 引入了分簇单载波频分多址。R8 的 SC-FDMA 只允许频谱连续块,而 R10 允许频率选择性调度。MIMO 增强:LTE-A 允许下行高达 8×8MIMO,在用户侧,它允许上行 4×4MIMO。中继节点:在弱覆盖环境下,中继节点或者低功率基站扩展了主基站的覆盖范围。增强型小区间干扰协调,主要应付异构网络下的干扰问题。载波聚合,对运营商来说,载波聚合是最低成本的办法利用他们手上的碎片频谱资源来提升终端用户速率。通过合并 5 个 20 MHz 载波,LTE-A 支持最高 100 MHz 载波聚合。同时 R10 支持异构网络,宏蜂窝小区和微小区结合而组成异构网络。

R11 是对 LTE-A 的增强,主要内容包括:增强型载波聚合,上行链路采用多时间提前量,支持非连续的带内载波聚合,以及支持 TDD LTE 载波聚合。协作多点传输:在地理位置上分离的多个传输点,协同参与为一个终端的数据传输或者联合接收一个终端的数据。基于网络的定位:这是一种上行定位技术,其原理是基于 eNB 测量的参考信号的时间差来实现。最小化路测:路测费是昂贵的,为了减少对路测的依赖,R11 提出了新的解决方案,它独立于 SON,基本上依赖于 UE 提供的信息。针对移动终端设备通常有多个射频通路,比如 LTE,3G,蓝牙,WLAN 等,为了减轻多路并存带来的干扰,R11 提出了基于 DRX 时域,频域和 UE 自主否认的解决方案。

R12 是更强的增强型 LTE-A,包括增强型 small cell,主要内容包括密集区域部署 small cell,宏小区和 small cell 之间的载波聚合;增强型载波聚合,R12 允许 TDD 和 FDD 之间载波聚合,还允许 3 载波聚合;机器对机器通信(MTC),为了应对机器对机器通信的爆发性增长,很可能会引起网络信令、容量不足的问题,制定了新的 UE 分类,作为对 MTC 的进一步优化;WiFi 和 LTE 融合;LTE 和 WiFi 之间融合,运营商可以更好地管理 WiFi。在 R12 中,提出了 LTE 和 WiFi 之间的流量转移和网络机制选择。LTE 未授权频谱是丰富的资源,可以增加运营商网络容量和性能。

R13 的目标是满足不断增长的流量需求,提出了增强型载波聚合,支持高达 32CC 载波聚合,而在 R10 中,仅支持 5CC。增强型 MTC 是更低的 UE 分类,能进一步减少物联网设备使用贷款、能耗、延长设备电池使用时间。

表 1.3 详细介绍了 3GPP 各个版本的发行时间以及具体内容。

表 1.3　协　议　版　本

版　　本	发 行 时 间	信　　　　　息
Phase 1	1992	GSM 特征
Phase 2	1995	GSM 特征,EFR 解码器
Release 96	1997 Q1	GSM 特征,14.4 kbit/s 用户速率
Release 97	1998 Q1	GSM 特征,GPRS
Release 98	1999 Q1	GSM 特征,AMR,EDGE,PCS1900 用 GPRS
Release 99	2000 Q1	指定了第一个 UMTS 3G 网络,集成了 CDMA 空中接口
Release 4	2001Q2	原称 Release 2000——新增 all-IP 核心网络
Release 5	2002 Q1	提出了 IMS 与 HSDPA
Release 6	2004 Q4	与无线局域网集成,并增加了 HSUPA、MBMS、对 IMS 的增强如一按通(PoC)、GAN
Release 7	2007 Q4	侧重于降低延迟,对服务质量与实时应用的改善如 VoIP,文献[6] 规范同时侧重于 HSPA+、SIM 卡高速协议与非接前段接口(允许运营商提供非接触式服务的近场通讯如移动支付)、EDGE Evolution
Release 8	2008 Q4	首次发行 LTE。All-IP 网络(SAE)。新增 OFDMA、FDE 与基于 MIMO 的无线接口,不向下兼容以前的 CDMA 接口 DC-HSDPA
Release 9	2009Q4	对 SAES 的增强、WiMAX 与 LTE/UMTS 的互操作性。含 MIMO 的 DC-HSDPA,DC-HSUPA
Release 10	2011 Q1	实现了 IMT Advanced 4G 要求的 LTE Advanced;向下兼容 Release 8(LTE);MC-HSDPA(四载波)
Release 11	2012 Q3	高级 IP 互连服务;国家运营商以及第三方应用提供商之间的服务层互连
Release 12	2015 Q1	加强小蜂窝(small cell)及载波聚合(CA,Carrier Aggregation)等
Release 13	2016 Q1	LTE-U(LTE in unlicensed spectrum)、LTE-A Pro(LTE Advanced Pro)等
Release 14	2017 年 6 月	内容待定
Release 15	2018 年 9 月	内容待定

　　目前,3GPP 正在制定第五代移动通信系统(5G)系列标准,并发布了对应的规范,也代表了 3GPP 未来的性能目标和功能要求。

　　1. 功能要求

　　(1) 5G 应支持固定,移动,无线和卫星接入技术。

　　(2) 5G 应是一个可扩展的、可定制的网络,可以根据需求为多类服务及垂直市场定制(例如:网络分层、网络功能虚拟化)。

（3）5G 应面向从低数据物联网业务及高比特率多媒体业务提供高的资源利用效率。

（4）能源效率和电池的功率优化。

（5）5G 应为第三方 ISP 以及 ICP 开放能力，比如可使得他们管理网片切片，并在移动通信运营商的业务托管环境中部署各种应用。

（6）5G 应能支持通过中继 UE（用户终端）把远端 UE 连接至 5G 网络，并应能保持直接连接和间接连接的连续性。

2. 性能要求

（1）数据速率：① 聚合数据速率或者区域容量，指的是通信系统能够同时支持的总的数据速率，相比上一代的第四代移动通信系统（4G），5G 的聚合数据速率提高至少 1 000 倍以上；② 边缘速率，指的是小区边缘用户速率，一般为小区用户数据速率的下限；对于该指标，5G 的目标是 100 Mbps 到 1 Gbps，相比于 4G，至少提升了 100 倍；③ 峰值速率，只是用户能够达到的最大速率，能够达到 10 Gbps。

（2）延时。目前 4G 系统的往返延时为 15 ms，其中 1 ms 用于基站给用户分配信道和接入方式产生的必要信令开销。虽然 4G 的 15 ms 相对于大多数服务而言，已经够用。但是随着无线通信的发展，兴起了一些需要更低延时的设备和应用，例如移动云计算和可穿戴设备的联网。

（3）能量开销。5G 通信系统要球通信所花费的能耗应该越来越低。上文提到 5G 的用户数据速率至少提升 100 倍，这就要球 5G 中传输每比特信息所花费的能耗至少降低 100 倍。

（4）设备接入。5G 网络拥有更强的服务能力，随着机机通信的发展，单一宏蜂窝应该能够支持超过 1 000 个低速率传输设备，同时还能继续支持普通的高传输速率设备。

5G 的意义当然不局限于网速更快，移动宽带体验更优，它的使命在于连接新行业，催生新服务，比如推进工业自动化，大规模物联网，智能家居，自动驾驶等。这些行业和服务队网络提出了更高的要求，要求网络更可靠，低时延，广覆盖，更安全，这些正是 3GPP 制定下一代移动通信系统标准的演进目标。

1.3 3GPP R10～R12 工作重点介绍

在本节中，将对 3GPP 中已经基本确认的 R10～R12 的工作重点进行具体展开介绍。

1.3.1 R10 的主要技术特征

1. 增强型上行链路多址（Enhanced Uplink Multiple Access）

R10 引入了分簇单载波频分多址（clustered SC‐FDMA）。R8 的 SC‐FDMA 只允许频谱连续块，而 R10 允许频率选择性调度。

2. 更宽的带宽（载波聚合）

（1）提升峰值速率和频谱灵活性。

（2）满足 ITU‐R 的带宽需求。

（3）基于成员载波（CC）的频谱/载波聚合以保持向后兼容性并允许平滑的网络迁移。

3. 增强 MIMO 技术

（1）提升峰值速率和小区/小区边缘的频谱效率。

（2）满足 ITU‐R 的下行小区频谱效率要求。

（3）下行最多 8×8，上行最多 4×4 单用户 MIMO。

（4）具有提升的信道状态信息反馈的多用户 MIMO。

如图 1.3 所示，要达到 LTE‐A 提出的目标数据传输速率，需要通过增加天线数量以提高峰值频谱效率，即多天线技术，包括波束赋形和空间复用等。多天线技术是一种有效地提高系统容量和频谱利用率的方法。目前这方面最直接的方法是在基站站点上增加天线，即采用高阶的 MIMO 技术。

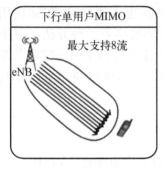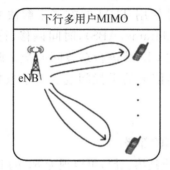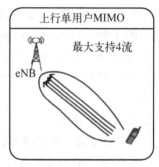

图 1.3　LTE‐A MIMO 技术示意图

为了进一步提高峰值频谱效率，LTE‐A 中的空间维度进一步扩展，并且对下行多用户 MIMO 进一步增强。具体来讲，基站侧将增加到 8 天线，终端侧增加到 8 个接收天线和 4 个发射天线，这样就可以做到下行 8×8、上行 4×8，从而进一步提高了下行传输的吞吐量和频谱效率。此外，LTE‐A 下行支持单用户 MIMO 和多用户 MIMO 的动态切换，通过增强型信道反馈和新的码本设计进一步增强了下行多用户 MIMO 的性能。

4. 增强的干扰协调（eICIC）

（1）提升小区边缘用户的吞吐量，覆盖率和部署灵活性。

（2）拥有不同的发射机功率级别的分层小区部署的干扰协调。

随着 LTE 网络的部署和发展，未来网络构成是由多制式、多种功率等级的基站构成的异构网络（heterageneous network，HetNet）。在异构网络中，各种功率的基站间必然会存在干扰问题，传统的 ICIC 技术是解决 LTE 系统中干扰的一种方法，通过如软频率复用、控制下行发射功率等方式可以缓解同频宏网络部署时小区间的干扰问题，但是它不能解决异构网络下的干扰问题。因此在 LTE‐A 中，提出增强的干扰协调技术（enhanced ICIC，eICIC），目的是解决异构网络场景下的各种复杂干扰问题。

图 1.4 是异构场景下的干扰场景分析。对于图 1.4（a）场景中，宏网络用户处于 CSG 小区的覆盖范围内，因为没有权限接入到 CSG 小区中而受到 HeNB 小区较强的下行干扰。图 1.4（b）场景中，因为使用偏置使距离宏网络更近的小区用户驻留在 Pico（Linux 操作系统下的一个文字编辑程序）小区中，这些用户会受到宏网络较强的下行干扰。

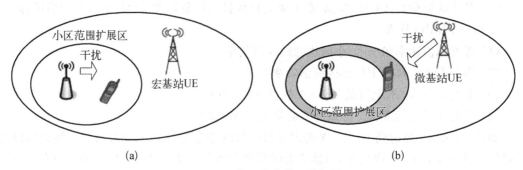

图 1.4 异构网络中的干扰场景

目前增强的干扰协调技术主要有基于非 CA 和基于 CA 的两种解决思路。对于基于非 CA 的 eICIC 技术,主要是使用 TDM 的方式来解决共信道干扰问题,包括使用几乎全空的子帧(almost blank subframe,ABS)、时间偏移、符号偏移等多种方法。对于基于 CA 的 eICIC 技术,可以利用 CIF 域进行载波间的交叉调度方式将不同的控制信息调度在不同的载波上以减小控制信道的干扰问题。对于数据信道,可以使用下行干扰协调机制。

5. 无线中继技术

(1) 提升覆盖率和经济实惠的部署。

(2) Type 1 的中继节点终止到第三层,可以视为 R8 的 LTE 终端里的 eNodeB。

为了获得 3GPP LTE - A 制定的高速无线宽带接入设计目标,LTE - A 技术引入了无线中继(Relay)技术。Relay 技术中,终端用户可以通过中间接入点中继接入网络来获得宽带服务。这种技术可以减小无线链路的空间损耗,增大信噪比,进而提高边缘用户信道容量。3GPP 从 R9 版本开始对 Relay 技术进行研究,在 R10 版本对其进行标准化、经过长期的讨论,3GPP 根据中继的策略对 Relay 进行了如下分类:

① Type 1 Relay:Type 1 Relay 可以独立控制某个小范围区域内的终端,具有独立的小区标识和无线资源管理机制。从终端侧来看,Type 1 Relay 就是一个常规的 eNodeB;

② Type 1a Relay:Type 1a Relay 具备 Type 1 Relay 的大部分特征,但其 Relay 与终端之间的接入链路和 eNodeB 与 Relay 之间的回程链路使用的频谱是不同的;

③ Type 1b Relay:Type 1b Relay 也具备 Type 1 Relay 的大部分特征,但其 Relay 与终端之间的接入链路和 eNodeB 与 Relay 之间的回程链路使用的是相同频谱。该类 Relay 通过接入链路和回程链路的物理隔离,来实现 Relay 同时工作在两条链路上而不发生相互干扰;

④ Type 2 Relay:Type 2 Relay 具有独立的物理层、MAC 层、RLC 层等功能,具有独立或部分 RRC 功能。由于 Type 2 Relay 没有自己独立的小区,也不具备独立的 PCI,其独立控制功能受控于 eNodeB,即 Type 2 Relay 仅发送 PDSCH,但不发送 CRS 和 PDCCH。

6. LTE 自优化网络(SON)增强

在 LTE 网络中,自组织网络(self organization network,SON)的引入主要是为了解决网络管理及维护工作,并同时有效支持异构多网络并存、提高网络服务质量,同时降低运营成本。根据优化算法的执行位置,SON 可以分为三类:集中式 SON、分布式 SON 和混合式 SON。

（1）集中式 SON（Centralised SON）。SON 算法在 OAM（Operation Administration and Maintenance）系统上执行，具体可以分为：

①　网络管理的集中式 SON（NM - Centralised SON）：SON 算法在 OAM 系统的综合网管层；

②　网元管理的集中式 SON（EM - Centralised SON）：SON 算法在 OAM 系统的设备网管层。

为了实现集中式 SON，需要对 S1 接口进行扩展。此时，所有的 SON 功能都位于 OAM 系统中，所以部署较为容易，但由于不同设备制造商 OAM 系统的差异，集中式 SON 不支持需要快速响应的应用场景。集中式 SON 架构如图 1.5 所示。

（2）分布式 SON（Distributed SON）。通常在无线接入网的网元上执行 SON 算法，或者在 eNB 上执行（对于 E - UTRAN），如图 1.6 所示。

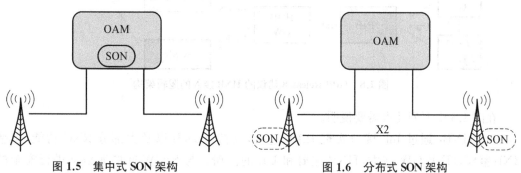

图 1.5　集中式 SON 架构　　　　　　图 1.6　分布式 SON 架构

为了实现在分布式 SON 中，所有位于 eNB 中的功能，需要对 X2 接口进行扩展。此时，部署工作量相对较大，需要大量 eNB 协作。但对于优化只涉及少量 eNB，且需要快速优化响应时，分布式 SON 的工作效率极佳。

（3）混合式 SON（Hybrid SON）。通常情况下，混合式 SON 算法可以在 OAM 系统的综合网管层、OAM 系统的设备网管层、无线接入网网元中的 2 个或 3 个中执行。如图 1.7 所示场景中，简单快速的优化机制在 eNB 中实现，复杂的优化机制在 OAM 中执行，所以混合式 SON 能灵活支持各类不同的优化情况。

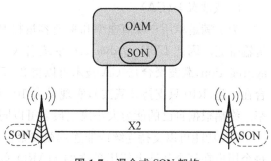

图 1.7　混合式 SON 架构

7. HNB 和 HeNB 结构

HNB 是指家庭节点 B（Home Node B），HeNB 是指家庭增强节点 B（Home evolved Node B），是 Femto Cell 的所属概念，其移动性增强管理是由 3GPP 37.803 相关规范进行约定。

HNB 或者 HeNB 在一个局部区域里（一个办公室或者类似小范围区域里），通过部署小的 UTRA 或 E-UTRA 小区,为用户提供类似无线局域网的局部无线接入服务。与无线局域网 wlan 不同的是,HNB 或者 HeNB 家庭基站的接入服务在有线网中的接入点并不是 IP 运营商的网络,而是无线移动通信网络,由 3G 核心网或者 EPC 网络为其提供服务。

图 1.8 给出了 HNB 的基本连接架构图。从图中可知,HNB 将使用免费或者授权电磁频谱频段,可以提供较好的信号覆盖质量。

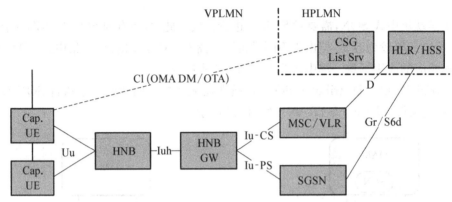

图 1.8 GPP Release8 建议的 HNB 接入的逻辑架构

在图 1.8 中下列几点需要说明。

(1) HNB:通过 Iuh 接口实现 RAN 连接,支持 NodeB 以及大部分 RNC 功能,包括 HNB 鉴权,HNB GW 搜索,HNB 注册和 UE 的注册。与 SeGW 间的通信都进行安全的传输。

(2) HNB GW:HNB 网关,通过它对于核心网提供 HNB 的集中接入。

(3) SeGW:安全网关,负责和 HNB 间通信的安全。图中没有专门画出,可以为独立实体,也可以集成到 HNB 网关中。

8. 载波聚合(CA)

为了满足单用户峰值速率和系统容量提升的要求,一种最直接的办法就是增加系统的传输带宽。因此 LTE-Advanced 系统引入一项增加传输带宽的技术,也就是 CA(carrier aggregation,载波聚合)。CA 技术可以将 2~5 个 LTE 成员载波(component carrier,CC)聚合在一起(R10 只支持 2 载波),实现最大 100 MHz 的传输带宽,有效提高了上下行传输速率。终端根据自己的能力大小决定最多可以同时利用几个载波进行上下行传输。

CA 功能可以支持连续或非连续载波聚合,每个载波最大可以使用的资源是 110 个 RB。每个用户在每个载波上使用独立的 HARQ 实体,每个传输块只能映射到特定的一个时隙上。每个载波上面的 PDCCH 信道相互独立,可以重用 R8 版本的设计,使用每个载波的 PDCCH 为每个载波的 PDSCH 和 PUSCH 信道分配资源。也可以使用 CIF 域利用一个载波上的 PDCCH 信道调度多个载波的上下行资源分配(见图 1.9)。

9. 支持异构网络(HetNet)

宏蜂窝小区和 small cell 结合而组成异构网络。

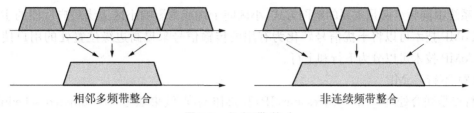

相邻多频带整合　　　　　　　非连续频带整合

图 1.9　多频带整合

1.3.2　R11 的主要技术特征

1. 载波聚合(CA)提升

(1) 不同频带不同 TDD 上/下行配置。

(2) 上行载波聚合的多重时间提前量。

2. 提升的下行控制信道(EPDCCH)

R11 支持提升的控制信道容量,频域小区内干扰协调,波束成形和/或多集。

由图 1.10 可以看出,EPDCCH 提供了一种更加灵活的方式来发送 DCI。但与 PDCCH 相比,EPDCCH 需要等到子帧结束时才能成功解码,这就减少了留给 PDSCH 的处理时间。因此在最大 DL－SCH 负载的情况下,UE 需要有更快的 PDSCH 解码能力以满足 HARQ 的 timing 要求。

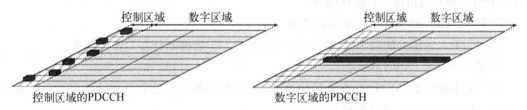

控制区域　数字区域　　　　　　　控制区域　数字区域

控制区域的PDCCH　　　　　　数字区域的PDCCH

图 1.10　PDCCH 和 EPDCCH 的资源映射举例

与 PDCCH 相比,除了某些特例,EPDCCH 通常支持相同的 DCI 格式。EPDCCH 携带的是 UE 特定的信息,这意味着不同的 UE 可以有不同的 EPDCCH 配置,并且 EPDCCH 位于分配给某个特定 UE 的那些 PRB 资源上。这也意味着,发给多个 UE 的控制信息,如用于多个 UE 的上行功率控制的 DCI format 3/3A,以及用于调度系统信息的 DCI format 1C,不能使用 EPDCCH 来发送。

一个 EPDCCH 在一个或多个连续的 ECCE(Enhanced Control Channel Element)上传输,每个 ECCE 由多个 EREG(Enhanced Resource Element Group)组成。EPDCCH 固定使用 QPSK 调制。与 PDCCH 类似,EPDCCH 的链路自适应(即使用不同码率)是通过调整一个 EPDCCH 使用的 ECCE 数(即聚合等级)来实现的。

3. CoMP 发射和接收

(1) 同构/异构网络中的 CoMP

在这种方式中,上/下行参考信号和控制信号有提升,加强了 CQI 反馈和测量。

LTE－A 系统中引入多点协作传输与接入技术(coordinated multi-point transmission and reception,CoMP),主要目的是消除小区边缘处的小区干扰,提高边缘用户的传输速率。

LTE 系统中同频组网是主要的组网方式,小区间干扰成为影响小区边缘用户性能的主要因素。CoMP 技术可以将干扰信号转化为有用的传输信号来提高边缘位置处的用户使用体验。CoMP 技术可以分为下行和上行。

(2) 下行 CoMP

特点是联合处理(joint processing,JP)和协作调度/波束赋型(coordinated scheduling/beamforming,CS/B)。

(3) 上行 CoMP

特点是联合接收(joint reception,JS)和协作调度(coordinated scheduling,CS)。

4. 进一步提升的小区间干扰协调(FeICIC)

在 FeICIC 下,宏站可以在 ABS 子帧上调度 UE 专用的 PDCCH 或 PDSCH;因此,一般来说,在这种情况下,宏站能够以很低的发射功率来调度其信道条件好的 UE,以避免对微站产生干扰。此时,PDCCH/PDSCH/PUSCH 等信道都能够以很小的功率来发射,但又要使得这些信道能被可靠地解码。

在 FeICIC 下,宏站可以在 ABS 子帧上调度 UE;因此,相对于 eICIC,FeICIC 能更为有效地跟 CoMP(协调的多点发射和接收)结合起来使用。

由于在 FeICIC 下,宏站需要在 ABS 子帧上降低发射功率;因此,一般来说,微站不能在 ABS 子帧为宏站的边缘 UE 提供服务。

5. E-UTRA 的提升的最小性能要求

E-UTRA 的提升的最小性能要求是干扰抑制。干扰抑制合并 UE 接收机。

6. 最小化路测(MDT)的提升

(1) 最小化路测(MDT)的提升目的是提供从 eNodeB/UE 处收集无线测量和位置信息以减小实施互相路测的开销的机制。

(2) QoS 测量(例如吞吐量、流量)。

7. 机器类型通信(MTC)的无线接入网(RAN)过载控制

(1) 目的是保护网络以免受到潜在的大量 MTC 终端的影响

(2) CN/RAN 过载避免,尤其是针对 MTC 终端

8. 进一步的自优化网络增强

增加了 RAT 间的 MRO 步骤。

9. 节约网络能量

增加了 RAT 间的能量节约步骤。

10. LTE 无线接入网增强用于各种数据应用

目的是明确指出考虑了多种数据流量(比如由智能手机产生的)的 RAN 提升,给出终端电池消耗优化的信号。

1.3.3 R12 的主要技术特征

1. 增强型 small cell

增强型有密集区域部署 small cell 和宏小区及 small cell 之间的载波聚合。

3GPP 在 Rel-12 阶段研究了室内和室外场景应用下低功率节点的场景和需求,据此也研究了相应的物理层潜在技术,写入到 TR 36.872 中。对于频谱效率增强的问题,则对高阶调制、开销降低和控制信令增强等方面进行了评估,发现在室内稀疏且低速的小小区场景中,下行 256 QAM 有较大增益。关于小小区能效增强方面,评估发现当小小区开关的转换时间降低时,可以获得一定的增益,为了降低小小区开关的转换时间,考虑设计新的发现信号,以及改进小区发现的流程。另外,当没有导航卫星系统定位或者无法通过理想回传进行同步的情况下,考虑引入小区间的空口监听进行同步,并且要进一步考虑增强运营商间的同步。

RAN#62 次会议通过了小小区增强的标准化项目,其中的一部分工作是考虑有效降低小区开关转换时间,主要的方法包括优化现有的切换机制、载波聚合中辅小区的激活与去激活机制,以及双连接流程等。降低小区开关转换时间需要发送发现信号,用于发现小区,实现粗略的时间和频率同步,以及进行同频和异频的无线资源管理(RRM)测量等。经过讨论,Rel-12 期间不进行小小区开关进一步降低转换时间的流程优化,但是会引入发现信号来辅助进行小小区的开关。发现信号的设计有三个前提,一是只考虑处于连接态的终端,二是小小区之间是同步的,三是要在多个小区 ID 共享的场景下,能够进行发送点的识别。

2. 增强型载波聚合

增强型载波聚合有 R12 允许 TDD 和 FDD 之间载波聚合和允许 3 载波聚合。

3. 广域和局域的交互——软小区

传统的局域接入运营方式是局域节点自建独立的小区,这些小区单独运行并且相对独立于叠加在局域层上的宏层。在这种情况下,低功率节点传输与小区相关联的所有的信号,包括特定小区的参考信号和同步信号,以及系统的全套信息。此外,移动装置只能单一地与一个局域节点或一个宏节点连通。

很显然,一个独立的节点不管是否存在广域层都可以运行。然后终端在广域已经覆盖到的地方,通过一个更综合的方式,既同时连接到广域和局域两个层以获取更多的好处。如图 1.11 中所示,软小区,是一种使所述终端具有双连接的手段。

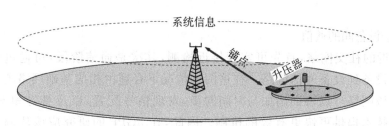

图 1.11 软小区———广域和局域层的双连接

(1)广域层通过锚载波(降载波),用于传输系统信息,基本的无线资源控制(RRC)信令和可能的低速率高可靠性的用户数据。

(2)局域层通过升载波,用于大量的高速率用户数据。

此外,升载波传输应该在没有特定小区的参考信号和无系统信息的传输时有非常陡峭的性质以达到最小能量的开销。实际上,升载波应该只在发送信息给终端的子帧的载波中存在。陡峭性能传输(ultra-lean transmissions)不仅造就了一个非常节能的局域层,降低了运营成本,同时也降低了干扰水平。这对非常密集的区域部署起到了十分关键的推动作用,否则,从低到中等负荷都会受到不同程度的干扰。

此外,软小区也提供了稳定性和移动性方面的好处。在升连接丢失的情况下,终端仍然通过锚载波连接,从而避免一个完整的无线连接的失败。广域层也可以帮助终端减少复杂性和功耗,例如,通过终端寻找局域节点时提供辅助信息。最后,动态 TDD 和宽松的 RF 要求都要作用于升载波上,以实现在上一节所讨论的好处(见图 1.11)。

锚载波和升载波传输的调度分别受广域和局域节点的控制。因此,两个载波有单独的调度器,也没有要求层与层之间的互联低延迟。

显然,在一个软小区部署中当广域和局域层紧密互通时,在局域层之上当有一个覆盖全区域的宏层运行。低功耗的局域节点被部署在偏远地区,那里没有广域覆盖,这时显然需要独立运行的低功耗节点。以现有 LTE 规格和局域优化已能初步提供特定产品以供选择来看,这样的部署是可能的,例如,在输出功率和容量方面。前一节中提到的增强,即宽松的 RF 要求和动态 TDD,也可以适用于这种独立的情况。

同一个节点可以运行为一个独立节点或作为软小区配置的一部分——的两者之间的差别仅是传输信号的不同。对不同的终端,节点甚至可以有不同的表现。因此,从单机运行向软小区转移很简单。

4. 机器对机器通信(MTC)

未来几年内,机器对机器通信可能会爆发性增长,很可能会引起网络信令、容量不足的问题。为了应付这种情况,新的 UE category 被定义,作为对 MTC 的进一步优化。

5. 设备间通信

3GPP 考虑的两个主要直接设备到设备的通信用例是接近为基础的社会网络和国家安全,公共安全(NSPS)。

对于这些用例,可以分为以下两个情况。

(1)接近检测,其中一个设备在其附近发现另一个设备(极可能也决定了所提供的服务的类型)。

(2)两个设备间的通信。

基于邻近的社交网络,首先可实现接近检测,其次是通信阶段,可通过蜂窝网络或通过直接的设备到设备通信链路。在这两种情况下有理由相信基础网络覆盖可以提供网络帮助。该网络可以协助诸如与时间同步,发现信号配置,以及身份和安全管理,相较于一般的技术提供更快更有效的机制。因此,在 3GPP 的研究应该从调查网络辅助接近检测。

为了公众的安全,另一方面也需要支持通信在没有网络覆盖的情况。设备到设备的直接通信因此也是这种使用情况下的要求。这种强烈的需求非常不同于商业服务,并可能影响到无线接口的设计。鉴于这种原因,寻求在一般公共安全系统的基于 3GPP 的系统宽度的研究是首选的,而不是在指定设备到设备的通信间直接开始工作。

6. WiFi 和 LTE 融合

LTE 和 WiFi 之间融合，运营商可以更好地管理 WiFi。在 R12 中，提出了 LTE 和 WIFI 之间的流量转移和网络选择机制。

7. LTE 未授权频谱(LTE-U)

丰富的未授权频谱资源，可以增加运营商网络的容量和性能。

第2章 无线交换网络的组织工作

在无线通信中,接入网和核心交换网共同形成对无线通信整体系统的支撑。尽管核心交换网并不直接负责与用户之间进行数据交互,但其核心交换效率是决定通信架构能力的重要因素之一。在本章中将主要介绍核心交换网的架构概念及发展规律。

2.1 无线接入网与核心交换网的基本概念

随着无线通信的发展,无线接入技术的效率不断提高,第一代无线通信技术采用模拟的时分多址(time division multiple access,TDMA)和频分多址(frequency division multiple access,FDMA)接入;第二代系统使用数字的时分多址和频分多址,并且部分采用码分多址(code division multiple access,CDMA)作为无线接入技术。第三代移动通信主要采用宽带码分多址(wideband code division multiple access,WCDMA)和时分同步码分多址(time division synchronous code division multiple access,TD-SCDMA)。3gpp LTE 作为新一代移动通信采用 OFDMA 和 SC-FDMA(single carrier frequency division multiple access)分别作为下行和上行链路的接入方式。

为了支持上述的接入技术,无线网络的交换部分也进行了大量演进,逐渐形成了与接入网络相对独立的交换网络。与以往无线蜂窝所采用的电路交换方式不同,以 LTE 为代表的未来无线交换网络,将仅支持分组交换业务,以建立终端用户与分组数据网络间无缝的移动 IP 链接,从而在系统层面支持:① 提高移动终端用户的数据传输率;② 提高小区边缘用户性能,增加公平性;③ 在建立链接和数据传输时,降低数据传输延迟;④ 减少每比特的成本;⑤ 灵活的频段使用方式;⑥ 简化无线网络架构;⑦ 优化移动终端的功耗。

因此,为了满足以上 LTE 系统的性能需求,不仅需要改进现有系统的空中接口技术,还需要演进网络结构。

2.1.1 接入网架构

演进的通用陆基无线接入网(evolved universal terrestrial radio access netowrk,E-UTRAN)总体系统架构如图 2.1 所示,eNodeB 之间通过 X2 接口互联组成接入网 E-UTRAN。MME 和 S-GW 属于 EPC,E-UTRAN 与 EPC 通过 S1 接口相连。E-UTRAN 没有中心控制的节点存在,因此采用的是一种扁平化的架构。

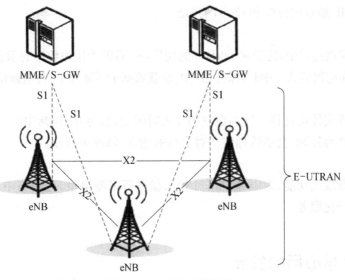

图 2.1　E-UTRAN 结构图

E-UTRAN 负责与无线相关的功能,总结如下。

(1) 无线资源管理:业务承载的控制、无线接入许可控制、连接接口的移动性控制、上下行的资源调度。

(2) IP 数据包头压缩:对 IP 数据包进行压缩以减小开销提高效用。

(3) 安全性:加密通过无线接口 X1 传输的数据,保证用户数据的安全性。

(4) 与 EPC 连接:通过 S1 接口与 MME 和 S-GW 连接建立承载。

2.1.2　核心网架构

如上所述,LTE 的核心网已经逐渐形成了与传统电路交换不一样的技术特征。LTE 核心网采用 LTE 系统扁平化结构代替了 UMTS 标准中的无线网络控制器 RNC 节点。LTE 网络架构包括了无线接入演进和系统架构演进(system architecture evolution,SAE),后者包括了演进后的分组交换核心网(evolved packet core,EPC)。在 LTE 的系统架构演进中构成了演进分组系统(evolved packet system,EPS),EPS 与公共数据网(PDN)连接,使用户可以通过 IP 连接互联网,提供 VoIP,Video 和网页浏览等多种业务。EPS 还具有保护用户安全性和私密性的功能。

核心网 EPC 的主要功能是建立业务承载和对所有的移动终端进行全面的控制和管理。EPC 包括的节点有服务网关(S-GW)、PDN 网关(P-GW)和移动性管理实体(mobility management entity,MME),同时除了以上节点还包括其他逻辑节点和职能,包括用户归属服务器(home subscriber server,HSS)、计费规则功能(policy and charging rules function,RCRF)和策略控制等。EPC 包括的网络接口有 Sl-U、Sll、Sl-MME、S6a 和 Gx 等。EPC 逻辑节点的功能简要说明,总结如下。

1. P-GW

移动终端的流量控制和计费,根据 PCRF 的规则为用户进行流量管理。此外,PDN 网关也负责用户 IP 地址的分配和 QoS 的保证。

2. S-GW

当用户在移动过程中,处于 eNodeB 间的切换,S-GW 为用户数据的承载做本地移动性的管理。当用户在空闲的状态中时,保存用户的承载数据于缓冲区中,为重新建立承载服务。

3. MME

移动性管理实体负责移动终端在空闲模式时的定位,传呼,包括中继。此外还有接入控制包括安全和许可控制,会话管理包括对承载的建立、修改和释放。

4. RCRF

策略与计费规则功能,为服务数据流和承载进行策略决策,在网络中可实施 QoS 授权为用户提供差异化服务。

2.2 3GPP 核心网的发展

3GPP 系列标准核心网方面的发展情况如下。

2.2.1 3GPPR99

最早出现的各种第三代规范被汇编成最初的 99 版本,于 2000 年 3 月完成。99 版本的主要内容具体包括三个方面。

① 新型 WCDMA 无线接入。引入了一套新的空中接口标准,运用了新的无线接口技术,即 WCDMA 技术,引入了适于分组数据传输的协议和机制,数据速率可支持 144、384 kbit/s 及 2 Mbit/s。

② 其核心网仍是基于 GSM 的加以演变的 WCDMA 核心网。

③ 3GPP 标准为业务的开发提供了三种机制,即针对 IP 业务的 CAMEL 功能、开放业务结构(简称 OSA)和会话起始协议(简称 SIP),并在不同的版本中给出了相应的定义。99 版本对 GSM 中的业务有了进一步的增强,传输速率、频率利用率和系统容量都大大提高。99 版本在业务方面除了支持基本的电信业务和承载业务外,也可支持所有的补充业务,另外它还支持基于定位的业务(LCS)、号码携带业务(MNP)、64 kbit/s 电路数据承载、电路域多媒体业务以及开放业务结构等。

2.2.2 Release 4

R4 无线网络技术规范中没有网络结构的改变,而是增加了一些接口协议的增强功能和特性,主要包括:低码片速率 TDD,UTRA FDD 直放站,Node B 同步,对 Iub 和 Iur 上的 AAL2 连接的 QoS 优化,Iu 上无线接入承载(RAB)的 QoS 协商,Iur 和 Iub 的无线资源管理(RRM)的优化,增强的 RAB 支持,Iub、Iur 和 Iu 上传输承载的修改过程,WCDMA1800/1900 以及软切换中 DSCH 功率控制的改进。

R4 在核心网上的主要特性为以下三个方面。

① 电路域的呼叫与承载分离：将移动交换中心（MSC）分为 MSC 服务器（MSC Server）和媒体网关（MGW），使呼叫控制和承载完全分开。

② 核心网内的七号信令传输第三阶段（Stage 3）：支持七号信令在两个核心网络功能实体间以基于不同网络的方式来传输，如基于 MTP，IP 和 ATM 网传输。

③ R4 在业务上对 99 版本做了进一步的增强，可以支持电路域的多媒体消息业务，增强紧急呼叫业务、MexE、实时传真（支持 3 类传真业务）以及由运营商决定的阻断（允许运营商完全或根据要求在分组数据协议建立阶段阻断用户接入）。

2.2.3　Release 5

R5 将完成对 IP 多媒体子系统（IMS）的定义，如路由选取以及多媒体会话的主要部分。R5 的完成将为转向全 IP 网络的运营商提供一个开始建设的依据。

R5 计划的主要特性有：UTRAN 中的 IP 传输、高速下行分组数据业务的接入（HSDPA）、混合 ARQII/III、支持 RAB 增强功能、对 Iub/Iur 的无线资源管理的优化、UE 定位增强功能、相同域内不同 RAN 节点与多个核心网节点的连接以及其他原有 R5 的功能。

R5 在核心网方面的主要特性包括：用 M3UA（SCCP - User Adaptation）传输七号信令、IMS 业务实现、紧急呼叫增强功能以及网络安全性的增强。另外，Rel - 5 在网络接口上可支持 UTRAN 至 GERAN 的 Iu 和 Iur-g 接口，从而实现 WCDMA 与 EDGE 的互通。

在业务应用上，R5 主要准备在以下几方面加强：支持基于 IP 的多媒体业务、CAMEL Phase4、全球文本电话（GTT）以及 Push 业务。由于 IP 多媒体子系统是 R5 的一个主要特性，3GPP 技术标准组对其进行了多次讨论与研究。IMS 定位在完成现有电路域未能为运营商提供的多媒体业务，而不是代替现已成熟的电路域业务，从而更好地兼容 99 版本来完成系统平滑演进的过程。3GPP 的标准化进程实际是 99 版本、R4 和 R5 并行的过程，完善 99 版本和 R4 需要占用大量的时间。为避免重复制定某项标准并考虑与固定网标准的统一，3GPP 决定有关 IMS 的部分标准将直接采用 IETF 和 ITU - T 的标准。

2.2.4　Release 6 及 Release 7

其网络架构与 R5 相同，主要进行业务研究以及与其他网络互通研究。在 R6 又引入了 HSUPA（high speed uplink packet access）高速上行链路分组接入，即引入的无线侧上行链路增强技术。HSUPA 通过采用多码传输、HARQ、基于 Node B 的快速调度等关键技术，使得单小区最大上行数据吞吐率达到 5.76 Mbit/s，大大增强了 WCDMA 上行链路的数据业务承载能力和频谱利用率。TD - SCDMA 系统与 WCDMA 系统采用的 HSUPA 技术较为类似，但 TD - SCDMA 系统的标准化进展稍滞后于 WCDMA。HSUPA 采用了三种主要的技术：物理层混合重传，基于 Node B 的快速调度，和 2 msTTI 短帧传输。Release7 更多考虑固定方面的特性要求，加强了对固定，移动融合的标准化制定。

2.2.5　Release 8（LTE 初出茅庐）

R8 主要定义了以下内容：① 高峰值数据速率：下行 300 Mbps，上行 75 Mbps，上行链路采用 4×4 MIMO,以及 20 MHz 带宽;② 高频谱效率;③ 灵活带宽:1.4 MHz,3 MHz, 5 MHz,10 MHz,15 MHz and 20 MHz;④ IP 数据包在理想无线条件下时延为 5 ms;⑤ 简化网络架构;⑥ OFDMA 下行和 SC-FDMA 上行;⑦ 全 IP 网络;⑧ MIMO 多天线方案;⑨ 成对(FDD)和非成对频谱(TDD)。

2.2.6　Release 9(增强型 LTE)

R9 是最初的 LTE 增强版,只是对 R8 做了一些补充,以及基于 R8 做了一些小小的改进。主要内容包括以下几个方面。

(1) PWS(Public Warning System,公共预警系统):在自然灾害或其他危急情况下,公众应该能及时收到准确的警报。加上 R8 引入的 EWTS(地震海啸预警系统),R9 引入了 CMAS(商用手机预警系统),以便在灾后电视、广播信号和电力等中断的情况,该预警系统仍能够以短信的方式及时向居民通报情况。

(2) Femto Cell:Femto Cell 基本上用于办公室或家中,并通过固话宽带连接连接到运营商网络。3G Femto Cell 被部署于世界各地,为了让 LTE 用户也能用上 Femto Cell, R9 引入了 Femto Cell。

(3) 自组织网络(SON):为了减少人力成本,SON 的意思是,网络自安装、自优化、自修复。SON 的概念在 R8 就引入,不过,当时主要是针对 eNB 自配置,到了 R9,根据需求增加了自优化部分。

(4) EMBMS:有了多媒体广播多播业务(MBMS),运营商可以通过 LTE 网络提供广播服务。虽然这一想法并不新颖,广播服务早已运用于传统网络,但 LTE 中的 MBMS 信道是从数据速率和容量的角度发展而来。R8 完成了在物理层对 MBMS 的定义,R9 完成了更高层的定义。

(5) LTE 定位:R9 定义了三种 LTE 定位方法,即 A-GPS(辅助 GPS)、OTDOA(到达时间差定位法)和 E-CID(增强型小区 ID)。主要目的是为了在紧急情况下,且用户无法确定自己的位置时,提升用户位置信息的准确性。

2.2.7　Release 10(LTE Advanced)

R10 属于 LTE-A 标准。由于 ITU IMT-Advanced 提出了 R8 无法实现的更高速率要求,为此,R10 提出了很多重要的功能和提升。

R10 主要新增内容包括以下几个方面。

(1) 增强型上行链路多址(Enhanced Uplink multiple access):R10 引入了分簇单载波频分多址(clustered SC-FDMA)。R8 的 SC-FDMA 只允许频谱连续块,而 R10 允许频率选择性调度。

(2) MIMO 增强:LTE_A 允许下行高达 8×8 MIMO,在 UE 侧,它允许上行 4×4 MIMO。

(3) 中继节点(Relay Nodes):在弱覆盖环境下,Relay Nodes 或低功率 enb 扩展了主 eNB 的覆盖范围,Relay Nodes 通过 Un 接口连接到 Donor eNB(DeNB)。

（4）增强型小区间干扰协调（eICIC）：eICIC 主要应付异构网络（HetNet）下的干扰问题，eICIC 使用功率、频率或时域来减小 HetNet 下的频率干扰。

（5）载波聚合（CA）：对于运营商来说，载波聚合是最低成本的办法去利用他们手上的碎片频谱资源来提升终端用户速率。通过合并 5 个 20 MHz 载波，LTE‐A 支持最高 100 MHz 载波聚合。

（6）支持异构网络（HetNet）：宏蜂窝小区和 small cell 结合而组成异构网络。

（7）增强型 SON：针对网络自修复流程，R10 提出了增强型 SON。

2.2.8　Release 11（增强型 LTE Advanced）

R11 主要内容包括如下几点。

（1）协作多点传输（COMP）：是指地理位置上分离的多个传输点，协同参与为一个终端的数据（PDSCH）传输或者联合接收一个终端发送的数据（PUSCH）。

（2）ePDCCH：为了提升控制信道容量，R11 引入了 ePDCCH。ePDCCH 使用 PDSCH 资源传送控制信息，而不像 R8 的 PDCCH 只能使用子帧的控制区。

（3）基于网络的定位：这是一种上行定位技术，其原理是基于 eNB 测量的参考信号的时间差来实现。

（4）最小化路测（MDT）：路测费用是昂贵的。为了减少对路测的依赖，R11 推出了新的解决方案，它是独立于 SON，MDT 基本上依赖于 UE 提供的信息。

（5）机对机通信的 Ran 过载控制（Ran overload control for machine type communication）：当过多设备接入网络时，网络可以禁止一些设备向网络发送连接请求。

2.2.9　Release 12（更强的增强型 LTE Advanced）

（1）增强型 small cell：主要内容包括密集区域部署 small cell，宏小区和 small cell 之间的载波聚合等。

（2）增强型载波聚合：R12 允许 TDD 和 FDD 之间载波聚合，还允许 3 载波聚合。

（3）机器对机器通信（MTC）：未来几年内，机器对机器通信可能会爆发性增长，很可能会引起网络信令、容量不足的问题。为了应付这种情况，新的 UE category 被定义，作为对 MTC 的进一步优化。

（4）WiFi 和 LTE 融合：LTE 和 WiFi 之间融合，运营商可以更好地管理 WiFi。在 R12 中，提出了 LTE 和 WIFI 之间的流量转移和网络选择机制。

（5）LTE 未授权频谱（LTE‐U）：丰富的未授权频谱资源，可以增加运营商网络容量和性能。

2.2.10　Release 13（满足不断增长的流量需求）

R13 主要新增以下内容。

（1）增强型载波聚合：R13 的目标是支持 32 CC 载波聚合，而在 R10 中，仅支持 5 CC。

（2）增强型机对机通信（MTC）：更低的 UE category，进一步减少物联网设备使用带宽、能耗,延长设备电池使用时间。

(3) 增强型 LTE-U:为了面向高增长的流量需求,R13 的目标是,主小区使用授权频谱,从小区使用未授权频谱。

(4) 室内定位:R13 将致力于提升现有的室内定位技术,也探索新的定位方法,提高室内定位的准确性。

(5) 增强的多用户传输技术:R13 将采用叠加编码来提升下行多用户传输技术。

(6) 增强型 MIMO:R13 将致力于多达 64 天线端口的更高阶 MIMO 系统。

2.2.11　Release 14

为了满足更多的应用场景和市场需求,3GPP 在 R14 中对 NB-IoT 采用了一系列增强技术并于 2017 年 6 月完成了核心规范。增强技术增加了定位和多播功能,提供更高的数据速率,在非锚点载波上进行寻呼和随机接入,增强连接态的移动性,支持更低 UE 功率等级,具体如下。

(1) 定位功能:定位服务是物联网诸多业务的基础需求,基于位置信息可以衍生出很多增值服务。NB-IoT 增强引入了 OTDOA 和 E-CID 定位技术。终端可以向网络上报其支持的定位技术,包括基于 OTDOA、A-GNSS、E-CID、WLAN 和蓝牙等的定位技术,网络侧根据终端的能力和当下的无线环境,选择合适的定位技术。

(2) 多播功能:为了更有效地支持消息群发、软件升级等功能,NB-IoT 增强引入了多播技术。多播技术基于 LTE 的 SC-PTM,终端通过 SC-MTCH 接收群发的业务数据。

(3) 数据速率提升:Rel-14 中引入了新的能力等级 UE Category NB2,Cat NB2 UE 支持的最大传输块上下行都提高到 2 536 比特,一个非锚点载波的上下行峰值速率可提高到 140/125 kbps。

(4) 非锚点载波增强:为了获得更好的负载均衡,Rel-14 中增加了在非锚点载波上进行寻呼和随机接入的功能。这样网络可以更好地支持大连接,减少随机接入冲突概率。

(5) 网络移动性增强管理:Rel-14 中 NB-IoT 控制面 CIoT EPS 优化方案引入了 RRC 连接重建和 S1 eNB Relocation Indication 流程。RRC 连接重建时,原基站可以通过 S1 eNB Relocation Indication 流程把没有下发的 NAS 数据还给 MME,MME 再通过新基站下发给 UE。用户面 CIoT EPS 优化方案在无线链路失败时,使用 LTE 原有切换流程中的数据前转功能。

第3章 频域扩展：面向更多调制带宽的诉求

在无线通信系统中，工作载波向高频段迁移的过程，不仅可以获得更多调制带宽，而且由于高频段的载波半波长明显降低，各类空域的方法也在工程上获得长足进步。在本章中，将主要介绍提高频域工作载波各类新技术与新方法。

3.1 卫星通信领域的高频段接入技术

卫星通信领域的高频段接入技术主要涉及 X、Ku 以及 Ka 频段，现分别对三种技术进行介绍。

3.1.1 X 频段

根据 IEEE 521 - 2002 标准，X 频段是指频率在 8 - 12 GHz 的无线电波频段，在电磁波谱中属于微波。X 频段通常的下行频率为 7.25～7.75 GHz，上行频率为 7.9～8.4 GHz，也常被称为 7/8 GHz 频段（8/7 GHz X - band）。而 NASA 和欧洲空间局的深空站通用的 X 频段通信频率范围则为上行 7 145～7 235 MHz，下行 8 400～8 500 MHz。

根据国际电信联盟无线电规则第 8 条，X 频段在空间应用方面有空间研究、广播卫星、固定通讯业务卫星、地球探测卫星、气象卫星等用途。雨衰减对 X 频段的信号传输有一定的影响。

3.1.2 Ku 频段

Ku 频段主要工作在 12～18 GHz。Ku 频段频率高、增益也高，天线尺寸较小，便于安装，从而可有效地降低接收成本，方便个体接收。相对来说受地面干扰影响小，因此特别适合做动中通、静中通等移动应急通信业务、卫星新闻采集（SNG）及直接到户（DTH）业务（如收看中星 9 号电视节目，使用 0.35 m 的天线就能正常收视）。

KU 频段是直播卫星频段，优点主要体现在以下五个方面。

（1）KU 频段的频率受国际有关法律保护，并采用多馈源成型波束技术对本国进行有效覆盖。

（2）KU 频段频率高，一般在 11.7～12.2 GHz 之间，不易受微波辐射干扰。

（3）接收 KU 频段的天线口径尺寸小，便于安装也不易被发现。

（4）KU 频段宽，能传送多种业务与信息。

（5）KU 频段下行转发器发射功率大（大约在 100 W 以上），能量集中，方便接收。

3.1.3 Ka 频段

Ka 频段的频率范围为 26.5～40 GHz，通常用于卫星通信。Ka 频段最重要的一个特点是频带较宽，因此，Ka 频段卫星通信系统可为高速卫星通信、千兆比特级宽带数字传输、高清晰度电视（HDTV）、卫星新闻采集（SNG）、VSAT 业务、直接到户（DTH）业务及个人卫星等新业务提供条件。Ka 频段的缺点是雨衰较大，对器件和工艺的要求较高。在 Ka 频段频率下，用户终端的天线尺寸主要不是受制于天线增益，而是受制于抑制其他系统干扰的能力。

利用 Ka 频段的优势具体体现在三个方面。

（1）Ka 频段工作范围为 26.5～40 GHz，远超过 C 频段（3.95～8.2 GHz）和 Ku 频段（12～18.0 GHz），可以利用的频带更宽，更能适应高清视频等应用的传输需要。

（2）由于频率高，卫星天线增益可以获得较大，用户终端天线可以做得更小更轻，这有利于灵活移动和使用。

（3）运用多波束技术和相控阵技术，可以让卫星上的天线灵活地改变指向，以满足对多点通信和星上交换的应用需要。

3.2　面向高频段的 5G 无线接入技术

3GPP 会议上定义了 5G 的三大场景，即 eMBB，mMTC 和 URLLC。eMBB 用于 3D/超高清视频等大流量移动宽带业务；mMTC 用于大规模物联网业务；URLLC 用于无人驾驶、工业自动化等需要低时延、高可靠连接的业务。

4G/LTE 等技术已经日趋成熟，移动数据的增长速度仍旧远超移动网络承载力的增长。据 IMT－2020（5G）推进组研究预测，5G 相比 4G/LTE 将实现单位面积移动数据流量 1 000 倍增长。海量数据业务的需求，不仅依赖于各项无线传输与组网技术的演进，还需要更多的频谱资源予以支撑。

3.2.1　选择高频段的理由

2016 年 12 月，我国公布了首份 5G 频谱白皮书其中提到，建议可用于 5G 移动通信的频段是低于 6 GHz 和高于 5 GHz 的频段。

（1）低于 6 GHz 的频段：建议把 3.3～3.6 GHz、4.4～4.5 GHz、4.8～4.99 GHz 用于 5G；

（2）高于 6 GHz 的频段：24.25～86 GHz 中的 11 个频段，尤其是其中的 24.25～27.5 GHz（可作为早期 5G 部署的"先锋"频段）、31.8～33.4 GHz、37～43.5 GHz。

6 GHz 以下低频段的好处是传播性能优越，可以使运营商用较少的成本达到很好的覆盖，因而 5G 将通过工作在该低频段的新空口来满足大覆盖、高移动性场景下的用户体验和海量设备连接。但是有一点不足就是低频段的连续频率资源非常宝贵，无法为 5G 仍提供 300 MHz 以上的连续频谱来满足实现极高的速率（10～20 Gbit/s）和极大的容量（100 万/km² 的连接密度）的要求。而 6 GHz 以上高频段频谱资源丰富，业务划分与使用相对简单，能够提供连续大带宽频带。因此，在 6 GHz～100 GHz 高频段上设计新空口是 5G 移动通信系统的关键技术之一。

3.2.2　高频段传播特性

分析高频段特性是设计和实现高频段无线接入的基础，而对传播特性的认知则是关键。高频段传播具有许多明显不同于 6 GHz 以下的特征。

（1）波长短，路损大。高频段具有更小的波长，根据电磁波自由空间传播的 Friis 公式，短波长会导致更高的路径损耗，如 60 GHz 相对于 5 GHz 高出至少 20 dB。

（2）高频段具有明显与频段相关的大气吸收损耗。整个高频段每千米大气衰减都在几 dB 以内，而且在数百米通信范围内雨衰也在几 dB 以内。

（3）波长短使得电波的绕射能力下降，或者说电波具有准光学传播特性，这使得高频段不具有低频段的富散射特性。视距条件下，接收信号能量集中在视距和少数几条低阶反射路径上。在非视距条件下，信号传播主要依赖于反射和绕射，导致信道具有时间和空间上的稀疏性。

3.2.3　面向高频段的无线接入技术：毫米波通信

毫米波在 30 GHz 和 300 GHz 之间的频率进行传输，这些频段的波长在 1 mm 到 10 mm 之间，是 5G 高频段无线接入技术的典型代表。在毫米波频段中，28 GHz 频段和 60 GHz 频段是最有希望使用在 5G 的两个频段，为无线回传和接入使用大量频谱的提供了巨大潜力。28 GHz 频段的可用频谱带宽可达 1 GHz，而 60 GHz 频段每个信道的可用信号带宽则达到了 2 GHz（整个 9 GHz 的可用频谱分成了四个信道）。

如上所述，毫米波传播受外界环境影响严重，特别是受寄生传播、衍射和物体损耗的影响。但毫米波波段的波长远小于传统 6 GHz 以下频段，那么在天线设计的时候可以做到天线阵子和他们之间的距离很小，就可以在很小的范围内集成大规模天线阵列。因此可以把多个毫米波天线集成到手机上，实现毫米波频段的波束成形，以弥补毫米波在传播上的受限。此外，毫米波的引入对影响着物理层的相关技术，如无线传输方式。在传输方案上，由于毫米波通信具有大的通信带宽，并非所有的终端都可以实现对完整系统带宽的支持。一旦系统支持在系统部分带宽上传输，那么就得研发相应的无线空口技术，比如 OFDM、FDMA 或者 TDMA。在高频段下，传统 OFDM 的发送功率峰均比和对频偏敏感的缺点将会被显著放大，且在功放设计、频偏补偿等方面也存在极大的挑战。

3.2.4　面向高频段的无线接入技术：无线组网

在未来的 5G 通信中，无线通信网络正朝着网络多元化、宽带化、综合化、智能化的方向演进,使用高频段大带宽组网,是实现该目标的有效手段。

(1) 随着各种智能终端的普及,数据流量将出现井喷式的增长。未来数据业务将主要分布在室内和热点地区,这使得超密集网络成为实现未来 5G 的 1 000 倍流量需求的主要手段之一。面向高频段大带宽,将采用更加密集的网络方案,才能充分发挥其网络部署灵活和频率复用高的特点。

(2) 无线接入网逐渐向扁平化架构发展,扁平化能够减小系统时延、降低建网成本和维护成本,但对骨干网接入能力提出了更高的要求。微波回传链路是实现基站间互联互通、接入骨干网以及实现扁平化的重要措施,高频段通信将为微波回传链路提供更好的解决方案。

(3) 未来网络必将是低频侧重覆盖、中高频侧重性能和容量的混合组网,高频段在混合组网的资源分布格局中扮演着重要作用。

3.2.5　高频段通信面临的挑战

如何既充分利用高频段的优点,同时又克服其缺点,高频段通信仍然面临着许多挑战。

(1) 高频段频谱信道具有很多新的特征,比如高路损、高散射和对动态环境敏感等,需要理论界进一步深入研究。

(2) 元器件成本高昂,对 RF 功能组件的成本控制不利,也对移动终端提出了新的要求。

(3) 最重要的是,需要全球统一划定可以使用的高频段,识别出 6 GHz～100 GHz 当中的最佳频谱。所谓的"最佳",就是不仅具备优秀物理特性,还得适合国际间的协调,同时也要照顾到目前军队、卫星通信及其他行业的实际使用情况。可以预见到,全球统一的高频段频谱的划定也必然是一场不见硝烟的技术战争。

3.3　可见光通信接入技术

随着无线电载波频率进一步上升,可见光通信技术成为频域扩展的另外一种选择。可见光通信(VLC)俗称灯光上网技术,又叫 LiFi,是一种在半导体照明发光二极管(LED)技术上发展起来的新兴的、短距离无线光通信技术。利用 LED 比传统光源电光转换速度快的特点,将信息高速加载到光强上并传输至空间覆盖区域的接收终端,经过光电转换而获得信息。

可见光频谱丰富,可见光频段介于 400 THz～800 THz 之间,是目前正在使用的无线电频谱的近 1 万倍,蕴含着巨大通信容量,且它的通信频段避开了常用的无线电频段,不存在与现有电子设备相互间的电磁干扰问题。在工程使用方面,可见光系统与现有电子设备兼容性良好,在航空、医疗和矿井等对射频电磁辐射敏感及有严格限制的领域有明显的技术优势。

3.3.1　可见光通信工作原理与优势

可见光通信系统由发射端和接收端两部分组成,在发射端将携带信息的电信号通过电光变换加载到可见光载波上，而在接收端则通过光电感应装置将光信号转换为电信号解调出其所携带的信息完成通信。可见光通信使用普通 LED 发出的白光作为载波，由于 LED 设备无法对光波的相位、频率进行直接调制，所以无法像传统无线通信一样将信息调制到载波的相位和频率上，只能通过 LED 设备对可见光的光强进行调节。由于 LED 设备响应具有速度快的特点，其光强的变化速率可以很高，所以通过类似于调幅的调制方式可以将信息加载到可见光上来实现通信功能。

与 WiFi 等现有射频（RF）通信接入手段相比具有独特的优势。

（1）高带宽，高速率。可见光通信技术可作为移动系统的补充接入手段，频率资源非常丰富，可缓解用户应用无线频谱的紧张，在电磁受限或对电磁信号敏感的条件下自由使用。可见光覆盖波长范围 380 nm 至 780 nm，相应能提供超宽光谱（百太赫兹以上），每秒千兆比特的传输速率已在实验室得到展示，并借助密集分布的光源保证人口密集区域用户的平均容量，为未来宽带移动网络接入带来曙光，为高速大容量移动通信提供了新型手段。

（2）建设便利。灯泡这种设备早在百多年前就已发明，并在这百多年来灯泡的技术越来越发达。人们可以利用已经铺设好的电灯设备电路，在需要接入网络的地方植入一个芯片即可。例如高速公路上的路灯，人们在高速行驶的车上能轻易地接收到路灯传来的信号。

（3）绿色，低能耗。人们无时无刻都处在"光"这环境中，甚至可以说是光创造了人类，可见光对于人类来说是绿色的、无辐射伤害的一种物质。因此用光来作为无线通信的媒质，是一种对人类发展更健康，更可取的方向。同时用光来通信能减低能耗，因为不需要像基站那样提供额外的能耗。就算是在白天，只要把作为"热点"的灯的亮度降低至人眼所觉察不到的程度即可，在夜晚的时候可以作为数据传输和照明的作用。

（4）安全。可见光只能沿直线传播，不会穿透墙体的物体。数据只往人们所设定的方向传播，因而数据更具安全性和私密性，不易被窃取，对于电子支付、局域保密通信等提供有效手段。

3.3.2 可见光通信的关键技术与挑战

虽然可见光通信具有巨大的应用前景，但在实用过程中还有很多关键问题需要解决。接下来我们介绍一些可见光通信的关键技术与挑战。

1. 可见光通信的光源

室内可见光通信系统的可见光光源是在满足用户的照明需求的基础上实现通信功能。由于白炽灯、日光灯和 LED 等常用人造光源在硬件结构上的不同，导致并非所有类型的光源都是适合室内可见光通信系统的光源。白炽灯由于无法进行高速开关，所以其不适合作为可见光通信系统的光源；对日光灯的高速开关会造成日光灯寿命缩短。目前室内可见光通信采用的光源大多数是白光 LED。

LED 的调制带宽决定了通信系统的信道容量和传输速率。目前商用白光 LED 的调制带宽有限，只有约 3～50 MHz。这是因为白光 LED 设计的初衷是用于照明，而并非用于通信，其结电容很大，限制了调制带宽。因此，在保证大功率输出的前提下，开发出具有更高调制带宽的 LED 光源，将极大地促进可见光通信的发展。

2. 可见光通信的调制解调技术

带宽的调制影响着 LED 数据传送的速度,它是 LED 调制能力的重要衡量标准。除了通过使用附加元件来缓解物理器件的带宽限制,还可以尽可能使用效率更高的调制技术,使得一个发送符号可传递尽可能多的信息。

目前应用到可见光通信系统中的调制方式主要包括开关键控、脉冲位置调制、差分脉冲位置调制、子载波脉冲位置调制和正交频分复用(OFDM)等。这里概要介绍下基于 OFDM 的可见光通信。在数字通信系统中实现 OFDM 技术的方法是利用逆离散傅里叶变换(IDFT)和离散傅里叶变换(DFT)来实现其调制和解调过程。而在可见光通信中由于无法像射频通信一样对载波的相位和频率进行直接调制,所以无法将 IDFT 之后的数据信息直接加载到可见光载波上,需要先将信号加载到一路数字载波上,把信号所携带的相位和频率信息映射到电平幅值上,这样才能够通过 LED 设备将电平幅值转换为光强,实现对可见光信号的调制。OFDM 技术为信道色散提供了一个简单的解决方法。由于降低了子载波的传输速率,延长了码元周期,因此具有优良的抗多径效应性能;此外 OFDM 还可以使不同用户占用互不重叠的子载波集,从而实现下行链路的多用户传输。

3. 光学 MIMO 技术

与射频系统相似,通过采用多个发射和接收单元的并行传输可以提高可见光通信的性能。此外需要指出的是,一个典型的室内照明方案需要采用白光 LED 阵列来满足一定的照明度,这恰好使 MIMO 技术更具有吸引力。

4. 高灵敏度接收技术

可见光通信系统多半工作在直射光的条件下,当室内有人走动或直射通道上有障碍物时会在接收端处形成阴影效应,影响通信性能甚至造成通信盲区。采用大视场广角光学接收技术可保证同时接收直射和散射光的信号,避免阴影与盲区的现象发生。另外,系统采用 MIMO 技术,要求接收 LED 光源阵列发出的光信号,也需要接收端光学系统具有大视场广角的特性。

第4章 空域扩展：典型无线通信物理层多天线信号处理

空域是除了频域以外，可以获得显著系统容量提升的信号处理技术，并且在工程实践环节，也和频域提高工作载波频率的趋势紧密耦合。

随着大规模集成电路的飞速发展，空域信号处理技术逐步走向工程实践，也引发了相关电信领域的技术革命。由于空域信号独立于以频域、时域为代表的典型传统信号处理域，因此其带来的信道容量提升可以独立叠加在原有系统上，也为未来通信技术的发展带来了典型的发展技术途径。

4.1 典型多天线信号处理原理

多天线的通信系统是指通信系统中收发双方至少有一方的天线阵列是由多个天线单元组成的系统。多天线通信系统凭借多个天线带来的传输功率的增强以及空间能力，能够大幅度提高通信系统的容量。多天线系统的研究最早可以追溯到 20 世纪 50 年代发展成熟的天线阵综合理论，天线阵综合理论是通过对多个单元组成的阵列天线馈电输出信号进行幅度和相位的加权后合成输出，具有代表性的有 Dolph - Chebyshev 和 Talor 综合方法等。这类方法的特点是可以在给定的旁瓣电平约束下，求得各阵元的激励权重。自适应波束形成理论也是智能天线一次重要的发展。1965 年，Howells 提出的自适应陷波的旁瓣对消器是智能天线的重要开端。以 Howells 的自适应陷波对消、Widrow 最小均方自适应波束成形、Capon 恒定增益最小方差波束成形为代表，这类方法是在一定的条件约束下形成某种准则最优的波束。20 世纪 70 年代，数字信号处理技术的迅速发展以及军事通信的特殊需求，智能天线被真正意义上应用到雷达声呐系统中。与此同时，致力于拓展空间分集的 MIMO 天线进一步推动了多天线用于无线通信领域，1996 年 Gerard J. Foschini 提出 BLAST 能够有效提高系统频谱利用率。而近年来出现的大规模 Massive MIMO 天线凭借天线数量的极大增加，对 5G 移动通信中毫米波信号传播的损耗能够有效补偿，并进一步提高频谱效率，被认为是 5G 移动通信中的关键技术，受到国内外的广泛关注。

总结一下，基于多天线的通信系统技术研究的主要内容如下。

(1) 智能天线基于阵列天线阵列处理技术控制和调整天线阵列方向图。

(2) MIMO 天线，基于空分复用和空间分集两种技术实现系统信道容量的增加。

（3）Massive MIMO 天线，显著增加天线阵列规模，信道稀疏性和信号处理方面均与 MIMO 天线有所不同。

在智能天线、MIMO 天线和 Massive MIMO 天线中，智能天线与 MIMO 天线均为相对小规模的天线系统，智能天线凭借信号处理能力，主要研究天线阵列方向图的控制，对方向图波束宽度、主瓣指向、旁瓣抑制以及依据干扰源方向产生零陷，更进一步地，凭借自适应算法自适应的控制方向图以适应干扰方向，形成鲁棒性的通信，而上述信号处理的前提是天线阵列间隔不能大于信号波长的一半以避免产生方向图栅瓣效应。而 MIMO 天线为了拓展空间复用能力，天线间隔一般要求远大于 10 倍的信号波长。Massive MIMO 天线由于天线规模增大，天线间隔普遍认为与智能天线一样为信号波长的一半，其研究将集中于智能天线信号处理的与 MIMO 天线预编码的优势互补。

4.2　多天线通信系统技术优势

4.2.1　智能天线

智能天线的理论基础主要集中于信号处理领域，如图 4.1 所示，通过信号统计与估计理论、信号处理及最优控制理论实现对自适应天线阵列的处理。自适应天线阵列的波束控制发展于 1960 年，R. T. DAMS 提出的自适应波束控制方案实现了天线阵列发送的自适应性。不同于频分多址 FDMA、时分多址 TDMA 和码分多址 CDMA 系统，依据智能天线形成的空分多址 SDMA 可以充分利用第四个维度即空间维度的资源，进一步增强通信系统容量。在 SDMA 中，智能天线系统可以通过在空间产生通往不同方向的波束，将发送信号在空间维度中进行相互隔离，即在相同的时频资源的情况下仍然在空间相互区分，实现通信能力的增强。

图 4.1　智能天线

智能天线波束成形算法分为已知统计量情况下的最优波束形成器和根据数据估计统计量的自适应波束形成器。在已知统计量情况下的最优波束形成器中，包括以最小方差无畸变 MVDR、最小均方误差 MMSE 和最小功率无畸变响应 MPDR 为准则的最优波束形成器，并以此为基础形成了较为稳健的线性约束最小方差 LCMV 和线性约束最小功率 LCMP 波束形成器等；而自适应波束形成器需要预先对数据统计量进行估计，包括对采样协方差矩阵求逆的采样矩阵求逆 SMI 技术以实现 MVDR 和 MPDR 波束形成器，通过递推方式实现矩阵求逆的递推最小二乘 RLS 技术以及依赖误差平面二次型特征的梯度算法等。

智能天线信号处理的另一个关键问题是信号源定位，估计信号到达角度 DoA（Direction of Arrival），S. Reddi 以数字信号处理的方式通过决定协方差矩阵的特征值与特征向量实现多信号源的定位。随后，Ralph Schmidt 提出了著名的超分辨率 DoA 信号源定位方法

MUSIC（Multiple signal classification），Kailath，T. 提出了 ESPRIT（Estimation of signal parameters via rotational invariance techniques），这两类 DoA 方法均是属于特征结构的信号子空间方法，其对于信号源定位的分辨率与阵列结构紧密相关，当天线阵列阵元数目大于信号源个数时，阵列接收信号构成低秩子空间从而确定唯一信号方位，通过奇异值分解 SVD 的方法找到信号空间谱估计来波方向 DoA。

在智能天线出现以前，在需要减少对临近区域干扰或者加强特定方向覆盖距离时，射频前端只能采用定向天线。而如果在此时需要进行全向扫描，则必须将定向天线进行旋转，每个时间片覆盖部分的扇区，这导致了全向扫描的效率受到机械旋转的影响。当采用智能天线以后，天线阵列在全向、不同方向图的定向之间进行切换时，只需要改变天线阵各个阵元的权重，它使得天线的方向图是可编程的，大大地提升了天线的多场景适用性，对高层的通信协议和系统设计奠定了更加丰实的基础。

智能天线具有灵活、抗干扰、提高频谱利用率、增加系统容量、增加基站覆盖面积、减小多径效应、便于实现定位等优势。智能天线的基本优势具有以下几点。

1. 灵活性

智能天线是一种具有灵活性的技术设备，在某种意义上它可以被当作是主瓣更灵活更窄的扇形天线。它利用天线阵列的强相关性，对各个天线进行加权叠加，使得天线方向图的主瓣方向对准目标用户，同时将零陷或低增益旁瓣对准干扰信号，有效地利用了有用信号和干扰信号的角度差异抑制了干扰。

2. 抗干扰

由于智能天线具有很好的方向性增益，能量的接收与发送主要集中于主瓣方向，同时智能天线具有较窄的主瓣宽度。当天线主瓣瞄准信号方向，低功率部分对准干扰信号，就能够使系统具有很好的抗干扰性能。当对准干扰方向的是智能天线的零陷时，此时无论干扰功率如何增大，系统也不会受其影响。良好的抗干扰性能不仅仅能够提高通信的质量，减少了传输误码，在蜂窝小区中还能明显降低频率复用因子。

3. 提高频谱利用率

智能天线在传输中引入了"空间"这个维度，能够同时同频向多个不同的方向发送多个波束，空间复用的结果是大大提高了频谱利用率。

4. 增加系统容量

由于智能天线具有很好的方向性增益和抗干扰性能，它能有效地减少小区间的同频干扰，达到降低频率复用因子的目的。除此以外，智能天线引入了空分复用，在无需大规模增加或改建新基站的情况下，依靠现有的通信基础设施就可以明显扩大系统容量。该技术具有很高的实用性且只需较低的投入成本。

5. 增加基站覆盖面积

采用智能天线的基站可以增大用户的定向覆盖区域，使得基站的实际覆盖面积更大。

6. 抗多径

当无线信道十分恶劣时，信号传播经过多次反射、折射、散射后，多径效应导致接收信号受到频率选择性衰落信道的影响。智能天线可以利用信号多径之间的到达角度差，对其进行分离接收和合并,从而具有抗多径的效果。

7. 辅助定位

采用智能天线的基站能够通过对接收信号的波达方向估计,获得移动端的方向信息,再结合可获得的定位时延信息和信号强度信息,能够提供更加准确的定位精度,它不仅可以用于紧急情况的呼叫定位,同时能够推动基于位置信息的服务的发展。

智能天线凭借以上优势在军用通信方面获得了广泛的应用,美国 Harris 公司采用多天线信号处理技术提供了高性能高密度的相控阵天线如图 4.2 所示,通过波束赋形能力满足在太空、空基、地面、移动和舰载平台等更加严格的通信环境下的通信需求,其相控阵天线技术能工作在包括 UHF、X-band、L-band、Ku-band、S-band、Ka-band、C-band、V-band 等广泛的频率范围,同时具有实现宽带和窄带通信等不同需求的相控阵天线系统,能够产生单一或多个波束,基于多天线信号处理技术自适应的产生"零陷"对抗干扰。

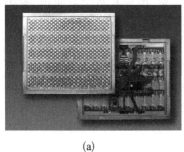  

(a) (b) (c)

图 4.2 智能天线应用

(a) Ka-band GEO 军事通信卫星发送阵列 (b) 空基遥测系统 (c) Comm-on-The-Move 阵列

Harris 公司的相控阵天线技术具有广泛的应用。在空间应用方面,其设计的工作于 Ka-band 的 GEO 军事通信卫星发送阵列,如图 4.2(a)所示,利用高效的天线单元与射频模块,能够产生单一波束并在正负 9 度范围内进行扫描。其为 NASA 设计的 Ka-band 发送阵列在正负 60 度范围内实现单波束扫描,并提供了高达 155 Mbps 用户相控阵列。而图 4.2(b)中的空基遥测系统则能够同时产生 10 个波束,在正负 60 度的方位角和正负 40 度的俯仰角范围内实现扫描,能够同时跟踪多个高速移动的目标。图 4.2(c)中的 Comm-on-The-Move 阵列支持 45 Mbps 的通信速率,自适应的调整"零陷"的方向,实现抗干扰通信,实现对通信目标的捕获、跟踪和校正。

4.2.2 MIMO 多天线

多输入多输出 MIMO(Multiple Input Multiple Output)凭借多天线收发实现通信容量的提升,在很多主流的标准如 IEEE 802.11n (Wi-Fi)、IEEE 802.11ac (Wi-Fi)、HSPA+(3G)、WiMAX (4G)和 Long Term Evolution (4G)中都得到了广泛的应用。MIMO 多天线早在 20 世纪 70 年代就已经出现在通信领域,如图 4.3 所示,主要集中于对多信道数字传输以及电缆相互干扰的研究。后来在无线通信领域利用 MIMO 多天线技术拓展空间分集,用以提升无线通信容量。1985 年贝尔实验室的 Jack Salz 研究高斯信道模型下的 MIMO 多天线多用户传输,除此之外 1996 年 Gerard J. Foschini 首次提出 BLAST(Bell Laboratories Layer Space-Time)架构在无线通信中基于 MIMO 多天线提供空间多路复用的能力,在高度散射的无线信道中挖掘多径分集。1998 年 Naguib 等人提出的空时码(space time code)提升了无线通信传输的可靠性,通过多数据流中引入冗余数据在接收端实现可靠解码。同年,Wolniansky 等人提出的 V-BLAST(Vertical-Bell Laboratories Layered Space-Time)实现了 20 bit/s/Hz 的频谱利用率。

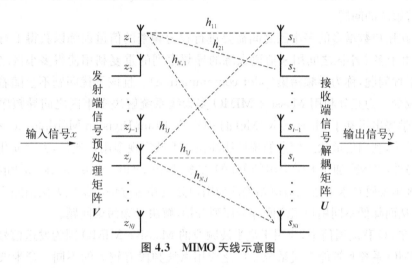

图 4.3　MIMO 天线示意图

20 世纪以来,国际高级移动通信标准 IMT Advanced(International Mobile Telecommunications-Advanced)采用 MIMO 多天线技术,旨在通过多天线以及多用户 MIMO 实现超高频谱利用率,提供更高的通信数据率以及容量。

采用 MIMO 多天线技术的优势在于以不增加系统占用带宽为前提,进一步将系统容量提升数倍乃至数十倍,因此极大地提高了频谱利用率,使系统在有限的带宽下获得更高的传输速率,通常情况下 MIMO 多天线能够在室内环境中实现 20～40 bit/s/Hz 的频谱效率。

4.2.3　Massive MIMO

下一代移动通信系统(5G)将极大提升可用的带宽以支持更高的数据率。但是,为了保障正常接收,宽带信号需要更高的发射功率和接收天线增益。Massive MIMO 凭借大规模天线阵列提供的对发送信号功率增强的能力,成为 5G 的关键技术之一。不同于 MIMO 多天线系统,如图 4.4 所示的 Massive MIMO 系统通常具有上百个天线阵元,数目远大于当前 LTE 系统中的 4/8 个天线阵元,天线间具有较强的相干性;相较于传统的智能天线系统,能够产生极窄波束宽度的波束,避免了不同波束之间相互干扰,更加适用于时频资源之外空间资源的利用。

图 4.4　Massive MIMO 示意图

Massive MIMO 应用于 5G 系统中面临着极大的挑战,需要解决因天线数目急剧增加引入的复杂度、能量消耗和成本方面大幅提升的问题。因此,出现了模拟数字混合的天线阵列结构。与传统的全数字天线阵列结构不同的是,模拟数字混合结构不再是天线数目与射频通路——对应,通过射频通路数目的减少,降低了 AD/DA 数模/模数转换电路、功率放大器的数目,从而减少天线阵列的硬件复杂度、能量消耗和成本。但是模拟数字混合因此导致了 Massive MIMO 系统性能的损失,与此同时,其与之对应的赋形算法也成为 NP-hard 问题,是一个亟待解决的问题。

此外,在用户数增多的多小区之间需要进行较为频繁的信道训练以获得下行信道状态信息 CSI,由于多个小区之间用来信道训练的导频序列的重复利用使得多小区之间存在导频序列的干扰问题,称为导频污染(pilot contamination)。且该干扰问题不会随着天线数目的增加而减少。为充分利用 Massive MIMO 多天线系统解决多小区之间导频序列干扰问题,东南大学提出了基于 Massive MIMO 的 BDMA(Beam Division Multiple Access)波束分多址传输系统,利用信道状态信息的统计特性在波束域实现多用户通信,大大简化了信道估计开销。另外,美国南加州大学提出的 JSDM 方案(Joint Spatial division and multiplexing),在提出的分级预编码技术中按照信道相关性为用户分组并通过快对角化方法消除不同用户组之间干扰,从而降低不同用户组之间导频序列开销,解决导频污染问题。

同时,在 5G 移动通信中,应用于毫米波频段的 Massive MIMO 因为发送信号传播方式与传统 MIMO 系统和智能天线系统需广泛应用微波频段有较大的不同。毫米波频段的电磁波在传播过程中经过有限次折射和反射,具有有限散射的特征,多径分量有限,因此其通信信道建模与传统的 MIMO 系统具有较大的不同,且因有限散射而具有稀疏性,这给通信系统信道估计带来了新的契机。同时,由于天线数目急剧增加,传统信道估计方法因为将会产生极大的开销而不再适用,因此一些新的信道估计方法相继被提出,采用压缩感知的方法,针对有限散射的毫米波信道稀疏性对信道进行估计。

4.3 多天线信号处理的数学基础

4.3.1 智能天线阵列波束赋形

智能天线阵列利用复增益组合阵列传感器,根据空时场内信号的空域相关性对信号进行增强或抑制,即空域滤波。自然界内声波、电磁波的干涉、衍射现象,可以看作是一种简单的空域滤波。

考虑一个由 N 阵元组成的天线阵列,阵元的位置矢量为 $\boldsymbol{p}_n = [x_n, y_n, z_n]$,如图 4.5 所示。为了描述方便,假设外场信号以光速 c 沿单位方向矢量 $\boldsymbol{a}(\theta, \varphi)$ 传播(远场条件)。阵元在位置 $\boldsymbol{p}_n: n = 0, 1, \cdots, N-1$ 上对信号场进行空域采样。我们感兴趣的是阵列对信号场的响应。

设 $x(t)$ 是坐标原点接收到的信号,考虑阵元的空间分布导致的信号接收时延,阵列的

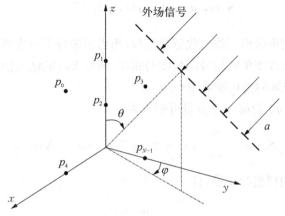

图 4.5　N 阵元阵列

输入信号矢量可表示为

$$s(t, \boldsymbol{p}) = [x(t - \tau_0), x(t - \tau_1), \cdots, x(t - \tau_{N-1})]^{\mathrm{T}}, \tag{4.1}$$

其中 $[\cdot]^{\mathrm{T}}$ 表示转置。延时为

$$\tau_n = \frac{\boldsymbol{a}^{\mathrm{T}} \boldsymbol{p}_n}{c}. \tag{4.2}$$

利用一个线性时不变滤波器对 n 个阵元接收信号进行处理,该滤波器的冲激响应为 $h_n(\tau)$,得到阵元的输出信号。将所有阵元的输出求和,则得到阵列的实际输出 $y(t)$,$y(t)$ 可表示为

$$
\begin{aligned}
y(t) &= \sum_{n=0}^{N-1} \int_{-\infty}^{\infty} h_n(t - \tau) s_n(\tau, \boldsymbol{p}_n) \mathrm{d}\tau \\
&= \int_{-\infty}^{\infty} \boldsymbol{h}^{\mathrm{T}}(t - \tau) s(\tau, \boldsymbol{p}) \mathrm{d}\tau,
\end{aligned} \tag{4.3}
$$

其中,

$$\boldsymbol{h}(\tau) = [h_0(\tau), h_1(\tau), \cdots, h_{N-1}(\tau)]^{\mathrm{T}}. \tag{4.4}$$

对式(4.3)进行傅里叶变换得到

$$
\begin{aligned}
Y(\omega) &= \int_{-\infty}^{\infty} y(t) \mathrm{e}^{-\mathrm{j}\omega t} \mathrm{d}t \\
&= \boldsymbol{H}^{\mathrm{T}}(\omega) \boldsymbol{S}(\omega, \boldsymbol{p}),
\end{aligned} \tag{4.5}
$$

其中

$$\boldsymbol{H}(\omega) = \int_{-\infty}^{\infty} \boldsymbol{h}(t) \mathrm{e}^{-\mathrm{j}\omega t} \mathrm{d}t, \tag{4.6}$$

且

$$S(\omega, \boldsymbol{p}) = \int_{-\infty}^{+\infty} s(t, \boldsymbol{p}) e^{-j\omega t} dt. \tag{4.7}$$

需要说明的是,波束赋形天线接收宽带信号,相当于进行了一次空域滤波。对于窄带信号,空域滤波器通常只改变单频信号的幅度与相位,即对天线的输入信号乘以复数权重因子$\boldsymbol{\upsilon}$,这一点将在均匀线阵的波束赋形中介绍。

式(4.7)中$S(\omega, \boldsymbol{p})$的第$n$个分量可表示为

$$S_n(\omega) = \int_{-\infty}^{+\infty} x(t - \tau_n) e^{-j\omega t} dt = e^{-j\omega \tau_n} X(\omega), \tag{4.8}$$

其中$F(\omega)$为$f(t)$的傅里叶变换,且

$$\omega \tau_n = \frac{\omega}{c} \boldsymbol{a}^{\mathrm{T}} \boldsymbol{p}_n, \tag{4.9}$$

局部均匀介质中的平面波,可定义波数$\boldsymbol{k}$为

$$\boldsymbol{k} = \frac{\omega}{c} \boldsymbol{a} = \frac{2\pi}{\lambda} \boldsymbol{a}, \tag{4.10}$$

比较式(4.9)和式(4.10)得到

$$\omega \tau_n = \boldsymbol{k}^{\mathrm{T}} \boldsymbol{p}_n. \tag{4.11}$$

定义

$$\boldsymbol{\upsilon}_k(\boldsymbol{k}) = [e^{-j\boldsymbol{k}^{\mathrm{T}} \boldsymbol{p}_0}, e^{-j\boldsymbol{k}^{\mathrm{T}} \boldsymbol{p}_1}, \cdots, e^{-j\boldsymbol{k}^{\mathrm{T}} \boldsymbol{p}_{N-1}}]^{\mathrm{T}}, \tag{4.12}$$

可以定义$S(\omega)$为

$$S(\omega) = X(\omega) \boldsymbol{\upsilon}_k(\boldsymbol{k}). \tag{4.13}$$

通过式(4.13)可看出,阵列接收信号变换域$S(\omega)$可分为两部分的乘积,一部分为信号自身的傅里叶变换,另一部分为矢量$\boldsymbol{\upsilon}_k(\boldsymbol{k})$,其包含了阵列与信号的所有空间特征,称为阵列流行矢量。

结合式(4.5)以及式(4.13)得到

$$Y(\omega, \boldsymbol{k}) = \boldsymbol{H}^{\mathrm{T}}(\omega) \boldsymbol{\upsilon}_k(\boldsymbol{k}) X(\omega). \tag{4.14}$$

式(4.14)表示阵列对输入信号$x(t)$的频域响应。将式(4.14)中的含频率、波数的因子分离,得到

$$\Upsilon(\omega, \boldsymbol{k}) = \boldsymbol{H}^{\mathrm{T}}(\omega) \boldsymbol{\upsilon}_k(\boldsymbol{k}), \tag{4.15}$$

称$\Upsilon(\omega, \boldsymbol{k})$为阵列的频率-波数响应函数。它描述了一个给定阵列对于波数为$\boldsymbol{k}$,频率为ω的平面波的复增益,由阵列的冲激响应频域表示$\boldsymbol{H}^{\mathrm{T}}(w)$与流行矢量$\boldsymbol{\upsilon}_k(\boldsymbol{k})$构成。在实际物理应用中,直角坐标系下的任何一种电磁外场都可以由$\boldsymbol{k}$空间内所有平面波叠加而成,$\Upsilon(\omega, \boldsymbol{k})$可以用于描述任何实际的外场输入的阵列输出。

定义阵列的波束方向图为阵列对频率为 ω，波数为 $\dfrac{2\pi}{\lambda}\boldsymbol{a}(\theta,\varphi)$ 的平面波的频率-波数响应函数，或者写成

$$B(\omega:\theta,\varphi)=\Upsilon(\omega,\boldsymbol{k})\mid_{k=\frac{2\pi}{\lambda}a(\theta,\varphi)}, \tag{4.16}$$

其中 $\boldsymbol{a}(\theta,\varphi)$ 如前所述为空域单位方向矢量。阵列的波束方向图是确定阵列性能的关键要素。

在此以 M 阵元均匀线阵为例介绍波束赋形过程，其阵列示意图如图 4.6 所示。天线阵相邻阵元间距均为 d。若窄带信号 $x(t)$ 以与天线阵法线呈 θ 的角度入射，每个天线阵元上接收到的信号具有一定的相差。阵元的间距很小，可以认为各个阵元接收到的信号幅值相同，且天线的线性时不变滤波器的冲激响应函数为变幅移相函数。线阵中任意相邻阵元间信号的相位差为 $2\pi d\sin\theta/\lambda$。则对应 θ 方向的阵列流行矢量为

$$\boldsymbol{v}\big[\boldsymbol{k}(\theta)\big]=[1,\mathrm{e}^{\mathrm{j}2\pi 1 d\sin\theta/\lambda},\mathrm{e}^{\mathrm{j}2\pi 2 d\sin\theta/\lambda},\cdots,\mathrm{e}^{\mathrm{j}2\pi(M-1)d\sin\theta/\lambda}]^{\mathrm{T}}. \tag{4.17}$$

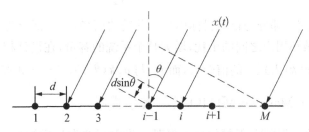

图 4.6　均匀线阵接收示意图

考虑天线馈入的高斯白噪声为 $\boldsymbol{n}(t)\in\mathbb{C}^{M\times 1}$，则阵列输入信号 $\boldsymbol{s}(t,\boldsymbol{p})$ 可表示为（单频波近似）

$$\boldsymbol{s}(t,\boldsymbol{p})=[1,\mathrm{e}^{\mathrm{j}2\pi d\sin\theta/\lambda},\mathrm{e}^{\mathrm{j}2\pi 2 d\sin\theta/\lambda},\cdots,\mathrm{e}^{\mathrm{j}2\pi(M-1)d\sin\theta/\lambda}]^{\mathrm{T}}x(t)+\boldsymbol{n}(t), \tag{4.18}$$

当阵列天线上接收的信号来自 L 个信号源，且每个信号源的信号以不同的角度 θ_1，θ_2，$\cdots$，θ_L 入射。阵列天线的输入信号矢量为 $\boldsymbol{s}(t,\boldsymbol{p})=[s_1(t),s_2(t),\cdots,s_M(t)]^{\mathrm{T}}$，每个分量 $s_i(t)$，$i=1,2,\cdots,M$ 为天线阵元 i 接收到的信号，L 个信号源发送的窄带信号矢量 $\boldsymbol{x}(t)=[x_1(t),x_2(t),\cdots,x_L(t)]^{\mathrm{T}}$，$x_k(t)$ 为第 k 个入射信号，则

$$s_i(t)=\sum_{k=1}^{L}\mathrm{e}^{\mathrm{j}2\pi(i-1)d\sin\theta_k/\lambda}\cdot x_k(t), \tag{4.19}$$

阵列输入信号矢量为

$$\boldsymbol{s}(t)=\boldsymbol{A}(\theta_1,\theta_1,\cdots,\theta_L)\boldsymbol{x}(t)+\boldsymbol{n}(t) \tag{4.20}$$

其中 $\boldsymbol{A}(\theta_1,\theta_1,\cdots,\theta_L)$ 为流行矩阵，第 j 列为波数 $\boldsymbol{k}(\theta_j)$ 对应的流行矢量 $\boldsymbol{v}[\boldsymbol{k}(\theta_j)]$。$\boldsymbol{x}(t)=[x_1(t),x_2(t),\cdots,x_L(t)]^{\mathrm{T}}$ 为窄带信号矢量，$\boldsymbol{n}(t)$ 为高斯白噪声。

考虑单波束 $L=1$ 时，令 $\boldsymbol{w}=[w_1,w_2,\cdots,w_M]^{\mathrm{T}}$ 代表天线权重矢量，假设期望的阵列

输出波束信号为 $y(t)$，则权重矢量 w 需要满足

$$y(t) = w^{\mathrm{H}} s(t, p) = w^{\mathrm{H}} v[k(\theta)] x(t) + n(t), \tag{4.21}$$

其中 $[\cdot]^{\mathrm{H}}$ 表示共轭转置。

考虑多波束 $L > 1$ 的情况，天线阵列产生多个具有指向性的波束。假设期望的 L 个方向的输出信号矢量为 $y(t) = [y_1(t), y_2(t), \cdots, y_L(t)]^{\mathrm{T}}$，$L$ 个波束的权重矢量构成的矩阵为 $W = [w_1, w_2, \cdots, w_L]$。则需要设计 W 使其满足

$$y(t) = W^{\mathrm{H}} s(t, p) = w^{\mathrm{H}} A(\theta_1, \theta_2, \cdots, \theta_L) x(t) + n(t). \tag{4.22}$$

忽略白噪声的影响，对于天线阵列每个方向的输出有

$$
\begin{aligned}
y_i(t) &= w_i^{\mathrm{H}} \sum_{k=1}^{L} v[k(\theta_k)] x_k(t) \\
&= w_i^{\mathrm{H}} v[k(\theta_i)] x_i(t) + \sum_{k=1, k \neq i}^{L} w_i^{\mathrm{H}} v[k(\theta_k)] x_k(t)
\end{aligned}
\tag{4.23}
$$

在式(4.23)中，前一部分为指向目标用户 i 发送的信号，后一部分为其他用户对目标用户 i 的干扰。为了减小用户之间的干扰，增大整个系统的容量，在设计权重矢量 w_i 的时候，应该尽量使得 $|w_i^{\mathrm{H}} v[k(\theta_i)]|$ 的值较大，而 w_i 与 $v[k(\theta_j)]$，$j \neq i$ 正交。

4.3.2 MIMO/Massive MIMO 天线数学模型

在慢衰落 MIMO 信道下，射频信号 z 经某一发射天线发送后被另一接收天线接收，接收信号 s 相当于原信号乘以一个复增益系数 h。以 Point-to-point MIMO 系统为例，如图 4.6。MIMO 系统中，发射端分布 N_t 支发射天线，接收端分布 N_r 支接收天线，信道矩阵为 $H = (h_{ij}) \in \mathbb{C}^{N_r \times N_t}$。

对任意的矩阵 H，可进行如下的奇异值分解(singular value decomposition，SVD)：

$$H = U \Sigma V^{\mathrm{H}}, \tag{4.24}$$

其中 $U \in \mathbb{C}^{N_r \times N_r}$ 以及 $V \in \mathbb{C}^{N_t \times N_t}$ 为酉矩阵，$\Sigma \in \mathbb{C}^{N_r \cdot N_t}$ 是 H 的奇异值 $\{\sigma_i\}$ 构成的对角阵。这些奇异值中有 $r(H)$ 个不为零，且 $\sigma_i = \sqrt{\lambda_i}$，其中 λ_i 为 HH^{H} 的第 i 个特征值。因为 H 的秩 $r(H)$ 不可能超过它的行数或列数，所以 $r(H) \leqslant \min(N_t, N_r)$。满秩的情形称为富散射环境(rich scattering environment)，此时 $r(H) = \min(N_t, N_r)$。其他情况可能是低秩的，若某个信道 H 的元素高度相关，其秩可能会降为 1。

多流信号矢量 $x = p[x_1, x_2, \cdots, x_{N_t}]^{\mathrm{T}}$，$\dim(x) \leqslant \min\{N_r, N_t\}$ 输入 MIMO 系统，经发射端变为射频信号。可将发射天线看作线性时不变滤波器，其对数据流 x 进行预处理后，形成射频数据流 z。在信道矩阵 H 已知的情况下，可令预编码矩阵为 V，发射信号表示为

$$z = Vx = [z_1, z_2, \cdots, z_{N_t}]^{\mathrm{T}}. \tag{4.25}$$

信号 z 经过 MIMO 信道被接收天线接收，接收到的信号矢量用 $s = [s_1, s_2, \cdots, s_{N_r}]^{\mathrm{T}}$

表示，考虑接收端馈入的高斯白噪声为 $n(t) \in \mathbb{C}^{N_r \times 1}$，则

$$s = Hz + n, \tag{4.26}$$

信号 s 经接收天线接收，依据信道矩阵 H，选取解耦矩阵为 U_H，接收端输出信号 y，可表示为

$$y = U^H s, \tag{4.27}$$

则整个过程输入与输出可表示为

$$\begin{aligned}
y &= U^H s = U^H(Hz + n) \\
&= U^H HVx + U^H n \\
&= U^H U\Sigma V^H Vx + U^H n \\
&= \Sigma x + \tilde{n},
\end{aligned} \tag{4.28}$$

其中 $\tilde{n} = U^H n$，注意到酉矩阵不改变噪声的分布，故 $\tilde{n}$ 与 n 是同分布的。式(4.28)表明，合适的预编码与解耦将 MIMO 信道变为 $r(H)$ 个独立的并行信道。并行信道互不干扰，使得最大似然解调的复杂度随 $r(H)$ 线性增长。$r(H)$ 又称为 MIMO 信道的自由度（degree of freedom）。

MIMO 信道的容量是 SISO 信道的互信息公式在矩阵信道下的扩展。在静态信道下，接收端可以容易地对 H 做出很好的估计，因此本节假设有接收端信道边信息（channel side information at the receiver，CSIR）。在此假设下，信道容量由信道输入向量 x 和输出向量 y 之间的互信息确定

$$C = \max_{p(x)} I(X; Y) = \max_{p(x)} [H(Y) - H(Y \mid X)], \tag{4.29}$$

其中 $H(Y)$ 是 y 的熵，$H(Y \mid X)$ 是 $y \mid x$ 的熵。

若给定输入向量 x 的协方差矩阵为 $R_x = E[xx^*]$，且 $\mathrm{Tr}(R_x) = \rho$，ρ 为信噪比，$\mathrm{Tr}(\cdot)$ 为矩阵的迹算符。那么 MIMO 信道输出 y 的协方差矩阵 R_y 为

$$R_y = E[yy^H] = HR_x H^H + I_{N_r}, \tag{4.30}$$

可以证明，给定协方差矩阵为 R_y 的所有随机向量中，零均值循环对称复高斯（zero-mean，circularly symmetric complex Gaussian，ZMCSCG）随机向量的熵最大。而仅当输入向量 x 满足零均值循环对称复高斯分布时，y 满足零均值循环对称复高斯分布，所以零均值循环对称复高斯分布是式(4.29)中 x 的最佳分布，功率约束条件是 $\mathrm{Tr}(R_x) = \rho$。于是，我们有 $H(n) = B\log_2 \det[\pi e I_{N_r}]$，$H(Y) = B\log_2 \det[\pi e R_y]$，其中 $\det[\cdot]$ 表示矩阵行列式。从而互信息为

$$I(X; Y) = B\log_2 \det[I_{N_r} + HR_x H^H]. \tag{4.31}$$

MIMO 信道的容量就是遍历所有满足功率约束条件的输入协方差矩阵 R_x，使式(4.31)的互信息最大，即

$$C = \max_{\boldsymbol{R_x}\,:\,\mathrm{Tr}(\boldsymbol{R_x})=\rho} B\log_2 \det[\boldsymbol{I}_{N_r} + \boldsymbol{H}\boldsymbol{R_x}\boldsymbol{H}^{\mathrm{H}}]. \tag{4.32}$$

在不同的 CSI 情形下,式(4.32)有不同的具体形式。例如发射端和接收端都已知信道矩阵 $\boldsymbol{H}$ 时,将奇异值分解(4.24)代入(4.32),利用酉矩阵性质可以得到发射端与接收端都已知信道时 MIMO 信道的容量为

$$C = \max_{\rho_i\,:\,\sum_i \rho_i \leqslant \rho} \sum_{i=1}^{r(\boldsymbol{H})} B\log_2(1+\sigma_i^2\rho_i), \tag{4.33}$$

其中 $r(\boldsymbol{H})$ 是信道矩阵 $\boldsymbol{H}$ 的非零奇异值的个数,ρ_i 是第 i 个并行信道的信噪比。

4.4 多天线通信系统的关键算法

4.4.1 智能天线

波束形成(beamforming)是阵列信号处理的重点领域,也是智能天线系统中的核心研究内容。对于由多天线组成的阵列,通过射频链路对每根天线接收到的信号进行加权空域滤波,波束形成技术可实现在来波角度形成主瓣从而增强阵列方向性,干扰方向形成零陷从而抑制空间干扰,提高阵列输出 SINR 从而抑制环境噪声等功能,波束形成技术现已广泛应用于通信、雷达、导航、声呐、语音处理等空间信息获取与处理领域。该领域中学者们对传统的波束形成算法进行了大量的研究。传统的波束形成假设信道是理想信道,信号从发射端到接收端无畸变,不考虑信道的相关信息。根据算法处理对象的不同,传统波束形成算法可分为基于方向估计的自适应算法、基于训练信号或参考信号的算法、基于信号结构的波束形成算法等。根据是否需要发射参考信号可分为盲估计算法和非盲估计算法等。本节主要介绍基于 DOA 信息的 LCMV 及 MVDR 算法。

1. LCMV 算法

线性约束最小方差(linearly constrained minimum variance,LCMV)算法由 Frost 提出。该算法的目标就是选择合适的权重因子,使用一部分自由度在期望的观测方向形成一个波束,保证有效信号的增益保持为常数;同时利用剩余的自由度,在干扰方向形成零陷,在此基础上,该算法还增加了一个能够使天线阵列输出功率最小的约束条件,这样就能对漏估的干扰进行很好的抑制,使输出功率最小,从而得到最佳信噪比。使用该算法时需首先估计出来波角度和干扰信号的角度。

对于 N 根天线构成的阵列波束形成器,对其接收到信号 $\boldsymbol{y}(t)$ 进行采样,可得阵列输出 $\boldsymbol{y}(n)$,其等于 N 维权向量 $\boldsymbol{w}$ 和 N 维数据向量 $\boldsymbol{x}(n)$ 的点积,即,

$$\boldsymbol{y}(n) = \boldsymbol{w}^{\mathrm{H}}\boldsymbol{x}(n) \tag{4.34}$$

输出信号方差为,

$$E[\,|\,\boldsymbol{y}(n)\,|^2] = \boldsymbol{w}^{\mathrm{H}}\boldsymbol{R}\boldsymbol{w} \tag{4.35}$$

LCMV 准则即为选择合适的 w，使得在对 w 有一定条件约束下的输出方差（功率）最小，我们可以列出最优化目标方程和约束，

$$\min \quad w^{\mathrm{H}} R w \tag{4.36}$$
$$\mathrm{s.t.} \quad C^{\mathrm{H}} w = f$$

其中，$R = E[xx^{\mathrm{H}}]$ 为 $N \times N$ 维矩阵，其为输入矢量 $x(n)$ 的相关矩阵，若设定阵列的 M 个线性约束条件，即指定 M 个不同方向上波束水平，则 w 为 $M \times 1$ 维的加权矢量，$C = [a(\theta_1, \varphi_1) \quad a(\theta_2, \varphi_2) \quad \cdots \quad a(\theta_M, \varphi_M)]$ 为 $N \times M$ 维的约束矩阵，其每一列向量的物理为含义为对应 (θ_i, φ_i) 方向上的流行矢量，$f = [1 \quad 0 \quad \cdots \quad 0]^{\mathrm{T}}$，为 $N \times 1$ 维的约束值矢量，其第 i 个元素表示 (θ_i, φ_i) 方向上设定的辐射水平。在一组角度上的期望响应，解一个有约束的自适应波束形成器问题，其结果就称为线性约束最小方差波束形成器。

因此输出功率

$$P_{\mathrm{out}} = \frac{1}{2} E[|y(n)|^2] = \frac{1}{2} E[(w^{\mathrm{H}} x(n))(w^{\mathrm{H}} x(n))^{\mathrm{H}}] = \frac{1}{2} w^{\mathrm{H}} R w \tag{4.37}$$

构造拉格朗日函数 $L(w)$

$$L(w) = \frac{1}{2} w^{\mathrm{H}} R w + \lambda (C^{\mathrm{H}} w - f) \tag{4.38}$$

其中 λ 为 $M \times 1$ 维的 Lagrange 乘数矢量，这是因为该最优化问题采用了 M 个约束条件。

要求 $\nabla_w L(w)$，即要找到 $L(w)$ 的极小点，也就是标量函数对向量的偏导数。根据矩阵理论的相关知识，标量函数 $L(w)$ 对向量 $w = [w_0, w_1, \cdots, w_{N-1}]^{\mathrm{T}}$ 的偏导数定义为，

$$\frac{\partial L(w)}{\partial w} = \begin{bmatrix} \dfrac{\partial L(w)}{\partial w_0} \\ \dfrac{\partial L(w)}{\partial w_1} \\ \vdots \\ \dfrac{\partial L(w)}{\partial w_{N-1}} \end{bmatrix} \tag{4.39}$$

利用这一定义，可以得到

$$\frac{\partial w^{\mathrm{H}} R w}{\partial w} = 2 R w \tag{4.40}$$

$$\frac{\partial C^{\mathrm{H}} w}{\partial w} = C \tag{4.41}$$

令 $\nabla_w L(w) = 0$，可得：

$$R w + C \lambda = 0 \tag{4.42}$$

所以，最优加权矢量就是：

$$w_{opt} = -R^{-1}C\lambda \tag{4.43}$$

为了计算 w_{opt}，必须求得 λ。因为 w_{opt} 应满足约束方程，所以，

$$C^H w_{opt} = -C^H R^{-1}C\lambda = f \tag{4.44}$$

$$\lambda = -[C^H R^{-1}C]^{-1}f \tag{4.45}$$

代入可以得到权向量解为，

$$w_{opt} = \frac{R^{-1}C}{C^H R^{-1}C}f \tag{4.46}$$

若我们认为自相关矩阵 R 为单位对角阵，那么 R^{-1} 也是单位对角阵，所以权矩阵可以简化为，

$$w_{opt} = C(C^H C)^{-1}f \tag{4.47}$$

如图 4.7 所示为 15 阵元均匀线阵 LCMV 赋型后的波束图，其中阵元为无方向性的 dipole 天线，阵元间距为半波长，工作频率在 5 GHz，主瓣角度为 0°，零陷角度在 30°。由图 4.7 可以看出阵列不仅在 0°形成了主瓣，而且在 30°方向上出现了零陷，阵列能很好地抑制来自 30°方向上的干扰信号。

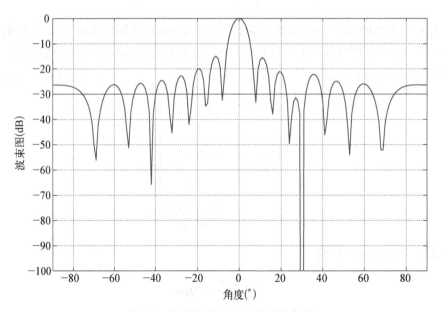

图 4.7　均匀线阵 LCMV 赋型波束图

2. MVDR 算法

Capon 提出了最小方差无失真（minimum variance distortionless response, MVDR）波束形成器。该波束形成器能在存在干扰信号的空间下工作，自适应地得到干扰信号方向上存在零陷的波束图而无需预判干扰信源。虽然其稳定性不及 LCMV 算法，但是因为它可以对盲干扰进行约束和抑制，所以在一些特殊场景下也有广泛的应用。

与 LCMV 算法相似，对于 N 根天线构成的波束形成器，阵列输出噪声协方差为

$$E[\sigma_{yn}^2]=w^{\mathrm{H}}\boldsymbol{R}_n w \tag{4.48}$$

其中，σ_{yn}^2 为噪声功率，该算法的原理为让来波角度的信号无失真输出，而使波束输出噪声方差最小，因而，该问题可以表述为

$$\begin{aligned} &\min \quad w^{\mathrm{H}}\boldsymbol{R}_n w \\ &\text{s.t.} \quad |w^{\mathrm{H}}\boldsymbol{a}(\theta_0)|=1 \end{aligned} \tag{4.49}$$

其中，$\boldsymbol{a}(\theta_0)$ 为 $N\times 1$ 维向量，是目标方向的导向矢量，$\boldsymbol{R}_n$ 为 $N\times N$ 维矩阵，是噪声的协方差矩阵。

我们可以发现，这个最优化问题与 LCMV 算法中的最优化问题非常相像，它们可以通过相似的方法对其求解，得到最小方差响应无畸变最优权矢量 w_{MVDR}，

$$w_{\mathrm{MVDR}}=\frac{\boldsymbol{R}_n^{-1}\boldsymbol{a}(\theta_0)}{\boldsymbol{a}^{\mathrm{H}}(\theta_0)\boldsymbol{R}_n^{-1}\boldsymbol{a}(\theta_0)} \tag{4.50}$$

不难看出，MVDR 算法即是线性条件取 $|w^{\mathrm{H}}\boldsymbol{a}(\theta_0)|=1$ 时的 LCMV 算法。

图 4.8 所示为阵列使用 MVDR 算法赋型时的波束图。阵列的各个参数与 LCMV 相同。阵列接收到的信号为 $0°$ 的期望信号和 $30°$ 的干扰信号。由图 4.8 中可以看出，为了使总体噪声最小，MVDR 波束形成器在干扰信号方向上自适应地生成零陷来抑制干扰信号，虽然 MVDR 算法生成的零陷没有 LCMV 算法深，但其能在未知干扰方向时自动生成零陷以抑制干扰，因而较为实用。

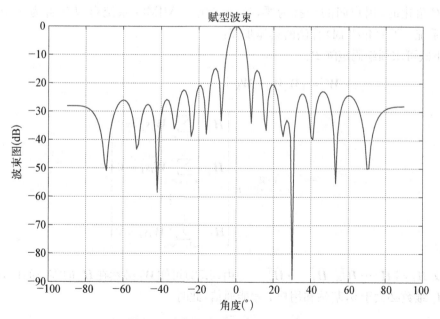

图 4.8 均匀线阵 MVDR 赋型波束图

传统的波束形成能够在需要的方向上形成波瓣,在干扰方向上形成零线从而实现阵列对空间的复用。空分多址接入(SDMA)与之类似,为了提高通信资源的效率,通过同一频率和时间上向多个用户发送信息可大大提高网络的吞吐量。然而要实现空分多址,多用户间的干扰是必须解决的问题。为了抑制用户间的干扰,多采用预编码(precoding)的手段。该技术主要是利用 CSI(信道信息状态,Channel State Information),通过一些算法对要发送的信号进行加权处理,这些工作是在基站完成的,接收端只需对接受的信号进行相应的单用户检测即可解调出相应的信息。由于运用了信道状态信息,且基本思想与传统的波束形成类似,因而可以看成是基于信道信息的 BF。人们对预编码算法进行了大量研究,根据处理方法是否为线性可分为线性预编码算法例如 BD 算法(BlockDiagonalization)、ZF - CI 算法(Zero - Forcing Channel Inversion)等和非线性预编码算法如脏纸编码算法(DPC)等,本节主要介绍复杂度较低且得到广泛应用的块对角(BD)算法。

假设一小区内有 L 个用户共用一个基站,基站端有 N_T 根发射天线,第 i 个用户有 N_{R_i} 根天线,从基站到第 i 个用户的信道矩阵为 H_i,维数为 $N_{R_i} \times N_T$。对用户 i,令用户发送的数据为 s_i,对应的预编码矩阵为 W_i。则第 i 个用户的接收信号为

$$x_i = \sum_{j=1}^{L} H_i W_j s_j + n_i = H_i W_s s_s + n_i \tag{4.51}$$
$$= H_i W_i s_i + H_i \widetilde{W}_i \widetilde{s}_i + n_i$$

$\widetilde{W}_i$ 表示除了 i 外其他所有用户的预编码矩阵,$\widetilde{s}_i$ 表示除了 i 之外其他用户的发送信号。$H_i W_i s_i$ 为有用信号,$H_i \widetilde{W}_i \widetilde{s}_i$ 为其他用户对用户 i 的干扰信号。若小区基站已知全部信道信息 $H_S = [H_1^T H_2^T \cdots H_L^T]^T$,则若选择合适的 $\widetilde{W}_i$ 可使 $H_i \widetilde{W}_i \widetilde{s}_i$ 为 0,那么其余用户便不会对用户 i 产生干扰。BD 算法的原理是计算合适的预编码矩阵 $W_s = [W_1 W_2 \cdots W_L]$,使得 $H_s W_s$ 为分块对角化时,用户间的干扰为零,这样多用户 MIMO 系统可以分解为多个单用户 MIMO 系统。下面介绍 BD 算法的具体步骤:

由下式可求预编码矩阵 P:

$$W_s = [W_1 W_2 \cdots W_K]$$

$$= \mathop{\arg}_{0 < trace(w_i w_i^H) \leqslant P_i} \begin{cases} H_1 \sum\limits_{i=1, i \neq 1}^{L} W_i s_i = 0 \\ H_2 \sum\limits_{i=1, i \neq 2}^{L} W_i s_i = 0 \\ \vdots \\ H_L \sum\limits_{i=1, i \neq L}^{L} W_i s_i = 0 \end{cases} \tag{4.52}$$

定义 $\widetilde{H}_i = [\widetilde{H}_1^T \cdots \widetilde{H}_{i-1}^T \widetilde{H}_{i+1}^T \cdots \widetilde{H}_L^T]^T$。由(4.52)可知 W_i 必然在 $\widetilde{H}_i$ 的零空间内,若 W_i 存在,则 $\widetilde{H}_i$ 维数必大于 0,基站和用户 i 才能通信,此时

$$\text{rank}(\widetilde{H}_i) < n_T \tag{4.53}$$

因而对信道矩阵 H_s，使用 BD 算法的前提是满足(4.53)时

$$n_T > \max\{\mathrm{rank}(\tilde{H}_1), \cdots, \mathrm{rank}(\tilde{H}_L)\} \tag{4.54}$$

除此之外 BD 算法还必须满足用户信道独立性条件。假定用户都满足维数条件,利用 (4.55)和(4.56)对干扰用户矩阵 $\tilde{H}_i$ 分解奇异值。

$$\tilde{H}_i = \tilde{U}_i \Sigma [\tilde{V}_i^{(1)} \quad \tilde{V}_i^{(0)}]^{\mathrm{H}} \tag{4.55}$$

$$\tilde{k}_i = \mathrm{rank}(\tilde{H}_i) \leqslant n_R - n_{R_i} \tag{4.56}$$

其中前 $\tilde{L}_i$ 个右奇异值向量构成了 $\tilde{V}_i^{(1)}$，后 $n_T - \tilde{L}_i$ 个右奇异值向量构成了 $\tilde{V}_i^{(0)}$。由矩阵论相关知识可知,$\tilde{V}_i^{(0)}$ 构成了矩阵 $\tilde{H}_i$ 零空间的正交基,而 $\tilde{V}_i^{(0)}$ 的列就可以作为第 i 个用户的预编码矩阵。如果 $\bar{L}_i$ 表示矩阵 $H_i \tilde{V}_i^{(0)}$ 的秩,只有当 $\bar{L}_i \geqslant 1$ 时基站和用户 i 才能正常通信,因而,BD 算法的前提是矩阵 H_j 中至少有一个行向量与矩阵 $\tilde{H}_j$ 的行向量线性无关。因而该算法适用于多个空间相关性不强的用户。

定义矩阵 $H_s' = \begin{bmatrix} H_1 \tilde{V}_1^{(0)} & & 0 \\ & \ddots & \\ 0 & & H_L \tilde{V}_L^{(0)} \end{bmatrix}$，其中 $\tilde{H}_i$ 的 $n_T - \tilde{L}_i$ 个右奇异向量构成了 $\tilde{V}_i^{(0)}$。H_s' 允许单独每一列的非零元素做 SVD 分解,有 $H_i \tilde{V}_i^{(0)} = U_i \begin{bmatrix} \Sigma_i & 0 \\ 0 & 0 \end{bmatrix} [V_i^{(1)} \quad V_i^{(0)}]^{\mathrm{H}}$，其中 Σ_i 为 $\bar{L}_i \times \bar{L}_i$ 维矩阵,H_i 的前 $\bar{L}_i$ 个右奇异值向量构成了 $V_i^{(1)}$，后 $n_T - \tilde{L}_i$ 个右奇异值向量构成了 $\tilde{V}_i^{(0)}$。定义:

$$W_s = [\tilde{V}_1^{(0)} \tilde{V}_1^{(1)} \quad \tilde{V}_2^{(0)} \tilde{V}_2^{(1)} \quad \cdots\cdots \quad \tilde{V}_L^{(0)} \tilde{V}_L^{(1)}] \Lambda^{1/2} \tag{4.57}$$

其中 Λ 是以奇异值 λ_i 为对角的矩阵,而每个 λ_i 值决定了给对每个用户的功率分配。可由 (4.58)计算 BD 算法的容量:

$$C_{\mathrm{BD}} = \max_{\Lambda} \log_2 \left| I + \frac{\Sigma^2 \Lambda}{\sigma_n^2} \right|, \quad \Sigma = \begin{bmatrix} \Sigma_1 & & \\ & \ddots & \\ & & \Sigma_L \end{bmatrix} \tag{4.58}$$

(4.58)中,根据注水定理,由 Σ 的对角元素可得到 Λ 的每个系数,若 P 为总功率,可将 BD 算法总结如下。

第一步,对第 $i = 1, \cdots, L$ 个用户,计算矩阵 $\tilde{H}_i$ 的右零空间 $\tilde{V}_i^{(0)}$。

第二步,对第 $i = 1, \cdots, L$ 个用户,计算得到 $H_j \tilde{V}_j^{(0)}$ 的奇异值解

$$H_j \tilde{V}_j^{(0)} = U_j \begin{bmatrix} \Sigma_i & 0 \\ 0 & 0 \end{bmatrix} [V_j^{(1)} \quad V_j^{(0)}]^{\mathrm{H}} \tag{4.59}$$

第三步,对 Σ 的对角元素进行注水操作,假如总的功率限制为 P，在此前提下确定功率的加权矩阵 Λ，从而得到功率分配的最优解。

第四步,求解预编码矩阵。

因此若发送端已知用户的 CSI,通过块对角化预编码算法可消除各个用户间的互干扰,将多用户 MIMO 系统简化为多个并行单用户 MIMO 系统从而大大提高信息传输速率。

LTE(长期演进,Long Term Evolution)项目是 3G 的演进,又称为 E-UTRA(Evolved Universal Terrestrial Access)/E-UTRAN(Evolved Universal Terrestrial Radio Access Network)。LTE 通过对空中接口物理层和网络架构等技术进行革新,并采用 OFDM 和 MIMO 作为其无线网络演进的唯一标准,来实现更低的延迟、更高的用户数据速率、更大的系统容量、更大的覆盖和更低的成本。由于其具有频谱使用灵活、与现有技术无缝互操作、网络部署和管理成本低等优势,目前已成为全球主流运营商的共同选择。

在 LTE 的多天线传输技术中,BF 是其中的重要技术之一,主要可以分为两种预编码方式,分别为基于码本的预编码和基于非码本的预编码。

基于码本的预编码有开环和闭环两种工作方式。闭环预编码是指用户设备(user equipment,UE)基于对 CRS(小区特定参考信号,Cell-specific Reference Signal)的测量,在终端选择一个合适的传输秩和对应的预编码矩阵,并反馈给 eNB(演进型基站,evolved Node B)。其通过 RI(秩指示,Rank Indication)和 PMI(预编码矩阵指示,Precoding Matrix Indicator)上报关于选择的秩的和预编码的信息。eNB 选择 UE 传输过程中使用到的秩和预编码信息,因而 RI 和 PMI 仅仅是建议。若采用 UE 的建议,eNB 必须将自己所选择的秩和 PIM 信息告诉 UE,从而 UE 才能解调出正确的数据。而在开环工作方式下,预编码的选择并不依靠 UE 为 eNB 提供的信道信息的反馈,也不需告诉 UE 实际传输过程中所使用的预编码信息。预编码矩阵按照预先定义的方式来选择,UE 终端在信号传输前也已知该信息。由于在较高速的移动状态下,UE 反馈给 eNB 的 CSI 会因为开普勒效应等原因不够精确,可能会造成系统整体性能下降,因而在 UE 处于高速运行状态时一般选择开环工作方式。

基于非码本的工作方式和基于码本的不同之处在于其引进了 DM-RS 参考信号,因而即使 UE 不知道发射机所选择的预编码信息也可以正确解调出数据。其他的流程基本和基于码本的相同。

空间复用(spatial multiplexing)通过 MIMO 将信道分割成多个互不干扰的正交信道,在这些正交信道上传输数据。由于利用了空间信道的弱相关性,并在终端通过散射将发射信号分离,从而能大大提高传输速率。在 FDD 的模式下,由于上行链路和下行链路工作频率不同,因而其信道衰落情况也不相关。此时只有 UE 可以确定下行链路的衰落情况,UE 可以通过上行链路路信令向 eNB 报告针对下行链路的信道估计,终端也可以从一组有限的可能的预编码矩阵中选择一个最优的预编码矩阵反馈给基站,从而达到波束成型,提高信号质量的目的。

LTE 下行物理层链路最多可以支持两个码字的预编码传输,在传输过程中可以将码字分成多流数据传输,多流传输就是利用 MIMO 系统创造出的多个正交子信道。但 LTE 中的传输流个数是有限制的,对于 4×4 的天线阵列,系统最多传送四层数据,因为信道矩阵的秩最大为 4。若为 4×2 阵列,最多传送 2 层数据,因为信道矩阵的秩最大为 2。

4.4.2 MIMO 多天线

在近年来，多天线技术在无线通信系统中得到越来越广泛的应用，多天线技术多用于来获得无线系统中更高的复用增益，分集增益，并且提高比特速率，误差特性以及信号与干扰加噪声比（signal to interference plus noise ratio，SINR）。多天线技术也通常被称作多输入多输出系统（multiple-input multiple-output，MIMO），指在发射端和接收端分别使用多个发射天线和接收天线，使信号通过发射端与接收端的多个天线传送和接收，从而改善通信质量。众多课题研究已经就数字通信中的该领域加以进一步探讨，发射机和接收机结构，信道编码，用于频率选择性衰落信道的 MIMO 技术，分集接收和时空编码技术，差分和非相干方案，波束成形技术和闭环 MIMO 技术，协作分集方案等诸多方面的研究已经在不断展开，在本小节中将主要对 MIMO 系统中的关键算法进行描述。

MIMO 系统中的关键技术主要分为三大类，空域复用技术，空间分集技术以及智能天线中的波束成形技术。其中空域复用技术和多用户的通信技术密切相关，与单天线系统相比，其主要目的在于提高复用增益；空时编码更多地被使用于调制和信道编码的领域中，目的在于提高分集增益；智能天线和波束形成技术更多则主要适用于信号处理和滤波的领域，旨在提高天线增益，其目的在于提高信号噪声比（signal noise ratio，SNR）或SINR。三种多天线技术没有严格的区分标准，三者可以混合使用以得到更好的系统通信效果。

空间分集技术主要分为两个部分，第一部分是分集接收方案，第二部分是空时编码方案。分集接收方案主要应用于配置有一根发射天线和多根接收天线的场景当中，它们执行各个接收信号的（线性）组合，以便提供微观分集增益。而在频率平坦衰落的场景下，在组合器输出端的最大化 SNR 方面的最佳组合策略是最大比组合（MRC），这需要接收机的完美信道功能。同时也有一些次最优的算法。例如等增益合并（equal gain combining，EGC），其主要思想是接收信号相加或者选择接收信号中具有最大瞬时 SNR 的信号，其他信号全部被忽略掉。考虑到天线数量的问题，三种组合技术实现完全分集。

空间分集技术的第二个主要方面是空时编码，它是传输分集的一种，其主要思想是利用在多发送天线上发送冗余信号来提供分集增益或者编码增益。利用空时编码技术，可以有效地抵抗信道衰落带来的影响，同时提高功率效率和频谱效率。空时编码现在正在广泛应用于移动蜂窝网、无线局域网、无线广域网中，是现代无线通信领域中常用的编码技术。空时编码是从空间和时间两个维度上进行编码。其具体流程是通过 MIMO 系统发射端和接收端的多根天线，利用空时编码器在发射端的多根天线发送同一信号的不同数据流，形成调制符号进行发送。该种编码方式可以做到在不提高带宽的情况下提供更高的分集增益和编码增益。最早的传输分集技术被称为时延分集，但真正的传输分集技术于 1998 年才得以实现。现在主要采用的几种空时编码技术分别是贝尔分层空时结构（bell layered space-time architecture，BLAST）、网格空时码（space time trellis code，STTC）以及空时块编码（space-time block coding，STBC），在 STBC 中常常要求发送所用的码字矩阵被设计为正交矩阵，由此其主要的应用模式为正交空时分组码（orthogonal spacetime block coding，OSTBC）。

1. STTC

STTC 是一种基于多天线系统的二维编码机制。其在产生分集增益的同时也会产生附加的编码增益。STTC 的实现基于网格编码调制(trellis coded modulation),由于 TCM 可以看作是一个状态转移矩阵,无线通信的格状码采用发射天线和(可选)接收天线分集的系统,其中假设信道是准静态平坦衰落信道。对于这些网格码的编码除了在每个帧的开始和结束,其他时刻编码器需要处于零状态。在每一时刻根据编码器的状态和输入位,选择转移分支。并根据其在星座图中输出要在不同天线上发送的星座符号。在接收端进行解码的工作,接收端使用维特比算法来计算具有最低累积度量的路径,从而达到对编码数据的解码效果。但是数据传输速率,空时分集性,星座图规模大小以及网格复杂度之间相互制约,并且受限于 Viterbi 译码本身带有的复杂度随着状态转移数的增加而指数式增加的特点,STTC 的译码难度也会随着诸如分集增益等因素的增加而急速增加。

STTC 结合了调制方式和网格编码在多传输天线和 MIMO 信道中传输信息。考虑具有两根传输天线的系统,有两个传输符号两根天线上的每个网格路径进行传输。STTC 中

00 01 02 03

10 11 12 13

20 21 22 23

30 31 32 33

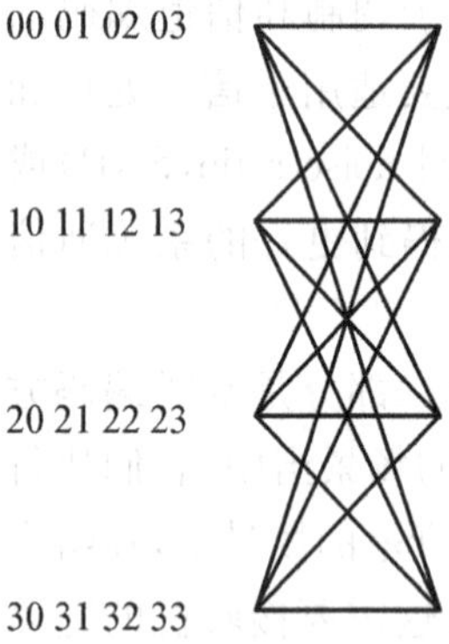

图 4.9 四状态,2bitQPSK STTC

没有平行路径,所以 STTC 可以利用一个网格和一对符号来表示每一个网格路径。可以使用符号的相应索引来表示每个路径的发送符号。对于 STTC 来说,每当传输 b 个比特的信息时,每个状态共有 2^b 分支。图 4.9 表示的是码率为 1 的 STTC 机制来传输 2 bit 的信息。该编码利用了 QPSK 的星座图,$b=2$ 表明利用索引 0,1,2,3 来分别表示 1,j,-1,$-j$。和 TCM 相同,编码总是从 0 开始。假设编码器在 t 时刻处于状态 S_t。当 $b=2$ bit 到达编码器是,选择 $2^b=4$ 中的一条分支离开状态 S_t,选择的分支 $i_1 i_2$ 相应的索引用来从星座图中选择两个符号 $c_{t,1} c_{t,2}$。这两个符号分别从两个传输天线上同时发送。编码器转移到状态 S_{t+1},也就是所选择分支的下一状态。最终二外的路径用来确认编码器最终停留在 0 状态。如图

4.9 所示,假设在时间 t,加入编码器在此时处于 $S_t=0$ 的状态,并且输入比特位 10,那么此时选择的索引是 $i_1=0$,$i_2=2$。第一根天线和第二根天线的传输符号是 $c_{t,1}=1$,$c_{t,2}=-1$。下一状态是 $S_{t+1}=2$。此时编码是手动生成和选择的,但是仍然可以保证此种编码方式是可以获得全部分集增益。从状态分支的所有分支包含与第一天线相同的符号,而与状态合并的所有分支包含与第二天线相同的符号。利用相同的方法,可以手动的设计其他星座图和网格的全码率全分集的 STTCs。

在解码过程中可以使用最大似然的方法,最大似然解码发现最可能的有效路径从状态 0 开始,并且在 $T+Q$ 时隙之后合并到状态 0。假设在时间间隙 $t=1,2,\cdots,T+Q$ 天线收到符号 $r_{1,m}$,$r_{2,m}$,$\cdots$,$r_{T+Q,m}$,与 TCM 机制相类似,Viterbi 算法可以被最大似然算法用来对 STTC 进行解码。假设天线 1 和 2 传输的一个分支的网格符号 s_1 和 s_2,则相应的分支矩阵可以通过下式得到:

$$\sum_1^M \left| r_{t,m} - \alpha_{1,m} s_1 - \alpha_{2,m} s_2 \right|^2 \tag{4.60}$$

因此,有效路径的度量标准是形成路径分支的总和,最可能的路径是具有最小路径增益的路径。ML 解码器可以通过解决以下最小化问题找到构成有效路径的星座图符号集合:

$$\min_{c_{1,1},c_{1,2},c_{2,1},c_{1,2},\cdots,c_{T+Q,1},c_{T+Q,2}} \sum_{t=1}^{T+Q} \sum_{m=1}^{M} \mid r_{t,m} - \alpha_{1,m}c_{t,1} - \alpha_{2,m}c_{t,2} \mid^2 \quad (4.61)$$

2. STBC

由于随着天线数目的不断增多,STTC 在实现复杂度和传输过程中的计算复杂度也处于一个较高的水平,因此空时分组码 STBC 逐渐进入大众的视线。相比于 STTC,它的解码更加简单,采用的是最大似然解码方法,可以线性处理,大大降低了复杂度,同时可以对发送矩阵进行设计,在接收端利用最大比合并(Maximal - ratio Receiver Combining,MRRC)技术可以得到更高的分集增益。为了对指定的发射端天线数目和得到全部的分集增益,可以引入正交空时分组编码(Orthogonal Space - time block coding,OSTBC)的方法,这是一种基于正交设计的空时分组码,正交设计是一种特殊的正交矩阵。但是正交空时分组码在不牺牲带宽提高频谱效率的同时也会带来一定的传输速率的降低。

STBC 的基本原理如下。假设 M_T 是发射端天线数量,p 表示用于传输一个块的编码符号的时间段的数量。假设信号星座图包含 2^m 个点。则每次编码操作将包含 km 个信息比特的编码组映射到信号星座图中来选择 k 个调制型号 $s_1,s_2,\cdots,s_k$,其中每组 m 个比特来选择一个星座信号。这 k 个调制信号之后通过 STB 编码器进行编码来生成 M_T 个长度为 p 的并行信号序列。因此传输矩阵的规模扩展为 $M_{T\times p}$。这些序列在 p 个时间周期内在 M_T 根发送天线上同时传播。因此在每一次输入操作中,编码器输入的符号数目为 k。STBC 的速率可以定义为编码器输入的符号数量和每根天线上传输的空时编码符号数目。可以定义为:$R = \dfrac{k}{p}$。STBC 的频谱效率可以定义为:$\eta = \dfrac{r_b}{B} = \dfrac{r_s m R}{r_s} = \dfrac{km}{p}$ (bits/s/Hz),其中 r_b 是比特速率,r_s 是符号速率,B 是带宽。传输矩阵 S 的中的各个元素的选取需要满足 $s_1,s_2,\cdots,s_k$ 以及其共轭 $s_1^*,s_2^*,\cdots,s_k^*$ 是线性组合。传输矩阵可以基于正交设计来建立

$$SS^H = c(\mid s_1 \mid^2 + \mid s_2 \mid^2 + \cdots + \mid s_k \mid^2)I_{M_T} \quad (4.62)$$

其中 c 是常数,S^H 是 S 的 Hermitian 阵,I_{M_T} 是单位对角阵。该种方法是的分集为 M_T,这样编码传输矩阵可以构造成每个矩阵的行和列彼此正交。

复数域上的正交设计矩阵可以定义成规模为 $M_T \times p$,元素为 $s_1,s_2,\cdots,s_k$ 以及其共轭 $s_1^*,s_2^*,\cdots,s_k^*$ 的矩阵,矩阵需要符合上述正交设计矩阵需要满足的要求,这样的矩阵可以提供全部的 M_T 传输分集,码率为 $\dfrac{k}{p}$。当传输天线数目为 2 时,传输矩阵可以表示为 $T_2 = \begin{bmatrix} s_1 & -s_2^* \\ s_2 & s_1^* \end{bmatrix}$。当发射天线数目为 3,编码率为 1/2 时,可以表示为

$$T_3 = \begin{bmatrix} s_1 & -s_2 & -s_3 & -s_4 & s_1^* & -s_2^* & -s_3^* & -s_4^* \\ s_2 & s_1 & s_4 & -s_3 & s_2^* & s_1^* & s_4^* & -s_3^* \\ s_3 & -s_4 & s_1 & s_2 & s_3^* & -s_4^* & s_1^* & s_2^* \end{bmatrix} \quad (4.63)$$

$$T_4 = \begin{bmatrix} s_1 & -s_2 & -s_3 & -s_4 & s_1^* & -s_2^* & -s_3^* & -s_4^* \\ s_2 & s_1 & s_4 & -s_3 & s_2^* & s_1^* & s_4^* & -s_3^* \\ s_3 & -s_4 & s_1 & s_2 & s_3^* & -s_4^* & s_1^* & s_2^* \\ s_4 & s_3 & -s_2 & s_1 & s_4^* & s_3^* & -s_2^* & s_1^* \end{bmatrix} \tag{4.64}$$

可以发现任意两行的内积均为 0,这使得矩阵是正交的并且满秩。也可以设计更复杂的线性过程来得到更高的编码率,下面的编码方式可以达到 3/4 的编码率:

$$Z_3 = \begin{bmatrix} s_1 & -s_2^* & \dfrac{s_3^*}{\sqrt{2}} & \dfrac{s_3^*}{\sqrt{2}} \\[2mm] s_2 & s_1^* & \dfrac{s_3^*}{\sqrt{2}} & \dfrac{s_3^*}{\sqrt{2}} \\[2mm] \dfrac{s_3}{\sqrt{2}} & \dfrac{s_3}{\sqrt{2}} & \dfrac{(-s_1-s_1^*+s_2-s_2^*)}{2} & \dfrac{(s_2+s_2^*+s_1-s_1^*)}{2} \end{bmatrix} \tag{4.65}$$

$$Z_4 = \begin{bmatrix} s_1 & -s_2^* & \dfrac{s_3^*}{\sqrt{2}} & \dfrac{s_3^*}{\sqrt{2}} \\[2mm] s_2 & s_1^* & \dfrac{s_3^*}{\sqrt{2}} & \dfrac{s_3^*}{\sqrt{2}} \\[2mm] \dfrac{s_3}{\sqrt{2}} & \dfrac{s_3}{\sqrt{2}} & \dfrac{(-s_1-s_1^*+s_2-s_2^*)}{2} & \dfrac{(s_2+s_2^*+s_1-s_1^*)}{2} \\[2mm] \dfrac{s_3}{\sqrt{2}} & \dfrac{-s_3}{\sqrt{2}} & \dfrac{(-s_2-s_2^*+s_1-s_1^*)}{2} & \dfrac{-(s_1+s_1^*+s_2-s_2^*)}{2} \end{bmatrix} \tag{4.66}$$

在解码过程中,可以利用最大似然的方法进行解码。例如对于 T_3 的解码器可以设计为求取最小值

$$\left| \left[\sum_{j=1}^{m} (r_1^j \alpha_{1,j}^* + r_2^j \alpha_{2,j}^* + r_3^j \alpha_{3,j}^* + (r_1^j)^* \alpha_{1,j} + (r_6^j)^* \alpha_{2,j} + (r_7^j)^* \alpha_{3,j}) \right] - s_1 \right|^2$$
$$+ \left(-1 + 2 \sum_{j=1}^{m} \sum_{i=1}^{3} |a_{i,j}|^2 \right) |s_1|^2 \tag{4.67}$$

矩阵来解码 s_1。求取最小值的

$$\left| \left[\sum_{j=1}^{m} (r_1^j \alpha_{2,j}^* - r_2^j \alpha_{1,j}^* + r_4^j \alpha_{3,j}^* + (r_5^j)^* \alpha_{2,j} + (r_6^j)^* \alpha_{1,j} + (r_8^j)^* \alpha_{3,j}) \right] - s_2 \right|^2$$
$$+ \left(-1 + 2 \sum_{j=1}^{m} \sum_{i=1}^{3} |a_{i,j}|^2 \right) |s_2|^2 \tag{4.68}$$

的决策矩阵来解码 s_2。求取最小的决策矩阵来解码 s_3

$$\left| \left[\sum_{j=1}^{m} (r_1^j \alpha_{3,j}^* - r_3^j \alpha_{1,j}^* - r_4^j \alpha_{2,j}^* + (r_5^j)^* \alpha_{3,j} - (r_7^j)^* \alpha_{1,j} - (r_8^j)^* \alpha_{2,j}) \right] - s_3 \right|^2$$

$$+\left(-1+2\sum_{j=1}^{m}\sum_{i=1}^{3}\mid a_{i,j}\mid^{2}\right)\mid s_{3}\mid^{2} \tag{4.69}$$

求取最小的决策矩阵来解码 s_4

$$\left|\left[\sum_{j=1}^{m}\left(-r_2^j\alpha_{3,j}^*+r_3^j\alpha_{2,j}^*-r_4^j\alpha_{1,j}^*-(r_6^j)^*\alpha_{3,j}+(r_7^j)^*\alpha_{2,j}-(r_8^j)^*\alpha_{1,j}\right)\right]-s_4\right|^2$$

$$+\left(-1+2\sum_{j=1}^{m}\sum_{i=1}^{3}\mid a_{i,j}\mid^{2}\right)\mid s_{4}\mid^{2} \tag{4.70}$$

对于 T_4 的解码器可以设计为求取最小值

$$\left|\left[\sum_{j=1}^{m}\left(r_1^j\alpha_{1,j}^*+r_2^j\alpha_{2,j}^*+r_3^j\alpha_{3,j}^*+r_4^j\alpha_{4,j}^*+(r_5^j)^*\alpha_{1,j}+(r_6^j)^*\alpha_{2,j}\right.\right.\right.$$

$$\left.\left.\left.+(r_7^j)^*\alpha_{3,j}+(r_8^j)^*\alpha_{4,j}\right)\right]-s_1\right|^2+\left(-1+2\sum_{j=1}^{m}\sum_{i=1}^{3}\mid a_{i,j}\mid^{2}\right)\mid s_{1}\mid^{2} \tag{4.71}$$

来解码 s_1，求取最小值

$$\left|\left[\sum_{j=1}^{m}\left(r_1^j\alpha_{2,j}^*-r_2^j\alpha_{1,j}^*-r_3^j\alpha_{4,j}^*+r_4^j\alpha_{3,j}^*+(r_5^j)^*\alpha_{2,j}-(r_6^j)^*\alpha_{1,j}\right.\right.\right.$$

$$\left.\left.\left.-(r_7^j)^*\alpha_{4,j}+(r_8^j)^*\alpha_{3,j}\right)\right]-s_2\right|^2+\left(-1+2\sum_{j=1}^{m}\sum_{i=1}^{3}\mid a_{i,j}\mid^{2}\right)\mid s_{2}\mid^{2} \tag{4.72}$$

来解码 s_2，求取最小值的

$$\left|\left[\sum_{j=1}^{m}\left(r_1^j\alpha_{3,j}^*+r_2^j\alpha_{4,j}^*-r_3^j\alpha_{1,j}^*-r_4^j\alpha_{2,j}^*+(r_5^j)^*\alpha_{3,j}+(r_6^j)^*\alpha_{4,j}\right.\right.\right.$$

$$\left.\left.\left.-(r_7^j)^*\alpha_{1,j}-(r_8^j)^*\alpha_{2,j}\right)\right]-s_3\right|^2+\left(-1+2\sum_{j=1}^{m}\sum_{i=1}^{3}\mid a_{i,j}\mid^{2}\right)\mid s_{3}\mid^{2} \tag{4.73}$$

来解码 s_3，求取

$$\left|\left[\sum_{j=1}^{m}\left(r_1^j\alpha_{4,j}^*-r_2^j\alpha_{3,j}^*+r_3^j\alpha_{2,j}^*-r_4^j\alpha_{1,j}^*+(r_5^j)^*\alpha_{4,j}-(r_6^j)^*\alpha_{3,j}\right.\right.\right.$$

$$\left.\left.\left.+(r_7^j)^*\alpha_{2,j}-(r_8^j)^*\alpha_{1,j}\right)\right]-s_4\right|^2+\left(-1+2\sum_{j=1}^{m}\sum_{i=1}^{3}\mid a_{i,j}\mid^{2}\right)\mid s_{4}\mid^{2} \tag{4.74}$$

来解码 s_4。

4.4.3　Massive MIMO

　　MIMO 系统在一定程度上可以提高系统的容量，但是随着移动终端数量的不断增多，无线数据流量的急速膨胀以及网络拥塞现象加剧，用户对数据传输速率的要求也大大提高。同时，由于第五代移动通信技术的发展，新一代移动通信技术使用的毫米波通信技术也使得载波频率进一步提高，带宽进一步提升，而基站规模和移动通信设备密度也有了进一步提高，而传统的 MIMO 系统已经不能满足如此庞大的通信压力，于是大规模多输入多输出系统(massive multiple-input multiple-output,massive MIMO)逐渐进入人们的视线。

同时,由于信号处理技术的不断进步,智能天线这种新的多天线技术逐渐进入人们的视线,它的使用也在通信领域变得日益广泛。智能天线采用的是空分多址技术,是一种与时分多址技术、频分多址技术、码分多址技术以及正交频分复用等完全不同的通信技术。空分多址技术可以使用户间共享频率、时间和码字等资源,并且从空间角度上对信道进行分割,通过不同用户的不同传播路径来对信号进行区分。智能天线可以根据信道的实际情况,自适应进行调整,对用户进行有效的区分和追踪。在智能天线中,波束赋型技术是尤为关键的技术之一,它能够大幅度提升天线的性能,是一种基于阵列天线的信号预处理相关技术。随着对这种技术的不断研究和发展,波束赋型的整体概念渐渐发生了转变。从严格意义上来说,波束赋型特指空域中的波束形成处理,然而当传统波束赋型的概念在与信号处理技术相互结合之后,波束赋形有了新的理解。在一部分场景下,波束赋型可以用来泛指根据测量或者经过估算参量来进行的数字信号处理过程,这一过程可以包括空域以及时域两个部分;而在一些智能天线阵列自适应信号处理相关的研究领域中,波束赋型技术则指的是计算最优权矢量的这一具体过程。

大规模天线阵列要求天线阵中天线个数达到上百甚至更多,在理论上如果大规模阵列天线采用全数字波束赋型结构,将会显著地提高系统的能量效率与频谱效率,然而,这么做所带来的计算复杂度也是相当可观的。此外,与传统波束赋型不同,大规模天线阵列将逐渐采用毫米波频段并得到更大的带宽,这也就使得天线阵的单位尺寸将比传统的天线阵更小。为此需要考虑从几何结构上将阵列分解成若干子部分。对于切换阵列而言,每一个子部分只需要负责一定角度范围内的来波信号,射频元器件可以通过合理的切换进行公用,以此达到减小数字处理复杂度及硬件复杂度的目的;对于子阵阵列而言,阵列中的一部分阵元以一定的几何结构结合形成子阵,多个子阵共同排列形成阵列,每个子阵反馈一路射频信号,并通过一定射频器件进行模拟赋形后,输出基带信号给数字赋形模块进行最终赋形,这种分段式的波束赋型方法称为模数混合波束赋型(hybrid beamforming),这种方法可以大大减小数字波束赋型的复杂度,同时可以减少前端射频器件的数量。

模数混合波束赋形的系统结构如图 4.10 所示,在发射端,数字信号先经过基带信号处理后通过数模转换器变为模拟信号,通过分路器将模拟信号变为多路信号后对信号进模拟行移相处理,经过乘法器和功率放大器来调节信号的幅度,最后经过射频开关传入天线阵元进行发送。在接收端,天线接收到模拟信号之后先通过射频链路低噪声放大器,经过模拟移

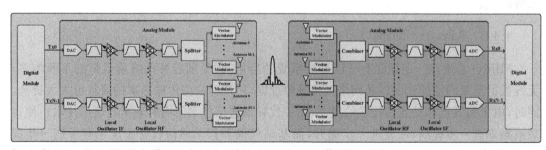

图 4.10 大规模矩形天线阵列系统结构示意图

相处理后,完成模拟赋型的过程,调幅、调相后的模拟信号通过合并器进行多流合并后成一路信号通过模数转换器将模拟信号转化为数字信号,在数字基带处理器中进行数字赋型,最后输出赋形信号。

若我们将 N 矩形阵列按某一特定方向(行或列)给阵元编号,则我们可以假设第 i 个阵元上的接收信号为,

$$x_i(t) = \sum_{k=1}^{K} a_{i,k}(\theta, \varphi) s_k(t),\ i = 1,\ 2,\ \cdots,\ N \tag{4.75}$$

其中,k 为信号源的序号,i 为天线阵元的序号。若我们将阵列分为了 N_{RF} 个子阵,那么,我们可以以同样的方向对子阵及子阵内的阵元进行编号,这样我们就能够得到子阵内每一个阵元的接收信号为

$$x_{l,j}(t) = \sum_{k=1}^{K} a_{l,j,k}(\theta, \varphi) s_k(t),\ j = 1,\ 2,\ \cdots,\ M \tag{4.76}$$

其中,l 为子阵的序号,j 为子阵内阵元序号。当模拟端对每一路天线阵元接收信号进行模拟加权,就能够实现对子阵模拟赋形的目标,若第 l 个子阵中第 j 个阵元的加权系数为 $w_{\mathrm{ang}\_l,j}$,那么每一个子阵模拟赋形后的输出信号为,

$$y_l(t) = \sum_{j=1}^{M} \boldsymbol{F}_{RF\_l,j} x_{l,j}(t) = \sum_{j=1}^{M} \Big(\sum_{k=1}^{K} \boldsymbol{F}_{RF\_l,j} a_{l,j,k}(\theta, \varphi) s_k(t) \Big) \tag{4.77}$$

这样,再通过模数转换器,我们就可以得到 N_{RF} 路数字信号,若为第 l 个子阵加上一个数字权系数 w_{dig_l},那么我们就可以完成最终的数字赋形过程,并得到最终的输出信号 $y(t)$,

$$y(t) = \sum_{l=1}^{N_{RF}} \boldsymbol{F}_{BB\_l} y_l(t) = \sum_{l=1}^{N_{RF}} \Big[\sum_{j=1}^{M} \Big(\sum_{k=1}^{K} \boldsymbol{F}_{BB\_l} \boldsymbol{F}_{RF\_l,j} a_{l,j,k}(\theta, \varphi) s_k(t) \Big) \Big] \tag{4.78}$$

从上式中可以看到,对于模数混合算法,在阵列的每一个阵元上,是由模拟权重和数字权重共同加权从而实现最终赋形目标的。现在已有的模数混合波束赋形算法有以下两种:

一是阶段优化法先通过信道信息确定模拟端波束赋型权重,然后利用已有的模拟端赋型权重通过求解最优化目标方程,得到数字端的最优权重。

二是迭代优化法则通过构建最优化目标方程,使得发射功率最小化的方法,对目标方程进行优化,并求得当目标最大化时的模拟端和数字端波束赋型权重。

阶段优化法首先对系统结构进行等效处理,在下行系统中,假设基站数为 l,用户数为 K,基站天线数为 N。设定用户端为单天线,射频链路数为 N_{RF},每个射频链路连接天线数为 M。本文中的系统结构在每一个射频链路输出端接入了一个多路复用器,其结构用矩阵 $G_n \in \mathbb{R}^{N \times N_{RF}}$ 表示。

$$G_n = [0_{a_n \times N_{RF}}^{\mathrm{T}},\ I_{N_{RF} \times N_{RF}},\ 0_{(N - a_n - N_{RF}) \times N_{RF}}^{\mathrm{T}}]^{\mathrm{T}} \in \mathbb{R}^{N \times N_{RF}} \tag{4.79}$$

$$G_n = \begin{bmatrix} 0_{[N_{RF}-(N-\alpha_n)]\times[N-\alpha_n]} & I_{[N_{RF}-(N-\alpha_n)]\times[N_{RF}-(N-\alpha_n)]} \\ 0_{[\alpha_n-(N_{RF}-(N-\alpha_n))]\times[N-\alpha_n]} & 0_{[\alpha_n-(N-\alpha_n)]\times[N_{RF}-(N-\alpha_n)]} \\ I_{[N-\alpha_n]\times[N-\alpha_n]} & 0_{[\alpha_n-(N-\alpha_n)]\times[N_{RF}-(N-\alpha_n)]} \end{bmatrix} \in \mathbb{R}^{N\times N_{RF}}, \ N_{RF}+\alpha_n > N \tag{4.80}$$

其中，$\alpha_n = \dfrac{(n-1)N}{M}$，$n=1, 2, \cdots, M$。

如果令 $M\times N_{RF}=N$，则与本文的系统结构相同。

紧接着我们可以对模拟端赋型权向量的计算，过程如下所示：

（1）根据天线个数 L 生成 R 个波束，利用如下公式生成码本，

$$\mathbf{Codebook}(l, r) = j\exp\left\{\mathrm{fix}\left\{\frac{l\times\mathrm{mod}\left\{\left(r+\frac{R}{2}\right)\mathrm{mod}(R)\right\}}{R/4}\right\}\right\} \tag{4.81}$$

其中，$l=0, 1, \cdots, L-1$，$r=0, 1, \cdots, R-1$，$\mathrm{fix}\{\cdot\}$ 操作为取四舍五入，$\mathrm{mod}\{\cdot\}$ 操作为取余。

（2）分配射频链路给多用户，按照如下规则：射频链路按顺序轮流分给各个用户，对于第 k 个用户，分配给它的射频链路为第 k 个、$k+K$ 个、$k+2K$ 个……

（3）以最大化每一个用户接收的信号功率为依据，计算 V，初始化总接收功率，依次令码本 W 中的每一列作为模拟端赋型权向量 $a_j=w_j$，计算使每个用户接收到的最大功率 $P_{\mathrm{receive}} = \sum_{f=1}^{F} |h_k[f]G_ia_i|^2$ 的码本作为最终模拟端赋型权向量。

（4）对数字端赋型权向量的计算，数字端可以转化为一个求解 Max-Min 问题

$$\max_{\mathbf{F}_{RF}, \mathbf{F}_{BB_k}} \min_k \frac{|h_k\mathbf{F}_{RF}\mathbf{F}_{BB_k}|^2}{P_n + \sum_{u\neq k}|h_k\mathbf{F}_{RF}\mathbf{F}_{BB_u}|^2} \tag{4.82}$$

$$\mathrm{s.t.} \quad \sum_{k=1}^{K}\|\mathbf{F}_{RF}\mathbf{F}_{BB_k}\|^2 \leqslant P_0$$

先把这个问题等价处理成下面的形式

$$\max_{\mathbf{F}_{RF}, \mathbf{F}_{BB_k}} t$$

$$\mathrm{s.t.} \quad \sum_{k=1}^{K}\|\mathbf{F}_{RF}\mathbf{F}_{BB_k}\|^2 \leqslant P_0 \tag{4.83}$$

$$\frac{|h_k\mathbf{F}_{RF}\mathbf{F}_{BB_k}|^2}{P_n + \sum_{u\neq k}|h_k\mathbf{F}_{RF}\mathbf{F}_{BB_u}|^2}\frac{1}{\gamma_k} \geqslant t$$

这里，可以令 $\gamma_k=1$，则这个问题的最优解为 $t=F(\gamma_k, \mathcal{P}_0)$。

要求解 Max-Min 问题，需要先引入下面的 QoS 问题

$$\min_{\boldsymbol{F}_{RF},\,\boldsymbol{F}_{BB_k}} \sum_{k=1}^{K} \left\| \boldsymbol{F}_{RF}\boldsymbol{F}_{BB_k} \right\|^2$$

$$\text{s.t.} \quad \frac{|\,h_k\boldsymbol{F}_{RF}\boldsymbol{F}_{BB_k}\,|^2}{P_n + \sum_{u \neq k}|\,h_k\boldsymbol{F}_{RF}\boldsymbol{F}_{BB_u}\,|^2} \geqslant \gamma_k,\ k=1,\,2,\,\cdots,\,K \tag{4.84}$$

令这个问题的最优解为 P，$P = Q(\gamma_k)$。

这两个问题的解有这样的关系：

$$t = F(\gamma_k,\ Q(t\gamma_k)) \tag{4.85}$$

$$P = Q(F(\gamma_k,\ P0)\gamma_k) \tag{4.86}$$

两个问题经过 SDR 也就是去掉 rank=1 的条件后，仍然有这样的关系，因此，就可以用 QoS 问题来解 Max-Min 问题。

采用二分法来求解 t：

第一步，确定 t 的区间 [left, right]，然后，令 $t=(\text{left}+\text{right})/2$，求解 $Q(t\gamma_k)$，即求解去掉 rank=1 的下面的问题：

$$\min_{\boldsymbol{F}_{RF},\,w_k} \sum_{k=1}^{K} \left\| \boldsymbol{F}_{RF}\boldsymbol{F}_{BB_k} \right\|^2$$

$$\text{s.t.} \quad \frac{|\,h_k\boldsymbol{F}_{RF}\boldsymbol{F}_{BB_k}\,|^2}{P_n + \sum_{u \neq k}|\,h_k\boldsymbol{F}_{RF}\boldsymbol{F}_{BB_u}\,|^2} \geqslant t \times \gamma_k,\ k=1,\,2,\,\cdots,\,K \tag{4.87}$$

如果目标函数值小于 P_0，令 left=t，否则，right=t。

第二步，不断循环，直至收敛，Abs(left−right) < 10^{-5}。最后，就可以得到解 w，如果 Abs(left−right) < 10^{-5}，那么 w 就是最优解。通过这样的方法可以找到使得目标函数最有的变量值 w，即数字端赋型权向量。

另外一种算法是下行系统中，1 个基站与 K 个用户，基站具有 N 天线，满足 $N \geqslant M \geqslant K$，用户端为单天线。射频链路数量为 M，每个射频链路连接天线个数为 N_{RF}。在赋型阶段，数字端波束赋型器为 $\boldsymbol{F}_{BB_k} \in C^{M \times 1}$，其中 $k=1,\,2,\,\cdots,\,K$。

模拟端波束赋型器 $\boldsymbol{F}_{RF_n} \in C^{L \times 1}$ 其中 $n=1,\,2,\,\cdots,\,M$。模拟波束赋型端和天线端的衔接可以用矩阵 $E_n \in R^{N \times N_{RF}}$ 来表示，矩阵中每个元素均为 0 或 1。E_n 根据以下原则来制定：当 $N_{RF}+\alpha_n \leqslant N$，$E_n = [0_{\alpha_n \times N_{RF}}^{\text{T}},\ I_{N_{RF} \times N_{RF}},\ 0_{\beta_n \times N_{RF}}^{\text{T}}]^{\text{T}}$，当 $\beta_n = M-\alpha_n-N_{RF}$ 时，让 $\alpha_n = (n-1)N/M$。除此以外，如果 $\alpha_n+N_{RF} > N$，让 $N_{RF}=N_{RF_n}+N'_{RF_n}$，同时 $N_{RF_n}+\alpha_n=N$，那么

$$E_n = \begin{bmatrix} 0_{N_{RF_n} \times N'_{RF_n}} & I_{N'_{RF_n} \times N'_{RF_n}} \\ 0_{N_{RF_n} \times (\alpha_n - N'_{RF_n})} & 0_{N'_{RF_n} \times (\alpha_n - N'_{RF_n})} \\ I_{N_{RF_n} \times N_{RF_n}} & 0_{N'_{RF_n} \times (\alpha_n - N'_{RF_n})} \end{bmatrix} \tag{4.88}$$

并设定 $\boldsymbol{F}_{RF_n}=[E_1\boldsymbol{F}_{RF_1},E_2\boldsymbol{F}_{RF_2},\cdots,E_M\boldsymbol{F}_{RF_M}]$，$V\in C^{MN_{RF}\times M}$。第 k 个用户的接收信号为

$$y_k[f]=h_k[f]\boldsymbol{F}_{RF}\boldsymbol{F}_{BB_k}[f]s_k[f]+\sum_{u\neq k}h_k[f]\boldsymbol{F}_{RF}\boldsymbol{F}_{BB_u}[f]s_u[f]+z_k \qquad (4.89)$$

其信号干扰加噪声比（SINR）为

$$\mathrm{SINR}=\frac{|h_k[f]\boldsymbol{F}_{RF}\boldsymbol{F}_{BB_k}[f]|^2}{\sum_{u\neq k}|h_k[f]\boldsymbol{F}_{RF}\boldsymbol{F}_{BB_u}[f]|^2+\sigma_k^2} \qquad (4.90)$$

在本文结构中，$F=1$，所以后文算法过程中不考虑 f 的影响。在已经确定了以上几个条件后，问题转化为一个最优化问题

$$\min_{V,\boldsymbol{F}_{BB_k}}\sum_{k=1}^{K}\left\|\boldsymbol{F}_{RF}\boldsymbol{F}_{BB_k}\right\|^2$$

$$\mathrm{s.t.}\quad \frac{|h_k[f]\boldsymbol{F}_{RF}\boldsymbol{F}_{BB_k}[f]|^2}{P_n+\sum_{u\neq k}|h_k[f]\boldsymbol{F}_{RF}\boldsymbol{F}_{BB_u}[f]|^2}\geqslant\gamma_k,\ k=1,2,\cdots,K \qquad (4.91)$$

$$\boldsymbol{F}_{RF}=[E_1\boldsymbol{F}_{RF_1},E_2\boldsymbol{F}_{RF_2},\cdots,E_M\boldsymbol{F}_{RF_M}] \qquad (4.92)$$

整个算法流程，是一个交替迭代的过程，就是假设 $\boldsymbol{F}_{RF}$ 已知求出 $\boldsymbol{F}_{BB}$，再用 $\boldsymbol{F}_{BB}$ 求 $\boldsymbol{F}_{RF}$，反复迭代。首先固定 $\boldsymbol{F}_{RF_n}$，那么最优 $\boldsymbol{F}_{BB_k}[f]$ 可以通过如下所示对整个数字波束赋型系统进行功率最小化的优化方式来求解：

$$\min_{\boldsymbol{F}_{BB_k}[f]}\sum_{k=1}^{K}\boldsymbol{F}_{BB_k}^{\mathrm{H}}[f]\boldsymbol{F}_{RF}^{\mathrm{H}}\boldsymbol{F}_{RF}\boldsymbol{F}_{BB_k}[f]$$

$$\mathrm{s.t.}\quad \frac{|h_k[f]\boldsymbol{F}_{RF}\boldsymbol{F}_{BB_k}[f]|^2}{\sum_{u\neq k}|h_k[f]\boldsymbol{F}_{RF}\boldsymbol{F}_{BB_u}[f]|^2+\sigma_k^2}\geqslant\gamma_k[f],\ f=1,2,\cdots,F \qquad (4.93)$$

这个最优化问题可以证明是一个凸优化问题，可以转化为二阶锥规划问题，并通过数学软件 MATLAB 自带的凸优化工具箱（CVX）来求解。

之后可以对模拟端波束赋型权重进行优化。

令 $\boldsymbol{G}_k[f]=[\boldsymbol{F}_{BBk1}[f]E_1,\boldsymbol{F}_{BBk2}[f]E_2,\cdots,\boldsymbol{F}_{BBkM}[f]E_M]$，其中 $\boldsymbol{F}_{BBkn}[f]$ 表示 $\boldsymbol{F}_{BB_k}[f]$ 第 n 个元素，$a=[\boldsymbol{F}_{RF_1}^{\mathrm{T}},\boldsymbol{F}_{RF_2}^{\mathrm{T}},\cdots,\boldsymbol{F}_{RF_3}^{\mathrm{T}}]^{\mathrm{T}}$。可以得到 $\boldsymbol{F}_{RF}\boldsymbol{F}_{BB_k}[f]=\sum_{n=1}^{N}\boldsymbol{F}_{BBkn}[f]E_n\boldsymbol{F}_{RF_n}=\boldsymbol{G}_k[f]a$。

因此当固定数字端波束赋型向量 $\boldsymbol{F}_{BB_k}[f]$ 时，原始问题可以被重新表示为：

$$\min_a\frac{1}{F}a^{\mathrm{H}}\sum_{f=1}^{F}\sum_{k=1}^{K}\boldsymbol{G}_k[f]a$$

$$\mathrm{s.t.}\quad \frac{|q_{kk}[f]a|^2}{\sum_{u\neq k}|q_{ku}[f]a|^2+\sigma_k^2}\geqslant\gamma_k[f] \qquad (4.94)$$

其中 $G_k[f]=g_k^H[f]g_k[f]$，$q_{ku}[f]=h_k[f]g_u[f]$。

　　这个问题也可以利用 MATLAB 自带的凸优化工具箱（CVX）来求解。在求得数字端的最优权重之后，继续将数字端的权重带入最原始的优化问题之中，再次对模拟端波束赋型权重进行优化。以此类推，在每一次得到一组新的模拟端或者数字端波束赋型权重之后，固定该权重，并根据最优化目标方程对另一种权重进行求解，迭代交替进行，模拟波束赋型与数字端波束赋型进行联合优化，直到最终找到最优的解为止。如设定迭代次数为 500，那么500 次迭代后若未找到最优解迭代也会停止，输出 500 组解中取得 SINR 最大的一组解。

　　图 4.11 和图 4.12 是利用两种模数混合波束赋形算法和全数字波束赋形算法相对比得出的仿真结果图。

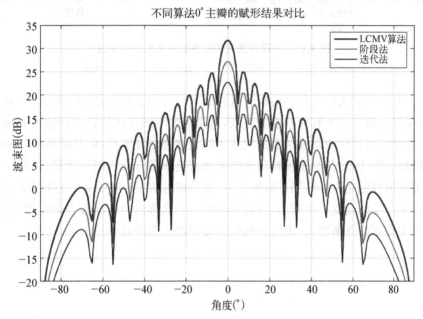

图 4.11　不同算法 0° 主瓣波束图对比

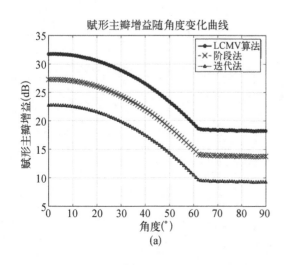

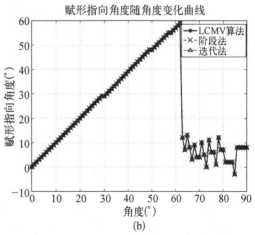

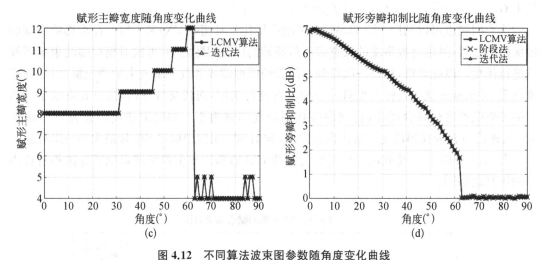

图 4.12　不同算法波束图参数随角度变化曲线
(a) 主瓣增益　(b) 指向角度　(c) 主瓣宽度　(d) 旁瓣抑制比

可以发现,三种算法计算得到的权矢量在对天线阵列赋形后,波束图的形状基本上是保持一致的,仅仅主瓣增益上有着些微的差别,这是因为不同算法计算得到的权矢量幅值不同所导致的。因此,可以认为阶段法及迭代法虽然处理复杂度更高,但是能够很好地逼近全数字权重的赋形结果,因此其对于模数混合阵列而言是非常有效的赋形手段。同时可以发现,对一个大规模模数混合矩形阵列进行赋形后,随着俯仰角不断变大,天线阵列赋形波束的波束参数会发生一定的改变。主瓣增益会逐渐减小,天线阵列的指向性也会出现些微的偏差,天线阵列的主瓣宽度逐渐增大,天线阵列的旁瓣抑制比逐渐减小。

第5章 新型维度扩展：无线通信的计算及存储新维度

计算和存储可以提供超越传统通信容限的新维度增益，具体体现在通过计算和存储过程，将传统通信的比特搬运过程，转换成有效信息的高效传输过程，即将符合传输目的的信息进行深度加工并进行高效传输。在本章中将主要介绍上述新维度增益的基本科学原理及关键算法。

5.1 计算、存储与内容中心网络的基本概念

近年来，随着智能手机、平板电脑和车载智能终端等移动智能终端的日益普及以及增强现实、虚拟现实和超高清视频等新型多媒体业务的不断出现，移动数据量急剧增长。截至2016年底，全球移动数据量相比2012年增长了18倍。预计2016—2021年，全球移动数据量将增长7倍，我国移动互联网用户人均月流量将增长近13倍，2020年人均月流量将接近5 GB。另外，预计2020年，我国移动通信频谱需求总量为1 350~1 810 MHz，而目前只规划了687 MHz的移动通信频谱，这意味着我国将面临663~1 123 MHz的频谱资源缺口。同时，现有回传链路的容量也无法支撑迅猛增长的移动数据量，部署高速的回传链路会带来巨大的开销。因此，爆炸式增长的移动数据量给移动通信系统带来了前所未有的挑战。

为提高移动通信系统服务移动数据业务的能力，业界大力开展5G技术的研究工作，目前，5G核心技术包括大规模天线、超密集组网、全频谱接入、新型多址和新型多载波等。然而，这些5G技术旨在提升无线接入速率和站点密度，并未有效解决回传链路的拥塞问题。数据显示，目前移动数据流量主要来源于大规模的内容分发，其中60%的内容(例如网页、图片、文档和电影等)可被重复利用，因此具有可缓存性。与此同时，随着硬件技术的发展，缓存资源的价格依照摩尔定律呈现滑梯式下降，例如每一美元所能购买的固态硬盘容量每隔12~18个月会翻一倍。基于以上两点，在移动通信系统中(包括基站端和移动用户端)引入廉价、供给充足的缓存资源来存储流行内容可以大幅度降低回传链路和无线链路的负载，减少回传链路的开销，缓解对昂贵稀缺的带宽资源的需求，同时可以拉近用户与所需内容的距离，减少服务时延，提高用户体验质量(QoE)。因此，无线缓存技术被认为是引领未来移动通信系统发展的又一大关键技术。

当前的网络环境与网络诞生之初时相比已经发生改变，信息更多被用于分享和合作，而非仅仅从一地传送至另一地。施乐帕洛阿尔托研究所(Xerox PARC)的副总裁兼电脑科学

实验室的特里萨·兰特(Teresa Lunt)在 GigaOM 的结构大会上展示了一种专门为当前网络环境设计的新网络技术：内容中心网络(content-centric networking,CCN)。

下面简要介绍 CCN 的工作机制。CCN 通信由数据消费者驱动。数据可以进行块级传输,有两个包类型：Interest 和 Data 包。如图 5.1 所示。消费者广播 Interest 包,请求内容,监听节点如果有该内容,则响应。兴趣和数据包和位置无关,在一个广播介质上.如果有一个兴趣包请求,则其他对同一内容感兴趣的消费者可以共享该请求。

图 5.1 CCN 中的兴趣包和数据包

当一个包到达一个 Face,利用名字进行最长前缀匹配查找,有 3 个关键数据结构完成转发(前向转发表 FIB、内容缓存 CS、待定请求表 FIB),如图 5.2 所示。FIB 类似 IP 的 FIB,但允许一列出口,而不限于是一个。内容缓存可以尽可能长时间地缓存转发的包,以供其他消费者使用。PIT 记录已经转发的兴趣包,为了让响应的数据包能到达其请求者。当响应兴趣的数据包利用 PIT 的某条目转发后或者抽出时间设定,该条目被擦除。

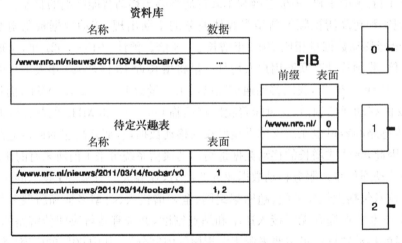

图 5.2 CCN 路由节点结构

当一个兴趣包到达,首先匹配内容缓存(如果有,则响应并丢弃兴趣);其次匹配 PIT(如果有,则在 PIT 响应条目中增加表面并丢弃兴趣),最后匹配 FIB 按照所有匹配的 Face(除兴趣到达表面)进行转发兴趣,并在 PIT 中记录。如果没有匹配则丢弃。

数据包的处理相对简单,当数据包到达时,先对数据包的资料库字段进行最长前缀匹配。先在资料库中匹配(如果有,则丢弃),再在 PIT 中匹配条目,如果有,转发到请求者,然后缓存在资料库,如果没有匹配则丢弃。

综合上述论述可以看到,在新技术领域,通信过程的诉求不再是增加通信带宽的简单过程,其理念逐渐转向通过计算、存储或者基于内容转发的各类方式,有效提高通信过程效能。

这样的过程可以通俗地解释为从追求产量过渡到追求效益，避免了片面追求通信带宽却无法提升有效决策能力的问题。

通信维度与计算维度、存储维度往往存在互换内在机理。例如，如果将视频压缩视为一个计算过程，则计算过程越复杂，得到的压缩码率往往会越小，从而在通信维度获得传输增益。又如，在通信信道的时域或者频域变化的条件下，通过存储维度使数据能够动态适应信道较好的传输条件，从而获得通信增益。有关于上述不同维度的转换过程的数学原理阐述与机理论证过程，可以参见上海交通大学无线通信研究所的相关课题组的公开研究论文成果，以及本教材的相关系列著作，此处就不再一一赘述。在本章中，著者将从较为理论的角度，对发生在基站侧的存储及通信的互换机理，进行简明数学原理阐述。

5.2　基站侧存储维度增益分析

在基站端的缓存中存储流行内容是无线缓存技术的重要内容。当用户向基站请求文件时，基站传送本地缓存的请求文件，从而避免经回程链路从核心网获取请求文件的过程，进而降低回程链路的负载。这样，即可在基站中直接获取相关数据，可以有效保证网络的流畅，还可以解决通信消耗量。部分文献考虑固定拓扑结构网络，部分文献考虑大规模网络。下面分别介绍固定拓扑结构网络和大规模网络下无线缓存的相关研究。

5.2.1　固定拓扑结构网络中基站端缓存

1. 微型基站缓存

宏基站（macro base station，MBS）、微型辅助基站（helper）和用户终端（user terminal，UT）构成异构网络（heterogonous network，HetNet）。宏基站和微型辅助基站的集合记为 $\mathcal{H}=\{0,1,\cdots,H\}$，用户终端的集合记为 $\mathcal{U}=\{1,2,\cdots,U\}$，文件集合记为 $\mathcal{F}=\{1,2,\cdots,F\}$，每个文件大小为 B 比特（bit）。宏基站可服务全体用户终端，微型辅助基站可服务有限距离内的用户终端，这些用户终端的集合记为 $\mathcal{U}(h)$。用户终端 $u\in\mathcal{U}$ 产生文件请求，其可通信的微型辅助基站的集合记为 $\mathcal{H}(u)$，如 $\mathcal{H}(u)$ 内所有微型辅助基站均无法满足该请求，则由宏基站服务。基站与用户终端之间的通信关系可以由二分图 $G=(\mathcal{H},\mathcal{U},\varepsilon)$ 表示，边 $(h,u)\in\varepsilon$ 说明基站 h 和用户终端 u 可通信。对于链路 (h,u)，其平均每比特的下载时延为 $w_{h,u}$，对于链路 $(0,u)$，其平均每比特的下载时延为 $w_{0,u}$，通常，$w_{h,u}<w_{0,u}$。任意用户终端均请求文件 f 的概率为 P_f。在网络中，宏基站 $h=0$ 储存全体文件，微型辅助基站 $h\in\mathcal{H}\backslash(0)$ 的存储空间为 MB 比特。这里，文献[8]考虑如何降低所有用户每比特的平均下载时延和，下面分为非编码缓存和编码缓存。

采用非编码缓存时，所有基站存储完整的文件。其文件的缓存放置可以用二分图 $\tilde{G}=(\mathcal{H},\mathcal{F},\tilde{\varepsilon})$ 表示，边 $(h,f)\in\tilde{\varepsilon}$ 说明基站 h 存有文件 f。$\tilde{G}$ 的邻接矩阵（adjacency matrix）表示为 $\boldsymbol{X}$，其中，$x_{h,f}=1$ 表明 $(h,f)\in\tilde{\varepsilon}$，$x_{h,f}=0$ 表明 $(h,f)\notin\tilde{\varepsilon}$。对于用户 u，其每比特的平均下载时延为

$$\overline{D_u} = \sum_{j=1}^{|\mathcal{H}(u)|-1} w_{(j)_u, u} \Big[\prod_{i=1}^{j-1} (1 - x_{f, (i)_u}) \Big] x_{f, (j)_u} P_f + w_{0, u} \sum_{f=1}^{F} \Big[\prod_{i=1}^{|\mathcal{H}(u)|-1} (1 - x_{f, (i)_u}) \Big] P_f,$$

$$(5.1)$$

其中，$(\cdot)_u$ 为微型辅助基站排序函数，例如，$(j)_u$ 表示对于用户终端 u 每比特平均下载时延第 j 小的基站的索引；$\Big[\prod_{i=1}^{j-1} (1 - x_{f, (i)_u}) \Big] x_{f, (j)_u} = 1$ 表示文件 f 储存在基站 $(j)_u$ 且不储存在更低时延基站；类似地，$\Big[\prod_{i=1}^{|\mathcal{H}(u)|-1} (1 - x_{f, (i)_u}) \Big] = 1$ 表示不储存在文件 f 在 $\mathcal{H}(u) \setminus \{0\}$。

文献[8]最小化所有用户每比特的平均下载时延和，该问题可转化为如下整数优化问题：

优化问题

$$\max_x \sum_{u=1}^{U} (w_{0, u} - \bar{D}_u)$$

$$\text{s.t.} \quad \sum_{f=1}^{F} x_{f, h} \leqslant M \quad \forall h,$$

$$\boldsymbol{X} \in \{0, 1\}^{F \times H}$$

$$(5.2)$$

该问题是 NP-完全问题，文献[8]中利用该问题的结构特征得到了一种贪婪算法，该算法可以保证至少达到最优值的 $\frac{1}{2}$。

采用喷泉码（fountain code）进行编码缓存时，所有基站存储文件的一部分校验比特（parity bit）。如用户终端接收某文件的校验比特达到 B 比特，即可成功解码出该文件。定义 $\boldsymbol{R} = [\rho_{h, f}]$，其中，$\rho_{h, f}$ 表示基站 h 储存关于文件 f 的校验比特占 B 的比例。假设用户终端 u 可以从前 j 个下载时延最小的基站下载文件 f，则用户终端 u 下载文件 f 的每比特的平均下载时延为：

$$\bar{D}_u^{f, j} = \sum_{i=1}^{j-1} \rho_{f, (i)_u} w_{(i)_u, u} + \big(1 - \sum_{i=1}^{j-1} \rho_{f, (i)_u}\big) w_{(j)_u, u}。$$

$$(5.3)$$

总体上，用户终端 u 下载文件 f 的每比特的平均下载时延为：

$$\bar{D}_u^f = \max_{j \in 1, 2, \cdots, |\mathcal{H}(u)|} \bar{D}_u^{f, j}$$

$$(5.4)$$

文献[8]考虑最小化所有用户每比特的平均下载时延和，得到下列优化问题：

优化问题

$$\min_{\boldsymbol{R}} \sum_{u=1}^{U} \sum_{f=1}^{F} P_f \max_{j \in \{1, 2, \cdots, |\mathcal{H}(u)|\}} \{\bar{D}_u^{f, j}\}$$

$$\text{s.t.} \quad \sum_{f=1}^{F} \rho_{f, h} \leqslant M \quad \forall h$$

$$\boldsymbol{R} \in [0, 1]^{F \times H}$$

$$(5.5)$$

该优化问题可以退化为一个线性规划问题，其最差情况的复杂度为 $O((U+H)^{3.5}F^{3.5})$。

2. 单播下的无线网络缓存问题

系统模型

宏基站、微型小区基站（small cell base station，SBS）和移动用户（mobile user，MU）构成异构网络。其中，微型小区基站的集合记为 $\mathcal{N}=\{1, 2, \cdots, N\}$；移动用户全体为 K 个用户类构成的集合 $\mathcal{K}=\{1, 2, \cdots, K\}$，属于同一个地区的用户为一类用户；文件集合记为 $I=(1, 2, \cdots, I)$，每个文件大小为 s 比特（bit）。在网络中，宏基站可以服务所有用户，其传输容量没有限制；微型小区基站 $n \in \mathcal{N}$ 仅在长度为 I 的时间段内能传输最多 B_n 比特的数据；移动用户类 k 在该时间段对文件 i 请求的平均数目为 λ_{ki}，每一个文件请求可以被 $\mathcal{N}_k$ 中的任意的微型小区基站服务，如无法得到任何一个微型小区基站服务，该请求将得到宏基站服务。宏基站存有所有文件，微型小区基站 $n \in \mathcal{N}$ 仅有有限存储空间 S_n 比特。文献[9]采用了单播，即基站通过一次发送某一文件服务一个对该文件的请求。

最小化宏基站服务请求数目的系统设计

为最小化宏基站服务请求数目，文献设计系统的文件缓存策略和用户请求路由策略。具体地说，文件缓存策略对应的设计参数为文件缓存策略矩阵（caching policy matrix）$x=(x_{ni} : n \in \mathcal{N}, i \in I)$，其中，$x_{ni}=1$ 表明微型小区基站 n 存有文件 i，$x_{ni} \neq 1$ 反之。用户请求路由策略对应的设计参数为用户请求路由策略矩阵（routing policy matrix）$y=(y_{ni}^k : n \in \mathcal{N} \cup \{M\}, i \in I, k \in \mathcal{K})$，其中，$y_{ni}^k \in [1, \lambda_{ki}]$ 表示用户类 k 产生的并被分发到微型小区基站 n 对文件 i 请求的数目。文献[9]考虑最小化宏基站服务请求数目，得到下列优化问题：

优化问题

$$\min_{x, y} \sum_{k \in K} \sum_{i \in I} y_{Mi}^k$$

$$\text{s.t.} \quad \sum_{i \in I} x_{ni}s \leqslant S_n, \ \forall n \in \mathcal{N}$$

$$\sum_{k \in K} \sum_{i \in I} y_{ni}^k s \leqslant B_n, \ \forall n \in \mathcal{N},$$

$$y_{ni}^k \leqslant x_{ni}\lambda_{ki}, \ \forall i \in I, k \in \mathcal{K}, n \in \mathcal{N},$$

$$y_{ni}^k = 0, \ \forall i \in I, k \in \mathcal{K}, n \in \mathcal{N},$$

$$\sum_{n \in \mathcal{N} \cup \{M\}} y_{ni}^k = \lambda_{ki}, \ \forall i \in I, k \in \mathcal{K},$$

$$x_{ni} \in \{0, 1\}, \ \forall n \in N, i \in I,$$

$$y_{ni}^k \in Z^+, \ \forall n \in \mathcal{N} \cup \{M\}, i \in I, k \in \mathcal{K}, \tag{5.6}$$

该问题是 NP-难问题，文献[9]提供了一种具备多项式时间复杂度的近似优化算法，该算法可提供一定的近似保证。

3. 多播下的无线网络缓存问题

(1) 系统模型。宏基站、微型小区基站和移动用户构成异构小区网络（heterogeneous cellular network，HCN）。其中，微型小区基站的集合记为 $\mathcal{N}=\{1,2,\cdots,N\}$；文件集合记为 $I=\{1,2,\cdots,I\}$，每个文件大小标准化为 1。在网络中，宏基站可以服务所有用户，微型小区基站 $n\in\mathcal{N}$ 仅可以服务一定范围内的用户。在微型小区基站 n 的服务区域（亦记为区域 n）内单位时间请求文件 i 的请求数目为 λ_{ni}。λ_{0i} 指不能被任何微型小区基站服务只能被宏基站服务的区域（记为 n_0）内单位时间请求文件 i 的请求数目。宏基站通过回程链路获取所有文件，微型小区基站 $n\in\mathcal{N}$ 仅有有限存储空间 S_n 比特。文献采用了多播，即基站可以通过一次发送某一文件同时服务多个对该文件的请求。d 个单位时间为一个多播周期，每个基站每隔一个多播周期以多播的方式服务相应时间段内其接收的请求。定义 $\mathcal{R}=(r:r\subseteq\mathcal{N}\cup n_0,r\neq\varnothing)$。一个多播周期内区域 n 内至少有一个对文件 i 的请求的概率记为 p_{ni}，则区域集 $r\in\mathcal{R}$ 内至少有一个对文件 i 的请求的概率为 $q_{ri}=\prod_{n\in r}(p_{ni})\prod_{n\notin r}(1-p_{ni})$。微型小区基站 n 发送一个文件给区域 n 内用户所需的能量记为 c_n，宏基站发送一个文件给区域集 r 内所有用户所需的能量记为 c_{Wr}，通常来说，$c_{Wr}>c_n$，宏基站通过回传链路获取一个文件所需的能量记为 c_B。

(2) 最小化传输总能量损耗的系统设计。文献[10]考虑通过设计系统的文件缓存策略和请求路由策略来最小化网络内文件传输的总能量损耗。具体地说，文件缓存策略对应的设计参数为文件缓存策略矩阵 $\boldsymbol{x}=(x_{ni}:n\in\mathcal{N},i\in I)$，$x_{ni}=1$ 表明微型小区基站 n 存有文件 i，$x_{ni}\neq1$ 反之；请求路由策略对应的设计参数为请求路由策略矩阵 $\boldsymbol{y}=(y_{ri}\in\{0,1\}:r\in\mathcal{R},i\in I)$，$y_{ri}=1$ 表示区域集 r 内至少有一个对于文件 i 的请求不能得到微型小区基站服务，而由宏基站服务该区域集内的对于文件 i 的请求。记 $J_i(\boldsymbol{y})$ 为一个多播周期内服务对于文件 i 的请求所需的总能量损耗，则 $J_i(\boldsymbol{y})=\sum_{r\in\mathcal{R}}q_{ri}\cdot\left(y_{ri}\cdot(c_B+c_{Wr})+(1-y_{ri})\cdot\sum_{n\in r}c_n\right)$。文献[10]考虑最小化网络内文件传输的总能量损耗，得到下列优化问题：

优化问题

$$
\min_{x,y}\quad \sum_{n\in\mathcal{N}}\sum_{i\in I}\left(c_S\cdot x_{ni}+\sum_{i\in I}(J_i(\boldsymbol{y}))\right)
$$

$$
\text{s.t.}\quad y_{ri}\geqslant 1_{\{n_0\in r\}},\ \forall r\in\mathcal{R},i\in I,
$$

$$
y_{ri}\geqslant 1-x_{ni},\ \forall r\in\mathcal{R},i\in I,n\in r,
$$

$$
\sum_{i\in I}x_{ni}\leqslant S_n,\ \forall n\in\mathcal{N},
$$

$$
x_{ni}\in\{0,1\},\ \forall n\in\mathcal{N},i\in I,
$$

$$
y_{ri}\in\{0,1\},\ \forall r\in\mathcal{R},i\in I \tag{5.7}
$$

该问题是 NP-难问题，文献[10]提供了一种启发式（heuristic）的优化算法，该算法可提供一定的性能保证。

5.2.2　大规模网络中基站端缓存

1. 系统模型

考虑 T 层网络，当 $T=1$ 时，该网络为单层网络；当 $T \geqslant 2$ 时，该网络为 T 层异构网络。第 i 层基站服从密度为 λ_i 的齐次泊松点过程 Φ_i，用户服从密度为 λ_u 的独立齐次泊松点过程 Φ_u。每个基站有一根传输天线，第 i 层基站的传输功率为 P_i。每个用户有一根接收天线。系统带宽为 W。同时考虑路径损耗与小尺度衰落。传输信号经过距离 D 的路径损耗为 $D^{-\alpha}$，其中 α 为路径损耗参数。传输信号的小尺度衰落为瑞利衰落，其信道功率 $h \sim \mathrm{Exp}(1)$。网络中有大小相同的 N 个文件 $\mathcal{N} = \{1, 2, \cdots, N\}$。文件流行度分布为 $a = (a_n)_{n \in \mathcal{N}}$，其中，$a_i$ 为用户随机请求文件 n 的概率，假设 $a_1 \geqslant a_2 \cdots \geqslant a_N$。每个基站具有缓存能力，第 i 层的每个基站可以存储 K_i 个不同文件。

2. 流行文件缓存

(1) 单层网络中的流行文件缓存。文献[11]考虑单层网络，即 $T=1$。[11]考虑流行文件缓存方案，每个基站缓存最流行的 K_1 个文件。当用户请求文件 $n \leqslant K_1$ 时，距离该用户最近的基站服务该用户。用户此时的信干噪比为

$$\mathrm{SINR} = \frac{P_1 h d^{-\alpha}}{N_0 + P_1 \sum\limits_{i \in \Phi_1 \backslash b_0} h_i d_i^{-\alpha}}, \tag{5.8}$$

其中 N_0 为噪声功率，b_0 为服务基站，h 和 h_i 分别表示服务基站 b_0 和干扰基站 i 到 u_0 的小尺度衰落，d 和 d_i 分别表示服务基站 b_0 和干扰基站 i 到 u_0 的距离。文献[11]定义文件的成功传输概率为传输速率大于门限 τ 且请求文件 n 被基站缓存的概率。

$$\begin{aligned} q &\triangleq \mathrm{Pr}[\log(1 + \mathrm{SINR}) > \tau, n \leqslant K_1] \\ &= \mathrm{Pr}[\log(1 + \mathrm{SINR}) > \tau] \sum_{n=1}^{K_1} a_n \end{aligned} \tag{5.9}$$

文献[11]通过分析基站缓存大小和基站密度对文件成功传输概率的影响得出如下结论：增加缓存大小或增加基站密度可以增加文件成功传输概率。

(2) 异构网络中的流行文件缓存。文献[12]考虑含有中继、基站和用户的三层异构网络，即 $T=3$。用户层中部分用户具有缓存能力。有缓存能力的用户、中继和基站分别记为第 1 层、第 2 层和第 3 层。有缓存能力用户的密度为 $\lambda_1 = \beta \lambda_u$，其中 $0 < \beta < 1$。[12]考虑流行文件缓存方案，每个有缓存能力的用户存储流行度最高的 K_1 个文件，每个中继存储流行度最高的 K_2 个文件。基站可以服务所有文件请求，基站的缓存大小可以认为是 $K_3 = N$。当用户请求文件时，该用户首先检查所请求文件是否存储在本地缓存中。当请求文件存储在本地缓存中，该用户可以立即获得所请求的文件，否则该用户连向提供最大平均接收功率的服务节点（即有缓存能力的用户、中继或基站）。网络中用户获取请求文件共有如下四种

情况。

情况 1：没有缓存能力的用户从提供最大平均接收功率的节点（即有缓存能力的用户、中继或基站）获取请求文件；

情况 2：有缓存能力的用户请求没有存储在本地缓存中的文件时，该用户从提供最大平均接收功率的节点（中继或者基站）获取请求文件；

情况 3：没有缓存能力的用户请求没有存储在用户缓存中的文件，且提供最大平均接收功率的节点为有缓存能力的用户时，该用户从提供最大平均接收功率的节点（即中继或基站）获取请求文件；

情况 4：有缓存能力的用户请求存储在本地缓存中的文件时，该用户从本地缓存中立即获得请求文件。

当中继服务的文件没有存储在本地缓存中时，该中继首先通过回程链路获取请求文件。当用户连向第 i 层节点时，信干噪比为：

$$\mathrm{SINR}_i(d) = \frac{P_i h_{i,0} d^{-\alpha}}{\sum_{j=1}^{3} \sum_{k \in \Phi_j \setminus B_{i,0}} P_j h_{j,k} d_{j,k}^{-\alpha} + N_0},\qquad(5.10)$$

其中 N_0 为噪声功率，$B_{i,0}$ 为服务节点，d 为用户到服务节点之间的距离，$h_{i,0}$ 和 h_{jk} 是信道功率增益，d_{jk} 是用户到第 j 层的第 k 个节点之间的距离。

当用户连向第 i 层时，其平均传输速率 $\mathcal{U}_i$ 如下：

$$\mathcal{U}_i \triangleq \mathbb{E}_d[\mathbb{E}_{\mathrm{SINR}_i}[\log(1 + \mathrm{SINR}_i(d))]]。\qquad(5.11)$$

利用随机几何的相关知识，情况 1 中连向第 i 层（$i=1,2,3$）与情况 2 和情况 3 中连向第 i 层（$i=2,3$）的用户的平均传输速率 $\mathcal{U}_{1,i}$、$\mathcal{U}_{2,i}$ 和 $\mathcal{U}_{3,i}$ 由文献[12]的定理 1、定理 2 和定理 3 给出。根据 $\mathcal{U}_{1,i}$ 在 $N_0 \to 0$ 时的表达式可以看出：在干扰主导的网络中，情况 1 中用户的平均传输速率不受连向节点所在层的影响。另外在干扰主导且有缓存能力的用户比例 β 较小时，情况 1 中用户的平均传输速率不受有缓存能力的用户比例 β、节点传输功率 P_i 和节点密度 λ_i 的影响。

中断概率定义为用户的信干噪比 SINR 小于门限 τ 的概率。连向第 i 层节点的用户的平均中断概率 $\mathcal{P}_i$ 可以表示为：

$$\mathcal{P}_i \triangleq \mathbb{E}[\mathbb{P}[\mathrm{SINR}_i(d) \leqslant \tau]]。\qquad(5.12)$$

利用随机几何的相关知识，情况 1 中连向第 i 层（$i=1,2,3$）与情况 2 和情况 3 中连向第 i 层（$i=2,3$）的用户的平均中断概率 $\mathcal{P}_{1,i}$、$\mathcal{P}_{2,i}$ 和 $\mathcal{P}_{3,i}$ 由文献[12]的定理 4、定理 5 和定理 6 给出。从 $\mathcal{P}_{1,i}$、$\mathcal{P}_{2,i}$ 和 $\mathcal{P}_{3,i}$ 的表达式可以看出：在干扰主导的网络中，用户的平均中断概率不受连向节点所在层的影响。另外，在有缓存能力用户的比例 β 较小时，情况 1 中用户的平均中断概率不受传输功率和节点密度的影响。

3. 随机缓存

单层网络中的随机缓存

文献[13]考虑单层网络，即 $T=1$。文献[13]考虑随机缓存方案，每个基站以概率 p_i 随机存储文件组合 $i \in I$。这里，文件组合 $i \in I$ 由文件集合 $\mathcal{N}$ 中 K_1 个不同文件构成，I 表示所有文件组合的集合。$\boldsymbol{p} = (p_i)_{i \in I}$ 满足如下限制条件：

$$0 \leqslant p_i \leqslant 1, \ i \in I,$$

$$\sum_{i \in I} p_i = 1。$$

每个基站存储文件 n 的概率为 $T_n = \sum_{i \in I_n} p_i$，其中 I_n 表示所有含文件 n 的文件组合的集合。$\boldsymbol{T} = (T_n)_{n \in \mathcal{N}}$ 满足如下限制条件：

$$0 \leqslant T_n \leqslant 1, \ n \in \mathcal{N},$$

$$\sum_{n \in \mathcal{N}} T_n = K_1。$$

每个请求文件 n 的用户连向距离该用户最近且缓存文件 n 的基站。每个基站采用多播传输方式，同时服务其覆盖范围内所有用户对相同文件的请求。在多播传输方式下，当基站接收 K_0 个不同文件请求时，该基站以 FDMA 方式在 W/K_0 带宽上以速率 τ 传输每个被请求文件。当用户请求文件 n 时，信干噪比为

$$\mathrm{SINR}_{n,0} = \frac{d_{0,0}^{-\alpha} |h_{0,0}|^2}{\sum_{\ell \in \Phi_b \backslash B_{n,0}} d_{\ell,0}^{-\alpha} |h_{\ell,0}|^2 + \dfrac{N_0}{P_1}} \tag{5.13}$$

其中 N_0 为噪声功率，$B_{n,0}$ 为服务节点，$d_{0,0}$ 为用户到服务节点之间的距离，$h_{0,0}$ 和 $h_{\ell,0}$ 是信道功率增益，$d_{\ell,0}$ 是用户到基站 l 之间的距离。

当基站与其服务用户之间的信道容量大于文件多播传输速率 τ 时，该用户可以成功接收文件。文件的成功传输概率为：

$$q_{K,n}(\boldsymbol{p}) \triangleq \sum_{n \in \mathcal{N}} a_n \Pr\left[\frac{W}{K_{n,0}} \log_2(1 + \mathrm{SINR}_{n,0}) \geqslant \tau\right], \tag{5.14}$$

其中 $K_{n,0}$ 表示 u_0 请求文件 n 时，u_0 的服务基站所接收的不同文件请求个数，是一个随机变量。利用全概率公式和随机几何的相关知识，[13]给出了文件成功传输概率的表达式：

$$q_K(\boldsymbol{p}) = \sum_{n \in \mathcal{N}} a_n \sum_{k=1}^{K_1} \Pr[K_{n,0} = k] f_k(T_n) \tag{5.15}$$

其中，$\Pr[K_{n,0} = k]$ 和 $f_k(x)$ 由文献[13]的定理 1 给出。

以上文件成功传输概率很难计算，其中 $K_{n,0}$ 的分布函数的计算需要枚举所有含文件 n 的文件组合，$f_k(x)$ 的计算需要求积分。另外，从以上表达式中很难分析系统参数对文件成功传输概率的影响。为了克服以上困难，[13]分析了文件成功传输概率在高 SNR 和高用户密度（即 $\dfrac{P_1}{N_0} \rightarrow \infty, \lambda_u \rightarrow \infty$）的渐近域上的渐近表达式：

$$q_{K,\infty}(\boldsymbol{p}) \triangleq \lim_{\substack{\lambda_u \to \infty, \frac{P_1}{N_0} \to \infty}} q_K(\boldsymbol{p}) = \sum_{n \in \mathcal{N}} \frac{a_n T_n}{c_{2,K_1} + c_{1,K_1} T_n}, \tag{5.16}$$

其中，

$$c_{1,k} \triangleq 1 + \frac{2}{\alpha}(2^{\frac{k\tau}{W}} - 1)^{\frac{2}{\alpha}} B'\left(\frac{2}{\alpha}, 1 - \frac{2}{\alpha}, 2^{-\frac{k\tau}{W}}\right) - \frac{2}{\alpha}(2^{\frac{k\tau}{W}} - 1)^{\frac{2}{\alpha}} B\left(\frac{2}{\alpha}, 1 - \frac{2}{\alpha}\right),$$

$$c_{2,k} \triangleq \frac{2}{\alpha}(2^{\frac{k\tau}{W}} - 1)^{\frac{2}{\alpha}} B\left(\frac{2}{\alpha}, 1 - \frac{2}{\alpha}\right) 。$$

$B(x, y) \triangleq \int_0^1 u^{x-1}(1-u)^{y-1} \mathrm{d}u$ 是 beta 函数。

文件成功传输概率 $q_K(\boldsymbol{p})$ 受缓存分布 $\boldsymbol{p}$ 的影响。文献[13]通过优化 $\boldsymbol{p}$ 最大化 $q_K(\boldsymbol{p})$，该优化问题如下：

优化问题：

$$\max_{\boldsymbol{p}} \quad q_K(\boldsymbol{p})$$

$$\mathrm{s.t.} \quad 0 \leqslant p_i \leqslant 1, i \in I$$

$$\sum_{i \in I} p_i = K_1 \tag{5.17}$$

该优化问题的目标函数可导，限制条件为线性限制条件。文献[13]用梯度映射法求解该优化问题的局部最优解。

在渐近域 $\frac{P}{N_0} \to \infty$，$\lambda_u \to \infty$ 上，文件成功传输概率 $q_{K,\infty}(\boldsymbol{T})$ 受缓存分布 $\boldsymbol{T}$ 的影响。文献[13]通过优化 $\boldsymbol{T}$ 最大化 $q_{K,\infty}(\boldsymbol{T})$，该优化问题如下。

优化问题：

$$\max_{\boldsymbol{T}} \quad q_{K,\infty}(\boldsymbol{T})$$

$$\mathrm{s.t.} \quad 0 \leqslant T_n \leqslant 1, n \in \mathcal{N}$$

$$\sum_{n \in \mathcal{N}} T_n = K \tag{5.18}$$

该优化问题是一个凸优化问题，根据 KKT 条件求得最优解 $\boldsymbol{T}^* \triangleq (T_n^*)_{n \in \mathcal{N}}$：

$$T_n^* = \min\left\{\left[\frac{1}{c_{1,K}}\sqrt{\frac{a_n c_{2,k}}{v^*}} - \frac{c_{2,k}}{c_{1,K}}\right]^+, 1\right\}, n \in \mathcal{N}, \tag{5.19}$$

其中，v^* 满足 $\sum_{n \in \mathcal{N}} \min\left\{\left[\frac{1}{c_{1,K}}\sqrt{\frac{a_n c_{2,K}}{v^*}} - \frac{c_{2,K}}{c_{1,K}}\right], 1\right\} = K$。

以上最优解有类似注水结构的结构特性，另外，通过以上最优解可以看出：流行度高的文件能获得更多的缓存资源，流行度低的文件可能不会存储在网络中。

基站不连续发送的随机缓存

文献[14]考虑单层网络，即 $T=1$。 文献[14]采用与文献[13]相同的网络结构模型、请求接入策略和随机缓存方案。在文献[13]的基础上，文献[14]提出了基站不连续发送的机制。所有基站共可划分为 L 层，分别为 $\Phi_{b,1}, \cdots, \Phi_{b,\theta}, \cdots, \Phi_{b,L}$，任一基站依 $\frac{1}{L}$ 的概率属于其中一层。每层基站每隔 L 个时隙开启一次，在基站开启时，基站以 FDMA 方式以一定速率传输每个被请求文件以服务在之前 L 个时隙（包括开启时的时隙）所接收到的文件请求。在每个时隙，仅有一层基站开启，在连续 L 个时隙中，L 层基站依次开启运行并随后关闭。考虑到文件请求的时延要求，假设 $L \in (0, 1, \cdots, \bar{L})$，$L$ 个时隙为一个多播周期。基站不连续发送的机制可以有效地提高基站的多播概率并降低小区间的串扰强度。

在文献[14]的系统模型下，u_0 处 t 时隙的信干比为

$$\text{SIR}_{n,0} = \frac{D_{0,0}^{-\alpha} \mid h_{0,0} \mid^2}{\sum_{\ell \in \Phi_{b,\theta_0} \backslash B_{n,0}} D_{\ell,0}^{-\alpha} \mid h_{\ell,0} \mid^2}, \tag{5.20}$$

其中，$\theta_0 = t \mod L$。 根据全概率公式，文件成功传输概率为

$$q(\boldsymbol{p}, L) \triangleq \sum_{n \in \mathcal{N}} a_n q_n(\boldsymbol{p}, L), \tag{5.21}$$

其中，$q_n(\boldsymbol{p}, L)$ 为 u_0 请求文件 n 情况下的文件成功传输概率，其定义为

$$q_n(\boldsymbol{p}, L) \triangleq \Pr\left[\frac{W}{K_{n,0}} \log_2(1 + \text{SIR}_{n,0}) \geqslant \tau\right]. \tag{5.22}$$

文献[14]得到文件成功传输概率的表达式：

$$q(\boldsymbol{p}, L) = \sum_{n \in \mathcal{N}} a_n \sum_{k=1}^{K} g_n(k, \boldsymbol{p}, L) f(k, T_n, L), \tag{5.23}$$

其中，$g_n(k, \boldsymbol{p}, L)$ 和 $f(k, T_n, L)$ 分别由文献[14]中的引理 1 和引理 2 给出。

以上文件成功传输概率很难计算，从以上表达式中很难分析系统参数对文件成功传输概率的影响。[14]分析了文件成功传输概率在高用户密度（即 $\lambda_u \to \infty$）的渐近域上的渐近表达式：

$$q_\infty(\boldsymbol{T}, L) = \sum_{n \in \mathcal{N}} \frac{a_n T_n}{c_2(K, L) + c_1(K, L) T_n} \tag{5.24}$$

其中，

$$c_1(k, L) \triangleq 1 - \frac{2}{\alpha L}(2^{\frac{k\theta}{W}} - 1)^{\frac{2}{\alpha}} B'\left(\frac{2}{\alpha}, 1 - \frac{2}{\alpha}, 1 - 2^{\frac{k\theta}{W}}\right), \tag{5.25}$$

$$c_2(k, L) \triangleq \frac{2}{\alpha L} (2^{\frac{k\theta}{W}} - 1)^{\frac{2}{\alpha}} B\left(\frac{2}{\alpha}, 1 - \frac{2}{\alpha}\right)。 \tag{5.26}$$

在渐近域 $\lambda_u \to \infty$ 上,文件成功传输概率 $q_\infty(\boldsymbol{T}, l)$ 受缓存分布 $\boldsymbol{T}$ 和多播周期 L 的影响。文献[14]通过优化 $\boldsymbol{T}$ 和多播周期 L 最大化 $q_\infty(\boldsymbol{T}, L)$,该优化问题如下:

优化问题:

$$\max_{\boldsymbol{T}, L} \quad q_\infty(\boldsymbol{T}, L)$$

$$\text{s.t.} \quad 0 \leqslant T_n \leqslant 1,$$

$$\sum_{n \in \mathcal{N}} T_n = 1,$$

$$1 \leqslant L \leqslant \bar{L}, \tag{5.27}$$

该优化问题是一个凸优化问题,根据 KKT 条件求得最优解 $(\boldsymbol{T}^*, L^*)$,其中,$\boldsymbol{T}^* \triangleq (T_n^*)_{n \in \mathcal{N}}, L^* = \bar{L}$。 这里

$$T_n^* = \min\left\{\left[\frac{1}{c_1(k, \bar{L})} \sqrt{\frac{a_n c_2(k, \bar{L})}{\nu^*}} - \frac{c_2(k, \bar{L})}{c_1(k, \bar{L})}\right]^+, 1\right\}, n \in \mathcal{N}, \tag{5.28}$$

其中,ν^* 满足 $\sum_{n \in \mathcal{N}} \min\left\{\left[\frac{1}{c_1(k, \bar{L})} \sqrt{\frac{a_n c_2(k, \bar{L})}{\nu^*}} - \frac{c_2(k, \bar{L})}{c_1(k, \bar{L})}\right]^+, 1\right\} = K。$

异构网络中的随机缓存

文献[15]考虑含有宏基站和微基站的两层异构网络,即 $T = 2$。 宏基站层和微基站层分别记为第 1 层和第 2 层。异构网络中每层基站均采用与[13]中单层网络相同的随机缓存策略。文件集合 $\mathcal{N}$ 中每 K_j 个不同文件组成第 j 层的一个文件组合,第 j 层共有 I_j 种文件组合。I_j 表示第 j 层的所有文件组合的集合。第 j 层的每个基站以概率 $p_{j,i}$ 随机存储文件组合 $i \in I_j$。$\boldsymbol{p}_j \triangleq (p_{j,i})_{i \in I_j}$ 满足限制条件:

$$0 \leqslant p_{j,i} \leqslant 1, i \in I_j,$$

$$\sum_{i \in I_j} p_{j,i} = 1。$$

第 j 层的每个基站存储文件 n 的概率为 $T_{j,n} \triangleq \sum_{i \in I_{j,n}} p_{j,i}$,其中 $I_{j,n}$ 表示所有含文件 n 的第 j 层文件组合的集合。$\boldsymbol{T}_j \triangleq (T_{j,n})_{n \in \mathcal{N}}$ 满足限制条件:

$$0 \leqslant T_{j,n} \leqslant 1, n \in \mathcal{N},$$

$$\sum_{n \in \mathcal{N}} T_{j,n} = K_j。$$

当用户请求文件 n 时,该用户连向提供最大平均接收功率且缓存文件 n 的基站。异构

网络中每个基站采用与[13]中单层网络相同的多播传输方式。当用户请求文件 n 时，信干噪比为

$$\text{SINR}_{n,0} = \frac{D_{j_0,\ell_0,0}^{-\alpha} \mid h_{j_0,\ell_0,0} \mid^2}{\sum_{\ell \in \Phi_{j_0} \setminus \ell_0} D_{j_0,\ell,0}^{-\alpha} \mid h_{j_0,\ell,0} \mid^2 + \sum_{\ell \in \Phi_{\bar{j}_0}} D_{\bar{j}_0,\ell,0}^{-\alpha} \mid h_{\bar{j}_0,\ell,0} \mid^2 \dfrac{P_{\bar{j}_0}}{P_{j_0}} + \dfrac{N_0}{P_{j_0}}}$$

$$\tag{5.29}$$

其中 N_0 为噪声功率，ℓ_0 为服务基站，j_0 为服务基站所在层，$\bar{j}_0$ 为两层异构网络中与 j_0 对应的另一层。

当基站与其服务用户之间的信道容量大于文件多播传输速率 τ 时，该用户成功接收文件。文件的成功传输概率为：

$$q(\boldsymbol{p}_1, \boldsymbol{p}_2) = q_1(\boldsymbol{p}_1, \boldsymbol{p}_2) + q_2(\boldsymbol{p}_2, \boldsymbol{p}_1) \tag{5.30}$$

其中 $q_j(\boldsymbol{p}_j, \boldsymbol{p}_{\bar{j}}) = \sum_{n \in \mathcal{N}} a_n A_{j,n}(\boldsymbol{p}_j, \boldsymbol{p}_{\bar{j}}) \Pr\left[\dfrac{W}{K_{j,n,0}} \log_2(1 + \text{SINR}_{n,0}) \geqslant \tau \mid j_0 = j\right]$ 为第 j 层的文件成功传输概率，$A_{j,n}(\boldsymbol{p}_j, \boldsymbol{p}_{\bar{j}})$ 表示 u_0 请求文件 n 时连向第 j 层的概率，$K_{j,n,0}$ 表示当 u_0 请求文件 n 且连向第 j 层时，服务 u_0 的第 j 层基站所接收的不同文件请求的个数，是一个离散随机变量。利用全概率公式和随机几何的相关知识，推导出第 j 层文件成功传输概率的表达式如下：

$$q_j(\boldsymbol{p}_j, \boldsymbol{p}_{\bar{j}}) = \sum_{n \in \mathcal{N}} a_n \sum_{k=1}^{K_j} \Pr[K_{j,n,0} = k] f_{j,k}(T_{j,n}, T_{\bar{j},n}), \tag{5.31}$$

其中，$\Pr[K_{j,n,0} = k]$ 和 $f_{j,k}(x, y)$ 分别由文献[15]的引理 1 和定理 1 给出。

以上文件成功传输概率很难计算，另外，从以上表达式中很难分析系统参数对文件成功传输概率的影响。为了克服以上困难，[15]分析了文件成功传输概率在高 SNR 和高用户密度 $\left(\text{即} \dfrac{P}{N_0} \to \infty, \lambda_u \to \infty\right)$ 的渐近域上的渐近表达式。定义 $\sigma_1 \triangleq \dfrac{P_1}{P_2}, \sigma_2 \triangleq \dfrac{P_2}{P_1}$。文件成功传输概率在渐近域 $\dfrac{P_1}{N_0} \to \infty, \lambda_u \to \infty$（固定 σ_1）上的渐近表达式为

$$q_\infty(\boldsymbol{T}_1, \boldsymbol{T}_2) = q_{1,\infty}(\boldsymbol{T}_1, \boldsymbol{T}_2) + q_{2,\infty}(\boldsymbol{T}_2, \boldsymbol{T}_1), \tag{5.32}$$

其中，

$$q_{j,\infty}(\boldsymbol{T}_j, \boldsymbol{T}_{\bar{j}}) = \sum_{n \in \mathcal{N}} \frac{a_n T_{j,n}}{\theta_{1,K_j} T_{j,n} + \theta_{2,j,K_j} T_{\bar{j},n} + \theta_{3,j,K_j}}, \tag{5.33}$$

$$\theta_{1,k} = \frac{2}{\alpha} (2^{\frac{k\tau}{W}} - 1)^{\frac{2}{\alpha}} \left(B'\left(\frac{2}{\alpha}, 1 - \frac{2}{\alpha}, 2^{-\frac{k\tau}{W}}\right) - B\left(\frac{2}{\alpha}, 1 - \frac{2}{\alpha}\right)\right) + 1, \tag{5.34}$$

$$\theta_{2,j,k} = \frac{2\lambda_{\bar{j}}}{\alpha\lambda_j}(\sigma_{\bar{j}}(2^{\frac{k\tau}{W}}-1))^{\frac{2}{\alpha}}\left(B'\left(\frac{2}{\alpha},1-\frac{2}{\alpha},2^{-\frac{k\tau}{W}}\right)-B\left(\frac{2}{\alpha},1-\frac{2}{\alpha}\right)\right)+\frac{\lambda_{\bar{j}}}{\lambda_j}\sigma_{\bar{j}}^{\frac{2}{\alpha}},$$

$$(5.35)$$

$$\theta_{3,j,k} = \frac{2}{\alpha}(2^{\frac{k\tau}{W}}-1)^{\frac{2}{\alpha}}B\left(\frac{2}{\alpha},1-\frac{2}{\alpha}\right)+\frac{2\lambda_{\bar{j}}}{\alpha\lambda_j}(\sigma_{\bar{j}}(2^{\frac{k\tau}{W}}-1))^{\frac{2}{\alpha}}B\left(\frac{2}{\alpha},1-\frac{2}{\alpha}\right)。$$

$$(5.36)$$

在渐近域 $\frac{P}{N_0}\to\infty$，$\lambda_u\to\infty$，文件成功传输概率 $q_\infty(T_1,T_2)$ 受缓存分布 T_j 的影响。文献[15]通过优化 T_j 最大化 $q_\infty(T_1,T_2)$，该优化问题如下

优化问题：

$$q_\infty^* \triangleq \max_{T_1,T_2} \quad q_\infty(T_1,T_2)$$

$$\text{s.t.} \quad 0\leqslant T_{j,n}\leqslant 1, n\in\mathcal{N}$$

$$\sum_{n\in\mathcal{N}}T_{j,n}=K_j \qquad (5.37)$$

该优化问题是一个在凸限制域上最大化可导目标函数的优化问题。文献[15]用基于块连续上界最小化算法的迭代算法求解该优化问题的局部最优解。与梯度投影算法相比，基于块连续上界最小化算法的迭代算法的收敛特性不受迭代步长的限制，具有更好的收敛特性。

异构网络中的混合缓存

文献[16]考虑含有宏基站和微基站的两层异构网络，即 $T=2$。宏基站层和微基站层分别记为第1层和第2层。假设宏基站和微基站的缓存大小满足 $K_1+K_2<N$。在混合缓存方案下，宏基站层采用存储相同文件的缓存策略，微基站层采用随机缓存策略，微基站层的随机缓存策略与文献[13]中单层网络的随机缓存策略相同。$\mathcal{F}_j^c\subseteq\mathcal{N}$ 表示存储在第 j 层的 $F_j^c\triangleq|\mathcal{F}_j^c|$ 个文件的集合。混合缓存满足以下条件：① 宏基站层和微基站层存储的文件不重叠；② 每个宏基站存储文件集合 $\mathcal{F}_1^c$ 中所有 $K_1=F_1^c$ 个不同文件；③ 每个微基站随机存储文件集合 $\mathcal{F}_2^c$ 中 K_2 个不同文件。以上限制条件可以表示为：

$$\mathcal{F}_1^c,\mathcal{F}_2^c\subseteq\mathcal{N}, \mathcal{F}_1^c\bigcap\mathcal{F}_2^c=\varnothing, F_1^c=K_1, F_2^c\geqslant K_2。$$

每个宏基站在一个时隙可以通过回程链路从核心网获取最多 K_1^b 个不同文件。$\mathcal{F}_1^b\subseteq\mathcal{N}$ 表示可以由宏基站从核心网获取的 $F_1^b\triangleq|\mathcal{F}_1^b|$ 个不同文件的集合。因为宏基站仅从核心网获取未缓存文件，所以有以下限制条件：

$$\mathcal{F}_1^b=\mathcal{N}\setminus(\mathcal{F}_1^c\bigcup\mathcal{F}_2^c)。$$

每个请求文件 $n\in\mathcal{F}_1^c\bigcup\mathcal{F}_1^b$ 的用户由距离最近的宏基站服务。每个请求文件 $n\in\mathcal{F}_2^c$ 的用户由距离最近且缓存文件 n 的微基站服务。每个基站服务所有已缓存且被请求的文件，每个宏基站最多服务 K_1^b 个未缓存且被请求的文件。当宏基站收到多于 K_1^b 个未缓存

文件请求时,该宏基站从被请求的未缓存文件中以相同概率随机选取 K_1^b 个文件进行服务。每个基站采用多播传输方式。异构网络中基站的多播传输方式与单层网络的多播传输方式一致。当用户请求文件 n 时,信干噪比为：

$$\text{SINR}_{n,0} = \frac{D_{j_0,\ell_0,0}^{-\alpha_{j_0}} \mid h_{j_0,\ell_0,0} \mid^2}{\sum_{\ell \in \Phi_{j_0}\backslash \ell_0} D_{j_0,\ell,0}^{-\alpha_{j_0}} \mid h_{j_0,\ell,0} \mid^2 + \sum_{\ell \in \Phi_{\bar{j}_0}} D_{\bar{j}_0,\ell,0}^{-\alpha_{\bar{j}_0}} \mid h_{\bar{j}_0,\ell,0} \mid^2 \frac{P_{\bar{j}_0}}{P_{j_0}} + \frac{N_0}{P_{j_0}}} \text{。}$$

(5.38)

其中 N_0 为噪声功率,ℓ_0 为服务基站,j_0 为服务基站所在层,$\bar{j}_0$ 为两层异构网络中与 j_0 对应的另一层。

当基站与其服务用户之间的信道容量大于文件多播传输速率 τ 时,该用户才能成功接收文件。文件的成功传输概率为：

$$q(\mathcal{F}_1^c, \mathcal{F}_2^c, \boldsymbol{p}) = q_1(\mathcal{F}_1^c, \mathcal{F}_2^c) + q_2(\mathcal{F}_2^c, \boldsymbol{p}), \tag{5.39}$$

其中,宏基站层的文件成功传输概率 $q_1(\mathcal{F}_1^c, \mathcal{F}_2^c)$ 和微基站层的文件成功传输概率 $q_2(\mathcal{F}_2^c, \boldsymbol{p})$ 为

$$q_1(\mathcal{F}_1^c, \mathcal{F}_2^c) = \sum_{n \in \mathcal{F}_1^c} a_n \Pr\left[\frac{W}{K_{1,n,0}^c + \min\{K_1^b, \bar{K}_{1,n,0}^b\}} \log_2(1 + \text{SINR}_{n,0}) \geq \tau\right]$$
$$+ \sum_{n \in \mathcal{F}_1^b} a_n \Pr\left[\frac{W}{\bar{K}_{1,n,0}^c + \min\{K_1^b, K_{1,n,0}^b\}} \log_2(1 + \text{SINR}_{n,0}) \geq \tau, n \text{ 为服务}\right]$$

(5.40)

$$q_2(\mathcal{F}_2^c, \boldsymbol{p}) = \sum_{n \in \mathcal{F}_2^c} a_n \Pr\left[\frac{W}{K_{2,n,0}^c} \log_2(1 + \text{SINR}_{n,0}) \geq \tau\right] \tag{5.41}$$

其中,$K_{1,n,0}^c$ 和 $\bar{K}_{1,n,0}^b$ 分别表示 u_0 请求文件 $n \in \mathcal{F}_1^c$ 时,服务 u_0 的宏基站所接收的对于文件集合 $\mathcal{F}_1^c$ 和 $\mathcal{F}_1^b$ 中文件的请求个数；$\bar{K}_{1,n,0}^c$ 和 $K_{1,n,0}^b$ 分别表示 u_0 请求文件 $n \in \mathcal{F}_1^b$ 时,服务 u_0 的宏基站所接收的对于文件集合 $\mathcal{F}_1^c$ 和 $\mathcal{F}_1^b$ 中文件的请求个数；$K_{2,n,0}^c$ 表示 u_0 请求文件 $n \in \mathcal{F}_2^c$ 时,服务 u_0 的微基站所接收的对于文件集合 $\mathcal{F}_2^c$ 中文件的请求个数。$K_{1,n,0}^c$、$\bar{K}_{1,n,0}^b$、$\bar{K}_{1,n,0}^c$、$K_{1,n,0}^b$ 和 $K_{2,n,0}^c$ 均是随机变量。利用全概率公式和随机几何的相关知识,推导出文件成功传输概率的表达式如下：

$$q(\mathcal{F}_1^c, \mathcal{F}_2^c, \boldsymbol{p}) = \sum_{n \in \mathcal{F}_1^b} a_n \sum_{k^c=0}^{K_1^c} \sum_{k^b=1}^{F_1^b} \Pr[\bar{K}_{1,n,0}^c = k^c,$$
$$K_{1,n,0}^b = k^b] \frac{\min\{K_1^b, k^b\}}{k^b} \times f_{1,k^c+\min\{K_1^b,k^b\}}$$
$$= \sum_{n \in \mathcal{F}_1^c} a_n \sum_{k^c=1}^{K_1^c} \sum_{k^b=0}^{F_1^b} \Pr[K_{1,n,0}^c = k^c, \bar{K}_{1,n,0}^b = k^b] f_{1,k^c+\min\{K_1^b,k^b\}}$$

$$+ \sum_{n \in \mathcal{F}_2^c} a_n \sum_{k^c=1}^{K_2^c} \Pr[K_{2,n,0} = k^c] f_{2,k^c}(T_n) \tag{5.42}$$

其中 $K_{1,n,0}^c$、$\bar{K}_{1,n,0}^b$、$\bar{K}_{1,n,0}^c$ 和 $K_{1,n,0}^b$ 的分布函数由文献[16]的引理 1 给出，$K_{2,n,0}^c$ 的分布函数由文献[16]的引理 2 给出，$f_{1,k}$ 和 $f_{2,k}(x)$ 由文献[16]的定理 1 给出。

以上文件成功传输概率很难计算，另外，从以上表达式中很难分析系统参数对文件成功传输概率的影响。为了克服以上困难，[16]分析了文件成功传输概率在高 SNR 和高用户密度（即 $\frac{P}{N_0} \to \infty$，$\lambda_u \to \infty$）的渐近域上的渐近表达式。定义 $P_1 = \beta P$，$P_2 = P$，其中 $\beta > 1$，$P > 0$。文件成功传输概率在渐近域 $\frac{P}{N_0} \to \infty$，$\lambda_u \to \infty$ 上的渐近表达式为

$$q_\infty(\mathcal{F}_1^c, \mathcal{F}_2^c, \boldsymbol{T}) = q_{1,\infty}(\mathcal{F}_1^c, \mathcal{F}_2^c) + q_{2,\infty}(\mathcal{F}_2^c, \boldsymbol{T}), \tag{5.43}$$

其中，

$$q_{1,\infty}(\mathcal{F}_1^c, \mathcal{F}_2^c) = \frac{1}{\omega_{K_1^c + \min\{K_1^b, F_1^b\}}} \left(\sum_{n \in \mathcal{F}_1^c} a_n + \frac{\min\{K_1^b, F_1^b\}}{F_1^b} \sum_{n \in \mathcal{F}_1^b} a_n \right), \tag{5.44}$$

$$q_{2,\infty}(\mathcal{F}_2^c, \boldsymbol{T}) = \sum_{n \in \mathcal{F}_2^c} \frac{a_n T_n}{\theta_{2,K_2^c} + \theta_{1,K_2^c} T_n}, \tag{5.45}$$

$$\omega_k = \frac{2}{\alpha} (2^{\frac{k\tau}{W}} - 1)^{\frac{2}{\alpha}} B'\left(\frac{2}{\alpha}, 1 - \frac{2}{\alpha}, 2^{\frac{-k\tau}{W}}\right) + \frac{2\lambda_2}{\alpha\lambda_1} \left(\frac{1}{\beta}(2^{\frac{k\tau}{W}} - 1)\right)^{\frac{2}{\alpha}} B\left(\frac{2}{\alpha}, 1 - \frac{2}{\alpha}\right) + 1, \tag{5.46}$$

$$\theta_{1,k} = \frac{2}{\alpha} (2^{\frac{k\tau}{W}} - 1)^{\frac{2}{\alpha}} B'\left(\frac{2}{\alpha}, 1 - \frac{2}{\alpha}, 2^{\frac{-k\tau}{W}}\right) - \frac{2}{\alpha} (2^{\frac{k\tau}{W}} - 1)^{\frac{2}{\alpha}} B\left(\frac{2}{\alpha}, 1 - \frac{2}{\alpha}\right) + 1, \tag{5.47}$$

$$\theta_{2,k} = \frac{2}{\alpha} (2^{\frac{k\tau}{W}} - 1)^{\frac{2}{\alpha}} B\left(\frac{2}{\alpha}, 1 - \frac{2}{\alpha}\right) + \frac{2\lambda_1}{\alpha\lambda_2} (\beta(2^{\frac{k\tau}{W}} - 1))^{\frac{2}{\alpha}} B\left(\frac{2}{\alpha}, 1 - \frac{2}{\alpha}\right). \tag{5.48}$$

在渐近域 $\frac{P}{N_0} \to \infty$，$\lambda_u \to \infty$，文件成功传输概率 $q_\infty(\mathcal{F}_1^c, \mathcal{F}_2^c, \boldsymbol{T})$ 受文件集合 $\mathcal{F}_1^c$，$\mathcal{F}_2^c$ 和缓存分布 $\boldsymbol{T}$ 的影响。[16]通过优化 $\mathcal{F}_1^c$，$\mathcal{F}_2^c$ 和 $\boldsymbol{T}$ 最大化 $q_\infty(\mathcal{F}_1^c, \mathcal{F}_2^c, \boldsymbol{T})$，该优化问题如下：

优化问题：

$$q_\infty^* \triangleq \max_{\mathcal{F}_1^c, \mathcal{F}_2^c, p} q_\infty(\mathcal{F}_1^c, \mathcal{F}_2^c, \boldsymbol{T})$$

$$\text{s.t.} \quad \mathcal{F}_1^c, \mathcal{F}_2^c \subseteq \mathcal{N}, \ \mathcal{F}_1^c \cap \mathcal{F}_2^c = \varnothing, \ F_1^c = K_1^c, \ F_2^c \geqslant K_2^c$$

$$0 \leqslant T_n \leqslant 1, \ n \in \mathcal{N}$$

$$\sum_{n \in \mathcal{N}} T_n = K \tag{5.49}$$

该优化问题是混合离散连续优化问题，可以转化为以下等价优化问题：

等价优化问题：

$$q_\infty^* = \max_{\mathcal{F}_1^c, \mathcal{F}_2^c} \quad q_{1,\infty}(\mathcal{F}_1^c, \mathcal{F}_2^c) + q_{2,\infty}^*(\mathcal{F}_2^c)$$

$$\text{s.t.} \quad \mathcal{F}_1^c, \mathcal{F}_2^c \subseteq \mathcal{N}, \mathcal{F}_1^c \cap \mathcal{F}_2^c = \varnothing, F_1^c = K_1^c, F_2^c \geqslant K_2^c \quad (5.50)$$

其中 $q_{2,\infty}^*(\mathcal{F}_2^c)$ 是以下优化问题的最优解

$$q_{2,\infty}^*(\mathcal{F}_2^c) \triangleq \max_{p} \quad q_{2,\infty}(\mathcal{F}_2^c, \boldsymbol{T})$$

$$\text{s.t.} \quad 0 \leqslant T_n \leqslant 1, n \in \mathcal{N} \quad \text{(连续)}$$

$$\sum_{n \in \mathcal{N}} T_n = K \quad (5.51)$$

该等价优化问题的连续优化部分是凸优化问题。文献[16]利用 KKT 条件获得其闭式最优解如下：

$$T_n^*(\mathcal{F}_2^c) = \min\left\{ \left[\frac{1}{\theta_{1,K_2^c}} \sqrt{\frac{a_n \theta_{2,K_2^c}}{\nu^*}} - \frac{\theta_{2,K_2^c}}{\theta_{1,K_2^c}} \right]^+, 1 \right\}, n \in \mathcal{F}_2^c, \quad (5.52)$$

其中，ν^* 满足 $\displaystyle\sum_{n \in \mathcal{F}_2^c} \min\left\{ \left[\frac{1}{\theta_{1,K_2^c}} \sqrt{\frac{a_n \theta_{2,K_2^c}}{\nu^*}} - \frac{\theta_{2,K_2^c}}{\theta_{1,K_2^c}} \right]^+, 1 \right\} = K_2^c$。 $\quad (5.53)$

该等价优化问题的离散优化部分的最优解有如下性质：

(1)：$F_2^{c*} \in \{F_{2,lb}^{c*}, F_{2,lb}^{c*}+1, \cdots, N-K_1^c\}$，其中 $F_{2,lb}^{c*} \triangleq \max\{K_2^c, N-K_1^c-K_1^b\}$；

(2)：存在 $n_1^c \in \{1, 2, \cdots, F_2^{c*}+1\}$ 满足 $\mathcal{F}_1^{c*} = \{n_1^c, \cdots, n_1^c+K_1^c-1\}$，$F_2^{c*} = \mathcal{N} \setminus (\mathcal{F}_1^{c*} \cup \mathcal{F}_1^{b*})$，

其中 $\mathcal{F}_1^{b*} = \{n_1^c+K_1^c, \cdots, n_1^c+(N-F_2^{c*})-1\}$。

性质(2)表示最优文件集合 $\mathcal{F}_1^{c*}$，$\mathcal{F}_1^{b*}$ 和 $\mathcal{F}_1^{c*} \cup \mathcal{F}_1^{b*}$ 中文件的序号是连续的，$\mathcal{F}_1^{c*}$ 中文件的流行度比 $\mathcal{F}_1^{b*}$ 中文件的流行度高。等价优化问题的离散优化问题的结构特性如图 5.3 所示。

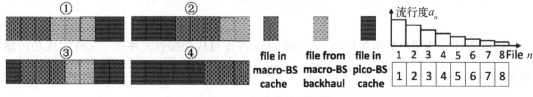

图 5.3 结构特性示意图

根据等价优化问题的连续优化部分的闭式最优解和离散优化部分的结构特性，可以得到等价优化问题的最优解的低复杂度算法。另外，文献[16]给出了最大化一般域上文件成

功传输概率 $q(\mathcal{F}_1^c, \mathcal{F}_2^c, \boldsymbol{p})$ 的优化问题的近似最优解的优化算法。

4. 基站端编码缓存

文献[17]考虑单层网络，即 $T=1$。 这里考虑位于原点的代表用户 u_0。 基站以距离 u_0 由近到远的顺序编号，第 i 近的基站与 u_0 的距离记为 d_i。 考虑离散时间系统，每个时隙 t 秒。每个文件的大小为 S 比特。文献[17]考虑基站端编码缓存方案。基站端编码缓存策略的缓存参数为 $\boldsymbol{s} \triangleq (s_n)_{n \in \mathcal{N}}$，其中 $s_n \in \{0\} \cup \left\{\frac{1}{m} \mid m \in \mathbb{N}^+\right\}$ 表示每个基站分配给文件 n 的缓存空间大小。① 当 $s_n=0$，文件 n 不存储在网络中；② 当 $s_n=1$，文件 n 存储在每一个基站；③ 当 $s_n \in \left\{\frac{1}{m} \mid m=2, 3, \cdots\right\}$，文件 n 被分割成 $\frac{1}{s_n}$ 份子文件，每个基站存储一个由随机线性网络编码进行编码的子文件。基站的缓存容量限制为

$$\sum_{n \in \mathcal{N}} s_n \leqslant K$$

用户请求文件 n 且 $s_n=0$ 时，该用户无法从基站的缓存中获取文件 n。用户请求文件 n 且 $s_n=1$ 时，最近的基站向该用户传输本地缓存的文件 n。用户请求文件 n 且 $s_n \in \left\{\frac{1}{m} \mid m=2, 3, \cdots\right\}$ 时，临近的 $\frac{1}{s_n}$ 个基站在带宽为 W 的相同频带上向该用户传输本地缓存的文件 n 的编码子文件。用户采用连续干扰消除技术解码这些子文件。解码来自基站 i 的信号前，用户需要成功解码来自前 $i-1$ 个基站的信号并从接收信号中去除这些解码信号。解码来自基站 i 的信号时的信干比为

$$\text{SIR}_i = \frac{d_i^{-\alpha} |h_i|^2}{\sum_{j \in \Phi_b \backslash \{1, 2, \cdots, i\}} d_j^{-\alpha} |h_j|^2} \tag{5.54}$$

当 $W\log_2(1+\text{SIR}_i) > \frac{s_n S}{T}$ 时，用户成功解码来自基站 i 的信号。考虑用户的干扰消除能力为 M，每个用户最多进行 M 步干扰消除。由于用户干扰消除能力的限制，文件缓存参数 s_n 满足限制条件

$$s_n \in S \triangleq \{0\} \cup \left\{\frac{1}{m} \mid m \in \mathcal{M}\right\}, n \in \mathcal{N}。$$

请求文件 n 的用户只需解码 $\frac{1}{s_n}$ 个编码子文件即可成功接收文件 n。 文件的成功传输概率为

$$q(\boldsymbol{s}) = \sum_{n \in \mathcal{N}} a_n q_n(s_n), \tag{5.55}$$

其中，

$$q_n(s_n) = \begin{cases} 0, & s_n = 0 \\ \dfrac{1}{\left(1 + \frac{2}{\alpha}(2^{\frac{s_n S}{TW}} - 1)^{\frac{2}{\alpha}} B'\left(\frac{2}{\alpha}, 1 - \frac{2}{\alpha}, 2^{\frac{s_n S}{TW}}\right)\right)^{\frac{s_n+1}{2s_n^2}}}, & s_n \in S \setminus \{0\} \end{cases}. \quad (5.56)$$

从以上表达式可以看出文件成功传输概率是文件大小的单调减函数。缓存参数 s 对文件成功传输概率的影响通过以上表达式很难分析。为了认识缓存参数 s 对文件成功传输概率的影响，文献[17]分析了文件成功传输概率在文件大小 S 的渐近域上的表达式。当 $S \to 0$，有

$$q(s) \sim q_0(s) \triangleq \sum_{n \in \mathcal{N}} a_n \mathbf{1}[s_n \neq 0] - \frac{\ln 2}{(\alpha - 2)WT} S \sum_{n \in \mathcal{N}} a_n \left(1 + \frac{1}{s_n}\right) \mathbf{1}[s_n \neq 0].$$
$$(5.57)$$

从 $q_0(s)$ 的表达式可以看出，$\lim_{S \to 0} q(s) = \sum_{n \in \mathcal{N}} a_n \mathbf{1}[s_n \neq 0]$，另外，$q_0(s)$ 随着 S 的减小线性增加到 $\sum_{n \in \mathcal{N}} a_n \mathbf{1}[s_n \neq 0]$。当 $S \to \infty$，有

$$q(s) \sim q_\infty(s) \triangleq \frac{2^{\frac{(s_{\max}+1)S}{\alpha s_{\max}WT}}}{\left(\frac{2}{\alpha} B\left(\frac{2}{\alpha}, 1 - \frac{2}{\alpha}\right)\right)^{\frac{s_{\max}+1}{2s_{\max}^2}}} \sum_{n \in \mathcal{N}} a_n \mathbf{1}[s_n = s_{\max}]. \quad (5.58)$$

从 $q_\infty(s)$ 的表达式可以看出，$q_\infty(s)$ 随着 S 增加以指数级减小到 0。

文献[17]通过优化 s 最大化文件成功传输概率 $q(s)$，该优化问题如下

优化问题：
$$q^* \triangleq \max_s \quad q(s)$$
$$\text{s.t.} \quad \sum_{n \in \mathcal{N}} s_n \leqslant K,$$
$$s_n \in S, n \in \mathcal{N} \quad (5.59)$$

该优化问题是 NP 难的离散优化问题，文献[17]中将该优化问题转化为多选择背包问题，用贪婪算法求解该优化问题的近似最优解，该算法可以保证在多项式复杂度 $O((M + 1)N\log((M+1)N))$ 情况下，得到一个大于 $\frac{1}{2}$ 最优成功传输概率的近似最优解。

在渐近域 $S \to 0$ 上，[17]通过优化 s 最大化文件成功传输概率 $q_0(s)$，该优化问题如下。

优化问题：
$$q_0^* \triangleq \max_s \quad q_0(s)$$
$$\text{s.t.} \quad \sum_{n \in \mathcal{N}} s_n \leqslant K,$$
$$s_n \in S, n \in \mathcal{N} \quad (5.60)$$

文献[17]中求得该优化问题的闭式最优解如下

$$s_n^* = \begin{cases} \dfrac{1}{M}, & n \leqslant KM \\ 0, & n > KM \end{cases}, n \in \mathcal{N}。 \tag{5.61}$$

此时渐进文件成功传输概率为

$$q_0^* = \left(1 - \frac{\ln(2)(1+M)S}{(\alpha-2)WT}\right) \sum_{n \in \{1,2,\cdots,KM\}} a_n。 \tag{5.62}$$

以上最优解揭示在渐近域 $S \to 0$ 上,前 KM 个文件中每个文件分割为 M 份,每个基站缓存前 KM 个文件中每个文件的一个编码子文件可以获得最大的渐近文件成功传输概率。

在渐近域 $S \to \infty$ 内,[17]通过优化 s 最大化文件成功传输概率 $q_\infty(s)$,该优化问题如下。

优化问题:

$$q_\infty^* \triangleq \max_s \quad q_\infty(s)$$

$$\text{s.t.} \quad \sum_{n \in \mathcal{N}} s_n \leqslant K,$$

$$s_n \in S, n \in \mathcal{N} \tag{5.63}$$

文献[17]中求得该优化问题的闭式最优解如下:

$$s_n^* = \begin{cases} 1, & n \leqslant K \\ 0, & n > K \end{cases}, n \in \mathcal{N}。 \tag{5.64}$$

此时渐进文件成功传输概率为

$$q_\infty^* = \frac{2^{-\frac{2S}{\alpha WT}}}{\frac{2}{\alpha} B\left(\frac{2}{\alpha}, 1-\frac{2}{\alpha}\right)} \sum_{n \in \{1,2,\cdots,K\}} a_n。 \tag{5.65}$$

以上最优解揭示在渐近域 $S \to \infty$ 上,每个基站存储前 K 个文件可以获得最大的渐近文件成功传输概率。

5.3 用户侧存储维度增益分析

用户端的缓存可以降低无线链路的负载。用户端的缓存问题由两个不同的阶段组成。第一阶段是内容放置阶段,基于用户需求的统计信息。第二阶段是内容传输阶段,基于用户的实际需求。下面介绍用户端缓存问题的系统模型。

文献[18～22]考虑如图 5.4 所示的用户端缓存系统模型。$K \in \mathbb{N}$ 个用户通过共享的、无错误的链路被连接到一个基站。所有用户的指标集合为 $\mathcal{K} \triangleq \{1, 2, \cdots, K\}$。基站有一个含有 $N \in \mathbb{N}$ 个文件 $W_1, \cdots, W_N$ 的数据库，每个文件的大小为 $F \in \mathbb{N}$ 个数据单元。所有文件的指标集合为 $\mathcal{N} \triangleq \{1, 2, \cdots, N\}$。下每个用户有足够大的能存储 $M \in [0, N]$ 个文件的缓存。在放置阶段中，用户 k 缓存的内容 Z_k 是数据库内容的函数。在传输阶段，每个用户会根据文件的流行度 $\boldsymbol{p} \triangleq (p_n)_{n=1}^N, p_n \in (0, 1), \sum_{n=1}^N p_n = 1, p_1 \geqslant p_2 \geqslant \cdots \geqslant p_N$ 请求 N 个可能文件中的任何一个，其中 p_n 为文件 n 的流行度。记所有用户的请求为 $\boldsymbol{D} \triangleq (D_1, \cdots, D_K) \in \mathcal{N}^K$，则每个用户的请求为 $W_{D_1}, W_{D_2}, \cdots, W_{D_K}$。记 $\underline{\mathcal{D}}(\boldsymbol{D}) \triangleq \{D_k : k \in \mathcal{K}\}$ 为 $\boldsymbol{D}$ 中不同的文件的集合。目标是设计放置和传输阶段以最小化传输阶段的共享链路上的负载。为简单起见，下面的讨论关注文件 N 的数量大于等于用户数 K。

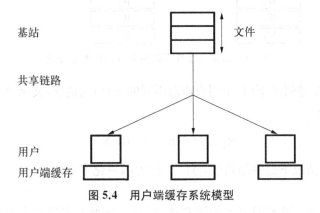

图 5.4　用户端缓存系统模型

用户端缓存分为传统的非编码缓存和编码缓存。下面分别介绍非编码缓存和编码缓存。

5.3.1　非编码缓存

文献[18]中考虑如下非编码缓存。在放置阶段，每个用户存储每个文件中相同的 M/N 比例到本地缓存中。具体地说，文件 W_n 被划分成 $W_{n,c}$ 和 $W_{n,u}$，其中 $W_{n,c}$ 代表被缓存的部分，大小为 MF/N 个数据单元，$W_{n,u}$ 代表被未缓存的部分，大小为 $(1-M/N)F$ 个数据单元。每个用户存储 $W_{n,c}, n \in \{1, 2, \cdots, N\}$。在传输阶段，基站为每个用户传输需求文件中剩余的 $1-M/N$ 比例。在最差情况下（每个用户需求不同的文件），基站传输 $W_{D_1,u}$，$W_{D_2,u}, \cdots, W_{D_K,u}$。在用户请求有重复的情况下，基站传输 $W_{D_k,u}, k \in \underline{\mathcal{D}}(\boldsymbol{D})$。在非编码缓存中，内容的放置和内容的传输都没有涉及编码。下面举例说明文献[18]中的非编码缓存。

例 1　考虑 $K=3, N=3, M=1$，其过程如图 5.5 所示。在放置阶段，每个用户都存 $W_{1,c}, W_{2,c}, W_{3,c}$。在传输阶段，考虑最差情况，则基站至少需要传输 $W_{D_1,u}, W_{D_2,u}$，$W_{D_3,u}$ 才能服务所有用户的请求。

文献[18]中给出了最差情况下（每个用户需求不同的文件），非编码缓存的归一化网络负载。

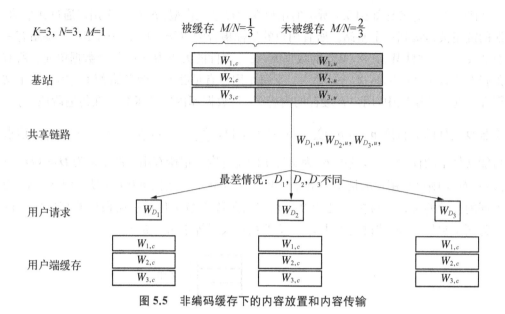

图 5.5 非编码缓存下的内容放置和内容传输

定理 1：考虑最差情况下（每个用户需求不同的文件）的请求，文献[18]中非编码缓存的归一化网络负载为

$$R_U(M) = K(1 - M/N), \tag{5.66}$$

其中，K 是无缓存情况下的网络负载，M/N 称为归一化本地缓存，$1-M/N$ 为本地缓存增益。

定理 1 表明非编码缓存具有本地缓存增益[18]，该增益来源于本地缓存的内容：如果用户请求缓存的某些内容，这个请求可以从其本地内存中提供。如果本地缓存足够大以至于有可观比例的流行内容在本地存储，即归一化本地缓存接近于 1，本地缓存增益是可观的。但是，如果本地缓存远小于内容总量，即归一化本地缓存远小于 1，那么本地缓存增益是微不足道的。非编码缓存的平均归一化网络负载由以下定理给出。

定理 2：考虑所有不同请求，[18]中非编码缓存的平均归一化网络负载为

$$\bar{R}_U(M) = \sum_{u=1}^{K} \begin{Bmatrix} K \\ u \end{Bmatrix} \binom{N}{u} \frac{u!}{N^K} u(1 - M/N), \tag{5.67}$$

其中，$\begin{Bmatrix} K \\ u \end{Bmatrix}$ 是第二类 Stirling 数。

定理 2 表明，平均归一化网络负载小于最差情况下的归一化网络负载。这是因为在用户请求有重复的情况下，基站传输的子文件数小于 K。

5.3.2 编码缓存

为突破非编码缓存的局限性，[18]率先提出了编码缓存。除了本地的缓存增益之外，编码缓存还能实现全局缓存增益[18]。在编码缓存中，内容的放置和内容的传输中至少有一

个过程涉及编码。下面，仅考虑非编码的内容放置和编码的内容传输。编码缓存分为集中式编码缓存[18～19]和分布式编码缓存[20～22]。下面，首先介绍两种集中式编码缓存，设计目标分别是降低最差情况下（每个用户需求不同的文件）的网络负载[8]和降低任意文件流行度下的平均网络负载[19]。

1. 基于最差情况设计的集中式编码缓存

文献[18]设计集中式编码缓存以降低最差情况下的网络负载。考虑缓存大小 $M \in \left\{0, \dfrac{N}{K}, \dfrac{2N}{K}, \cdots, N\right\}$。在放置阶段，每个文件先被划分成与 $\dbinom{K}{KM/N}$ 不相交的相同大小的子文件，$W_n = (W_{n, S} : S \subseteq \mathcal{K}, |S| = KM/N)$。每个子文件的大小为 $1/\dbinom{K}{KM/N}$。接着，子文件 $W_{n, S}$ 放置在每个用户 $k \in S$ 中。于是，用户 k 存储 $Z_k = (W_{n, S} : n \in \mathcal{N}, k \in S, S \subseteq \mathcal{K}, |S| = KM/N)$。每个用户存储 $N\dbinom{K-1}{KM/N-1}$ 个子文件，这满足了缓存约束：

$$N\binom{K-1}{KM/N-1} \frac{1}{\dbinom{K}{KM/N}} = M。 \tag{5.68}$$

在传输阶段，考虑任意的用户集合 $S \subseteq \mathcal{K}$，$|S| = KM/N+1$。基站传输编码多播文件

$$\bigoplus_{k' \in S} W_{D_{k'}, S \setminus \{k'\}}。$$

每个用户 $k \in S$ 可以恢复出其所需的文件 $W_{D_k, S \setminus \{k\}}$。这是因为用户 $k \in S$ 存储了 $W_{D_{k'}, S \setminus \{k\}}$，$k' \in S \setminus \{k\}$，而 $W_{D_k, S \setminus \{k\}} = (\bigoplus_{k' \in S} W_{D_{k'}, S \setminus \{k'\}}) \oplus (\bigoplus_{k' \in S \setminus \{k\}} W_{D_{k'}, S \setminus \{k'\}})$，因而用户 $k \in S$ 能从接收到的编码多播文件中解码出 $W_{D_k, S \setminus \{k\}}$。由于该过程对任意 $S \subseteq \mathcal{K}$，$|S| = KM/N+1$ 均成立，每个用户 $k \in \mathcal{K}$ 能得到

$$W_{D_k} = ((W_{D_k, S} : S \subseteq \mathcal{K} \setminus \{k\}, |S| = KM/N),$$
$$(W_{D_k, S} : S \subseteq \mathcal{K}, k \in S, |S| = KM/N)),$$

其中，$(W_{D_k, S} : S \subseteq \mathcal{K} \setminus \{k\}, |S| = KM/N)$ 是被用户 k 解码出的文件，$(W_{D_k, S} : S \subseteq \mathcal{K}, k \in S, |S| = KM/N)$ 是用户 k 缓存的文件。下面举例说明[18]中的编码缓存。

例 2　考虑 $K = 3$，$N = 3$，$M = 1$，其过程如图 5.6 所示。在放置阶段，每个文件分成 $\dbinom{K}{KM/N} = \dbinom{3}{1} = 3$ 个子文件，即 $W_n = (W_{n, S} : S \subseteq \{1, 2, 3\}, |S| = 1) = (W_{n, \{1\}}, W_{n, \{2\}}, W_{n, \{3\}})$。用户 1 存储 $Z_1 = (W_{n, S} : n \in \mathcal{N}, 1 \in S, S \subseteq \{1, 2, 3\}, |S| = 1) = (W_{1, \{1\}}, W_{2, \{1\}}, W_{3, \{1\}})$，用户 2 存储 $Z_2 = (W_{n, S} : n \in \mathcal{N}, 2 \in S, S \subseteq \{1, 2, 3\}, |S| = 1) = (W_{1, \{2\}}, W_{2, \{2\}}, W_{3, \{2\}})$，用户 3 存储 $Z_3 = (W_{n, S} : n \in \mathcal{N}, 3 \in S, S \subseteq \{1, 2, 3\}, |S| = 1) = (W_{1, \{3\}}, W_{2, \{3\}}, W_{3, \{3\}})$。在传输阶段，对任意的用户集合 $S \subseteq \mathcal{K}$，$|S| = 2$，基站传输编码多播文件 $\bigoplus_{k' \in S} W_{D_{k'}, S \setminus \{k'\}}$。即，对用户集合 $S = 1, 2$，基站传输 $W_{D_1, \{2\}} \oplus W_{D_2, \{1\}}$；对

用户集合 $S = \{1, 3\}$，基站传输 $W_{D_1, \{3\}} \oplus W_{D_3, \{1\}}$；对用户集合 $S = \{2, 3\}$，基站传输 $W_{D_2, \{3\}} \oplus W_{D_3, \{2\}}$。

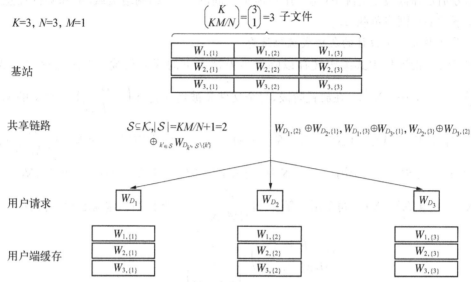

图 5.6　基于最差情况设计的集中式编码缓存下的内容放置和内容传输

文献[18]中给出了最差情况下（每个用户需求不同的文件），编码缓存的归一化网络负载。

定理 3：考虑最差情况下（每个用户需求不同的文件），归一化网络负载为

$$R_C(K, N, M) = \binom{K}{KM/N+1} \frac{1}{\binom{K}{KM/N}} = K(1 - M/N) \frac{1}{1 + KM/N}, \quad (5.69)$$

其中 K 是在无缓存情况下的网络负载，M/N 称为归一化本地缓存，$1 - M/N$ 为本地缓存增益，KM/N 称为归一化全局缓存，$\dfrac{1}{1 + KM/N}$ 称为集中式编码缓存下的全局缓存增益。

定理 3 表明集中式编码缓存除了能实现本地缓存增益还能实现全局缓存增益，这种全局缓存增益来自对内容放置阶段和内容传输阶段的联合优化。如果所有用户的总缓存与内容总量是同样量级的，则全局缓存增益是可观的。另外，文献[18]中的编码缓存方法的可以有效降低最差情况下（每个用户需求不同的文件）的网络负载。但是，文献[18]中的编码缓存方法没有反映文件流行度的不同并且给每个文件分配了相同的缓存大小，因此，这种缓存方法不能在文件流行度非均匀时达到较低的网络负载。

基于文件流行度优化的集中式编码缓存

文献[19]设计集中式编码缓存以降低任意文件流行度下的平均网络负载。在放置阶段，每个文件先被划分成 2^K 个不相交的子文件，即 $W_n = (W_{n, S} : S \subseteq \mathcal{K})$。接着，子文件 $W_{n, S}$ 放置在每个用户 $k \in S$ 中。若 $|S| = s$，则子文件 $W_{n, S}$ 在第 s 类上。于是，用户 k 存储 $Z_k = (W_{n, S} : n \in \mathcal{N}, k \in S, S \subseteq \mathcal{K})$。设文件划分参数为 $\mathbf{x} \triangleq (x_{n, S})_{n \in \mathcal{N}, S \subseteq \mathcal{K}}$，其中 $x_{n, S}$ 代表子文件 $W_{n, S}$ 的归一化大小。文件划分约束为：

$$0 \leqslant x_{n, s} \leqslant 1, \ \forall S \subseteq \mathcal{K}, \ N \in \mathcal{N}, \ \sum_{S \subseteq \mathcal{K}} x_{n, s} = 1, \ \forall n \in \mathcal{N}, \tag{5.70}$$

缓存约束为：

$$\sum_{n=1}^{N} \sum_{S \subseteq \mathcal{K}: \, k \in S} x_{n, s} \leqslant M, \ \forall k \in \mathcal{K}。 \tag{5.71}$$

用户 k 存储 $Z_k = (W_{n, s} : n \in \mathcal{N}, k \in S, S \subseteq \mathcal{K})$。在传输阶段，考虑任意的 $s \in \{1, 2, \cdots, K\}$ 和用户集合 $S \subseteq \mathcal{K}$，$|S| = s$。基站传输编码多播文件

$$\bigoplus_{k' \in s} W_{D_{k'}, S \setminus \{k'\}},$$

其中，不同长度的子文件均补零到 $\max_{k' \in s} W_{D_{k'}, S \setminus \{k'\}}$ 数据单元的大小再参与上述异或运算。每个用户 $k \in S$ 可以恢复出其所需的文件 $W_{D_k, S \setminus \{k\}}$。这是因为用户 $k \in S$ 存储了 $W_{D_{k'}, S \setminus \{k'\}}$，$k' \in S \setminus \{k\}$，而 $W_{D_k, S \setminus \{k\}} = (\bigoplus_{k' \in s} W_{D_{k'}, S \setminus \{k'\}}) \bigoplus (\bigoplus_{k' \in S \setminus \{k\}} W_{D_{k'}, S \setminus \{k'\}})$，因而用户 $k \in S$ 能从接收到的编码多播文件中解码出 $W_{D_k, S \setminus \{k\}}$。由于该过程对任意 $S \subseteq \mathcal{K}$，$|S| = KM/N + 1$ 均成立，每个用户 $k \in \mathcal{K}$ 能得到

$$W_{D_k} = ((W_{D_k, s} : S \subseteq \mathcal{K} \setminus \{k\}), (W_{D_k, s} : S \subseteq \mathcal{K}, k \in S)), \tag{5.72}$$

其中，$(W_{D_k, s} : S \subseteq \mathcal{K} \setminus \{k\})$ 是被用户 k 解码出的文件，$(W_{D_k, s} : S \subseteq \mathcal{K}, k \in S)$ 是用户 k 缓存的文件。下面举例说明[19]中的编码缓存。

例 3　考虑 $K = 3$，$N = 3$，$M = 1.5$，其过程如图 5.7 所示。在放置阶段，每个文件被分成 $2^K = 2^3 = 8$ 个不相交的子文件，即 $W_n = (W_{n, s} : S \subseteq \{1, 2, 3\}) = (W_{n, \phi}, W_{n, \{1\}}, W_{n, \{2\}}, W_{n, \{3\}}, W_{n, \{1, 2\}}, W_{n, \{1, 3\}}, W_{n, \{2, 3\}}, W_{n, \{1, 2, 3\}})$。用户 1 存储 $Z_1 = (W_{n, s} : n \in \mathcal{N}, 1 \in S, S \subseteq \{1, 2, 3\})$，用户 2 存储 $Z_2 = (W_{n, s} : n \in \mathcal{N}, 2 \in S, S \subseteq \{1, 2, 3\})$，用户 3 存储

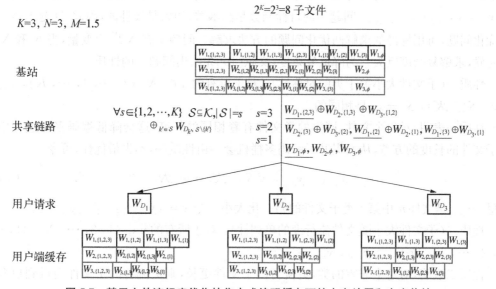

图 5.7　基于文件流行度优化的集中式编码缓存下的内容放置和内容传输

$Z_3 = (W_{n,s} : n \in \mathcal{N}, 3 \in S, S \subseteq \{1,2,3\})$。 在传输阶段,考虑任意的 $s \in \{1,2,3\}$ 和用户集合 $S \subseteq \mathcal{K}$,$|S| = s$,基站传输编码多播文件 $\oplus_{k' \in S} W_{D_{k'}, S \setminus \{k'\}}$。 即,对用户集合 $S = \{1, 2, 3\}$,基站传输 $W_{D_1, \{2,3\}} \oplus W_{D_2, \{1,3\}} \oplus W_{D_3, \{1,2\}}$;对用户集合 $S = \{1,2\}$,基站传输 $W_{D_1, \{2\}} \oplus W_{D_2, \{1\}}$;对用户集合 $S = \{1,3\}$,基站传输 $W_{D_1, \{3\}} \oplus W_{D_3, \{1\}}$;对用户集合 $S = \{2,3\}$,基站传输 $W_{D_2, \{3\}} \oplus W_{D_3, \{2\}}$;对用户集合 $S = \{1\}$,基站传输 $W_{D_1, \phi}$;对用户集合 $S = \{2\}$,基站传输 $W_{D_2, \phi}$;对用户集合 $S = \{3\}$,基站传输 $W_{D_3, \phi}$。

文献[19]中给出了任意文件流行度下的平均归一化网络负载:

$$\bar{R}_{avg}(K, N, M, \boldsymbol{x}) = \sum_{\mathbf{d} \in \mathcal{N}^K} \left(\prod_{k=1}^{K} p_{d_k}\right) \sum_{S \subseteq \mathcal{K}: |S| > 0} \max_{k \in S} x_{d_k, S \setminus \{k\}}, \tag{5.73}$$

其中 $\max_{k \in S} x_{d_k, S \setminus \{k\}}$ 为 $\oplus_{k \in S} W_{d_k, S \setminus \{k\}}$ 的归一化长度。为最小化 $\bar{R}_{avg}(K, N, M, \boldsymbol{x})$,文献[19]给出了如下优化问题:

问题一:

$$\bar{R}^*_{avg}(K, N, M) \triangleq \min_{\boldsymbol{X}} \sum_{\mathbf{d} \in \mathcal{N}^K} \left(\prod_{k=1}^{K} p_{d_k}\right) \sum_{S \subseteq \mathcal{K}: |S| > 0} \max_{k \in S} x_{d_k, S \setminus \{k\}}$$

$$\text{s.t.} \quad 0 \leqslant x_{n,s} \leqslant 1, \ \forall S \subseteq \mathcal{K}, n \in \mathcal{N}$$

$$\sum_{S \subseteq \mathcal{K}} x_{n,s} = 1, \ \forall n \subseteq \mathcal{N}, \ \forall n \in \mathcal{N}$$

$$\sum_{n=1}^{N} \sum_{S \subseteq \mathcal{K}: k \in S} x_{n,s} \leqslant M, \ \forall k \in \mathcal{K} \tag{5.74}$$

其中,第一个和第二个约束为文件划分约束,第三个约束为缓存容量约束。问题一的最优解为 $\boldsymbol{x}^* = (x^*_{n,S})_{n \in \mathcal{N}, S \subseteq \mathcal{K}}$。 问题一的目标函数是凸函数,约束是线性的,因此,问题1是一个凸优化问题,可用标准的求解凸优化问题的方法求解。问题1有 $N2^K$ 个变量,当 K 和 N 大的时候,求解复杂度巨大。为降低复杂度,文献[19]先给出问题一的性质。

性质一(子文件大小关于类的对称性):对于所有的 $n \in \mathcal{N}, s \in \{0, 1, \cdots, K\}$,$x^*_{n,S}$,$S \in \{\hat{S} \subseteq \mathcal{K}: |\hat{S}| = s\}$ 是相同的。

性质一表明,对每个文件,同类的子文件有着相同的长度,这会降低编码多播过程中参与子文件的长度的方差,从而提升了编码多播机会。由性质一,不失最优性,可令

$$x_{n,S} = y_{n,s}, \ \forall S \subseteq \mathcal{K}, n \in \mathcal{N}, \tag{5.75}$$

这里,$y_{n,s}$ 是文件 n 中第 s 类子文件的归一化大小。令 $\boldsymbol{y} \triangleq (y_{n,s})_{s \in \{0,1,\cdots,K\}, n \in \mathcal{N}}$。

性质二(子文件大小随文件流行度的单调性):对于所有的 $n \in \{1, 2, \cdots, N-1\}, s \in \{1, 2, \cdots, K\}$ 当 $p_n \geqslant p_{n+1}$,$y^*_{n,s} \geqslant y^*_{n+1,s}$。

性质二表明,对每个非零的类,更流行的子文件更长,则更流行的子文件会得到更多的缓存资源,这会提高缓存的效率。

基于性质一和性质二，[19]将问题一等价转化为：

问题二：

$$\bar{R}_{\text{avg}}^*(K, N, M) \triangleq \min_{y} \sum_{s=1}^{K} \binom{K}{s} \sum_{n=1}^{N} \left(\left(\sum_{n'=n}^{N} p_{n'} \right)^s - \left(\sum_{n'=n+1}^{N} p_{n'} \right)^s \right) y_{n, s-1}$$

$$\text{s.t.} \quad 0 \leqslant y_{n, s} \leqslant 1, \ \forall s \in \{0, 1, \cdots, K\}, n \in \mathcal{N}$$

$$\sum_{s=0}^{K} \binom{K}{s} y_{n, s} = 1, \ \forall n \in \mathcal{N},$$

$$\sum_{n=1}^{N} \sum_{s=1}^{K} \binom{K-1}{s-1} y_{n, s} \leqslant M \tag{5.76}$$

问题二的最优解为 $y^* = (y_{n, s}^*)_{n \in \mathcal{N}, s=0, 1, \cdots, K}$。问题二的目标函数是线性的，约束条件也是线性的，因此，问题二是一个线性优化问题，可用标准的求解线性优化问题的方法求解。问题二有 $N(K+1)$ 个变量，复杂度较低。

当文件流行度呈均匀分布时，文献[19]进一步给出了问题二的如下性质：

性质三（子文件大小关于文件的对称性）：对于所有的 $n \in \{1, 2, \cdots, N-1\}$，$s \in \{1, 2, \cdots, K\}$，当 $p_n = p_{n+1}$，$y_{n, s}^* = y_{n+1, s}^*$。

性质三表明，对每个类，两个相同流行度的子文件有着相同的长度，这会降低编码多播过程中参与子文件的长度的方差，从而提升了编码多播机会。根据性质三，在文件流行度呈均匀分布时，可令

$$y_{n, s} = z_s, \ \forall n \in \mathcal{N}, s \in \{0, 1, \cdots, K\}, \tag{5.77}$$

其中，z_s 表示所有文件第 s 类子文件的归一化大小。令 $z \triangleq (z_s)_{s=\{0, 1, \cdots, K\}}$。

基于性质三，文献[19]将问题二等价转化为：

问题三：

$$\hat{R}_{\text{avg}}^*(K, N, M) = \min_{z} \sum_{s=0}^{K} \binom{K}{s} \frac{K-s}{s+1} z_s$$

$$\text{s.t.} \quad 0 \leqslant z_s \leqslant 1, \ s \in \{0, 1, \cdots, K\},$$

$$\sum_{s=0}^{K} \binom{K}{s} z_s = 1$$

$$\sum_{s=0}^{K} \binom{K}{s} s z_s \leqslant \frac{KM}{N} \tag{5.78}$$

该问题的最优解为 $z^* = (z_s^*)_{s=0, 1, \cdots, K}$。该问题是一个线性优化问题，可用标准的求解线性优化问题的方法求解。问题三有 $K+1$ 个变量，复杂度较低。当缓存大小 $M \in \left\{0, \frac{N}{K}, \frac{2N}{K}, \cdots, N\right\}$ 时，[19]给出了问题三的最优解。

定理 4：当缓存大小 $M \in \left\{ 0, \dfrac{N}{K}, \dfrac{2N}{K}, \cdots, N \right\}$ 时，问题三的最优解为

$$z_s^* = \begin{cases} \dfrac{1}{\dbinom{K}{KM/N}}, & s = \dfrac{KM}{N} \\[4mm] 0, & s \in \{0, 1, \cdots, K\} \setminus \left\{ \dfrac{KM}{N} \right\}, \end{cases} \tag{5.79}$$

问题三的最优值为

$$\hat{R}_{\text{avg}}^*(K, N, M) = \frac{K(1 - M/N)}{1 + KM/N} \tag{5.80}$$

定理 4 表明在文件流行度均匀时，基于优化的最优编码缓存方案与[18]中的编码缓存一致。

文献[18～19]中集中式编码缓存需要在放置阶段得到传输阶段的用户数信息，并由基站对不同用户的存储内容进行联合设计。这种由基站进行中心控制的内容放置有助于为缓存方案带来增益，但是在实际运行中较难实现。分布式编码缓存不需要在放置阶段得到传输阶段的用户数信息，并且每个用户相互独立进行内容的存储。这种分布式的内容放置在实际运行中更容易实现。下面，具体讨论三种分布式编码缓存，设计目标分别是降低最差情况下（每个用户需求不同的文件）的网络负载[20]和降低任意文件流行度下的平均网络负载[21-22]。

基于最差情况设计的分布式编码缓存

文献[20]设计分布式编码缓存以降低最差情况下的网络负载。在放置阶段，每个用户从各个文件中独立且均匀地抽取 $\dfrac{M}{N}F$ 数据单元存储到本地缓存中，这相当于将每个文件划分成 2^K 个不相交的子文件，即 $W_n = (W_{n, S} : S \subseteq \mathcal{K})$，其中，子文件 $W_{n, S}$ 被放置在每个用户 $k \in S$ 中。在文件长度有限时，每个子文件的大小是随机的。文件 W_n 中的每一数据单元被 S 中的用户存储而不被 $\mathcal{K} \setminus S$ 中的用户存储的概率为 $\left(\dfrac{M}{N} \right)^{|S|} \left(1 - \dfrac{M}{N} \right)^{K-|S|}$，因此，子文件 $W_{n, S}$ 的大小的均值为 $\left(\dfrac{M}{N} \right)^{|S|} \left(1 - \dfrac{M}{N} \right)^{K-|S|} F$。在文件长度趋于无穷时，根据大数定律，子文件 $W_{n, S}$ 的大小趋于均值 $\left(\dfrac{M}{N} \right)^{|S|} \left(1 - \dfrac{M}{N} \right)^{K-|S|} F$。在传输阶段，传输的方案与基于优化的集中式编码缓存的传输方案[19]一致。文献[20]中给出了最差情况下（每个用户需求不同的文件），文献[20]中分布式编码缓存的归一化网络负载。

定理 5：考虑最差情况下的请求且文件长度趋于无穷，文献[20]中分布式编码缓存的归一化网络负载如下所示：

$$\begin{aligned} R_{\text{D}}(K, N, M) &= \sum_{s=1}^{K} \binom{K}{s} (M/N)^{s-1} (1 - M/N)^{K-s+1} \\ &= K(1 - M/N) \frac{1 - (1 - M/N)^K}{KM/N}, \end{aligned} \tag{5.81}$$

其中 K 是无缓存情况下的网络负载，M/N 称为归一化本地缓存，$1-M/N$ 为本地缓存增益，KM/N 称为归一化全局缓存，$\dfrac{1-(1-M/N)^K}{KM/N}$ 称为分布式编码缓存下的全局缓存增益。

定理 5 表明，分布式编码缓存除了能实现本地缓存增益还能实现全局缓存增益。如果归一化全局缓存较大，全局缓存增益是可观的。另外，文献[20]中的编码缓存方法的可以有效降低最差情况下（每个用户需求不同的文件）的网络负载。但是，文献[20]中的编码缓存方法没有反映文件流行度的不同并且给每个文件分配了相同的缓存大小。因此，这种编码缓存方法不能在文件流行度非均匀时达到较低的网络负载。

2. 基于文件流行度的启发式设计的分布式编码缓存

文献[21]设计分布式编码缓存以降低任意文件流行度下的平均网络负载。在放置阶段，文件的集合 $\mathcal{N}$ 被分成 L 个组，每个组的大小分别为 $N_1, N_2, \cdots, N_L$，第 l 组的文件单元可表示为 $\mathcal{N}_l = \{\sum_{l'=1}^{l-1} N_{l'}+1, \sum_{l'=1}^{l-1} N_{l'}+2, \cdots, \sum_{l'=1}^{l} N_{l'}\}$。每个用户从第 l 组的每个文件中抽取 $M_l F/N_l$ 数据单元存储到本地缓存中。在传输阶段，设请求第 l 组的用户集合为 $\mathcal{K}_l$，集合的大小 K_l，其中 K_l 服从参数为 K 和 $\sum_{n\in\mathcal{N}_l} p_n$ 的二项分布。基站对 $\mathcal{K}_l$ 中的用户使用文献[20]中的分布式编码缓存的传输方案进行服务。

考虑所有不同请求，当文件长度趋于无穷时，平均归一化网络负载：

$$
\begin{aligned}
&\bar{R}_{\text{avg}}(K, N, M, (K_l)_{l\in\{1,\cdots,L\}}, (\mathcal{N}_l)_{l\in\{1,\cdots,L\}}, (M_l)_{l\in\{1,\cdots,L\}}) \\
&= \sum_{l=1}^{L} \sum_{K_l=0}^{K} \binom{K}{K_l} \left(\sum_{n\in\mathcal{N}_l} p_n\right)^{K_l} \left(1-\sum_{n\in\mathcal{N}_l} p_n\right)^{K-K_l} R_D(K_l, N_l, M_l).
\end{aligned}
\tag{5.82}
$$

为最小化 $\bar{R}_{\text{avg}}(K, N, M, (K_l)_{l\in\{1,\cdots,L\}}, (\mathcal{N}_l)_{l\in\{1,\cdots,L\}}, (M_l)_{l\in\{1,\cdots,L\}})$，文献[21]给出了如下优化问题：

问题四：

$$
\begin{aligned}
&\bar{R}_{\text{avg}}^*(K, N, M, (K_l)_{l\in\{1,\cdots,L\}}, (\mathcal{N}_l)_{l\in\{1,\cdots,L\}}) \\
&\triangleq \min_{(M_l)_{l\in\{1,\cdots,L\}}} \sum_{l=1}^{L} \sum_{K_l=0}^{K} \binom{K}{K_l} \left(\sum_{n\in\mathcal{N}_l} p_n\right)^{K_l} \left(1-\sum_{n\in\mathcal{N}_l} p_n\right)^{K-K_l} R_D(K_l, N_l, M_l) \\
&\text{s.t.} \quad 0 \leqslant M_l \leqslant M, \; \forall n \in \mathcal{N}
\end{aligned}
$$

$$
\sum_{l\in\{1,\cdots,L\}} M_l = M,
\tag{5.83}
$$

该问题的最优解为 $(M_l^*)_{l\in\{1,\cdots,L\}}$。

由于文献[21]中基站对需求不同组的文件的用户进行独立地服务，因而[21]中的编码缓存方案会丢失部分的全局缓存增益。另外，在文献[21]中的编码缓存方案中，同一组内的编码缓存没有反映文件流行度的不同，因此，文献[21]中的编码缓存方法不能在文件流行度非均匀时达到较低的网络负载。

基于文件流行度优化的分布式编码缓存

文献[22]设计分布式编码缓存以降低任意文件流行度下的平均网络负载。在放置阶段，每个用户从每个文件中独立且均匀地抽取 q_nMF 数据单元存储到本地缓存中，这相当于将每个文件划分成 2^K 个不相交的子文件，即 $W_n = (W_{n,S} : S \subseteq \mathcal{K})$，其中，子文件 $W_{n,S}$ 被放置在每个用户 $k \in S$ 中。令 $\boldsymbol{q} \triangleq (q_n)_{n \in \mathcal{N}}$。在文件长度有限时，每个子文件的大小是随机的。文件 W_n 中的每一数据单元被 S 中的用户存储而不被 $\mathcal{K} \setminus S$ 中的用户存储的概率为 $(q_nM)^{|S|}(1-q_nM)^{K-|S|}$，因此，子文件 $W_{n,S}$ 的大小的均值为 $(q_nM)^{|S|}(1-q_nM)^{K-|S|}F$。在文件长度趋于无穷时，子文件 $W_{n,S}$ 的大小趋于均值 $(q_nM)^{|S|}(1-q_nM)^{K-|S|}F$。在传输阶段，传输的方案与文献[20]中的分布式编码缓存的传输方案一致。

考虑所有不同请求，当文件长度趋于无穷时，平均归一化网络负载：

$$\bar{R}_{\text{avg}}(K,N,M,\boldsymbol{q}) = \sum_{\mathbf{d} \in \mathcal{N}^K}\left(\prod_{k=1}^{K}p_{d_k}\right)\sum_{S \subseteq \mathcal{K}:\,|S|>0}\max_{k \in S}(q_{d_k}M)^{|S|-1}(1-q_{d_k}M)^{K-|S|+1}, \quad (5.84)$$

其中 $\max\limits_{k \in S}(q_{d_k}M)^{|S|-1}(1-q_{d_k}M)^{K-|S|+1}$ 为 $\oplus_{k \in S}W_{d_k,S\setminus\{k\}}$ 的归一化长度。为最小化 $\bar{R}_{\text{avg}}(K,N,M,\boldsymbol{q})$，文献[22]给出了如下优化问题：

问题五：

$$\bar{R}_{\text{avg}}^{*}(K,N,M) \triangleq \min_{\boldsymbol{q}} \sum_{\mathbf{d} \in \mathcal{N}^K}\left(\prod_{k=1}^{K}p_{d_k}\right)\sum_{S \subseteq \mathcal{K}:\,|S|>0}\max_{k \in S}(q_{d_k}M)^{|S|-1}(1-q_{d_k}M)^{K-|S|+1}$$

$$\text{s.t.} \quad 0 \leqslant q_n \leqslant 1/M, \ \forall n \in \mathcal{N}$$

$$\sum_{n \in \mathcal{N}}q_n = 1, \quad (5.85)$$

该问题的最优解为 $\boldsymbol{q}^* = (q_n^*)_{n \in \mathcal{N}}$。该问题是一个非凸的非线性优化问题，复杂度巨大。为得到问题五的次优解，考虑一个松弛的优化问题。该优化问题的目标是最小化未存储内容的归一化平均长度。文件 W_n 中的每一数据单元不被 $\mathcal{K}$ 中的用户存储的概率是 $(1-q_nM)^K$，因此，子文件 $W_{n,\phi}$ 的大小的均值为 $(1-q_nM)^KF$。在文件长度趋于无穷时，子文件 $W_{n,S}$ 的大小趋于均值 $(1-q_nM)^KF$。因此，文献[22]给出了如下松弛的优化问题。

问题六：

$$\bar{R}_{\text{avg}}^{*}(K,N,M) \triangleq \min_{\boldsymbol{q}} \sum_{n \in \mathcal{N}}p_n(1-q_nM)^k$$

$$\text{s.t.} \quad 0 \leqslant q_n \leqslant 1/M, \ \forall n \in \mathcal{N}$$

$$\sum_{n \in \mathcal{N}}q_n = 1, \quad (5.86)$$

该问题是一个凸优化问题，可用标准的求解凸优化问题的方法求解，复杂度较低。

第6章 实践环节：无线物理层信号处理实践

无线通信物理层信号处理是无线通信领域最经典部分。在本章中，基于通用物理层收发编程平台，将主要进行传统无线通信及多天线系统所对应通信收发过程的详细实践指导。

6.1 实践平台介绍

6.1.1 WARP 简介

WARP(wireless open-access research platform)是基于 Xilinx FPGA 设计的开放式无线研究平台。平台由定制的硬件和关键通信模块的 FPGA 实现组成，用于帮助科研人员研究高级无线算法和相关应用。为了能够更好地被研究者利用以充分发挥其性能，WARP 的硬件规范和算法实现都免费提供给研究人员。

WARP 项目是由莱斯大学的 Ashu Sabharwal 教授于 2006 年创立。该项目最初由国家科学基金资助，并获得 Xilinx 的持续支持。在项目的最初 5 年，莱斯大学的 WARP 团队做了大量工作，极大地推动了 WARP 项目的发展。他们设计了第一和第二代的 WARP 硬件，创建了 WARPLab 和 OFDM 参考设计，在世界各地的大学举办了 11 次 WARP 研讨会，并且使用 WARP 平台进行过许多前沿研究项目，包括波束赋形，协作 PHY 和 MAC 设计以及全双工无线通信等。自此，这个项目已经成为一个由全世界使用者共同开发维护的开源项目。有兴趣了解更多使用 WARP 平台进行的前沿研究项目的读者可以访问以下网址：

http://warpproject.org/trac/wiki/PapersandPresentations♯Rice

Mango Communications 于 2008 年从 WARP 项目中脱颖而出，最初的目标是制造和分销 WARP 硬件。但后来，Mango 也开始开发设计 WARP 硬件，2012 年 Mango 发布了完全重新设计的 WARP v3 硬件。时至今日，Mango 工程师已经成为 WARP 资源库和论坛最积极的贡献者，为开源 WARP 设计提供持续开发和支持，其中包括 WARPLab 7 和 802.11 参考设计。

在科研方面，WARP 平台已被全球研究人员大量采用。该平台已被广泛应用于全双工无线通信、多用户 MIMO 等领域的前沿研究。在教育方面，过去的许多课程只涉及无线通信的理论，学生从来没有在实验室中看到过真正的无线通信系统。WARP 平台能够弥补学生教育在实践上的不足,开源 WARPLab 和 OFDM/CSMA 参考设计是将学生引入实际物理层处理和通信协议开发的理想起点。

WARP 平台架构如图 6.1 所示。

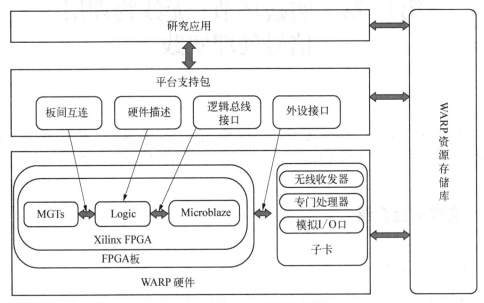

图 6.1 **WARP 平台设计架构图**

从图 6.1 中可以看到,WARP 平台由四大部分组成:

(1) 硬件部分:为实现高性能无线通信而专门进行设计的硬件平台,能够高速运行复杂的 DSP 算法并且提供了可扩展的外围接口。

(2) 平台开发支持包:包括设计工具和底层接口模块,这些工具和接口模块使得无线网络不同协议层的研究人员都能够使用这个平台。

(3) 开源资源库:在开源许可下提供所有源代码、模块以及硬件设计文件。

(4) 研究应用:借助定制硬件和平台支持包实现的各种无线通信算法。用户利用资源库中提供的标准模块可以快速构建一个运行新算法的完整系统。

6.1.2 WARP 开发资源

WARP 开发资源包括开源资源库和开发者论坛等。开源资源库是 WARP 平台的一个重要组成部分。资源库里有 WARP 平台各方面的文件,包括项目设计、代码、文档和应用程序示例等内容。它实现平台上所有代码、模块以及文档的版本控制,同时提供基本的项目管理功能以支持不同用户在同一个项目上进行协作。所有用户都可以将自己的设计和文档提交给资源库。

开源资源库的网址为:

```
https://warpproject.org/trac/browser/
```

资源库的内容包括以下五大类,这里简要说明如下:

（1）硬件设计相关文件：所有定制印刷电路板的原理图，布局和文档。

（2）平台支持包：提供底层、外设和板间各种接口支持的设计工具和库文件。

（3）应用程序构建模块：这些模块可以实现各种标准功能的优化设计，包括通用模块，如高速相关器和多采样率滤波器，以及诸如 OFDM 分组检测和符号同步的特定应用模块。平台用户可以利用这些已有的模块来帮助完成系统设计。

（4）研究应用：基于 WARP 平台的各种设计与应用，包括 OFDM 物理层和简单的 MAC 协议等。

（5）教程、应用笔记和教学项目：供新用户学习的文档和设计示例，包含适合用于课程教学的简单学生项目。

WARP 平台的模块化设计和分层结构使得平台的框架结构非常清晰，一些支持包与应用程序可以直接在资源库中获取而无需再重新设计，从而最大限度地提高研究人员的工作效率。

除 WARP 开源资源库外，WARP 开发者和使用者还可以在 WARP 开发者论坛上交流。有专业工程师在论坛上为开源 WARP 设计提供持续开发和支持。论坛网址为：

```
https://warpproject.org/forums/
```

6.2　WARP 实践平台入门

6.2.1　硬件平台简介

最新的 WARP 硬件平台主要包括 WARPv3 开发板，FMC‐RF‐2X245 模块，FMC‐BB‐4DA 模块和 CM‐MMCX 模块。在此之前，还有 WARP v1 FPGA 开发板和 WARP v2 FPGA 开发板等硬件，关于这些硬件的详细信息介绍可从以下链接获得：

```
http://warpproject.org/trac/wiki/HardwarePlatform
```

WARP v3 开发板是最新一代的 WARP 硬件平台，集成了高性能 FPGA，两个 RF 接口和多个外设，以实现定制无线通信系统的快速原型设计。FMC‐RF‐2X245 是集成了两个 RF 接口的 FMC 模块，用于使 WARP v3 节点支持 4 天线；FMC‐BB‐4DA 是带有 4 路 DAC 的 FMC 模块，用于 WARP v3 套件物理层信号的实时观测和调试。CM‐MMCX 是一个带有 MMCX 连接器的简单时钟模块，用于产生采样时钟和射频参考时钟。

本书主要介绍 WARP v3 开发板，其他模块为可选模块，详细情况可以从 Mango Communications 官网的产品介绍中获得。WARP v3 开发板的实物图如图 6.2 所示，总体架构如图 6.3 所示。

WARP v3 硬件平台的组成信息如下：

（1）一片 XilinxVirtex‐6 LX240T FPGA；

图 6.2　WARP v3 开发板实物图

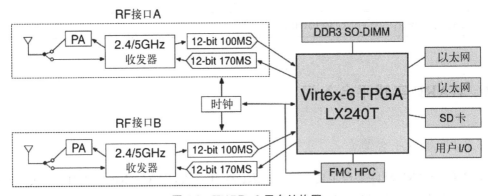

图 6.3　WARP v3 平台结构图

（2）2 个可编程 RF 通路，具备如下特征：① 2.4 G/5 GHz 双信道，带宽为 40 MHz；② 12 位 170MSps DACs；③ 12 位 100MSps ADCs；④ 双频段功率放大器，发射功率 20 dBm；⑤ 用于 MIMO 应用的共享时钟。

（3）FMC HPC 扩展槽。

（4）2 个千兆以太网口。

（5）DDR3 SO-DIMM 插槽。

（6）多种 FPGA 配置方式，包括：① JTAG；② SD 卡；③ 闪存。

（7）多种用户 I/O，包括：① USB-UART 串行接口；② 12 个 LED 指示灯；③ 2 个 7 段数码管；④ 4 个输入按钮；⑤ 4 位 DIP 配置开关；⑥ 16 位 2.5v I/O 接口。

1. FPGA 配置

WARP v3 开发板是围绕 XilinxVirtex-6 FPGA 设计的。WARP v3 板提供三种 FPGA 配置方式：JTAG，SD 卡和 SPI 闪存。在配置 FPGA 过程中，STAT LED（D17）在比特流加载时显示为半亮，配置成功后，LED 将完全亮起。如果在配置期间检测到错误，ERR

LED(D18)将亮起。引发错误最可能的原因是存储在 SPI 闪存中的 FPGA 配置比特流是无效的。下面介绍如何配置 WARP v3 开发板的 FPGA。

PLD 配置

WARP v3 开发板使用 Xilinx Coolrunner - II PLD 来管理 SD 卡和 SPI 闪存配置接口。PLD 是预先配置好的，官方库中提供了默认的 PLD 设计源代码，链接为：

> http://warpproject. org/trac/browser/Hardware/WARP _ v3/Rev1. 1/Config _ CPLD/src

可以通过 JTAG 可加载新的 PLD 配置，JTAG 配置连接器为 J17。

通过 JTAG 配置 FPGA

使用外部 JTAG 配置线连接到 J14 即可对 XilinxFPGA 进行配置。任何 Xilinx iMPACT 支持的 JTAG 配置线都可以用来配置 WARPv3 FPGA。以下 JTAG 配置线经过官方测试，可以用来配置 WARP v3 上的 Virtex - 6 FGA：① Digilent USB - JTAG Programming Cable；② Digilent HS1 JTAG Programming Cable；③ Digilent HS2 JTAG Programming Cable(与 ISE 13.4 不兼容，与 ISE 14.3＋兼容)；④ Xilinx Platform Cable USB II。

(1) 通过 SD 卡配置 FPGA。WARP v3 开发板提供一个 SD 卡插槽，用于从 SD 卡加载 FPGA 配置文件。如图 6.4 所示，通过将拨码开关 SW2 的第一位拨为 0 即可选择 SD 卡作为 FPGA 配置源。

SD 卡可以同时容纳多达 8 个比特流文件，对应 8 个不同的 slot，在配置时通过拨码开关选择使用哪个比特流文件。从 SD 卡加载完比特流之后，可以移除 SD 卡，而不会影响到新加载的 FPGA 程序运行。因此，使用单个 SD 卡就可以方便地快速配置多个节点。

图 6.4　选择 SD 卡作为 FPGA 配置源　　　图 6.5　SD 卡插槽选择示意图

拨码开关的第 2 到第 4 位用来选择 SD 卡上的哪个 slot 用于 FPGA 配置。例如，要选择 slot2，请将 DIP 开关设置为如图 6.5 所示。

WARP v3 SD 卡接口仅支持最高 2GB 的标准 SD 卡。不支持使用 SDHC 或 SDXC 标准的大容量 SD 卡。

WARP v3 上的 PLD 在 SD 卡配置模式下实现以下功能：① PLD 作为 SPI 的主设备来访问 SD 卡，读取其中的比特流文件；② PLD 作为主设备配置 FPGA；③ 上电或每当有新 SD 卡插入时，SD 卡将被复位并切换到 SPI 模式；④ 当上电或插入新的 SD 卡又或按 RECONFIG 按钮(PB4)时，PLD 会重新读取 SD 卡并配置 FPGA。

图 6.6　选择从 SPI 闪存配置 FPGA

（2）通过 SPI 闪存配置 FPGA。WARP v3 板包含一个 128 Mb 的 SPI 闪存设备（Numonyx M25P128）。在不使用外部 JTAG 配置线或 SD 卡的情况下可使用该闪存配置 FPGA。通过 SPI 闪存配置 FPGA 时，Virtex-6FPGA 作为 SPI 主设备，读取闪存内的比特流文件并配置自身。

如图 6.6 所示，将拨码开关 SW2 的第一位拨为 1 即可选择 SPI 闪存作为 FPGA 配置源。

WARP v3 上的 PLD 在此模式下实现以下功能：① FPGA 的 SPI 接口与闪存相连。在配置时，FPGA 充当 SPI 主设备；② 上电时，PLD 触发 FPAG 读取闪存内的比特流文件并配置自身；③ RECONFIG 按钮(PB4)与 FPGA INIT_ B 信号关联。按下按钮也可触发 FPAG 读取闪存内的比特流文件并配置自身。

2. 时钟

WARP v3 中的时钟非常灵活，时钟资源的概述如图 6.7 所示。接下来分别介绍各部分的功能。

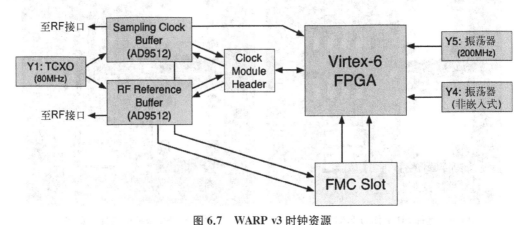

图 6.7　WARP v3 时钟资源

（1）FPGA 振荡器。从图 6.7 可以看到，WARP 板上有两个直接连接到 FPGA 的振荡器 Y4 和 Y5。Y5 是一个 200MHZ 的低电压差分信号振荡器，这个时钟的输出作为 FPGA

差分全局时钟的输入。Y4 默认未安装，用户若是需要可以自行安装。Y4 的引脚适配规格为 5×3.2 mm 或者 3.2×2.5 mm 的标准 2.5 V 振荡器。

（2）FMC 时钟。从图 6.7 可以看出 FMC 插槽可连接多种时钟信号。关于 FMC 时钟部分的介绍详见网址：

http://warpproject.org/trac/wiki/HardwareUsersGuides/WARPv3/FMC

（3）射频接口时钟。射频接口时钟的设计集中于两块 AD9512 时钟缓冲器（2 路输入，5 路输出）上。一个 AD9512 管理采样时钟，另一个管理射频参考时钟。可以参考 AD9512 数据手册来查看详细情况，数据手册下载地址为：

http://www.analog.com/media/en/technical-documentation/data-sheets/AD9512.pdf

（4）时钟模块连接器。WARP v3 板包含了一个连接器，用于把时钟信号连接到外部设备。这个连接器可以用来在节点间共享时钟或者从外部时钟源引入自定义时钟信号。当需要使用一个独立的时钟模块时就需要使用到这个连接器。目前 WARP v3 板支持的独立时钟模块有 CM - PLL 和 CM - MMCX 两个模块。

3. 射频接口

WARP v3 板集成了两个相同的 RF 接口，基本结构如图 6.8 所示。其中 AD9963 MxFE 用于完成 I/Q 两路的数模和模数转换。Maxim MAX2829 收发器用于信号在基带和射频之间的转换，支持 2.4 GHz 和 5.0 GHz 两个工作频点。WARP v3 板射频接口采用 Anadigics AWL6951 双频功率放大器，能够保证在 2.4 GHz 和 5 GHz 频点上获得 20 dBm 的输出功率。每个 RF 接口连接到一个 50 Ω 的 SMA 接头上。在 WARP v3 官方参考设计中，这两个接口分别被标为 RF A 和 RF B，其中 RF A 接近板的顶部边缘（靠近十六进制显示器）。

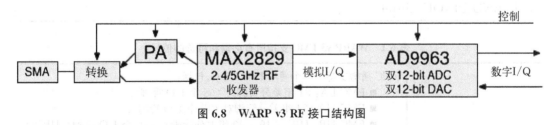

图 6.8　WARP v3 RF 接口结构图

4. 存储器

WARP v3 板包含一条 DDR3 SO - DIMM 插槽，连接到 FPGA 的引脚上。如果用户要使用 SO - DIMM，需要在 FPGA 中实现一个 DDR3 内存控制模块，Xilinx 提供了 MIG（memory interface generator）工具可以生成 DDR3 内存控制模块的 FPGA 实现。WARP v3 上的 SO - DIMM 接口最大支持 8GB 内存条，最高工作时钟 400 MHz。

5. 以太网口

WARP v3 板提供两个三速以太网端口（10/100/1 000 Mbps），在板上分别被标记为 ETH A 和 ETH B。具体使用说明在 1.2.3.1 节 WARPLab 快速入门中详细描述。

（1）物理层芯片。WARP v3 提供了两个以太网接口，均连接到一个 Marvell 88E1121R 双以太网物理层芯片上。88E1121R 实现了两个三速以太网物理层（PHY）。每个 PHY 都有一个专用的 MDI 端口和 RGMII 端口，MDI 端口连接到板上的 RJ-45，RGMII 端口连接到 FPGA。

每个 PHY 还具有连接到 Virtex-6 FPGA 的专用 MDIO 端口，用于与以太网 MAC 层交换配置信息。以太网 MAC 层由 Virtex-6 FPGA 中包含的 TEMAC 硬核实现。WARP v3 板卡通过一个 5 位地址访问 MDIO 寄存器。但是，需要使用正确的寄存器基地址，不能使用地址 0（MDIO 广播地址），以避免与 FPGA 内部可能响应广播 MDIO 处理的以太网电路发生冲突。

WARP v3 上 MDIO 默认基地址为：① ETH A MDIO：0b00110（0x6）；② ETH B MDIO：0b00111（0x7）。

（2）MAC 地址。每个以太网接口的 MAC 地址在用户代码中进行定义。用于设置 MAC 地址的 API 取决于用户的软件设计。如果用户直接与以太网 MAC 层进行交互（如在 OFDM 参考设计中），则需要在传输的数据包中加入源 MAC 地址。如果使用较高层的 API（如 WARPLab 中的 Xilnet），则通过专门函数定义 MAC 地址。

Mango 拥有由 IEEE 分配的 MAC 地址块，范围是从 40-D8-55-04-20-00 至 40-D8-55-04-2F-FF。每个 WARP v3 板分配两个处于该范围的 MAC 地址。电路板背面的标签上标有节点的保留地址。

6. FMC 插槽

FMC 规范提供多组可以连接到 FPGA 的信号。具体 FMC 信号与管脚定义可以参考以下网站。WARP v3 FMC 支持所有必需和可选的信号见表 6.1。

> https://fmchub.github.io/appendix/VITA57_FMC_HPC_LPC_SIGNALS_AND_PINOUT.html

表 6.1　WARP v3 FMC 支持所有必需和可选的信号

(1) FPGA 通用 I/O：	FMC 插槽支持 156 个通用 FPGA I/O，包括： ■ FMC LA：34 组差分管脚对（68 个 I/O 管脚）； ■ FMC HA：24 组差分管脚对（48 个 I/O 管脚）； ■ FMC HB：HB[0：19]：20 组差分管脚对（40 个 I/O 管脚）；HB[20：21]：未连接，不能使用
	所有 LA，HA 信号必须使用 2.5v I/O
	HB 信号使用由 FMC 模块驱动的 VCCO
	所有 LA，HA，HB 信号都必须使用无需外部参考电压的电平标准
(2) FPGA 千兆收发器：	8 个 MGT，分别连接到 FMC DP[0：7]
	FMC DP[8：9]未连接
	两个 M2C MGT 参考时钟已连接（GBTCLK[0：1]_p/n）

（续表）

（3）FMC 时钟信号：	CLK0_M2C 和 CLK1_M2C 连接到 FPGA 全局时钟引脚
	CLK2_BIDIR 和 CLK3_BIDIR 由 WARP v3 RF 接口时钟缓冲器驱动
	所有 LA,HA,HB CC 信号都连接到 FPGA 第 2 或第 3 列中的 MRCC 或 SRCC 引脚
（4）电源：	FMC VADJ 固定在 2.5v
	FMC VREF_A_M2C 和 VREF_B_M2C 未连接
（5）其他：	FMC JTAG 引脚连接到 3.3v JTAG 链
	FMC IIC EEPROM 引脚连接到 3.3v FPGA I/O(通过 2.5v－3.3v 电平转换)

7. 用户 I/O

WARP v3 板提供了多种用户 I/O,用于与设计交互。官方提供的 w3_userioIP 核,用于各种用户 I/O 资源的访问控制。w3_userioIP 核的具体介绍见 http://warpproject.org/trac/wiki/cores/w3_userio。用户 I/O 包括 LED 灯,按钮,开关和数码管,分别介绍如下。

(1) LED 灯：

① 12 个 LED 灯直接与专用 FPGA I/O 相连,其中 8 个 LED 灯(4 个绿色,4 个红色)在开发板的用户 I/O 部分排列为 2 列,四个 LED 灯(2 个红色,2 个绿色)安装在 RF 接口附近,用来反映 RF 接口的状态;

② 所有 12 个 LED 灯都是高电平有效,将相应的 FPGA 引脚置高将点亮 LED 灯。

(2) 按钮和开关。用户 I/O 部分有 3 个按钮和 1 个 4 位拨码开关。每个按钮和开关都被连接到专用的 FPGA 引脚上。与按钮相连的 FPGA 引脚默认为低电平,当按下按钮时将其拉高。拨码开关引脚默认为低电平,当开关滑动时将其拉高。

另外有一个按钮 PB5,安装在开关和控制 FPGA 配置的按钮附近。该按钮在电路板上标记为 RESET,连接到通用 FPGA 引脚,用作复位功能。

(3) 7 段数码管。开发板上有两个 7 段数码管(十六进制显示),每个数码管包含 8 个 LED 元件,其中 7 个为数字,1 个为小数点。所有 16 个 LED 都连接到相应的 FPGA 引脚。WARP v3 板支持共阳极或共阴极 7 段数码管。WARP v3 板上的两个 7 段数码管为共阴极,因此,将 FPGA 引脚置低将会点亮相应的 LED 段。

每个数码管中的七个 LED 段都是单独控制的。w3_userioIP 核实现了从 4 比特到 7 比特的映射模块,将 4 位二进制数转换为对应十六进制数的 7 位二进制形式,该映射逻辑默认启用。7 段数码管与 w3_userio 输出寄存器的映射关系如图 6.9 所示。

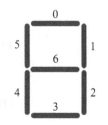

图 6.9　七段显示器映射关系图

8. USB UART

WARP v3 开发板包含一个 USB UART 收发器,用于简化与 FPGA 中运行的嵌入式处理器交互。收发器型号是 FTDI FT230X。

USB UART 收发器与两个 FPGA 引脚相连,连接关系如表6.2所示。

表 6.2　USB UART 与 FPGA 引脚连接关系

Net fpga_0_UART_USB_TX_pin LOC = H9	IOSTANDARD=LVCMOS25；♯FT230X RXD pin
Net fpga_0_UART_USB_RX_pin LOC = J9	IOSTANDARD=LVCMOS25；♯FT230X TXD pin

从 PC 访问 USB UART 接口需要在上位机安装 FTDI 虚拟 COM 端口（VCP）驱动程序。该驱动程序由 FTDI 维护，可在其网站上免费使用，网站链接为 http://www.ftdichip.com/Drivers/VCP.htm。官方已经使用 Windows 7 和 OS X 下的 FTDI 驱动程序成功测试了 USB UART。FTDI 支持的任何平台也应该可以工作。

安装驱动程序后，将 microUSB 线连接到 WARP v3 板，PC 将会识别一个新的 COM 端口。官网提供的具体使用说明链接如下网站。

http://warpproject.org/trac/wiki/howto/USB_UART

6.2.2　802.11 无线系统参考设计

Mango 802.11 参考设计是 IEEE 802.11 标准中 OFDM 物理层和 DCF MAC 层的实时 FPGA 实现。该参考设计可以与作为接入点（AP），客户端（STA）或特设节点（IBSS）的商业性 802.11 设备进行交互。研究人员可以对设计进行修改，以探索对标准的 802.11 MAC 层和物理层的扩展和改进，并在真实的 802.11 设备网络中测试扩展和改进的性能。

802.11 参考设计是完全在 WARP v3 硬件平台的 FPGA 中实现的。其物理层的处理被通过多个 IP 核（如 Tx，Rx，AGC，硬件控制等）实现。MAC 层主要由在两个 MicroBlaze CPU 中运行的程序实现，并由 FPGA 中的 IP 核实现精确的帧间时序。整体设计被集成在 Xilinx 平台工作室（XPS）中。

802.11 参考设计的整体架构如图 6.10 所示。

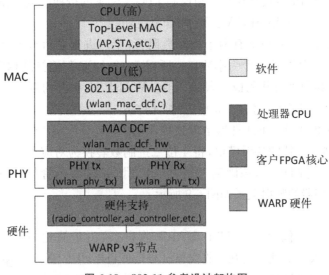

图 6.10　802.11 参考设计架构图

802.11 参考设计的 FPGA 由以下几个部分组成。

1. CPU High

MicroBlaze CPU High 执行 MAC 层的高层代码并实现其他高级功能。CPU High 执行的代码负责产生所有的非控制数据包,这些包用于传输或者实现节点间的各种"握手"交互(探测请求/响应,关联请求/响应等)。CPU High 还负责集成有线网络,根据 IEEE 802.11-2012 标准附件 P 中描述的有线无线整合方案来实现以太网帧的封装和解封。CPUHigh 的时钟频率为 160 MHz。

2. CPULow

MicroBlaze CPU High 执行 MAC 层的底层代码,用于实现 MAC 层的分布式协调功能(DCF)。该部分代码负责所有 MAC 层和物理层间的交互,并处理紧急帧内状态,包括 ACK 传输,退避调度,维护竞争窗口和启动重传等。CPULow 的时钟频率为 160 MHz。

3. MAC 层 DCF 模块(wlan_mac_dcf_hw)

这是一个在 System Generator 中实现的 FPGAIP 核,是 MAC 层软件和物理层 Tx/Rx 模块之间的接口。它实现了 DCF 所需的定时器(超时,退避,DIFS,SIFS 等)和各种载波侦听机制。MAC 层 DCF 模块根据 MAC 层软件提供的配置信息管理物理层的 Tx 和 Rx 模块,并对 Tx 和 Rx 事件进行排序。

4. 物理层 Tx/Rx 模块

这些外部模块实现了 802.11-2012 标准中第 18 节规定的 OFDM 物理层收发器。物理层 IP 核的时钟频率为 160 MHz(I / Q 采样率的 8 倍)。

5. 硬件支持部分

这部分模块来自 WARP v3 标准平台,可以通过 CPU Low 中的代码控制 WARP v3 上的各种外设接口。

802.11 参考设计被实现为 Xilinx Platform Studio 工程。XPS 工程集成了 CPU 代码,物理层 IP 核,MAC 层 IP 核,硬件支持模块以及 FPGA 引脚和时序约束。XPS 工程输出的是可以在 Xilinx SDK 中直接使用的完整 FPGA 设计实现。MAC 层代码在 SDK 中编译并添加到 FPGA 设计中。硬件软件设计组合即可用于配置 WARP v3 FPGA。

6.2.3 WARPLab 参考设计

WARPLab 是用于快速物理层原型设计的框架,使用户能够灵活地开发和部署大型节点阵列,以满足各种应用或研究需求。

WARPLab 参考设计是 WARPLab 框架的实现,支持在其上构建和测试很多物理层设计。WARPLab 参考设计将 WARPLab 框架的模块结合在一起,这些模块由 MATLAB 和 FPGA 实现,能够方便地进行扩展和定制。虽然参考设计用 MATLAB 来控制节点和进行信号处理,但它也允许对延迟有严格要求的应用程序将关键的时序处理放到 FPGA 上。一个标准的 WARPLab 实验拓扑图如图 6.11 所示,各节点通过网线和交换机与 PC 相连,PC 端使用 MATLAB 通过以太网与各节点交互。

WARPLab7 是初始 WARPLab 框架的完全重写版本,由 Mango communications 的工

程师负责设计和维护。最新的 WARPLab7 参考设计可以运行在 WARP v2 和 WARP v3 硬件上。具有 WARP v1 硬件的用户应使用 WARPLab6。

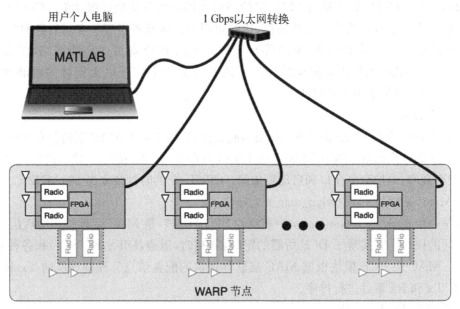

图 6.11　WARPLab 实验结构拓扑图

1. WARPLab 快速入门

（1）配置 WARPLab7 框架步骤。

步骤 1　下载最新版本的 WARPLab 参考设计并且将其解压到本地文件夹（官方下载地址 http://warpproject.org/trac/wiki/WARPLab/Downloads）。

步骤 2　打开 MATLAB,将当前路径修改为下载文件中的 M_Code_Reference 所在目录。

步骤 3　在 MATLAB 命令行窗口运行 wl_setup 命令。

步骤 4　依照提示信息来配置 WARPLab 环境。

（2）硬件配置。

一是 PC 端配置：① 将一个网卡的 IP 地址手动配置为上述 wl_setup 步骤中指定的 IP地址（默认为（10.0.0.250,255.255.255.0））;② 将网卡连接到1Gb 以太网交换机。

二是 WARP v3 节点配置：① 将 ETH_A 连接到 PC 所连接的 1Gb 以太网交换机;② 给每个节点的用户拨码开关设定一个不重复的值。

● 使用参考设计来配置 FPGA。参考设计的比特流文件包含在下载文件中 Bitstreams_Reference 文件夹中,选择与硬件相匹配的比特流文件,并使用 Xilinx iMPACT 工具将文件下载到 WARP v3 开发板。

● 在启动时,每个节点将在右侧的十六进制数码管上显示其 IP 地址的最后一位数字（例如 IP 地址为 10.0.0.N 时显示 N）。IP 地址默认分配为 10.0.0.N,其中 N＝ node_ID ＋ 1。

- 底部的绿色 LED 将会闪烁，直到以太网连接启动成功。
- 当节点准备好接收 MATLAB 命令时，四个绿色 LED 灯都会闪烁。

（3）示例。确保配置完毕之后，将以下命令拷贝并粘贴到 MATLAB 命令行窗口。

```
clear
N = 1;
nodes = wl_initNodes(N);
wl_nodeCmd(nodes,'identify');
disp(nodes)
```

注意：N 为网络中的节点数。当你运行这些命令时，可以看到 N 个节点上的 User I / O LED 由于识别到命令而闪烁，并且打印状态消息到屏幕上。例如，对于 $N = 2$，节点状态信息显示如下：

```
Displaying properties of 2 wl_node objects:
| ID | WLVER | HWVER |   Serial #   |   Ethernet MAC Addr   |
--------------------------------------------------------------
| 0  | 7.0.0 |   3   | W3-a-00027   | 40-D8-55-04-20-36     |
--------------------------------------------------------------
| 1  | 7.0.0 |   3   | W3-a-00041   | 40-D8-55-04-20-52     |
--------------------------------------------------------------
```

如果以上的步骤执行成功，那么就可以尝试运行一个 MATLAB 代码示例。在每个版本的 WARPLab 参考设计中，M_Code_Examples 目录下都提供了一些示例，包括 SISO 收发示例、SISO OFDM 示例和 MIMO OFDM 示例等，在下一节将会详细介绍这些示例。

2. WARPLab7 框架

WARPLab 框架由 6 个核心模块组成：节点（node），基带（baseband），接口（interface group），传输部分（transport），触发管理器（trigger manager）和用户扩展（user extension）。图 6.12 展示了在 WARPLab 示例代码中这些模块之间的关系。

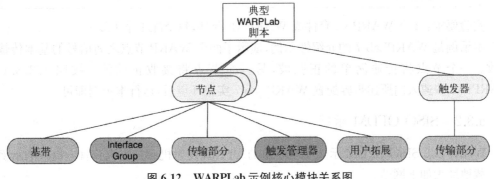

图 6.12　WARPLab 示例核心模块关系图

每个模块通常由两部分组成：在板上运行的软硬设计和对应的 MATLAB 类，后者用于对板上运行的硬件和软件发出指令并处理它们的响应。此外，图 6.12 中展示了框架的另一个元素 Trigger,它不是 WARPLab 节点的一部分,而是用来在 WARPLab 实验中协调多个节点的一种方式。WARPLab 参考设计给出了这些模块的实现,详见 http://warpproject.org/trac/wiki/WARPLab/Reference。

下面分别介绍六个核心模块:

(1) 节点模块,负责处理从用户到节点内部模块的命令,并收集内部模块对这些命令的响应以传递给用户。节点也可以处理给节点本身的命令。系统内的其他模块都属于节点模块。

(2) 基带模块:用于处理待发送到射频口或由射频口收到的信号。

(3) 接口模块组:用来配置无线电接口的组件。

(4) 传输模块:负责处理 PC 与 WARP 硬件之间传输的消息。

(5) 触发器管理器模块:负责管理 WARP 节点与实验中其他节点之间的协同工作。

(6) 用户扩展模块:用于处理 WARPLab 设计中可能存在的未被已有模块覆盖的命令。WARPLab 参考设计没有用户扩展模块的实现,用户可以将自己的模块添加到 WARPLab 参考设计中。

6.3 无线物理层信号处理实践

本节介绍基于 WARPLab 参考设计中的三个示例: SISO 收发示例、SISO OFDM 示例和 MIMO OFDM 示例。示例代码在 WARPLab 参考设计的 M_Code_Examples 文件夹中,下文也会分别提供各示例的下载地址。

6.3.1 SISO 收发示例

官网提供了本示例的 MATLAB 代码,下载地址为如下网站。

> https://fmchub.github.io/appendix/VITA57_FMC_HPC_LPC_SIGNALS_AND_
> PINOUT.html

实验要求: 2 个 WARP v3 套件或 WARP v2 套件,每个配 1 个天线。

本示例是 WARPLab 7 的介绍性示例,演示了两个 WARP 节点之间信号的基本传输和接收。一个节点将传输简单的正弦波,另一个节点将接收正弦波。按照 1.2.3.1 节 WARPLab 快速入门所述步骤配置 WARPLab 7 实验环境后,运行本示例即可。

6.3.2 SISO OFDM 示例

WARPLab SISO OFDM 示例实现简单的 OFDM 发射机和接收机。官方提供的示例代码下载地址为如下网站。

> http://warpproject.org/trac/browser/ResearchApps/PHY/WARPLAB/WARPLab 7/
> M_Code_Examples/wl_example_siso_ofdm_txrx.m

示例代码可以和 WARP 硬件一起运行,也可以单独在 MATLAB 中仿真,并且不需要依赖任何其他的 MATLAB 工具箱。在做 MATLAB 单独仿真时,接收数据直接由发送数据通过运算(信道特性)得来。而做 WARP 硬件联合仿真时,则是将发送数据发送到 WARP 发送板,WARP 发送板将数据发送给接收板,WARP 接收板再向上提交接收数据。WARPLab 参考设计提供了一系列的工具函数,用来完成 MATLAB 和 WARP 硬件的交互。

在学习本示例之前,首先了解一下 OFDM 的基础知识。

1. OFDM 基础知识

OFDM 是一种多载波调制方式,通过减小和消除码间串扰的影响来克服信道的频率选择性衰落,其基本原理是用 N 个子信号分别调制 N 个相互正交的子载波。由于子载波的频谱相互重叠,因而可以得到较高的频谱效率。OFDM 系统的基本模型如下:

在发射端,首先对比特流做调制,然后进行串并转换,接着做 IFFT 变换,再将并行数据转化为串行数据,加上保护间隔(又称"循环前缀"),形成 OFDM 码元。同时,为了在接收端进行突发检测、同步和信道估计,在组帧时加入同步序列和信道估计序列,最后输出正交的基带信号。

在接收端,首先做时间同步、小数倍频偏估计和校正,然后做 FFT 变换,再进行整数倍频偏估计和校正,获得调制信号,再对该信号进行解调就可得到原始比特流。

下文介绍 SISO OFDM 示例中的发射机和接收机。

2. 发射机

SISO OFDM 示例的发送流程如图 6.13 所示。

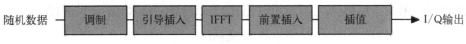

图 6.13　SISO OFDM 示例发送流程图

OFDM 发射机代码实现的功能如下:
- 产生随机数据;
- 将随机数据调制为复数星座符号;
- 将符号映射到数据子载波上;
- 在导频子载波中插入导频序列;
- 逆快速傅里叶变换(IFFT);
- 插入循环前缀;
- 构造和插入前导序列;
- 两倍内插。

3. 接收机

SISO OFDM 示例的接收流程如图 6.14 所示。

OFDM 接收器代码实现的功能如下:
- 利用 LTS 相关做同步;
- 利用 LTS 的时域估计进行 CFO 估计和校正;

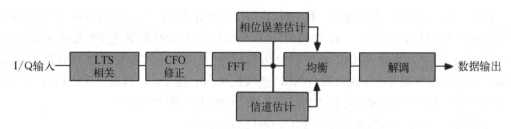

图 6.14 SISO OFDM 示例接收流程图

- 移除循环前缀；
- 快速傅里叶变换(FFT)；
- 利用频域 LTS 做信道估计；
- 利用频域导频做残余相位误差估计；
- 利用频域导频做 SFO 估计和校正；
- 利用信道估计和相位误差估计的结果对数据子载波做均衡；
- 将复数符号解调为数据值。

4. 仿真结果

WARPLab OFDM 示例脚本可以和 WARP 硬件联合仿真,也可以单独在 MATLAB 中仿真。

(1) MATLAB 仿真。在用示例做 MATLAB 单独仿真时,要设置参数 USE_WARPLAB_TXRX = 0,然后运行 MATLAB 脚本。当脚本运行完成会显示 6 个图,分别为发送波形图(图 6.15)、接收波形图(图 6.16)、前导序列相关结果(图 6.17)、每个子载波的信道估计结果(图 6.18)、相位误差估计图(图 6.19)以及 Tx 和 Rx 的星座图(图 6.20)。

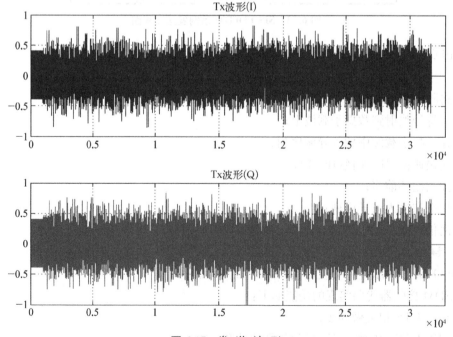

图 6.15 发 送 波 形

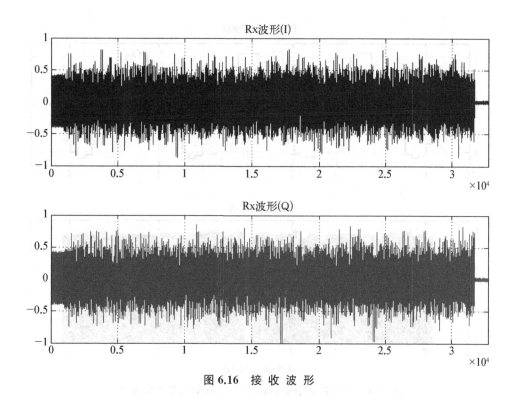

图 6.16　接 收 波 形

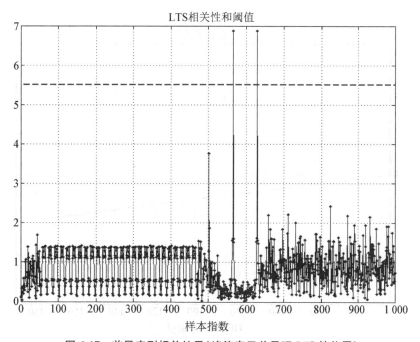

图 6.17　前导序列相关结果(峰值表示前导码 LTS 的位置)

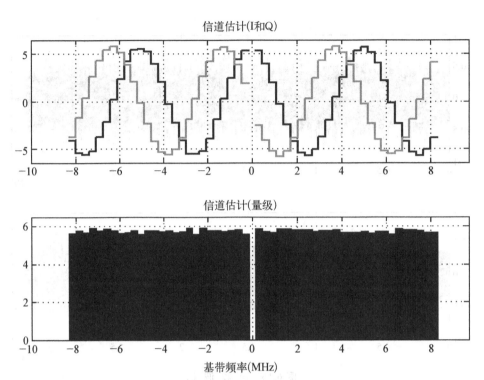

图 6.18 每个子载波的信道估计结果（I/Q 分量和复幅度）

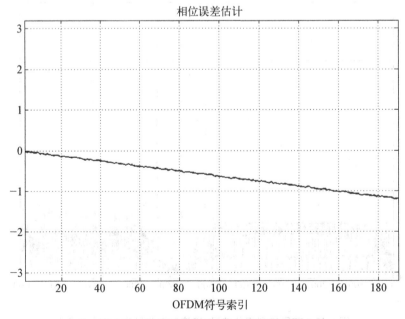

图 6.19 相位误差估计（每个 OFDM 符号）

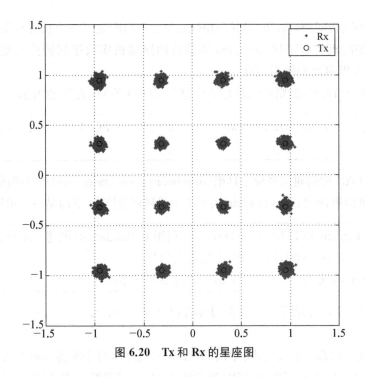

图 6.20　Tx 和 Rx 的星座图

在默认情况下，仿真脚本的信道为固定 SNR 的 AWGN 信道。用户可以更改 MATLAB 代码中的信道特性，具体做法将在下一小节介绍。

此外，脚本还会将实验的有关统计信息打印到 MATLAB 命令窗口，一次实验的统计信息如下。

```
结果：
字节：       4 560
符号出错：   0（共计 9 120 个符号）
比特出错：   0（共计 36 480 比特）
EVM：        3.779%
LTS CFO Est：−0.07 kHz
```

从打印的信息可以看出总共传输了 4 560 字节的数据，出错的符号数为 0，出错的比特数为 0，误差矢量幅度为 3.779%，LTS 载波频偏估计为 −0.07 kHz。

（2）修改信道特性。在 1.3.2 节 SISO OFDM 示例开头提供的示例代码中搜索"AWGN"即可找到信道特性的定义代码。例如，为了模拟一个完美链路（零噪声），将噪声功率设置为零，即可按照如下方式修改代码。

```
rx_vec_air=tx_vec_air + A * complex(randn(1,length(tx_vec_air)), randn(1,
length(tx_vec_air)))
```

其中 rx_vec_air 代表收到的数据，tx_vec_air 代表发送的数据，等号右边的第二项代表

113

服从高斯分布的随机噪声,randn(1,length(tx_vec_air))产生了一个长度与发送序列相等的服从高斯分布的随机实数序列,complex 函数将两路随机实数序列转换为复数序列。修改第二项的系数 A 即可改变噪声幅度。

如果需要加上载波频偏,则可以加上如下代码。其中 CFO 代表载波频偏,Fs 代表采样频率。

```
rx_vec_air=tx_vec_air . * exp(-1i * 2 * pi * (CFO/Fs) * [0:length(tx_vec_
air)-1])
```

此外 MATLAB 中的通信系统工具箱(communications system toolbox)提供了多个系统对象用于定于多种信道,例如 rayleighchan 用于产生瑞利衰落信道,下面是一个示例代码:

```
c = rayleighchan(1/10000,100);   % 利用 rayleighchan 创建一个衰落信道对象
sig = 1i * ones(2000,1);   % 产生输入信号
y = filter(c,sig);   % 信号通过瑞利信道的输出结果
```

要产生具有更多特性的信道,可查阅 MATLABCommunications System Toolbox 的官方文档。

(3) 硬件联合仿真。实验要求:两个 WARP v3 套件,每个配备一根天线。

要用 SISO OFDM 示例做 WARP 硬件联合仿真,需要两个 WARP 节点,每个 WARP 节点运行 WARPLab 7.5.1(或更高版本)并在 PC 上进行 WARPLab 环境配置。如果尚未安装 WARPLab,请参阅上一章节所述的 WARPLab 快速入门部分。

设置参数 USE_WARPLAB_TXRX = 1,然后运行 MATLAB 脚本。当脚本运行完成后会显示 6 个图,分别为发送波形图(图 6.21)、接收波形图(图 6.22)、前导序列相关结果(图

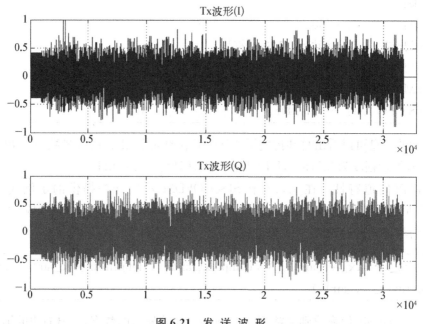

图 6.21 发 送 波 形

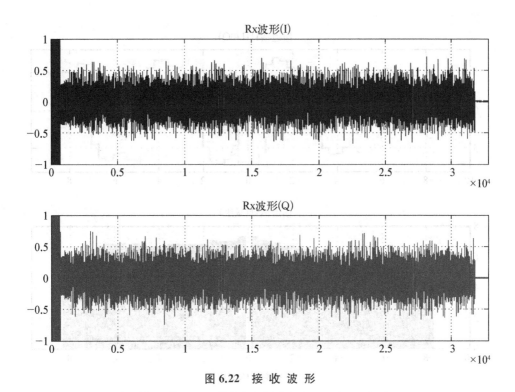

图 6.22 接 收 波 形

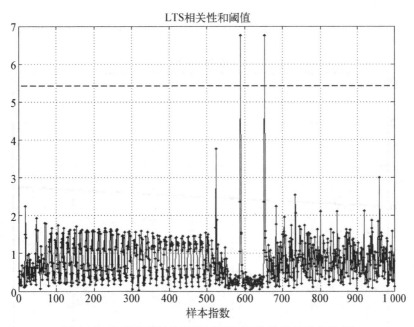

图 6.23 前导序列相关结果(峰值表示前导码 LTS 的位置)

6.23)、每个子载波的信道估计结果(图 6.24)、相位误差估计图(图 6.25)以及 Tx 和 Rx 的星座图(图 6.26)。

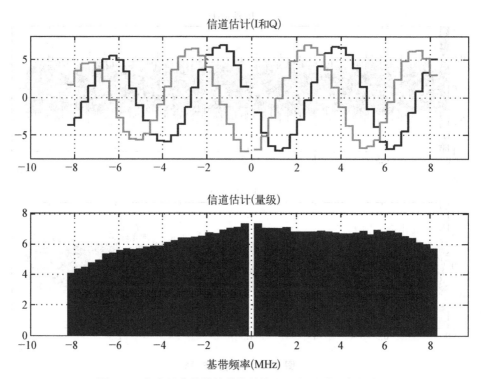

图 6.24　每个子载波的信道估计结果（I/Q 分量和复幅度）

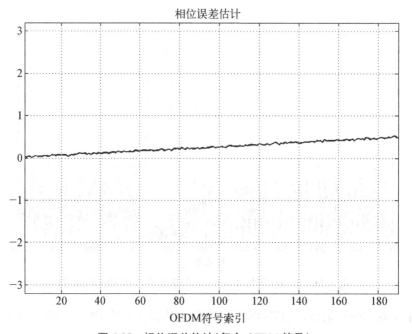

图 6.25　相位误差估计（每个 OFDM 符号）

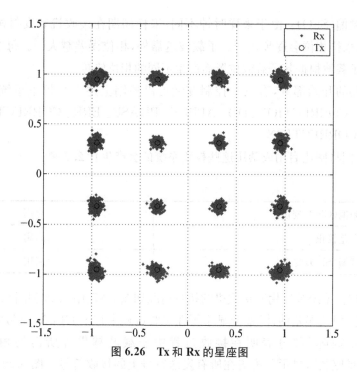

图 6.26　Tx 和 Rx 的星座图

MATLAB 命令窗口打印的实验有关统计信息如下。

结果：	
字节：	4 560
符号出错：	0（共计 9 120 个符号）
比特出错：	0（共计 36 480 比特）
EVM：	4.541%
LTS CFO Est：2.64 kHz	

从打印的信息可以看出总共传输了 4 560 字节的数据，出错的符号数为 0，出错的比特数为 0，误差矢量幅度为 4.541%，LTS 载波频偏估计为 2.64 kHz。

（4）载波频偏、相位误差和采样频偏

通常，发射机和接收机有各自的时钟，由于时钟不同步会产生三种不同的偏差，必须由无线接收机进行处理。三种偏差分别介绍如下：

一是载波频偏（CFO）：发射机的中心频率与接收机的中心频率不会完全匹配。除非得到纠正，否则这将使 OFDM 子载波失去正交特性并引起载波间干扰（ICI）。CFO 通常通过时域相乘一个数字载波来纠正，该载波与估计的 CFO 频率相同，相位相反。SISO OFDM 示例通过比较两个前导训练符号序列来估计 CFO[5]。

二是相位误差：即使时域上校正 CFO 之后，也仍然存在着残余相位误差分量，必须随时跟踪相位误差并在频域中校正。SISOOFDM 示例系统采用多个导频子载波来实现该校正系统。

　　三是采样频偏(SFO)：由于采样时钟不同,采样周期在接收机和发射机上略有不同。在接收过程中,采样相位会逐步错开。子载波越靠外,相位误差越大[6]。每个 OFDM 符号中的每个数据子载波根据其子载波位置而产生不同的相位旋转。

　　在示例代码的开始部分,有三个控制变量可以控制上述三个校正系统,分别是 DO_APPLY_CFO_CORRECTION、DO_APPLY_PHASE_ERR_CORRECTION 和 DO_APPLY_SFO_CORRECTION。

　　接下来,我们将阐述启用或禁用这些校正系统的会产生什么效果。

场景一

载波频偏(CFO)校正	启用
相位误差校正	启用
采样频偏(SFO)校正	启用

　　所有三个校正系统被启用时接收机的执行情况如图 6.27、图 6.28 和图 6.29 所示。在图 6.27 中,上方的"相位误差估计"部分显示了在接收过程中每个 OFDM 符号的相位失真,下方的"SFO 校正矩阵"部分表明在接收过程中子载波越靠外所需的相位校正越大。图 6.28 为"Rx 星座图",显示了覆盖在所有发送符号上的接收符号。图 6.29 表明当前场景下 EVM 较小,并且与 OFDM 符号子载波位置几乎无关。上方图线表示接收的有效 SNR(由 EVM 值本身计算)。

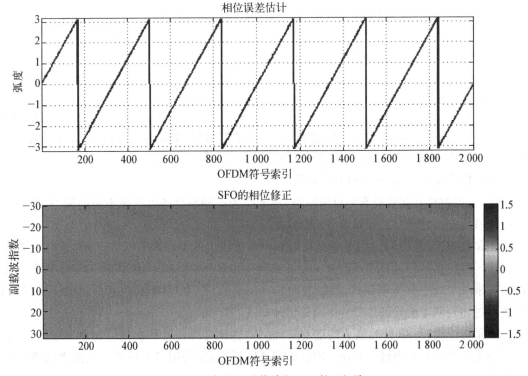

图 6.27　相位误差估计和 SFO 校正矩阵

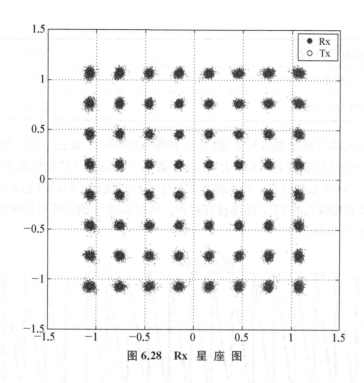

图 6.28　Rx 星座图

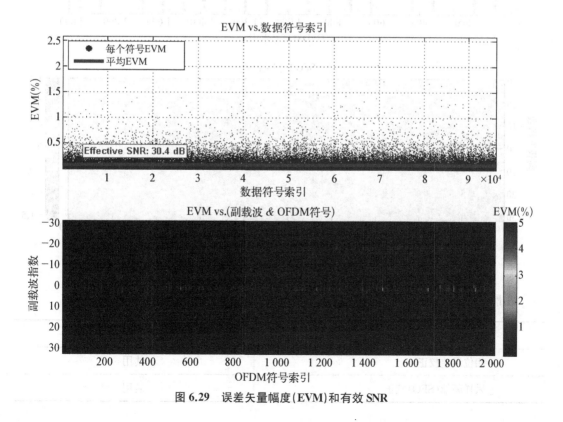

图 6.29　误差矢量幅度(EVM)和有效 SNR

场景二

载波频偏(CFO)校正	禁用
相位误差校正	启用
采样频偏(SFO)校正	启用

此时接收机的执行情况如图 6.30、图 6.31 和图 6.32 所示。通过禁用时域 CFO 校正,相位误差校正系统的负担增加了。实际上,比较方案 A 与方案 B 的"相位误差估计"图可知,待校正的残余 CFO 现在相当大。当系统在频域中进行相位校正时,ICI 已经发生,因为发射机的 IFFT 操作与接收机的 FFT 操作没有对齐。从图 6.32 中的图线可以观察到,有效 SNR 比以前的情况差 2.7 dB。

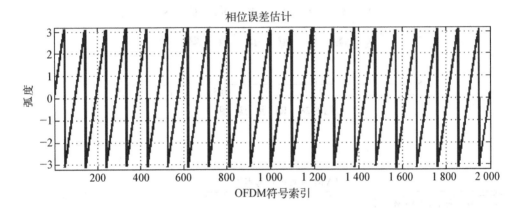

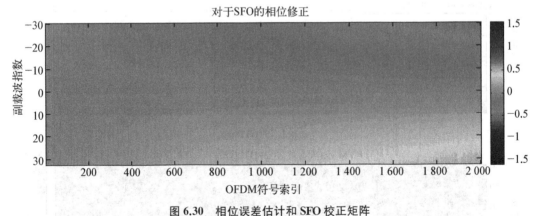

图 6.30　相位误差估计和 SFO 校正矩阵

场景三

载波频偏(CFO)校正	禁用
相位误差校正	禁用
采样频偏(SFO)校正	启用

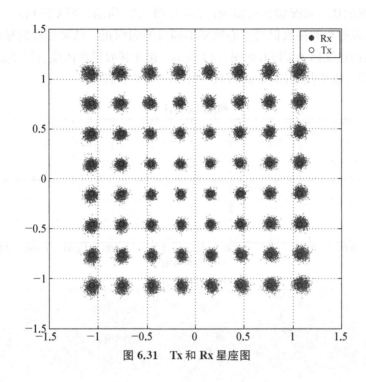

图 6.31　Tx 和 Rx 星座图

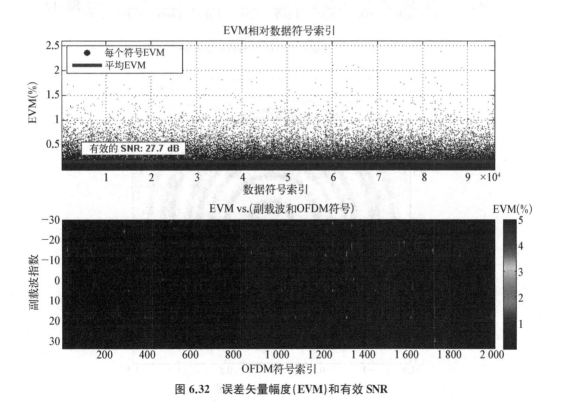

图 6.32　误差矢量幅度(EVM)和有效 SNR

此时接收机的执行情况如图 6.33、图 6.34 和图 6.35 所示。当 CFO 校正和相位误差校正都被禁用时,发射机和接收机的中心频率不同得不到纠正。结果接收的星座图在复平面上"旋转",旋转的速度即为 CFO,如图 6.34 所示。由于接收星座图绕着复平面旋转,接收星座图周期性地对齐发射星座图,故而图 6.35 中 EVM 忽高忽低。

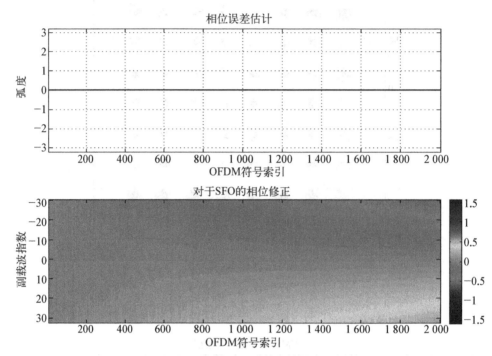

图 6.33　相位误差估计和 SFO 校正矩阵

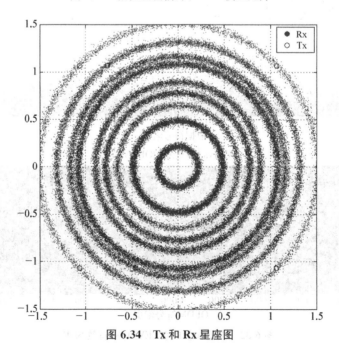

图 6.34　Tx 和 Rx 星座图

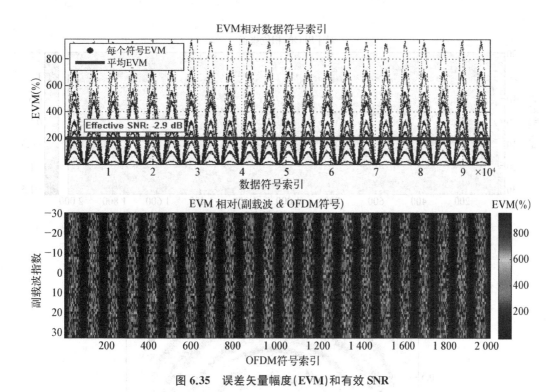

图 6.35　误差矢量幅度(EVM)和有效 SNR

场景四

载波频偏(CFO)校正	启用
相位误差校正	启用
采样频偏(SFO)校正	禁用

此时接收机的执行情况如图 6.36、图 6.37、图 6.38 所示。启用时域 CFO 校正和相位误差校正并禁用 SFO 纠正后,从图 6.37 中可以看到,接收星座图根据子载波位置有不同程度的旋转。从图 6.38 中可以观察到,由于采样时钟在接收时间内偏移,子载波越靠外,EVM值越大。

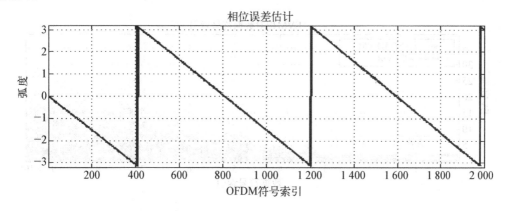

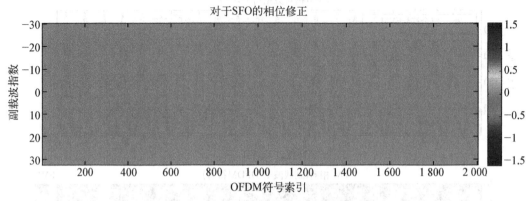

图 6.36 相位误差估计和 SFO 校正矩阵

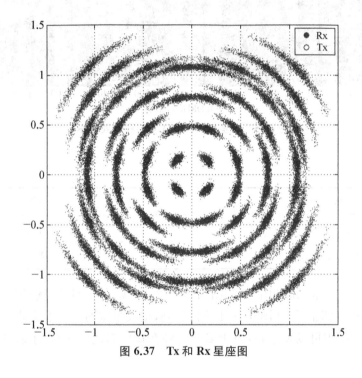

图 6.37 Tx 和 Rx 星座图

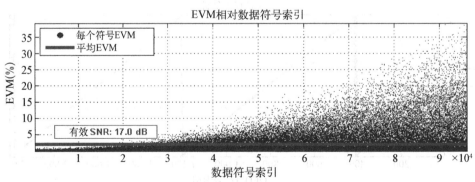

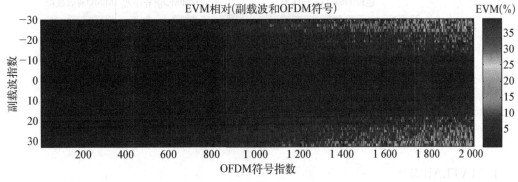

图 6.38 误差矢量幅度(EVM)和有效 SNR

6.3.3 MIMO OFDM 示例

MIMO(Multiple-Input Multiple-Output)技术通过多个天线实现多发多收，充分开发了空间资源，在不需要增加频谱资源和天线发送功率的情况下，可以极大地提高信道容量。但是 MIMO 技术仍然会受到频率选择性衰落的影响，而 ODFM 技术恰好可以克服这一点，因此结合 MIMO 和 OFDM 技术既可以克服多径效应和频率选择性衰落带来的不良影响，又可以实现信号的可靠传输，还能提高系统容量和频谱利用率。

接下来我们介绍 WARPLab 参考设计中的 MIMO OFDM 示例。官网提供的本示例 MATLAB 代码下载地址为：

> http://warpproject.org/trac/browser/ResearchApps/PHY/WARPLAB/WARPLab7/
> M_Code_Examples/wl_example_mimo_ofdm_txrx.m

该 WARPLab 示例实现简单的 2x2 MIMO OFDM 发射机和接收机，是 SISO OFDM 示例的扩展。脚本文件可以不依赖 WARP 硬件运行，并且不需要任何额外的 MATLAB 工具箱。

在"MIMO"这个术语下包含着许多不同的技术。MIMO OFDM 示例实现了空间复用类型的 MIMO。在发射端，使用 2 根天线在同一时间和相同频段发送两个独立空间的数据"流"。然后，在接收机上使用 2 根天线来解两个空间的数据"流"。

为了实现上述操作，必须在传输序列的前导中添加确定的 MIMO 信道训练序列。图 6.39 展示了在示例中传输的波形结构。从图中可以看出，两根天线的前导码均由 STS 开始，用于接收射频接口调整增益。第二根天线的 STS 需要做循环移位，以避免产生不确定方向的波束赋形。第一根天线在 STS 之后为 LTS，用于估计和校正载波频偏(CFO)，第二根天线在此期间则空闲。最后是两个时域正交的 MIMO 信道训练序列，这两个符号序列被接收机用于为每个携带数据的 OFDM 子载波生成 2×2 的信道矩阵。

和 SISO OFDM 示例一样，MIMO OFDM 示例既可以做 MATLAB 单独仿真，也可以和硬件联合仿真。接下来展示 MIMO OFDM 示例的运行结果。

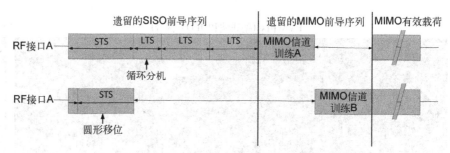

图 6.39　MIMO OFDM 实例波形结构图

1. MATLAB 仿真

在使用示例做 MATLAB 单独仿真时,先要设置参数 USE_WARPLAB_TXRX = 0,然后运行 MATLAB 脚本。当脚本运行结束将显示 6 个图,分别为发送波形图(图 6.40)、接收波形图(图 6.41)、前导序列相关结果(图 6.42)、每个子载波的信道估计结果(图 6.43)、相位误差估计图(图 6.44)以及 Tx 和 Rx 的星座图(图 6.45)。

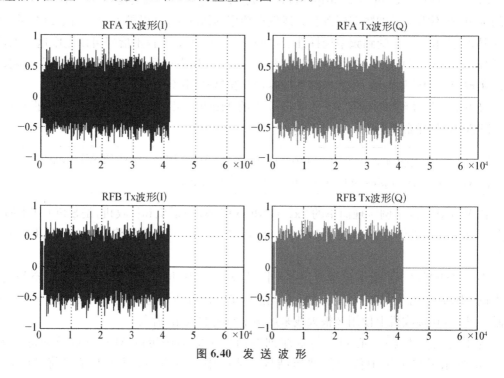

图 6.40　发　送　波　形

在默认情况下,仿真脚本中空间流到接收接口的组合是确定的。这种组合是频率平坦的,没有添加噪声。

2. 硬件联合仿真

实验要求:两个 WARP v3 套件,每个配备两根天线。

使用示例做 WARP 硬件联合仿真需要两个 WARP 节点,每个 WARP 节点运行 WARPLab 7.5.1(或更高版本),PC 上进行 WARPLab 环境配置。如果尚未安装 WARPLab,请参阅上一章节所述的 WARPLab 快速入门部分。

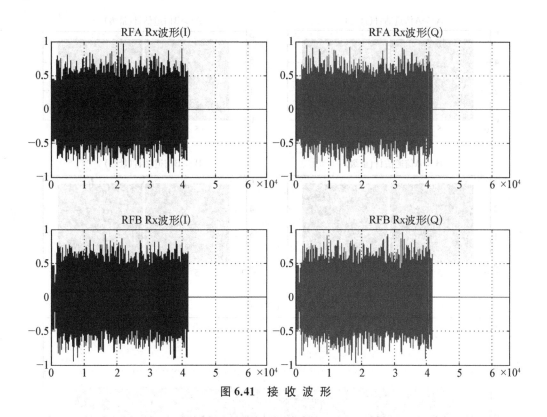

图 **6.41**　接 收 波 形

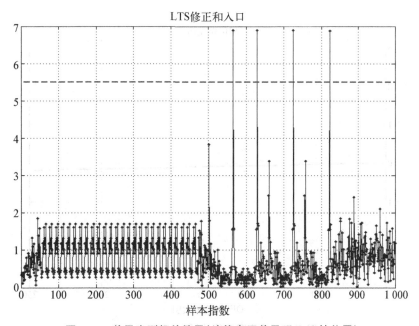

图 **6.42**　前导序列相关结果(峰值表示前导码 **LTS** 的位置)

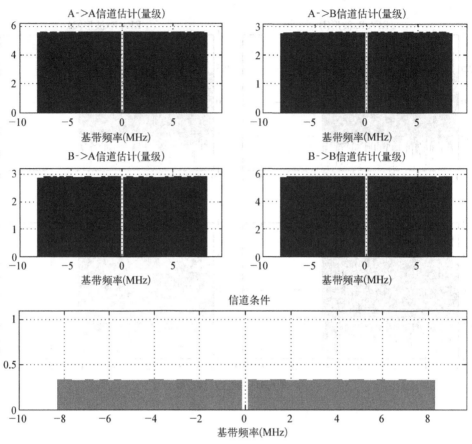

图 6.43　每个子载波的信道估计结果(I/Q 分量和复幅度)

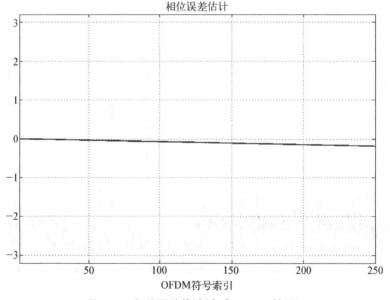

图 6.44　相位误差估计(每个 OFDM 符号)

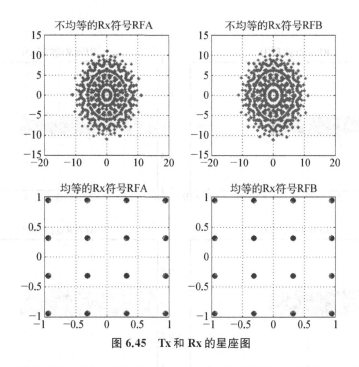

图 6.45　Tx 和 Rx 的星座图

设置参数 USE_WARPLAB_TXRX = 1,然后运行 MATLAB 脚本。当脚本运行结束将显示 6 个图,分别为发送波形图(图 6.46)、接收波形图(图 6.47)、前导序列相关结果(图6.48)、每个子载波的信道估计结果(图 6.49)、相位误差估计图(图 6.50)以及 Tx 和 Rx 的星座图(图 6.51)。如下所示。

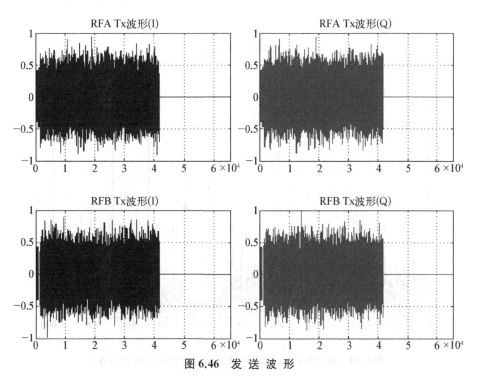

图 6.46　发　送　波　形

129

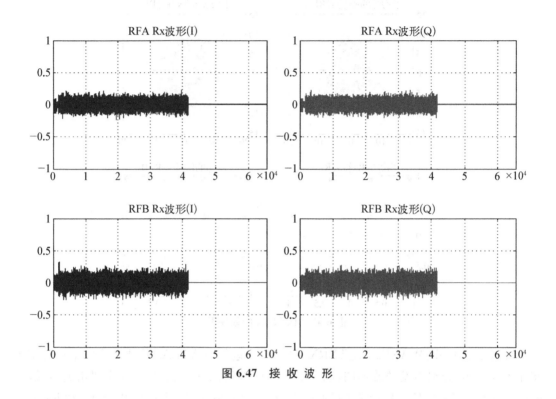

图 6.47　接　收　波　形

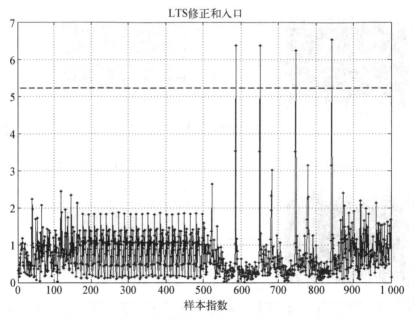

图 6.48　前导序列相关结果(峰值表示前导码 LTS 的位置)

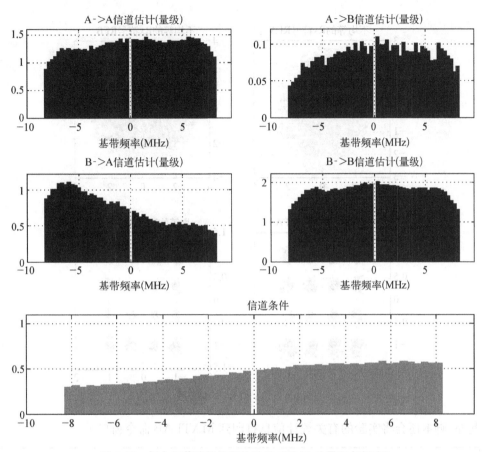

图 6.49 每个子载波的信道估计结果（I/Q 分量和复幅度）

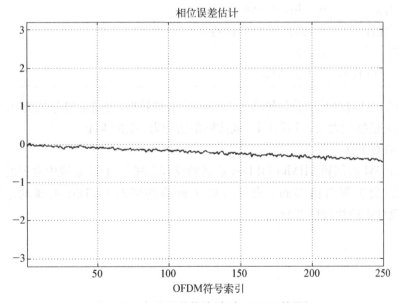

图 6.50 相位误差估计（每个 OFDM 符号）

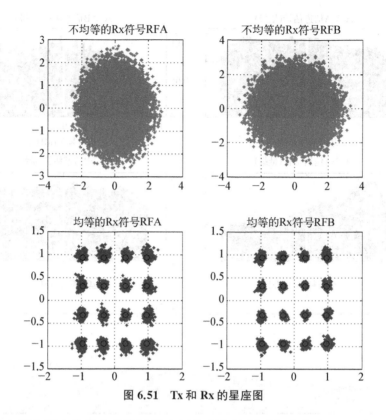

图 6.51 Tx 和 Rx 的星座图

此外,脚本还会将实验的有关统计信息打印到 MATLAB 命令窗口。

结果:	
字节:	12 000
符号出错:	0(共计 24 000 个符号)
比特出错:	0(共计 96 000 比特)
EVM:	6.757%
LTS CFO Est:	−1.38 kHz

从打印的信息可以看出总共传输了 12 000 字节的数据,出错的符号数为 0,出错的比特数为 0,误差矢量幅度为 6.757%,LTS 载波频偏估计为−1.38 kHz。

3. 示例的局限性

SISO OFDM 示例和 MIMO OFDM 示例都没有实现 OFDM 系统中常见的一些功能模块,例如加扰,交织和纠错编码。有关这些子模块的实时 OFDM 实现的示例,请参见802.11参考设计中的物理层部分。

本篇参考文献

［1］Flicker B. Working at warp speed ［electronic resource］：the new rules for project success in a sped-up world ［J］.2002.

［2］Patrick Murphy，Ashu Sabharwal and Behnaam Aazhang. "Design of WARP：A Wirelessopen-access research platform." 14th European Signal Processing Conference： 4－8 Sept.2006.

［3］Solagudi Navya，Praveen Kumar Yadav，Golla Ramesh. Design and implementation of OFDM Transmitter in WARP v3 board［C］.//2015 3rd International Conference on Signal Processing，Communication and Networking (ICSCN). IEEE，2015.

［4］佟学俭，罗涛.OFDM 移动通信技术原理与应用［M］.北京：人民邮电出版社，2003.

［5］Schmidl T M，Cox D C. Robust frequency and timing synchronization for OFDM ［J］.IEEE Transactions on Communications，1997，45(12)：1613－1621.

［6］Speth M，Fechtel S A，Fock G，et al. Optimum receiver design for wireless broad-band systems using OFDM. I［J］. IEEE Transactions on Communications，1999， 47(11)：1668－1677.

第二篇

系 统 篇

    尽管在无线通信领域中,以蜂窝通信为代表的产业占据了最重要的产业发展方向之一,但其他各类无线通信领域依旧发生着迅速的变化。在系统篇中,本书选择了如下三种蜂窝通信以外的无线通信领域的新技术进行介绍。

    广播网络以其悠久的应用历史与广域覆盖特征,成为未来无线通信的不可或缺的技术领域;在短距离局域网络中,本篇将分别介绍无线局域网、可穿戴近距离网络、移动车辆网这三种不同的无线通信新技术,勾勒关键技术框架、介绍典型应用。物联网络是近来随着 5G 蜂窝网络逐步形成的新型无线技术领域。物联网络是在通信技术迅猛发展、信息技术快速融合的背景下产生的,因此与上述广域及多种局域网络不同的是,物联网技术不仅强调硬件的优化设计过程,更加强调对于海量物联数据的处理与规律挖掘,具备软硬件两方面的技术发展趋势。

    在实践环节中,本篇围绕物联网无线新技术领域中的软件部分进行实践设计,在介绍各类新概念的同时,希望给读者带来实践编程动手的体验过程。

第7章 广域网络：广播与未来媒体网络

广播网络一般是指按照一定协议向某一区域广播数据，授权用户可以通过电视、收音机、个人电脑、移动电话等终端设备进行接收，以达到随时随地获取音频广播节目以及多媒体音视频信息服务的业务需求。

广播网络已形成系统的标准体系，在音视频广播方面，地面无线数字电视传输标准有中国的 DMB-T/H[1]、美国的 ATSC[2]、欧洲的 DVB-T[3]、日本的 ISDB-T[4] 等，有线数字电视传输标准有美国 ATSC-C[5]、欧洲 DVB-C[6] 以及中国标准 HINOC[7]，卫星电视传输标准则有欧洲 DVB-S[8]、DVB-S2[9]，日本 ISDB-S[10]，移动数字电视传输标准则存在欧洲标准 DVB-H[11]、韩国 T-DAB[12] 和 S-DMB[13]、中国 CMMB[14] 等。在音频广播方面，有数字音频广播中国标准 CDR[15]、美国 IBOC[16]、欧洲 DAB[17] 等。随着互联网的发展，广播网络也出现了新的网络广播的形式，如中央人民广播电台的中国广播网，通过互联网提供音频广播服务。尽管其并没有广播基站，一般也被认为是广播形式的一种。

7.1 广播网络特点

7.1.1 传统广播网络

传统广播网络主要有卫星广播网络和地面广播网络等，其信道主要是通过卫星或者地面基站发射出来的传向一定区域的无线电磁波，具有点对面、受众用户多的特点。并且，卫星以及地面广播网络业务内容确定，网络资源充足，通常不提供上行信道，可实时地提供更加经济的业务服务。随着 4K、8K 超高清电视等技术的发展，下一代广播网络将支持超高清业务和交互性业务。

7.1.2 新型网络广播

借助网络音视频流媒体技术，网络广播将广播节目数字化，以互联网为传播媒介，将节目数据传送给接收终端，受众通过接收终端将节目内容还原出来，如图 7.1 所示。如今，网络广播备受欢迎，如美国 NetFlix、YouTube 视频网站，我国的中国广播网、优酷、爱奇艺以及斗鱼等在线直播平台。

网络广播按照创建主体的不同大致存在传统媒体上线的音频网站、互联网服务商提供

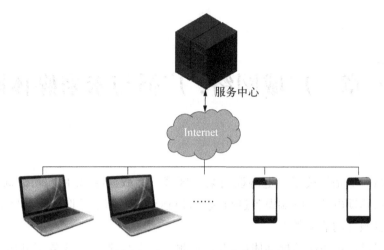

图 7.1　网络广播示意图

的在线视频网站和 APP 移动应用、以车联网为载体的网络广播(如考拉 FM)等三种形式。网络广播继承并延续了广播的互动性,同时具备了传播范围全球化、不受时间限制、接收终端多样化、信息传输点对点(P2P)、异步性、交互性和虚拟化等特点。

7.1.3　新型网络广播与传统广播网络对比

1. 传输信道

网络广播使用互联网作为传输信道,同传统广播相比而言,服务提供商对网络广播的信道失去了所有权和专用权,广播信道被虚拟化,接收终端也由传统收音机变成了以个人电脑、移动电话等移动终端设备为载体的软件接收机。

2. 传播范围

传统广播受到地域限制,且信号通常不稳定,收听效果比较差。而网络广播不受发射功率的影响,通过互联网,任何一个广播电台的广播节目都可以流向世界的某个角落。无论受众身处何地,均能从网上收听到广播,获得那些通过传统媒介难以获得的信息,如英国网站 Radiopaq 提供了全世界绝大多数国家和地区的上千个广播频率、网络电台和个人播客的在线收听服务。

3. 时间约束

传统广播网络采取的是一点到多点的单向传播模式,一般需按照特定时间表进行,用户在时间上是被动的,广播信息转瞬即逝。用户错过了广播时间,就无法再次接收广播信息。而通过网络广播,用户可以在自己合适的时间进行收听收看。即使听众忘了收听或是错过了精彩节目也可以在网上重复收听[19]。

4. 传播模式

与传统广播网络点对面的传播模式不同,网络广播虽然是一台服务器向多个用户提供服务,其本质确是点对点的传输模式。服务器对每个发出请求的客户端(收听者)都建立 1 条数据传输通路,这些通路之间是相互独立没有直接联系的。这一特点令网络广播可以针对特定的用户提供特定的节目和增值业务。但是，随着用户数量的增加，数据流量剧增，相应的传输带宽也必须增加[20]。

5. 异步性

传统网络广播中，用户只能被动接收广播节目，而网络广播具备异步传输性，意味着听众将拥有节目的内容和播出时间的选择权。利用网络广播，受众可以先通过文字来了解广播节目的内容，然后再根据自己的需要和兴趣来选择要看或要听的内容。除现场直播外，每个人都可以安排自己的节目表。形成了想听、想看什么，就选听、选看什么的信息接收模式。传统广播媒体的单一传播被个性化传播方式所代替[20]。

6. 交互性

在线广播网络中各个节点之间可以对等地收发信息，即实现交互性。利用交互功能可以加强与听众的沟通，弥补传统广播媒体单向传播的不足。如通过电子邮件、聊天室、弹幕等多种方式进行直播的双向交流，可进一步克服广播稍纵即逝的弱点，容易形成稳定的用户群。网络广播还可以就听众关心的内容做更多的相关内容链接和背景介绍，可以就相关新闻事件和听众互动等[20]。

7.2　广播网络架构

7.2.1　有线电视

传统有线电视是指以光纤、电缆为主要传输媒介，向用户传送本地、远地及自办节目的电视广播数据通信系统。这是一个集节目组织、节目传送及分配于一体，并向综合信息传播媒介的方向发展的综合性网络。有线电视占有很大的市场份额，截至 2016 年 7 月，仅我国就有 1.670 6 亿个家庭使用有线数字电视。

现在，有线电视能向人们提供的不仅仅是传统意义上的收看电视节目，还包括图像、数据、语音等全方位的服务。有线电视网采用宽带入户，绝大多数的入户电缆系统频率为 750 MHz，充足的带宽资源为有线电视网开展增值业务、进行综合信息应用提供了重要条件。世界各国对有线电视的发展十分重视，在有线电视网的研究、规划、设计和建设上加大了力度。同时，许多国家正在着手调整自己的产业结构，并从法律上采取实际步骤促进计算机网、有线电视网与电信网的融合。随着全球信息化进程的不断加快，有线电视还将以更加迅猛的势头向前发展。

1. 我国的有线电视发展特点

(1) 网络频谱不断拓宽。从最早的全频带系统发展到邻频系统，提高了频谱利用效率；邻频系统则由 300 MHz 过渡到 450 MHz，发展到今天普遍采用的 750 MHz，光纤干线已到 860 MHz；与之相对应，传送电视频道容量不断扩大，从 300 MHz 系统的 27 套制式，扩展到 450 MHz 系统的 46 套，到 550 MHz 系统的 59 套。

(2) 网络结构多样化。除全同轴电缆网(即干线和分配网络均采用同轴电缆)仍在中小规模网络中采用外,光纤同轴电缆(HFC)网成为网络发展的主流。光纤衰耗小,长距离传送无需中继,在大规模网络建成及网络互联(市县联网,县乡、乡村联网)中得到广泛应用,优势凸现。微波多频道多点分配系统(MMDS)已经部署,用于分配多频道电视节目,可供作点对面的地区性的"无线电缆电视"系统。网络规模不断扩大,全乡(镇)联网、全县联网、全地区(市)联网乃至于全省联网发展迅速,全国联网正在筹划实施中。网络的多功能开发广受重视,实验网在全国各地许多地方建立,网络由单向网向双向网发展。

(3) 传输数据化。数字电视的发展,要求前端信号节目源数字化,MPEG 压缩,使得有线电视频道资源进一步得以拓展;SDH 传输技术、ATM 交换技术都促进了有线电视传输的数字化。

有线电视网的最大特点和优点就是在于光纤和电缆传输,带宽可达 1 GHz。这是传输多种媒体信息的关键之一。同时,通过频率分割,可双向传输高质量的数字电视、高保真的数字电话及高速率的数据。

有线数字电视系统由前端、干线传输系统及用户分配网络三部分组成(见图 7.2)。系统的前端部分主要任务是首先将要播放给用户的信号转换为高频电视信号,然后将多路电视信号进行混合,送往干线传输系统。干线传输系统将电视信号经过相应处理后,不失真地输送到相应网络的输入接口,送入用户分配网络。用户分配网络最终将电视信号分配到各个用户电视接收终端接口。

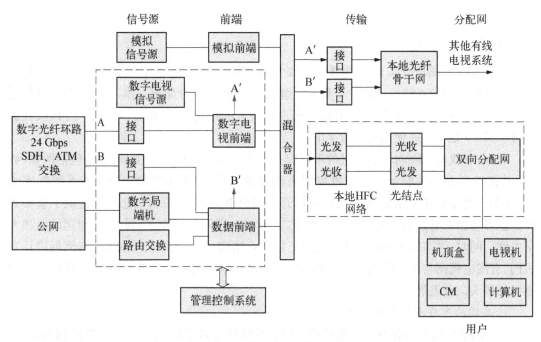

图 7.2　现代有线电视基本组成

2. 前端系统

有线电视前端对本地信号、卫星接收信号、干线传输的信号进行编码及处理,经过复用器、加扰器后形成多个 TS 码流,经 QAM 调制变成多个频点的射频信号,混合后送到传输网络。传统的前端采用 ASI(异步串行接口)接口,信号的调度处理都以 ASI 信号方式进行。有线数字前端信号源有以下几种：干线传输信号、本地信号、卫星接收信号、交互电视信号[22]。

3. 光纤同轴传输系统

有线电视网的光纤同轴混合传输系统通常采用光纤作为干线、同轴电缆作为分配进户传输介质,以此构成光纤同轴混合信号传输网络。光纤同轴混合传输方式充分发挥了同轴电缆和光纤各自具有的优良特性,以更高质量完成有线数字电视信号的传输与分配。在入网过程中,数字电视信号和模拟电视信号在前端进行综合,并用一根光纤将其传输至系统的光节点。光节点将电视的下行信号转换成射频信号,并通过同轴电缆以星树形拓扑结构覆盖所有用户。从用户传输过来的上行电信号通过上行回传光纤和上行光发射机传回前端。光纤传输采用通常采用空分复用方式,同轴电缆传输通常采用频分复用方式[23]。

4. 分配网络

分配系统部分的设备包括接入放大器,分支分配器及用户盒。接入放大器将通过干线传输网接入的音视频信号放大处理后传送至分支分配器,分支分配器将单路音视频信号分成几路输向用户接收终端。

5. 有线电视标准

1995 年 11 月,美国主要的有线电视经营商和研究机构 CableLabs 建立了 MCNS (Multimedia Cable Network System,多媒体电缆网络系统)合作组织,目的是建立起一整套协议用来在 HFC 网络上进行高速双向数据传输,为用户提供 Internet 等服务,同时使各个厂家的电缆调制解调器(cable modem,CM)产品具有充分的兼容性。该组织于 1997 年 3 月颁布了应用于 HFC 网的有线传输数据业务接口规范即 DOCSIS(Data Over Cable System Interface Specifications)标准,该标准定义了如何通过电缆调制解调器提供双向数据业务。自 DOCSIS 标准产生到现在,经历了十来年的发展,其版本也由最初的 DOCSIS 1.0, DOCSIS 1.1, DOCSIS 2.0 发展到目前的 DOCSIS 3.0 版本。新的 DOCSIS 3.0 版本不仅融合了新技术,而且兼容旧版本。

1997 年颁布的 DOCSIS 1.0 确立了 CMTS - CM(Cable Modem Terminal System - Cable Modem,有线电缆接入与调制解调)体系结构,规定了 CMTS 和 CM 通信的基本规则,制定了基于 TDMA 的 MAC 层和物理层协议,提供了在电缆调制解调器上实现高速数据传输业务的有线电视业务平台。

2001 年颁布的 DOCSIS 2.0 是在 DOCSIS 1.0 和 DOCSIS 1.1 基础上推出的第二代标准,增加了用于抗噪声干扰的 A - TDMA 和 S - CDMA 调制技术,降低了上行信号的信噪比要求,提高了上行信道的抗噪性能及传输速率,基本形成上、下行对称传输的系统架构。

CableLabs 于 2006 年 8 月正式推出第三代标准 DOCSIS 3.0。DOCSIS 3.0 的 cMTS 前端和 CM 标准也于 2007 年末颁布,并进行了互通测试。DOCSIS 3.0 的规范包括 MAC 及上层规范、物理层规范、运营支撑系统接口及安全规范。DOCSIS 3.0 采用信道捆绑技术,达到千兆级接入带宽;支持 IPv6,使得数字媒体业务、语音业务、数据业务能够统一起来,促进宽带接入设备与数字媒体设备的融合,降低网络带宽成本[24]。

7.2.2　卫星电视

利用卫星传输广播和电视节目,可有效提高广播电视人口覆盖率、改进传输质量。目前,广泛应用的卫星数字广播的制式大致分为两种:一种是欧洲广播联盟(DVB)的数字视频广播,即DVB-S;另一种是美国通用仪器公司开发DIGICIPHER。两种方式由于数字信号传输方式的差异,互不相容。我国普遍采用DVB-S方式,DVB-S方式目前已经成为卫星数字广播的主流方式。

卫星广播电视系统包括上行发射站、星载转发器、测控站、地面接收站四大部分,系统架构如图7.3所示。其中,上行发射站一方面把电视广播节目中心的电视信号发送到星载转发器,另一方面还和测控站一起,担负着对卫星的轨道位置、姿态、各部分的工作状态等参数的测量、遥控、发出指令等任务。

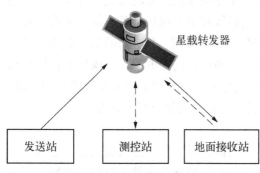

图7.3　卫星广播电视系统示意图

卫星数字广播电视系统发送端将多路视、音频信号及附加数据送到上行编码系统,经过模数转换、压缩编码、复用、信道编码、调制、变频放大等一系列处理后送往卫星。在接收端,只要装备一台集成接收解码器(IRD)与室外单元相配,即可获得卫星播送的各种节目。对集体接收或有线电视转播台,需装备专业级IRD,以便把数字广播电视信号还原成数字/模拟广播电视信号,再通过适当的调制送到有线电视网中(见图7.4)。

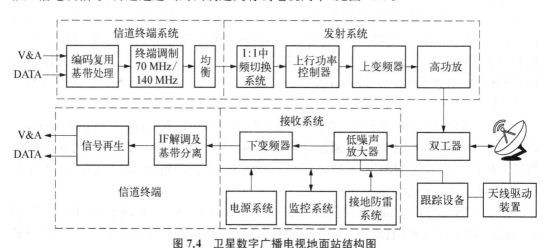

图7.4　卫星数字广播电视地面站结构图

1. 上行发射站

上行发射站由编码器、复用器、调制器、上变频器、高功率放大器、天馈线系统构成。上行发射站工作流程为:编码器对音视频、数据信号进行编码,输出压缩后的数字信号,编码压缩后的信号又称为元素流(ES);复用器将元素流按一定规律组合,形成一个整体的数据信号,称为传输流(TS);传输流输入调制器,在调制器中完成能量扩散、外码编码、卷积交织、内码编码、基带成形,最后进行中频 QPSK 调制,中频频率为 70 MHz。调制后的载波信号通过上变频器变频为 6 GHz(C 波段)或 14 GHz(Ku 波段),经功率放大后由天馈线系统发送给卫星。

2. 星载转发器

在电视广播卫星上有 C、Ku 波段转发系统,它接收来自上行发射站的信号,并且向卫星电视地面接收站转发下行信号。转发系统由收、发天线、转发器和电源组成,其中转发器由高灵敏度的宽带低噪声放大器、变频器、C、Ku 波段功率放大器等组成,是决定卫星电视广播质量的重要因素。

星载转发器在电路结构上一般有两种方式:一种是直接变频,经过依次变频,将上行微波频率变换为下行微波频率;另一种为二次变频,首先将上行微波频率变换为中频,经放大后再变频为下行频率。直接变频式电路简单,但由于工作频率高,对元器件要求高。二次变频式电路工作于中频,对元器件要求不高,易于实现高增益和 AGC 控制。

3. 监控站

为了确保上行系统的正常工作,卫星地球站都装有监控系统,完成对上行系统的状态监测,记录播出状态,根据不同的播出状态给予不同的处理。随着计算机通信和网络技术的发展,国内卫星广播电视地球站依据自身的投资情况和技术能力,逐步在监控系统中采用了抗干扰技术,目前主要有以下两种:

(1) 码流比对抗干扰技术:通过对广播电视节目源和卫星下行传输流逐位比对,来判断节目是否受到干扰,并作相应处理。

(2) 水印比对抗干扰技术:电视台发送端传输流复用器对音视频信号附加水印,卫星地球站接收下行水印,通过水印对比判断系统是否受到干扰,并作相应处理[25]。

4. 地面接收站

卫星电视接收站由天馈部分、高频头、卫星接收机等部分组成。天线接收来自卫星的信号,通过高频头将微弱的电磁波信号进行低噪声放大,并将它变换为频率为 950～2 150 MHz 的第一中频信号。选台器从 950～2 150 MHz 的输入信号中选出所要接收的某一电视频道的频率,并将它变换为固定的第二中频频率(通常为 479.5 MHz),经中频放大和解调后得到包含视频和伴音信号在内的复合基带信号。

5. 卫星广播标准

DVB-S(ETS300421)数字卫星广播系统标准于 1993 年由欧洲电信标准协会(ETSI)发布,其数据流调制采用四相相移键控调制(QPSK)方式,工作频率为 11/12 GHz。DVB-S 系统的音频编码使用 MPEG-2 第二层音频编码,也称 MUSICAM,视频采用标准的 MPEG-2 视频压缩编码。2004 年,联合技术委员会(JTC)发布 DVB-S2 新一代数字卫星广播系统标准,相对 DVB-S 的改进包括多业务支持、新的信道编码、调制解调、后向兼容等。

2008 年,我国国家广播电影电视总局广播科学研究院提出 ABS-S 卫星广播标准,该标准是我国第一个拥有完全自主知识产权的卫星信号传输标准,支持 14 种不同的编码调制方案,并提供高阶调制作为备选调制方式。ABS-S 标准采用专用技术体制,不兼容目前国内外任何一种卫星信号传输技术体制,可有效防止其他信号攻击。ABS-S标准具有完全自主创新、适用可行、先进安全等优点。

与DVB-S2相比,ABS-S的编码与系统复杂度低、实现容易,同步性能更好,且固定码率调制(CCM)、可变码率调制(VCM)及自适应编码调制(ACM)模式可以无缝结合使用,更适应我国卫星直播系统开展和相关企业产业化发展的需要。

7.2.3 地面电视

地面无线数字电视通过在地面建设广播发射塔,利用广播电视专用频道,采用无线数字传输技术传送电视节目信号,具有建设运营成本低、安全性好、传输效率高、清晰度高等特点。地面无线数字电视的"地面"是指电视信号通过建设在地面的发射基站直接发送给用户,不再通过直播卫星传输电视信号;而"无线"是指电视信号通过微波的方式进行发射和接收,而不是通过光纤或电缆通道来传输电视信号[26]。

1. 地面无线电视原理及组成

图7.5为地面无线电视系统的结构图。地面无线数字电视传送系统主要由以下几个部分组成:数字电视前端设备、网络管理系统、数字电视传输系统和无线数字电视用户终端[26,27]。

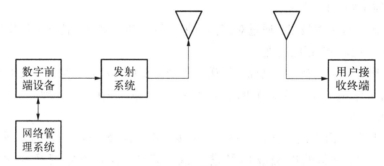

图7.5 地面无线电视系统结构图

地面无线数字电视前端设备主要有以下三部分:信号源部分,信号处理部分及信号管理部分。信号源部分:主要通过卫星、互联网、自制节目的各种信号来源,形成电视节目。信号处理部分:通过传输处理器和复用器对各种接收到的数字信号进行处理,使运营商可以提供更多样和灵活的服务。信号管理部分:对数字电视前端设备的处理过程进行控制,实现信号运行管理中的差错控制、设置应用管理、安全性管理等要求。

数字发射机的发射系统:要求能够实现频谱的高效利用以及大容量的数据传输。发射系统主要是由天馈线系统和数字发射机组成。

我国地面无线电视的频率频道范围是48.5~72.5 MHz(DS1~DS3)、76~92 MHz(DS4~DS5)、167~223 MHz(DS6~DS12)、470~566 MHz(DS13~DS24)、606~798 MHz(DS25~DS48)。每频道带宽为8 MHz,相互间隔为8 MHz,共计48个频道[29]。

网络管理系统:需要满足网络运行的基本要求,主要包括设置管理、安全性管理、性能管理、用户管理和差错管理等。

用户接收终端：用户接收终端接收数字电视信号并进行解码，识别授权，转换成声音及清晰的视频供用户收看。终端系统包含接收天线、机顶盒等设备。

2. 地面无线数字电视的优势

成本廉价：通过在地面建设数字电视基站，不但节省了有线传输方式建设过程中的光缆和电缆的材料费用，而且也节省了架设电缆、挖掘电缆通道的人力和物力成本。

建设周期短：只需要建设合理高度的天线及基站便可以迅速建立广播通道，工程建设周期大大缩短。

适应性强：无线传输方式受到城市建设和各种自然灾害的破坏较小，同时可以克服有线传输方式的局限性，可以跨越山川、湖泊，几乎不受地面建筑的制约，相与有线或卫星传输方式具有更好的适应性。

可维护性好：相对于有线传输系统，地面无线数字电视的传输线路更加精简，故障时只需要在发射基站维修系统，而不需要像有线电视一样沿着线路检查测试。

开放性好：通过机顶盒或电缆调制解调器可以实现模拟接收和回传信号，便于开展各类条件接收的收费业务。

频谱利用率高：地面无线数字电视采用宽带无线数字传输技术和高效率的信源压缩编码技术，可以有效利用频谱，在一个电视频道内传输 8 个电视节目信号，极大提高了无线频谱的利用率[26]。

3. 地面无线数字电视标准

本节将主要讨论 ATSC、DVB-T、ISDB-T 和 DTMB 标准[28,30,31]。

美国的 ATSC 数字电视标准于 1995 年 12 月正式公布。该系统调制方案采用具有导频信号的单载波调制，即 8 电平残留边带调制（TCM 8-VSB），抗噪声能力强，对脉冲干扰和相位噪声有较好抑制能力，同时峰均比较小。ATSC 系统能够在 6 MHz 信道内能够传输高质量的视频、音频和辅助数据。但该系统未考虑移动接收问题，不支持便携和移动接收，同时接收均衡器复杂度较高。

欧洲采用的是 DVB-T 系列标准，该标准是欧洲广播联盟在 1997 年发布的数字地面电视视频广播传输，并于 1998 年在英国实行广播。DVB-T 采用正交频分复用，有 2 K 和 8 K 两种载波模式。系统内插入多个连续导频和离散导频信号实现同步和信道估计；采用保护间隔解决多径干扰和单频组网问题。但导频信号和保护间隔占据了较多的有效带宽（14%～30%），降低了系统的传输容量。该系统可用于固定、便携和移动接收。

2007 年，欧洲 DVB 组织推出改良版的 DVB-T2 地面数字电视广播标准，有效提高了频谱利用率。DVB-T2 先从没有采用 DVB-T 地面数字电视广播的第三世界开始进行推广，已逐步完成产业化，价格大幅度下降，随后欧洲很多国家也开始采用，逐步替换 DVB-T。DVB-T2 的优势包括较高的系统净荷码率（最大净荷码率高达 51 Mbps，比目前有线及卫星数字电视能提供的单通道净荷码率还高），采用分集接收改进了单频网接收效果，接收门限更低等。

日本采用的是 ISDB-T 标准。该标准有 2 K、4 K 和 8 K 三种载波模式，并采用了分段传输-正交频分复用（BST-OFDM）调制技术。该系统有较多的调整参数，在应用上可以传送多种信息,可用于固定、便携和移动接收。

中国部分地区曾在 20 世纪末采用 DVB-T 标准进行试验,在 2006 年我国出台了中国地面数字电视传输国家标准(DTMB),成为国内通用的地面无线电视标准。DTMB 标准规定了数字电视地面广播传输系统信号的帧结构、信道编码和调制方式。主要关键技术有:时域同步正交频分复用(TDS-OFDM)调制技术,利用伪随机序列填充保护间隔作为帧头,符号保护间隔填充等方法。与现有的数字电视标准相比,DTMB 是一种将时域和频域信号处理相结合的创新技术,具有快速的码字捕获和稳健的同步跟踪、频谱效率高、移动性好、广播覆盖范围大、业务广播方便等优点。DTMB 传输系统支持固定接收和移动接收,支持各种清晰度数字电视业务、数字音频广播业务、数据服务和多媒体广播业务,并且支持多频网和单频组网方式。

7.2.4 IPTV

1. IPTV 的概念

2006 年 4 月,ITU-T(国际电信联盟远程通信标准化组)成立了 IPTV(Internet Protocol Television)焦点工作组,将 IPTV 定义为:IPTV 是在 IP 网络上传送的,包含电视、视频、文本、图形和数据在内的,满足服务质量(quality of service,QoS)、体验质量(quality of experience,QoE)、安全性、交互性和可靠性等需求的多媒体业务。QoE 是指从用户的角度感觉到的系统的整体性能,QoS 是网络的一种安全机制,用来解决网络延迟和阻塞等问题。

该定义明确了 IPTV 的两个属性:一是 IPTV 是一种承载多媒体业务的电视,视频、语音、文本、图像、数据都是 IPTV 的服务内容;二是 IPTV 的承载网络必须是可管理的 IP 网络,能够提供所需要的服务质量、体验质量、安全性、交互性和可靠性。前一属性区别了 IPTV 与传统电视和数字电视提供的服务内容,后一属性则是区别了 IPTV 与数字电视的网络架构。

通俗地说,IPTV 就是以个人计算机或"机顶盒+电视机"为接收终端,以宽带互联网作为传输网络,使用互联网 IP 协议来传送多媒体内容,并为用户提供交互式多媒体服务的一种业务模式[32]。

2. IPTV 的主要特点

IPTV 是互联网技术与电视技术结合的产物,它将两者的优势集于一身,具有如下特点:

(1)继承了互联网的交互性。IPTV 的交互性,既包括观众与 IPTV 平台之间的请求与响应,也包括观众之间的互动。传统电视的观众没有选择节目的权利,也不能跳过广告。在 IPTV 中,观众可以根据节目单选择节目和播放顺序,还可以预约节目单上没有的节目。在收看节目时,观众可以通过网站来获取一些补充的节目信息,也可以和其他观众互动交流。

(2)提供更优质的试听效果。IPTV 能输出优质的图像和声音效果。模拟电视清晰度只有 350 线左右。IPTV 的图像质量可以根据网络情况和接收终端的情况进行选择,清晰度最大可以达到 1 080 线以上,相当于蓝光画质。IPTV 的声音质量也非常高,可以支持 5 个声道或者更高。

(3)可以搭载多种服务平台。IPTV 的服务平台能够承载一些传统电视平台无法承载的服务内容。这些运营在 IPTV 上的增值服务,是互联网与 IPTV 的紧密结合,或者是 IPTV 从互联网服务中直接借鉴过来的。如互动游戏、证券业务、网上银行、网上购物等服务,都是传统电视无法提供的。

(4) 节省网络带宽。一些视频压缩编码标准如 MPEG-4、H.264、WMV9 等的发展,使 IPTV 技术的视频编码效率有了很大提高从而迅速提升了现有带宽条件下的视频质量,有效地节省了网络带宽[32,33]。

IPTV 根据用途可以分为三种类型:第一种就是在线视频点播(video on demand, VOD),这是目前使用最广泛的一种 IPTV 类型。通过类似于 Netflix 这样的在线网站,用户可以从海量的视频节目中选择感兴趣的内容,在付费之后进行观看。第二种叫时移(time-shifted)IPTV,一些大型的广播电视公司,如 BBC、CCTV 等,会将已经播出的节目内容上传到网上,用户可以通过互联网,在电视机上观看这些过时的内容。事实上,有相当一部分数量的用户对该类型 IPTV 有实际需求,他们或是没有赶上节目原来的播放,或是对一些经典节目很感兴趣,想要反复观看,而在传统模式下,这些需求都很难得到满足。时移 IPTV 的出现,很好地解决了这种困扰。第三种 IPTV 是指直播 IPTV,广播电视公司通过网络进行直播,可以吸引更多的观众进行观看。上述三种模式的 IPTV 都可以通过机顶盒或电脑浏览器并在电视机上观看[33]。

3. IPTV 的系统构成

IPTV 的系统平台可以划分为四个层次,分别是运营支撑层、业务应用层、承载层、用户终端。

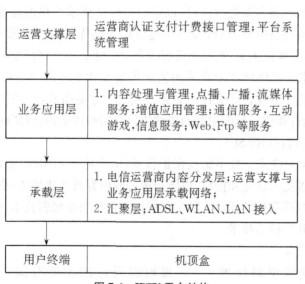

图 7.6 **IPTV 平台结构**

运营支撑层为 IPTV 平台提供运营支撑,是 IPTV 平台的运营支撑系统。通过与电信运营商的接口连接,实线认证和付费功能。运营支撑层包括用户管理、认证授权、计费支付及结算、系统分析、平台系统管理、机顶盒管理和数字版权等模块。

业务应用层为 IPTV 平台提供应用服务。业务应用层包括内容处理、内容管理、增值应用管理、点播、广播、流媒体服务、电子节目单以及通信服务、互动游戏和信息服务等增值应用。业务应用层的核心是提供视频播放服务和增值业务服务,必须支持点播、广播等播放方式,并具有内容处理、内容管理、电子节目指南服务和内容服务等基本功能。

承载层为 IPTV 平台提供网络承载。包括电信运营商的内容分发网络、运营支撑层承载网络、业务应用层承载网络、汇聚层和 xDSL/LAN/FTTx/WLAN 等宽带接入。

用户终端是机顶盒。IPTV 用户使用机顶盒,通过电信运营商的 xDSL、FTTx 等宽带接入方式接入,在电视机或个人计算机上实现 IPTV 业务。

4. IPTV 的关键技术

IPTV 不仅是视频音频在互联网上传输,其在技术上也有了很大革新。IPTV 的关键技术有视音频编解码技术、内容分发网络技术、视频服务质量技术、流媒体技术和数字版权保护技术等。

(1)音视频编解码技术。音视频编解码技术是 IPTV 实现的前提条件,目前,主要应用的是 MPEG-4 标准、H.264 标准和我国自主研发的 AVS 标准。出于兼容性的考虑,主流IPTV 硬件厂商一般都支持上述编解码标准。

(2)内容分发网络技术。内容分发网络(contect delivery network,CDN)技术是 IPTV得以实现的关键技术,通过 CDN 技术来降低服务器和带宽资源的无谓消耗,提高服务的品质。CDN 通过在现有的 Internet 中增加一层新的网络架构,将网站的内容发布到用户附近,使用户可以就近取得所需内容,提高用户访问网络的响应速度。

(3)服务质量技术。服务质量(quality of service,QoS)技术是在针对可用性、时延、时延变化、吞吐量、丢包率等方面进行改进,以适应对时间要求严格的流媒体传输。比如:为视频等关键服务预留适当的带宽资源;为关键应用提供优先的传输服务,并将路径固定下来,减少时间抖动和数据包丢失;在终端设置缓存对时延和抖动进行控制等。

(4)流媒体技术。流媒体技术是采用流式传输方式在互联网上传播多媒体内容的技术。用户不是需要把全部视音频文件下载到终端之后才能播放,而是只需延迟几秒或几十秒,即可在终端上运行播放。目前主要的传输协议有实时传输协议(RTP)、实时传输控制协议(RTCP)和实时流协议(RTSP)。

(5)数字版权保护技术。数字版权保护技术(digital right management,DRM)为用户使用视音频内容资源提供认证和授权,以防止视音频内容被非法使用,更大程度上保护了内容提供商和网络电视运营商的利益。数字版权技术包括数据加密技术、版权保护技术、数字水印和签名技术等几项核心技术。

5. IPTV 常用标准

(1)IPTV 音视频编码标准[32,33]。视频编码标准主要有国际运动图像专家组(MPEG)提出的技术标准系列,ITU-T 视频编码专家组(VCEG)提出的 H 系列技术标准、我国自行研发的 AVS 系列技术标准等。目前比较流行的视频编码标准分别为 MPEG-4 标准、H.264 标准以及 AVS 标准。

所涉及的音频编码标准主要有:线性脉冲编码调制标准(LPCM,主要应用于普通 CD及 DVD);MP3 标准(采用失真压缩,频率范围为 20 Hz～44 kHz);WMA(Windows Media

Audio)标准(也采用失真编码,但容量比 MP3 标准更小,适合低速率传输);AC‑3 标准(数字音频编码技术,提供了五个声道和一个超低声道的环绕声系统);高级音频编码(AAC)标准(属于 MPEG‑2 标准,压缩比高但保真度极好,解码技术简单,效率较高)。

(2) IPTV 框架与传输协议标准。IPTV 框架类标准旨在将各种编码标准、通信协议、安全和控制技术等有机地集成在一体,为产业界、运营商提供一个完整的端到端的解决方案。

主要的框架标准主要有 Apple 公司的 QuickTime 平台;RealNetworks 公司的 RealMedia 平台;Microsoft 公司的 Windows Media 平台。

上述几种平台各有千秋:在完备性方面,RealMedia 的完整度较好,QuickTime 平台最差;兼容性方面,RealMedia 是唯一的跨操作系统平台;从价格上看,Windows Media 免费,QuickTim 性价比较高,RealMedia 的费用虽然较高,但有巨大的用户群。

传统的 TCP 协议是一个面向连接的传输协议,它的重传机制和拥塞控制机制都不适用于实时多媒体传输。为此,互联网工程任务组(IETF)制定了一系列针对实时业务的网络通信协议,其中适合 IPTV 的传输协议标准有 RTP 协议、RTCP 协议、RTSP 协议和 RSVP 协议等。

7.3　地面数字电视系统与双向模式

全球的广播运营商均认为未来的广播业务将向着超高清,实时互动,立体 3D 影音等方向发展。其中,超高清和立体 3D 等技术与广播内容制作有关,而实时交互则与广播的传播方式有关。

为了在广播网络中实现实时交互服务,需要对现有的广播网络进行重新规划。为了实现广播网络中的交互服务,各大标准制定组织,如欧洲 DVB 和美国的 ATSC 3.0 标准化组织都在标准制定过程中考虑交互性服务的实现方案。

同时,关于融合网络的研究得到发展,如混合 LTE‑广播网络,混合 Wifi‑广播网络等,通过融合网络为广播系统提供用户信息回传的途径成为实现交互性的一种可能。但是由于融合网络涉及运营商之间的合作,融合网络的进程需要较长的规划过程,因此,有研究人员提出由广播运营商建立单独的广播回传通道,即专用的广播上行网络来实现广播系统中的交互性服务。

本节主要介绍欧洲 DVB 的回传信道标准,即 DVB‑RCT。

7.3.1　DVB‑RCT 的系统结构

1. 协议栈模型

作为一个带有回传信道、支持广播到户非对称式服务的简易通信模型,DVB‑RCT 包含以下几层。

物理层:定义所有的物理(电)传输参数。

传输层:定义所有的相关数据结构和通信协议,例如数据容器等。

应用层:指交互式应用软件和运行环境(例如家庭购物应用,脚本解析器等)。

DVB-RCT 协议栈模型包括网络无关协议和网络相关协议,本书仅介绍地面数字电视网络相关协议部分,包括信道访问机制、包结构,信号的同步、调制、信道编码、频段、滤波等方面。网络无关协议不在本书应介绍的范围之内。

2. 系统模型

DVB-RCT 的系统模型如图 7.7 所示。在这一系统模型中,服务供应商和用户之间建立了以下两种信道。

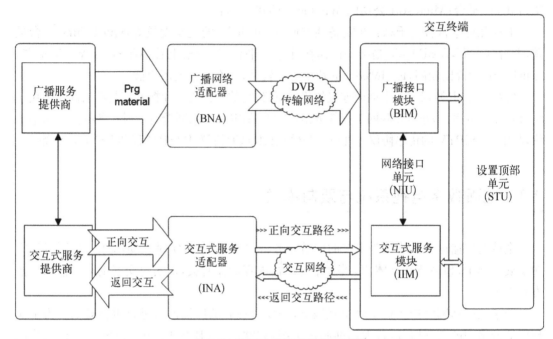

图 7.7 交互系统的通用参考模型

广播信道(BC):单向宽带广播信道传输视频、音频和数据信息,它由服务供应商指向用户。

交互信道(IC):出于交互的目的,在服务供应商和用户之间建立的双向交互信道。它包括:① 回传交互路径:由用户指向服务供应商,用于向服务供应商发出请求、解答疑难或上传数据;② 正向交互路径:由供应商指向用户,为交互式服务提供所需信息及通信。

在地面数字电视上行交互系统的背景下,正向交互路径被合并于广播信道中,因此,地面交互式网络使用两种单向传输物理层,分别实现上行和下行通信。

下行通信携带广播内容及正向交互路径数据,遵循 DVB-T 标准(EN 300 744[34]);上行通信携带回传交互路径信息,遵循 DVB-RCT 标准。

DVB-RCT 系统的实现还依赖于交互终端,交互终端也被称为回传信道地面终端(RCTT),它为广播信道和交互信道提供接口。RCTT 由网络接口单元(NIU)和机顶单元(STU)组成,网络接口单元又包含广播接口模块(BIM)和交互接口模块(IIM)。

7.3.2 DVB-RCT 地面网络交互信道

DVB-RCT 系统可以利用已有 DVB-T 业务的基础设施,为地面数字电视提供交互式服务。DVB-RCT 系统通过带内下行信号向用户传输用户所需信息及服务。正向交互信息以 MPEG-2 TS 包的形式进行传输，每个 MPEG-2 TS 包拥有特定的 PID，包内携带有待传输的正向交互信息及媒体访问控制管理数据。MPEG-2TS 包在广播信道内传输。

回传交互路径主要传输映射到物理突发（physical burst）的 ATM 信元，ATM 信元包含应用数据信息及媒体访问控制（MAC）管理信息，其中 MAC 信息控制 RCTT 对共享媒体的访问。

1. 系统概念

交互式系统包含正向交互信道及回传交互信道，其中正向交互信道基于 MPEG-2 传输流传输下行信息，传输流经 DVB-T 地面广播网络传至用户；回传交互信道在 VHF/UHF 频段内传输上行信息。图 7.8 所示为一典型 DVB-RCT 系统。

图 7.8　DVB-RCT 系统图解

从基站（INA）到 RCTT（NIU）的下行传输向所有 RCTT 提供同步功能和所需信息，帮助 RCTT 同步访问网络，并将上行同步信息发送给基站。在接收广播信道的信号时，多个 RCTT 可以使用同一根天线。利用频分（FD）技术和时分（TD）技术同时在频域与时域内对 VHF/UHF 射频回传信道进行划分，可实现多用户接入。

由基站到所有广播接收机的时间同步信号可以包含于 MPEG2 传输流（MPEG2-TS）或者全球 DVB-T 定时信号内，经广播信道传送给所有用户。更精确地讲，DVB-RCT 频率同步依赖于广播 DVB-T 信号，而时间同步则由 MAC 管理包实现。

DVB-RCT 系统遵循以下原则。

（1）每个授权的 RCTT 向基站（INA）传输一个或多个低比特率调制载波。

（2）载波是频率锁定的，调制时钟由基站进行同步。

（3）在 INA 处，上行信号经 FFT 过程解调，这一过程类似于 DVB-T 接收机的解调过程。

2. 物理层设计

如图 7.9 所示，RCTT 的接收部分严格遵守 DVB-T 系统规范（EN 300 744[34]）。解调后的 MPEG 传输流除了被送至机顶盒，还被送至 MAC 管理模块和同步模块。

DVB-RCT 模块（NIU）同步功能的实现，需要对信号进行时间和频率上的同步。MAC 控制信息可以实现信号的时间同步，而 DVB-T 解调器可以恢复出系统时钟，从而实现信号的频率同步。

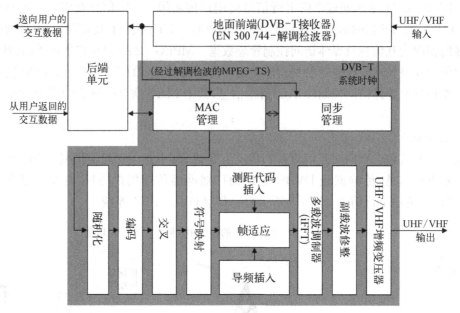

图 7.9　DVB‐RCT 的概念框图

接收到的 MPEG 传输流内包含 MAC 控制信息，MPEG 传输流被解调后，MAC 控制信息被送至 MAC 管理模块处理。MAC 管理模块根据收到的 MAC 控制信息，向 DVB‐RCT 调制器分配传输资源，控制 DVB‐RCT 调制器对射频回传信道的访问。之后，NIU 调制器对用户交互信息进行调制，经回传交互路径传输给基站。

图 7.10 为基站系统框图。基站收到 RCTT 发送的 UHF/VHF 信号并经过 FFT 过程进行解调，解调后的信号被送入 MAC 层管理模块。

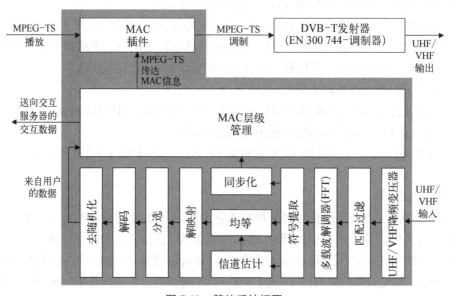

图 7.10　基站系统框图

MAC 层管理模块对用户上行信息的处理包括：

应用信息经路由返回交互式服务器（可通过任何通信网络）。

MAC 管理信息经过处理产生正向交互信息，正向交互信息由 MAC 插入器植入 MPEG - TS 广播主信道进行传输。

3. 正向交互路径（下行带内通信（IB））

如前所述，带内正向交互路径使用服从于 DVB - T 标准的 MPEG - 2 TS 流广播；频率范围、信道间隔及其他的物理层参数都服从于 DVB - T 标准（EN 300 744[34]）。正向交互路径内传输从基站到用户的下行数据流，用来为所有 RCTT 传输同步信息和数据，使终端用户能同步接入网络，并向基站传输同步的上行信息。

4. 回传交互路径（上行通信）

回传交互路径内传输从用户到基站的信息，用于向服务供应商发出请求、应答或上传数据。基站解调器的正常工作，需要各个 RCTT 调制的载波实现频域与时域的同步。由 RCTT 产生的载波频率容差取决于所使用的传输模式（即内载波间距）。

7.3.3　DVB 上行物理层规范

DVB - RCT 标准使用专用射频信道，允许不同 RCTT 同时访问。这一标准为 DVB 地面分配系统提供了一个共享无线回传信道。

DVB - RCT 信道的组织方法受到 DVB - T 标准的启发：整个射频回传信道同时在时域和频域进行划分，因此，DVB - RCT 射频信道提供了一个时-频域的网格，每个格点可由任何 RCTT 使用。这种信道划分方法为 RCTT 共享射频信道提供了强大的手段，便于处理对带宽的峰值接入要求。

DVB - RCT 射频信道在物理层最底层的实现方式如图 7.11 所示。

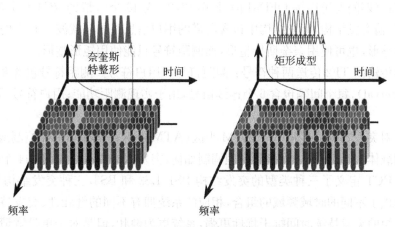

图 7.11　DVB - RCT 射频信道实现图解

为避免载波和符号间的干扰，DVB - RCT 标准提供了两种类型的子载波整形。

奈奎斯特整形：对每个载波实行实时奈奎斯特滤波，这种整形方式下子载波频谱彼此分开，频率漂移对用户间干扰较小，适用于蜂房尺寸较大的网络。

矩形整形：利用子载波的正交排列和调制符号之间的保护间隔，减轻载波间串扰、符号间串扰及多径效应的影响，对频谱漂移较为敏感，适用于蜂房尺寸较小的网络。

两种波形整形均是严格排他的，即奈奎斯特整形和矩形整形在给定的射频回传信道内不得混合使用。

DVB-RCT 标准提供了六种传输模式，即六种最大载波数目和载波间距的组合。传输模式不可混用，一个 RCT 射频信道只能使用一种模式。

考虑到 RCTT 间可能出现的同步失调，因此载波间距会影响系统的健壮性。不同的载波间距下，最大传输小区尺寸不同，运动状态下 RCTT 对多普勒频移的抵抗能力也不同。

DVB-RCT 射频信道的载波数为 1 024(1 K)或 2 048(2 K)，这些载波由已激活的 RCTT 同步调制。DVB-RCT 最终带宽是载波数目及载波间距的函数，每一组载波数据与间距的组合，都是覆盖范围与传输能力的折中。需要注意的是，符号持续总时间与载波整形函数有关，对于奈奎斯特整形，信号持续总时间是载波间距倒数的 1.25 倍；对于矩形整形，有效信号持续时间应延长一个保护间隔的时间，一般保护间隔选择有效信号持续时间的 1/4、1/8、1/16 或 1/32。

传输帧是在 DVB-RCT 射频信道中传输的重复性结构，传输帧由一系列时频间隙组成，间隙内包含空符号、测距符号及导频符号，为 RCT 系统同步、测定、数据传输提供资源。

前面已经提到过，依据传输模式的不同，OFDM 信号可以包含 2 048(2 K)或 1 024(1 K)个载波，事实上其中只有部分载波用于传输信息，2 K 模式下有 1 712 个载波用于数据传输，1 K 模式下则是 842 个载波。未使用的载波分布于频带的两侧作为保护间隔，防止信道间串扰。以上为传输帧在频域的组织方式。

DVB-RCT 系统提供了两种类型的传输帧 TF1 和 TF2，它们在时域上的组织方式有所不同。

第一类传输帧 TF1 传送三种符号：空符号，期间不进行传输，允许基站检测干扰；测距符号，符号持续期间发送连续 OFDM 信号(6，12，24 或 48 个)，帮助 RCTT 实现测距功能；用户符号，传输突发结构，突发结构中包含所需的用户信息及导频载波。TF1 的用户符号既可使用矩形整形，也可使用奈奎斯特整形，而测距符号只能使用矩形整形。

第二类传输帧 TF2 传送两种符号：测距符号和用户符号。测距符号包含 8 个测距间隔(ranging interval)，每个间隔包含 6 个连续信号，用于实现测距功能；用户符号用于传输突发结构。

RCTT 对突发数据的传输基于 ATM 小区(ATM 小区是携带 MAC 控制或 MAC 数据信息的常用载体)。无论保护码率和物理调制如何，突发数据具有恒定的 144 个调制符号。

DVB-RCT 定义了三种类型的突发结构 BS1、BS2 和 BS3，三种突发结构对 RCTT 的传输方案提供了不同的时域频域的组合，相应的系统拥有不同的健壮性、突发持续时间及传输能力。较短的突发持续时间抗干扰性更强，系统更为健壮，但是对于单带宽请求的单个用户而言，需要并行分配一个以上的载波。BS1 在连续符号上传输数据，仅仅使用一个载波；BS2 将数据分配到 4 个载波；BS3 将数据分配到 29 个载波。

在基站 MAC 进程的管理下，突发结构被映射到传输帧内。文档定义了三种脉冲结构映射到传输帧的方法，这种映射方法称为媒体访问方案。

第一类传输帧适用于媒体访问方案 1 和 2(MAS1 和 MAS2)，两种媒体访问方案分别描述了脉冲结构 1(BS1)和脉冲结构 2(BS2)的映射方法。

第二种类型的传输帧仅在媒体访问方案(MAS3)下使用，它提供了适用于脉冲结构 2(BS2)和脉冲结构 3(BS3)的映射方法。

7.3.4　RCT 系统参数和部署方案

DVB - RCT 是在 VHF/UHF 频带内传输的无线地面回传信道系统，系统采用多址接入正交频分复用的接入方式，节省频谱，灵活有效。为了保证 DVB - RCT 系统在拥挤的 VHF/UHF 频段内正常通信，避免与基本的模拟、数字广播服务发生冲突，DVB - RCT 小组对系统部署情况进行过深入的分析。下面介绍 RCT 系统的系统参数和部署方案。

1. RCT 系统参数

在文件 BT.1667 Annex 1 中记录了 DVB - RCT 系统的主要参数如下。

（1）频率。VHF 频率：170 MHz～230 MHz；UHF 频率：470 MHz～860 MHz。

（2）传输功率：20 dBm(典型功率)～30 dBm(最大功率)。

（3）天线增益：13 dBi(定向天线)；3 dBi(全向天线)。

（4）基站接收机灵敏度：乡村固定设备，1 kHz 间距，4QAM ½：−135 dBm；城镇/便携设备，4 kHz 间距，64QAM ¾：−109 dBm。

（5）基站工作载噪比 C/N：乡镇固定设备，kHz 间距，4QAM ½：5 dB；城镇/便携设备，4 kHz 间距，64QAM ¾：22 dB。

传输功率谱模板如图 7.12 所示。

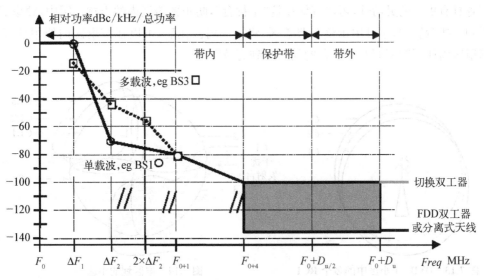

图 7.12　DVB - RCT 频谱模板

图 7.12 中 F_0 表示中心频率，$\Delta F_1 = 0.375/Ts$，$\Delta F_2 = 1.25/Ts$。D_u 表示双工间距，它的大小取决于非干扰标准及滤波技术。

当频率间隔加大时,功率可以相应降低,如表 7.1 所示。

表 7.1 功率谱密度减少量与频率间隔关系表

Δf	16 MHz	24 MHz	32 MHz	40 MHz	48 MHz	56 MHz
Attenuation	17 dB	27 dB	37 dB	47 dB	57 dB	67 dB

RCT 相干谱密度与频率间隔的关系如表 7.2 所示。

表 7.2 RCT 相对干扰谱密度

Δf	<4 MHz	8 MHz	16 MHz	24 MHz	32 MHz	40 MHz	48 MHz	56 MHz
Switched Duplexer	0	−100	−117	−127	−137	−147	−157	−167
FDD Duplexer	0	−137	−154	−164	−174	−184	−194	−204

RCT 频谱模板有效地避免了 RCT 传输与 DVB-T、模拟电视接收的冲突,双方可以在相邻信道下进行而不会给相邻信道造成干扰。商业双工器的双工间距大约在 25～30 dB,因此将 DVB-RCT 机顶盒的双工间距选取为 24 MHz 具有较强的可实现性。

2. 部署方案

(1) 小区配置。本标准描述了两种小区配置,如图 7.13 所示。利用不同的 DVB-RCT 频率,在同一个区域实现多个 DVB-RCT 上行信道。图 7.14 为扇区化后的小区,这样的小区配置具有更好的灵活性,可以有效抵抗"干扰台",防止覆盖区内的干扰。图中,频率 C1 由于受到干扰台影响,不可用于整个覆盖区,将小区扇区化后,可以在该扇区内使用频率 C3,相邻扇区内使用频率 C2,干扰台的问题得到有效解决。

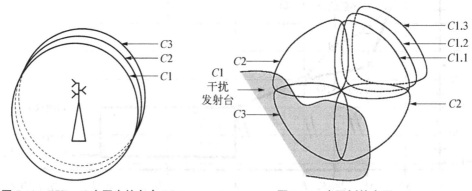

图 7.13 DVB-T 小区中的多个 RCT   图 7.14 扇区划的小区

(2) 蜂窝部署。除了上述方案外,另一个选择是在通信密集区用蜂窝部署进行覆盖,如图 7.15 所示。这一部署下,每个小区包含上行 RCT 通信及下行 MFN DVB-T。蜂窝部署不像广播 DVB-T 要求发送机需要具有较高功率,蜂窝部署下发送机的功率可以稍低一些。

（3）天线布置。RCT 标准设计了室内和室外两种天线布置方案,RCT 天线可以通过射频开关或双工器共享下行 DVB－T 天线（DVB－T 天线布置也有室内室外两种方案）。图 7.16 给出了几种可能方案,图中 BIM 代表广播接口模块（DVB－T）,IIM 代表交互接口模块（RCT）。由于使用射频开关的方案并不支持电视接收和 DVB－RCT 传输的同时进行,因此可以预计大多数的方案不会采用射频开关这种方式。

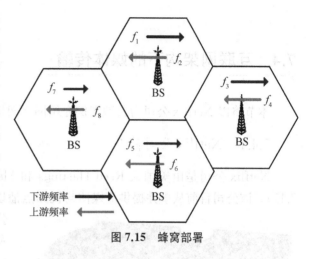

图 7.15　蜂窝部署

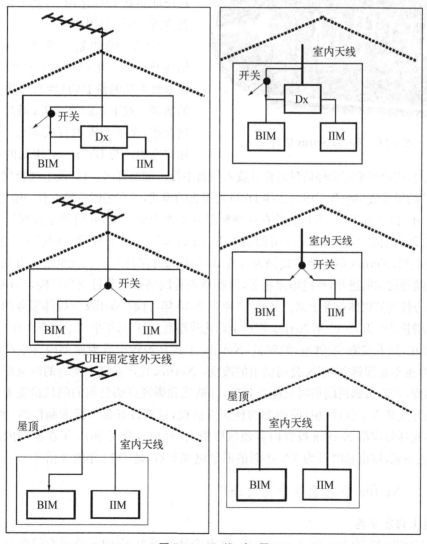

图 7.16　天 线 布 置

7.4 互联网架构下的媒体传输

本节将以 Netflix 公司为典型案例介绍网络架构对媒体信息的支持。

7.4.1 Netflix 公司简介

Netflix 公司是由美国人 Reed Hastings 和 Marc Randolph 在 1997 年创立的公司(图7.17)。该公司目前从事并提供流媒体与视频点播以及 DVD 邮寄业务。在 2013 年 Netflix 公司将业务拓展到电影和电视剧制作以及在线分销。截至 2017 年 7 月,Netflix 在全球共有 1.03 亿用户,其中在美国本土有将近 5 200 万用户[40][42]。

图 7.17 著名的 Netflix 信封

Netflix 的初始商业业务包含 DVD 销售及租借。用户只需通过网站注册信用卡就可从海量 DVD 库存中挑选想要租的影碟。在下单后,Netflix 通过和联邦速递合作,保证一天内将大部分 DVD 送达用户家中。与 DVD 一起寄到的还有已付邮资的信封,用户在看完影碟后只需将其放入信封中投进邮筒即可。以"线上选择付费+线下实体租赁"的模式成功颠覆了传统实体 DVD 出租店的模式,并在美国业界占有一席之地[41]。

2007 年,以 YouTube 为代表的在线视频服务业务走向大众,并引领了互联网和个人手机端快速发展的浪潮。Netflix 公司创始人 Reed Hastings 决心转型,涉足网络视频市场。在转入线上后,Netflix 的付费模式仍为包月制,会员每月花费 7.99 美元就能观看网站上的所有资源。随着技术的进步,通过串流服务,流畅地观看网络视频节目成为可能,Netflix 也逐渐将经营重心转到流媒体业务上来。从 2007 年到 2010 年,订购 Netflix 流媒体服务的美国用户平均每年增长 240 万;2010 年 Netflix 推行全球化战略后,用户每年平均增加 700 万人。

2013 年,随着美剧《纸牌屋》的问世,Netflix 正式宣告转型成为原创内容生产商。回过头看,业界也不难理解 Netflix 公司做出的改变:Netflix 在产业链中所处的地位都是下游的渠道分销商,在购买影视剧集时只能花高价,并缺乏和影视巨头公司们的议价资本。Netflix 以投资的方式获得了《纸牌屋》前两季的独家首播权,这部以好莱坞标准制作的《纸牌屋》带来的诸多光环效应给 Netflix 投资内容领域以极大的信心,公司 2015 年在原创内容领域投入了 10 亿美元,推出总时长为 320 小时的原创电视节目,是 2014 年的 3 倍多[41]。

7.4.2 Netflix 公司业务分类及分析

1. 线上内容分类

(1) Netflix 原创(Netflix originals)。这类产品是指由 Netflix 公司专门参与制作或投

资的影视剧，以美剧《纸牌屋》为代表，是目前公司的主要产品，2016 年公司共发布 126 部原创影视剧，远远超过了其他有线电视台的制作量。可以说，"Netflix 原创"已经成为其线上影视剧库的招牌产品[40]。

Netflix 原创作品的生产及制作，都是在对用户兴趣爱好的大数据分析后得到预估后进行决策的，并且在对用户消费习惯进行研究后，Netflix 公司提出了新的"连续看剧（binge-watch）"观影机制。

（2）买入影视剧集。Netflix 公司也会从其他传媒公司购买电影、连续剧及电视节目，Netflix 一般会得到作品的线上独家转播权，以此吸引用户，并获得利润。但值得注意的是，随着市场资源的争夺愈发激烈，购买这些作品往往会遇到较大的竞争，使得成本过高。

2. Netflix 原创的成功之处

Netflix 公司原创作品的成功之处主要包括以下几部分[41]。

（1）基于大数据的内容生产和精准营销。总结 Netflix 的大数据利用流程，可以表述为三步法：收集正确的数据；确定合适的客户；开发更好的产品。

根据 Netflix 搜集的数据，订户每天会产生 3 000 多万个行为，如暂停、回放、快进等。

Netflix 拥有全球最好的个性化推荐系统和大量用户的收视习惯数据，也被业界誉为最会使用数据价值的网络视频租赁公司。为了提高产品价值、改进用户体验，Netflix 借鉴亚马逊（Amazon）的经验，采用了算法保密的 Cinematch 推荐引擎，基于用户每天留下的大量搜索、评分等行为数据，预测用户喜好，建立个性化的影片列表，四分之三的订阅者都会接受 Netflix 的观影推荐。

Netflix 团队利用数据挖掘技术，从小众电影中发现市场。以法国电影《不要告诉任何人》为例，该片在美票房仅有六百万美元，Netflix 通过分析，将其纳入播放序列，并在排行榜中排名第四。Netflix 会用自己独特的算法计算出某部影片的演员最多有可能吸引多少观众，并以此来确定引入和投资影片的策略。

（2）基于用户体验的影视剧播出机制。"binge-watch（连续看剧）"被定义为"在较短时间内连续观看一个系列节目的全部剧集"。一般而言，美剧的播出机制分为季播和周播，拍摄和播出在一定时间差内同时进行。但 Netflix 根据对用户数据分析发现，观众更喜欢一次连看几集而不是一集一集地观看。正是看到 binge-watch 逐渐成为观影趋势，Netflix 在推出《纸牌屋》时，选择一次性将 13 集同步上线，颠覆了传统的播出机制。这一做法不仅更契合观众观影心理，也有利于在社交媒体上掀起剧情讨论，为作品带来新的关注度。

（3）基于技术创新的社会力量运用。在 2006 年，Netflix 设立了百万美元奖金，用来颁给提高 Netflix 推荐算法的个人或群体。经过三年时间的全球较量，由七位电脑专家、统计学家组成的团队赢得了第一个大奖。数据量之庞大以及对技术投入之重视，使 Netflix 的推荐引擎具有行业领先性。通过算法比赛，Netflix 发动全球专家共同发掘大数据，这不仅使其本身从大数据算法中获益，还通过共享先进技术，促使整个行业效能得到提升。

（4）制播合一。Netflix 通过投资、购买等资本运作模式深度参与到影视剧的制作当中，不仅扩充了原有视频内容的库存，还进一步摆脱了对传统内容提供商的依赖，提高了在行业中的话语权与议价能力，甚至在未来还可以把这些优质的视频内容反哺给传统电视平台。

以《纸牌屋》为例,该剧主创人员认为,其成功得益于 Netflix 对内给了创作人员很大的自由,对外则给了观众 binge-watch 的权力。生产自制剧对平台运营方而言,是一个很好的解决方案,使网站拥有更多自主权,解决了外购不足的问题。从题材的选定到开发,再到本身平台的运营,很多业务形态已远超出视频网站本身,这就是制播合一这股趋势所带来的转型新契机。

7.4.3 Netflix 流媒体技术

1. 流服务

在 Netflix 推出邮寄 DVD 出租服务初期,经常有消费者抱怨收到的光盘被刮伤或无法播放,在即时流服务推出后,Netflix 的受欢迎程度有着显著的成长。大多数的 Netflix 订阅者已经不再依赖邮寄的实体光盘,而改为使用即时且稳定的流服务。

Netflix 的流媒体服务从非常简单的基础开始,经过快速的发展可以在各种硬件上播放流畅播放各种清晰度的视频。流服务刚开始完全使用来自微软的技术和编码器,包括 VC-1 视频编码器和 WMA 音频编码器。观众使用微软的银光(Silverlight)播放器观看。随着支持 Netflix 播放功能的设备快速增加,对于不同种类格式的需求也开始出现,包括 H.263、H.264 和 H.265 视频编码器,以及 Dolby Digital、Dolby Digital Plus 和 Ogg Vorbis 音频编码器,Netflix 未来将使旗下所有收录视频内容全数改以开源的 VP9 视频格式压缩以提供更高观影质量。Netflix 指出,由于各种不同的编码器和比特率的组合,单一视频在流平台上架前需要经过 120 次的编码程序。

Netflix 使用了自适性流技术,能自动依据网络速度和状况即时调整视频和音频的质量。2015 年,英国电讯的 YouView 推出了超高清(Ultra HD)信道和对应 Netflix 4K 视频流的机顶盒。消费者需要最高档次的订阅方案才能流超高清的视频。

Netflix 推荐的网络速度见表 7.3。

表 7.3　Netflix 推荐的网速

画　　质	下传速度需求	画　　质	下传速度需求
最低	0.5 Mbits/s	高清(HD-720p 和 1 080p)	5.0 Mbits/s
推荐	1.5 Mbits/s	超高清(Ultra HD-2 160p)	25 Mbits/s
标清(SD)	3.0 Mbits/s		

Netflix 流质量和清晰度见表 7.4。

表 7.4　Netflix 的流质量和清晰度

画　　质	清　晰　度	画　面　比　例
235	320×240	4:3
375	384×288	4:3
560	512×384	4:3

（续表）

画　　　质	清　晰　度	画　面　比　例
750	512×384	4∶3
1 050	640×480	4∶3
1 750	720×480	3∶2
2 350	1 280×720	16∶9
3 000	1 280×720	16∶9
4 300	1 920×1 080	16∶9
5 800	1 920×1 080	16∶9

Netflix 在其网站上可让用户选择视频的画质。同时用户还可以根据终端播放器尺寸选择不同的屏幕。

支持 Netflix 播放的设备包括：蓝光光盘播放器，平板电脑，移动手机，高清电视接收机，家庭影院系统，机顶盒及电子游戏机。

2. IT 基础架构

Netflix 在 2010 年将其 IT 基础架构集成至 Amazon EC2 平台。电影制片厂提供的数字视频主拷贝存放在 Amazon S3 服务器中，并通过云主机将视频编码成超过 50 种不同清晰度和音质的版本。Netflix 在 Amazon 服务器上共存放了超过 1 PB 的数据，数据再经由内容传递网络（包括 Akamai、Limelight 以及 Level3）传输至各地的网络服务供应商（ISP）。Netflix 在其后端（BaaS）使用了数种开源软件技术，包括 Java、MySQL、Gluster 和 Hadoop 等[43]。

第8章 局域网络：特殊环境的无线网络

随着无线通信系统在全球范围内的成功应用，以语音业务为代表的多种业务从有线向无线延伸，出现了以蜂窝网络、集群通信为代表的集中式控制通信系统和以无线局域网为代表的分布式控制通信系统。移动分组数据业务和移动多媒体业务成为未来移动通信发展的主要方向。与此同时，通信与电子技术的发展也不断推动着移动通信技术和互联网技术的融合。这一趋势的结果是采用不同接入技术的移动通信系统都将集成为统一的业务平台。

现在，只要给笔记本电脑装上一张网卡，或者携带任何带有无线通信功能的设备，不管是在机场、火车站、商业中心、会议室、酒店还是咖啡店，都可以实现无线上网，甚至可以在遥远的外地接入自己公司的内部局域网进行办公或者给团队发送电子邮件。本章将从无线局域网入手，介绍无线网络的基本工作原理和核心技术，进而拓展到车载网络与近距离可穿戴网络的新技术。

8.1 无线局域网

8.1.1 无线局域网网络拓扑

基于 IEEE 802.11 标准的无线局域网络允许在局域环境中使用非授权的 ISM 频段中的 2.4 GHz 或 5 GHz 射频波段进行通信，其拓扑结构有两种基本类型：无中心的分布式网络和有基础设施网络[1]。

1. 分布式网络

分布式网络是一种点对点的对等式移动网络，是一个连续自配置、无基础设施网络，如图 8.1 所示。在这种网络结构中，节点具有路由功能，移动节点之间相互通信并通过接入点接入其他网络[2]。分布式网络中的每个设备都可以自由地在任何方向上移动。每个节点作为路由器须转发与其自身使用无关的业务。分布式网络可以独立于外网，也可以向外连接到因特网上。另外分布式网络的节点之间可能包含一个或多个不同的收发器。这些特点导致了该高动态的自治拓扑分布式网络需要采用非集中式的 MAC 协议，例如 CSMA/CA 协议。

在分布式网络中，节点或设备是可移动的，即没有固定的基础设施，这为在诸如环境监测、灾难救援和军事通信等领域的应用提供了可能性。另外，由于信息传递的多跳方式，它

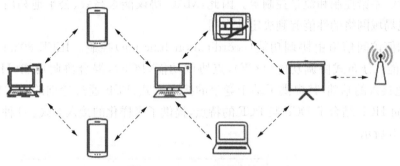

图 8.1　Ad-hoc 网络示意图

们通常比集中式网络更强健。因为数据可以通过多条路径传输，当其中一个节点损坏时，不影响其他节点间的信息传输。但是由于没有固定的基础设施，网络内设备的移动将影响网络性能，从而导致信息的传输需要多次重发而引起时延增加[3]。

2. 基础设施网络

基础设施网络又称为集中控制式网络，如图 8.2 所示。在这种结构下，基站的作用就是将移动节点和其他网络连接起来，基站充当了接入点（AP）的角色。移动节点需要通过 AP 接入网络，而移动节点之间的通信需要通过 AP 转发。无线接入点在无线工作站和有线网络之间接收、缓存和转发数据，所有的无线通信均通过 AP 完成，因此也称为有中心拓扑结构网络。无线接入点通常覆盖半径在百米以上。基础设施网络也会使用非集中式 MAC 协议，如基于竞争的 IEEE 802.11 协议可以用于基础设施的拓扑结构中，但大多数基础设施网络都使用集中式 MAC 协议，如轮询机制。由于大多数接入策略都由接入点执行，移动节点只需要执行部分功能，所以其复杂度大大降低。

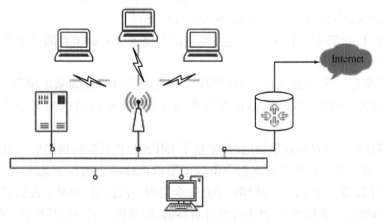

图 8.2　基础设施网络示意图

8.1.2　无线局域网 MAC 层关键技术

无线局域网通用的标准是 IEEE 定义的 802.11 系列标准，其既要对无线信道进行信道划分、分配和能量控制，又要负责向网络提供统一的服务，实现拥塞控制、优先级排队、数据帧发送、确认、差错控制和流量控制等。因此,MAC 协议能否高效、公平地利用有限的无线资源对无线局域网络的性能起到决定性作用。

节点如何访问信道由协调功能(coordination function)控制。IEEE 802.11 中规定了 3 种协调功能:分布式协调功能(DCF),点协调功能(PCF),混合协调功能(HCF)。其中 DCF 是信道接入的基础,其提供了基于竞争的接入方式;PCF 通过轮询的方式提供了无竞争的服务;而 HCF 结合了 DCF 与 PCF 的特点,提供了多样化的接入方式。3 种协调功能的关系如图 8.3 所示。

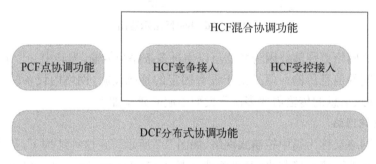

图 8.3　IEEE 802.11 中的协调功能

1. 基于竞争的接入机制

分布式协调功能(DCF)是无线局域网中一种基于竞争访问信道的机制,其使用了带冲突避免的载波监听多址接入机制(CSMA/CA)。为理解 DCF 的工作过程,需要明晰这样一些概念,具体如下。

(1) 帧间间隔(Inter-frame Spacing,IFS)。帧间间隔代表每发送一帧之前需要等待的时长。在 DCF 中用到了两种帧间间隔,分布式帧间间隔(Distributed Inter-frame Spacing,DIFS)与短帧间间隔(Short inter-frame Spacing,SIFS)。

(2) 时隙(TimeSlot)。DCF 中节点在竞争接入信道之前必须有随机退避过程,时隙是该过程的基本时间单位。

(3) 竞争窗口。节点在执行退避过程时,退避时长以时隙为基本单位。退避总时长由时隙个数决定,时隙个数的取值范围称为竞争窗口,常用的退避方案有二进制指数退避。

(4) 退避过程。节点在竞争信道时,经过了 DIFS 时长的监听信道后判定信道为空闲,则进入退避过程。节点会在当前的竞争窗口中随机选择一个数作为此次退避的总时隙个数,称为退避计数器。每经过一个时隙,节点就会监听一次信道,如果发现信道空闲,就将退避计数器减 1;如果发现信道忙,就不改变计数器值,而是进入了"挂起"状态。在退避计数器到 0 时,发送数据。

在传输数据之前,DCF 需要检测信道是否可用。有两种检测方式:物理载波侦听与虚拟载波侦听。只要侦听到信道为忙,就认为此时信道不可用。节点执行物理载波侦听时,会查看当前信道是否有其他的发射机在占用信道。进行物理载波侦听不仅有机会接收到发送给自己的帧,还可以在消息帧传输之前判断信道的忙闲状态,这个过程称为空闲信道评估。

而虚拟载波监听则是利用网络分配矢量(NAV)完成监听过程。NAV 本质上是一个计时器,用于指示当前信道繁忙的时间。每个节点都有自己的 NAV。在计时结束之前,节点认为当前信道忙,不会发送数据,从而不会干扰正在进行的传输,也不会更改自己的退避计数器值。

以图 8.4 为例介绍节点如何利用 CSMA/CA 机制进行数据传输,假设节点 1 和 2 都有数据发送：① 在传输数据之前,需要各自等待 DIFS 时长；② DIFS 时长后,节点会从各自的竞争窗口中选择一个随机数作为退避计数器的值。设初始化时每个节点的竞争窗口长度为 CW＝32,可以随机选择的退避计数器取值范围为[0，31]；③ 每经过一个空闲时隙,节点会将自己的退避计数器减 1,直到计数器等于 0 时开始发送数据。图 8.4 中节点 1 的计数器先到达 0,因此节点 1 先发送数据；④ 节点 1 发送成功后会等待 SIFS 时长,如果发送成功,将会收到 AP 反馈的 ACK 帧,这意味着此次传输结束；⑤ 节点 2 可以从节点 1 发送的数据包中得到该包将会占用信道的时间用于设置其 NAV,因此节点 2 将会挂起退避计数器,直到节点 1 发送完毕；⑥ 节点 1 还有包需要发送,因此在等待 DIFS 时长后重新选取退避计数器的值；⑦ 节点 2 在节点 1 发送完毕后继续等待 DIFS 时长,检测到信道空闲,继续逐步减小自己的退避计数器,到 0 后发送自己的数据,依次循环。

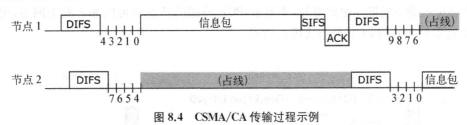

图 8.4　CSMA/CA 传输过程示例

如果两个节点的退避计数器同时变为 0,这意味着将发生碰撞,传输极有可能失败。传输失败后依然会使用上述步骤进行传输,不同之处在于退避窗口的选取。在每次重新进行 DCF 时,所使用的窗口长度需要设为上次窗口长度的 2 倍,直到竞争窗口达到最大值。由于每次发生碰撞都会将竞争窗口增大一倍,因此这种退避方法也叫二进制指数退避过程。除此之外还有很多别的退避方法,其最终目的都是为了保证各个节点享有对传输介质的公平占用机会。

2. 基于轮询的接入机制

在 DCF 基础上的点协调功能(PCF)可以提供无竞争、近乎实时的服务,其基本原理是在网络中存在一个充当协调者的特殊节点,负责规划整个网络的传输。利用点协调器(Point Coordinator，PC)对节点进行轮询,集中控制对介质的访问。PCF 只可用于有基础设施的无线局域网之中,并且点协调器的功能由 AP 来担任。

PCF 以超帧为周期来进行数据帧的传输,每个超帧包括一个无竞争周期(CFP)和竞争周期(CP)。在 CFP 周期使用 PCF 功能进行实时业务的传输；在 CP 周期使用 DCF 功能进行非实时业务的传输。

如图 8.5 所示,每个 CFP 的开始时刻,PC 侦听介质,在检测到信道空闲的时长大于等于

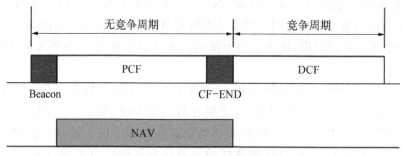

图 8.5　PCF 中的无竞争周期与竞争周期

PIFS 后,就会发送一个信标帧,其中包含了有关 CF 的参数。发出初始化的信标帧后,PC 还会等待一个 SIFS 时长,然后根据情况发送数据帧或者进行轮询。如图 8.6 所示,PC 的轮询列表里有 4 个节点{D1,D2,D3,D4}。在无竞争接入周期发送 Beacon 之后,PC 会依次轮询各个节点是否有数据要发送。如果有,该节点在等待 SIFS 之后会占用信道进行发送;如果节点无数据要发送,则不会响应 PC 的轮询请求。在经过 PIFS(PIFS 时长大于 DIFS 时长)后 PC 依旧未收到响应,则认为该节点无需数据发送,就略过此节点对轮询列表里的下一节点进行询问。在轮询结束后发送 CF - END 帧,表示无竞争周期结束。此时网络中的所有节点会进入竞争周期。由此可知,不具有 PCF 功能的节点也可以加入此类网络,可以在 PCF 的竞争周期使用 DCF 分布式接入功能。

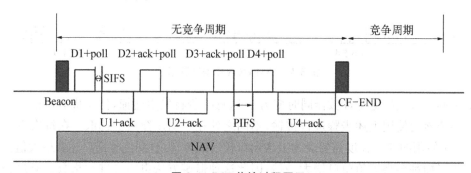

图 8.6　PCF 传输过程图示

3. 混合接入机制

结合上述两种接入机制的优点,混合协调功能(HCF)通过增强分布式协调访问(enhanced distributed coordination access,EDCA)扩展了 DCF 的功能,并通过混合控制信道访问(HCF controlled channel access,HCCA)扩展了 PCF 的功能,且无需 PCF 过于严格的时机控制,提升了访问速率并减少了高优先级通信的延时(图 8.7)。

EDCA 通过引入不同类型业务流以不同优先级竞争信道的方法扩展了传统的 DCF 机制,而这种优先级关系通过各自的接入类别(access category,AC)体现。EDCA 可以利用 AC 区分业务优先级,每个 AC 队列都使用自己的 AIFS 和退避参数独立地接入信道。传统的 IEEE802.11 中,节点必须经过和其他节点的竞争,可能发生外部冲突,而在节点想要传输数据时,竞争可分为以下两个步骤:首先本节点内的 AC 队列竞争,竞争成功的 AC 才可参

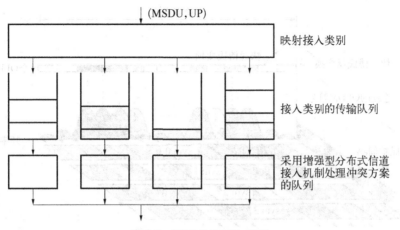

图 8.7　HCF 的 EDCA 机制

与和其他节点竞争信道。IEEE 802.11e 是利用不同 AC 参数在 MAC 层达到 QoS,信道竞争须经过内部竞争和外部竞争两个过程。

　　HCCA 中引入的混合协调点(HC)扩展了 PCF 功能,提供了更好的集中控制访问方式。当节点有数据要发送时,需要和 HC 进行 QoS 需求协商,一旦 HC 允许发送,就会通过轮询机制分配发送机会(TXOP)来为节点提供保证服务。在 CFP 周期,只能使用 HCCA 机制。所有节点由于设置了 NAV,都无法竞争信道,由 HC 控制信道。此时,HC 能够传输数据给节点,并通过 QoS CF-Poll 帧轮询需要传输数据的节点。而在 CP 周期,可以使用 EDCA机制和 HCCA 机制,这一点与 PCF 不尽相同(PCF 在 CP 周期不能使用)。CP 段中使用HCCA 机制的期间完成控制接入(controlled access phase,CAP),HC 若想要控制信道,可以在空闲时间超过 PIFS 后发起 CAP,用节点发送 TSPEC 参数来计算 Polled TXOP,并分配给节点,同时 HC 会依此设定 NAV 以进行无竞争的传输,假如信道空闲超过 PIFS 而未被 HC 控制,则代表 CAP 的结束,此时可以重新开始竞争信道。

8.1.3　无线局域网物理层关键技术

　　正交频分复用技术(OFDM)是实现复杂度低、应用广的一种多载波传输方案。因具有更高的频谱利用率和良好的抗多径干扰的能力并且增加了系统容量,广泛用于数字电视音频广播、DSL 因特网接入、无线局域网、电力线网络和 4G 移动通信[4]。

　　正交频分复用技术主要思想为:将信道分成若干正交子信道,每个子信道上使用传统调制方式,同时将高速数据信号转换成并行的低速子数据流,承载数据的子载波彼此正交,即子载波携带信号的旁瓣 0 点处于当前子载波携带信号主瓣峰值处,使得在每个子载波的抽样点上,其他子载波信号抽样值均为 0,并且载频间距为奈奎斯特带宽,从而保证了最大频带利用率。另外,如图 8.8 所示,在频域子载波上执行傅氏反变换以在时域产生 OFDM 符号。在时域中,在每个符号之间插入保护间隔,以防止在无线信道中多径延迟传播所造成的符号间干扰。多个符号可以连接起来以创建最终的 OFDM 信号。在接收机处,对 OFDM符号执行傅氏变换以恢复原始数据比特。

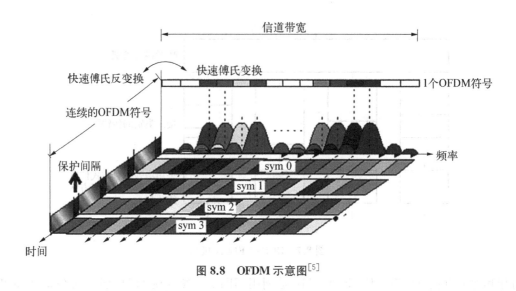

图 8.8　OFDM 示意图[5]

另外,OFDM 采用跳频的方式,即便频谱混叠也可以保持正交波形,故 OFDM 既有调制技术也有复用技术。正交信号可以通过在接收端采用相关技术来分开,减少子信道之间的相互干扰。OFDM 增强了抗频率选择性衰落和抗窄带干扰的能力,每个子信道上的信号带宽小于信道的相关带宽,使调制符号的时间间隔大于信道的时延扩展,从而能够在较大的失真和突发性脉冲干扰环境下对传输的数字信号提供有效的保护。由于扩展了信号持续时间,减小了系统对时延扩展的敏感度,因此每个子信道上可以看成平坦性衰落,从而可以消除码间串扰并能很好地降低时延扩展的影响。同时,由于子信道的带宽是信道带宽的一小部分,信道均衡变得相对容易。

8.1.4　无线局域网安全机制

随着无线局域网的迅猛发展,其安全问题也日益受到人们的关注。无线局域网在安全方面有着天生的缺陷:信号在自由空间中传输,只要在合适的通信范围内,使用一台合适的无线接入设备,就可以轻易地与网络产生交互,因此未经授权的设备可以轻松地截获空中的数据,并且恶意的设备也能够伪装成合法设备来窃取网络信息。

现有的网络安全机制可以很好地解决上述问题。安全协议通过认证过程来过滤非法用户,通过加密来保护数据安全(见图 8.9)。强健安全网络(robust security network,RSN)是由 IEEE 802.11‑2007 所规定的一种新型网络。在 RSN 中,只有符合 RSN 要求的节点才能连入接入点,在使用无线网络之前必须通过认证,在通过认证之后的所有传输都要求使用一种加密方式(TKIP 或者 CCMP)对数据进行加密。整个流程分为如下几个阶段。

1. 安全能力通告与协商

接入点会发布自己支持的安全协议,这些内容包括加密算法、认证方式等信息。节点如果认可此方式便可发起认证过程,在认证过程结束后就可以进入获取加密密钥的步骤。

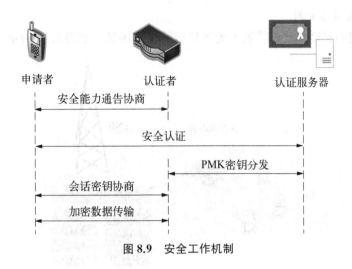

图 8.9　安全工作机制

2. 密钥获取

与 WEP 的密钥是静态分发的不同，IEEE 802.11 中规定最终用于加密通信数据的密钥必须动态产生。如何获取到最终的密钥是这个阶段需要解决的问题。在节点通过认证后会产生双方的成对主密钥 PMK。PMK 是所有密钥数据的最终来源，它可由节点和认证服务器动态协商而成，也可以是预先配置的预共享密钥（PSK）。布置在家庭的小型无线局域网的 PMK 通常就是 PSK，即通常意义上的 WiFi 密码。而在大型局域网如校园网中，PMK 则是认证成功后由认证服务器分发到接入点和节点的。

3. 通信密钥生成

此阶段主要是通信密钥协商，生成成对瞬态密钥（PTK）和组瞬态密钥（GTK）作为基础密钥。在进行数据加密时将基础密钥经过两个阶段的密钥混合过程，从而生成一个新密钥。每一次的数据传输都会生成不同的密钥，用于之后节点与接入点的通信。

8.1.5　无线局域网应用案例

随着手持设备的增多，人们的上网需求出现了井喷式增长。在不同的场景下，无线局域网的布置有着不同的特点，但其部署均需要遵守一定的原则：相邻区域应当使用无频率交叉的信道以降低相互间的干扰；选择合适的发射功率，不对同频的其他网络造成影响；如采用蜂窝式覆盖，可以根据距离选择信道，达到频率复用。

1. 区域无线网络案例

在校园场景中，环境较为复杂，不同地点的需求各异，所以可以对不同地点进行有区别性的覆盖：针对图书馆、活动中心、餐厅等这类室内面积比较大，人员比较多的场所，可以采用挂式或者吊装式安装在上方位置，并布置多个室内 AP 以满足密集人流的信息需求；针对办公楼、信息楼以及教学楼等场所，房间数量较多，但是每个房间不大，结合建筑物结构，可以选择每个房间部署一个室内 AP 或者选择在楼层的走廊设置多个 AP，从而使信号能够到达大楼的每个角落；针对楼外活动场所、体育场所等，往往面积很大，比较空旷，人员较少，可以采用室外 AP＋天线的形式进行覆盖。

2. 移动无线网络案例

近年来出现的移动 AP 则扩展了无线局域网使用场景。如图 8.10 所示。

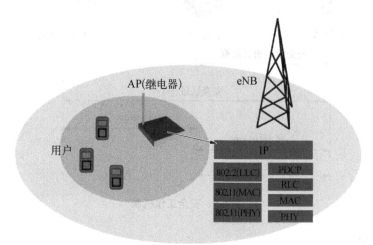

图 8.10　移动无线网络场景

图 8.10 中 AP 和节点所组成的网络是传统意义上的无线局域网,它们之间进行数据交互,AP 则通过移动基站(eNB)接入蜂窝移动网络(3G/4G/5G),从而具有访问互联网的能力。此种场景下 AP 也是可移动的,只要存在蜂窝网覆盖,即可搭建此类 WLAN,具有非常大的灵活性。

随着无线局域网本身的传输能力越来越强以及各类手持设备的蓬勃发展,几乎实现了用户在任意时间、任意地点都能进行数据传输,无线局域网已经成为人们日常生活中不可或缺的基础设施。

8.2　移动车联网

8.2.1　车联网概况

随着通信技术和计算机技术的迅速发展,车辆间通信也成为无线通信的一个重要发展领域。汽车的功能不断丰富,逐渐成为集舒适、娱乐、办公及服务为一体的电子工具。同时,随着汽车工业的发展和私家车的普及,行车安全和道路交通事故也成为全球性的公共安全问题。如何通过日益发达的无线通信网络来提高汽车道路安全也就成为业界所关注和研究的焦点,智能交通系统和车联网应运而生。

智能交通系统(intelligent transportation system,ITS)是在较完善的通信基础设施下,将先进的信息技术、通信技术、传感技术、控制技术以及计算机技术等有效地运用于整个交通运输管理体系,而建立起的一种在大范围内、全方位发挥作用的,实时、准确、高效的综合运输和管理系统,并达到减少交通拥挤、保证车辆安全行驶的目的。

在智能交通系统的大背景下,传统的有线通信方式已经不能满足现代车辆之间的通信需求。国际电信联盟在 2003 年提出了车联网(vehicular Ad Hoc networks，VANET)的概念(见图 8.11)，该网络是一种以行驶车辆为节点、车辆间通过多跳方式进行通信的移动点对点网络(mobile Ad Hoc networks，MANET)。车联网结合全球定位系统和无线通信网络，为处于高速运动中的车辆提供一种高速率的数据接入网络，进而为车辆的安全行驶、计费管理、交通管理、数据通信和车载娱乐等提供一种可能的解决方案。车联网主要应用于交通事故安全告警、交通拥塞信息传播以及车载娱乐服务信息交流等方面。

图 8.11　车联网场景示意图

1. 车联网的特点

与传统 Ad Hoc 网络相比，车联网具有如下特点。

(1) 节点的高移动性。车辆的运动速度大致在 20～120 km/h 之间，车辆的高速移动会导致网络拓扑结构快速变化。以节点通信距离为 250 m 为例，如果两车辆以 25 m/s 的相对速度反向行驶，那么链路的持续时间最多 10 s，链路连接时间极短。另外在城市环境下，车辆会更加频繁地加入或离开车辆网络，这也导致网络的拓扑结构变化较快。

(2) 节点运动具有一定的规律性。由于车辆通常在道路上行驶，因此，只能按照固定道路行驶或者转向。这个特点可以被用来对车辆运动轨迹进行判断和分析。

(3) 多样的移动通信环境。在城市环境中运动的车辆受到交通信号灯的影响时走时停，所以速度变化较大；而在高速公路环境下，车辆基本是以一恒定速度行驶。所以在进行路由算法设计时，要根据车辆运动的情况进行分析。

(4) 用车辆传感器进行交互。车辆会装载传感器用以提供信息交互和进行车辆间通信。例如，GPS 接收器在车辆中运用得越来越多，可以为车辆提供一定的位置信息和速度信息等。

(5) 无线信道问题。与传统 Ad Hoc 网络相比，车辆 Ad Hoc 网络无线信道受道路情况、交通信息灯、车辆运动速度的影响较大。在城市环境下，由于存在较多的建筑物，可能导致车辆即使在通信范围内也无法直接进行通信。传统移动 Ad Hoc 网络的很多技术直接应用到车载 Ad Hoc 网络中并不能得到很好的效果,所以如何改进现有技术以适应车载 Ad Hoc 网络,也是研究的重点方向之一。

(6) 无能量约束。车载 Ad Hoc 网络中车辆节点可以使用车辆电池作为电源,所以不像其他移动自组织网络和传感器网络那样存在严格的能量约束。

车辆的快速移动决定了所有车辆只能通过共享无线信道的方式进行通信,因此针对带宽资源有限、实时性要求高、通信介质暴露等车联网环境下的通信特征,有不少近程通信技术标准可以借鉴到车联网中,如 IEEE 802.15.1 蓝牙标准、IEEE 802.15.3 超宽带标准、IEEE 802.15.4 Zigbee 标准等。

2. 当前尚在研究解决的问题

车联网作为一项在未来世界至关重要的一项技术,包含了许多需要深入探讨的层面,其中一些领域科学工作者已经进行了充分的论证与探讨,相关技术标准也已经确定,当然也还存在一些难点领域有待突破。在这里列举出几个当前车联网研究的热门问题,它们将是未来很长一段时间科学工作者需要解决的问题。

(1) 服务质量(QoS)。如同其他通信网络一样,车联网也使用一系列参数刻画网络对用户的服务质量,比如数据传输时延、重传率、连接时间。为这些服务质量指标划定等级可以评判和比较不同区域网络之间的性能,而要设计出一个车联网能在各参数上都有较好的性能十分具有挑战性。

(2) 可靠路由算法。当车辆与车辆间有消息要传送时,为数据包找到一条延时短且可靠的数据链路至关重要。车联网中一个可靠的路由策略往往意味着它具有较低的时延、较小的计算开销、较大的系统承载能力,设计出一个针对不同车辆拓扑都能找到满足以上三个条件的路由算法正是车联网领域另一个热点研究问题。

(3) 可扩展性和鲁棒性。车联网是一种网络特性随时间变化而显著变化的网络,车流密度、车速等因素又与网络的整体通信性能息息相关。所以,如何设计一个扩展性和鲁棒性强的车联网络显得十分有意义,这主要表现在网络的通信性能不随车流密度及其他因素变化而出现较大差异。除了通信协议的设计,路侧单元(roadside units,RSUs)的优质布局对网络的扩展性与鲁棒性也有积极影响。

(4) 协同通信。怎样在多个不同类型的网络节点中建立会话是车联网中另一个关键技术。关于协同通信,其他类型的无线网络中已有成熟的技术,但无法直接照搬到车联网使用,车联网中关于协同通信的一个主要问题就是满足何种条件一定数目范围内的节点需要互换数据。

(5) 网络安全。车联网内的节点发送和接收的数据都完全暴露在公共介质中,不能不说隐私泄露是车联网在数据安全方面必须要考虑的一个问题。所以,设计合理的认证机制及可靠的安全协议也是车联网设计中十分重要的一环。

8.2.2　车联网关键技术

1. 组网技术

在车联网中,车辆的运动会导致它们之间的链路增加或消失,网络拓扑结构不断发生变化,而且变化的方式和速度都是不可预测的。组簇是解决网络拓扑变化快、链路不稳定的有效方法之一。组簇就是根据一些准则将地理位置相近的节点划分到一个簇中,从而形成一个以簇为单位的网络。簇是通过分簇算法虚拟化出来的组,每个簇至少有一个簇头。每个簇的大小不同,主要取决于车辆的通信范围。根据无线传播的规则,理想情况下的簇是簇头(cluster header,CH)在圆的中心,周围是簇成员(cluster member,CM),如图 8.12 所示。

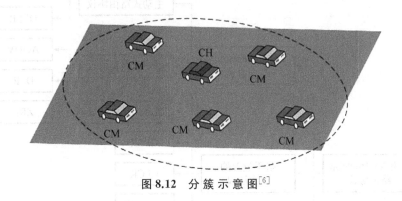

图 8.12　分 簇 示 意 图[6]

在一个簇中,每个 CM 能够直接跟 CH 通信,两个不同的 CM 之间能够直接通信或者在最坏的情况下通过 CH 通信。像这样的簇我们称之为 1 - hop 簇,因为每两个节点能够通过 1 hop 通信或者直接通信。目前的分簇算法主要是根据不同的指标选择簇头,然后将簇头通信范围内的车辆划分为该簇的簇成员。这些算法可以分为两类,第一类是依据速度、位置、移动方向分簇,另一种是利用不同的指标,像相对运动信息、车辆密度、连接性等,但只利用其中一种指标。两类方法都是基于数学参数进行分簇而忽视了社会特征像驾驶员的行为。下面介绍一种基于车辆与邻居节点的连接时间来选择簇头的方法[7]。场景示意图如图 8.13所示,考虑单向双车道,靠上为快车道,靠下为慢车道,以图中的车辆 i 为例,车辆 i 将会估计某时刻在它一侧的所有车辆与它建立连接的时间,假设车辆通信范围为 R,车辆 i 与车辆 j 的行驶方向距离为 $d_{i,j}$,速度差为 $\delta_{i,j}$,考虑到两车垂直方向距离 h 远小于 R,因此车辆 j 驶离车辆 i 覆盖范围的相对路程为 $\widehat{d_{i,j}}=R-d_{i,j}$,进一步地,连接时间为 $\widehat{T_{i,j}}=\widehat{d_{i,j}}/\delta_{i,j}$。车辆 i 用相同的方法统计它与其他处于它的通信范围内的车辆的连接时间,取平均值后得到 $\widehat{T_i}$。所有车辆进行同样操作并向自己的邻居车辆广播这个值,最后处于一个簇范围内的车辆将选择拥有最大 $\widehat{T}$ 值的车辆作为本簇的簇头。

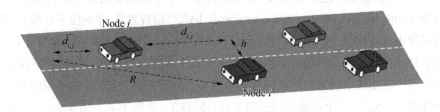

图 8.13　基于连接时间选择簇头的场景图

2.路由技术

车载 Ad Hoc 网络中车辆节点运动速度较快,网络拓扑结构变化较剧烈,所以车辆节点之间进行通信的路由技术备受关注。车联网中的路由技术大致可以分为三类,一是直接使用为 Ad Hoc 网络提出的路由协议,二是基于位置的路由协议,三是基于地图的路由协议。如图 8.14 所示。

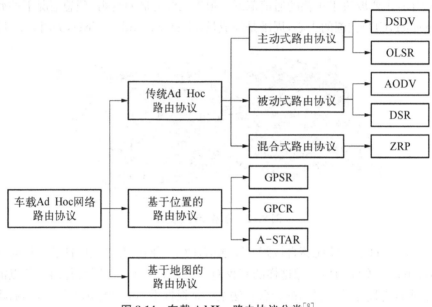

图 8.14 车载 Ad Hoc 路由协议分类[8]

(1) Ad Hoc 路由协议。车载 Ad Hoc 网络可以直接借鉴 Ad Hoc 网络的路由协议,包括主动式路由协议(每个节点都会维护一张包含到达其他节点路由信息的路由表)、被动式路由协议(只有节点需要发送数据时才查找路由)、混合式路由协议(结合了主动式和被动式路由协议的特征)。下面以混合式路由协议为例进行介绍。

混合式路由协议结合了主动式和被动式两种路由协议,以取得较好的折中效果。在局部范围内使用主动式路由协议,维护准确的路由信息,并可设定路由区域的大小以控制路由信息范围;而在局部范围之外,当目的节点较远时,通过被动式路由查询发现路由。这类协议在一定程度上可以减小路由协议的开销,同时传输时延也得到了一定的改善。典型的混合式协议有区域路由协议(zone routing protocol,ZRP)。下面通过图 8.15 介绍一个典型的区域路由协议的例子,节点 S 有消息要发送给节点 X,节点 S 处于一个半径为 2 的区域中,首先 S 通过反向地址解析协议(inverse address resolution protocol,IARP)检查到 X 并不位于它所在的区域内,因此 S 发送路由请求到这个区域的边界节点 G、H、I、J,这四个边界节点继续在自己的路由表中查找本身所在的区域是否包含节点 X,比如节点 I 发现自己所在的区域并不包含节点 X,那么 I 会将这个路由请求转发给自己的区域节点 Q、R、T(由于请求控制机制的存在,并不会把请求回发到 F、S、D 三个已被访问过的节点),同样的,节点 T 首先查询自己的路由表发现区域内包含了节点 X,于是节点 T 将从自己到 X 的最短路径附加到消息中发送给节点 I,节点 I 也将自己到节点 T 的最短路径反馈给节点 S,这样节点 S 就获得了到达节点 X 的路由。纵观整个过程可以发现其中既包含了主动路由发现策略也有被动路由发现策略,前者出现在边

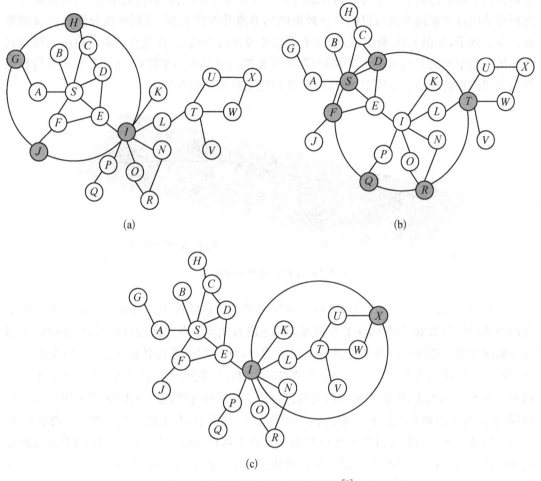

图 8.15　区域路由协议示意图[9]

（a）第一步　（b）第二步　（c）第三步

界节点搜寻区域内节点时，后者发生在节点与区域边界以外的节点建立联系时。

（2）基于位置的路由。基于 Ad Hoc 的路由协议在数据传输前要建立源节点到目的节点的路径，每个节点周期性地与相邻节点交换信息，来维护其路由表，而基于位置的路由协议方法有所不同。基于位置信息的路由协议中，在有数据分组到达时，才为该数据分组确定下一跳节点，所以数据分组所经过的路由的每一跳都是相互独立的。基于位置信息的路由协议由位置服务和转发策略两部分组成，位置服务用来确定目的节点的位置，转发策略根据相邻节点和目的节点的位置确定下一跳节点。比较常用的基于位置信息路由协议是贪婪边界无状态路由协议（greedy perimeter stateless routing，GPSR）。

GPSR 协议是在已知目的节点和所有相邻节点位置信息的前提下进行的。它采用了贪婪转发和边界转发两种转发策略，所有数据分组首先采用贪婪转发方式，当数据分组到达贪婪转发方式失效的节点时，就采用边界转发方式继续进行数据传送。贪婪转发方式的工作原理：当源节点要向目的节点发送数据分组时，它首先在自己的所有邻居节点中选择一个距离目的节点最近的节点作为数据分组的下一跳节点,然后把数据传送给它,收到数据的节点同样采用这个原理查找与目的节点最近的邻节点并发送数据,直到数据分组到达目的节点。举个例子,如图 8.16 所示,车辆 A 有消息要发送给车辆 E,首先它从本地路由表得知它的邻居车辆中车辆 C 与车辆 E 距离最近,所以先把消息发送给车辆 C,接着车辆 C 进行相同的判断把消息转发给了车辆 D,最后由车辆 D 把消息发送给车辆 E。

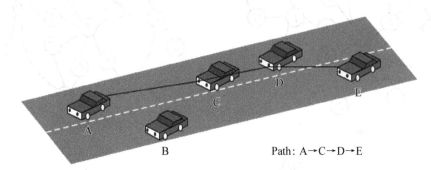

图 8.16　GPSR 协议示意图[10]

贪婪转发方式存在一个问题,即收到数据的节点向以欧氏距离计算出的最靠近目的节点的邻节点转发数据,但是由于数据可能会到达没有比该节点更接近目的节点的区域,从而发生数据分组不断选择自身节点进行传送的情况,导致数据无法传输下去,比如在图 8.17 (b) 中,当数据传到节点 N_2,要选择下个节点转发时,N_2 判断它与它的邻居节点中它本身与目的节点 S 距离最近,所以不断地将数据包自传。出现这种情况时,GPSR 则采用边界转发机制,通过右手法则来选择下一跳节点。如图 8.17(a) 所示,右手法则的思想为:当节点 M 采用贪婪转发方式确定与目的节点 D 最近的节点为其自身时,则按照 M、D 两节点位置连线逆时针方向查找下一跳节点,则 a 节点被选定为下一跳节点,数据分组发送到 a 节点。a 节点收到数据分组时,继续按边界转发机制不断进行数据分组的发送,直到数据到达目的节点。图 8.17(b) 给出了为使用 GPSR 协议时数据包传输的过程:源节点 S 有数据包要向目

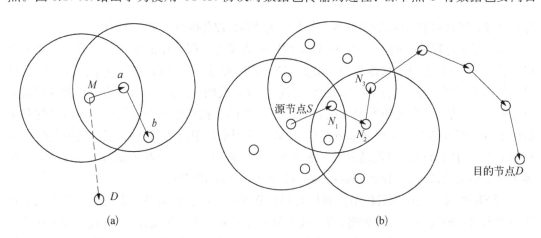

图 8.17　基于边界转发机制的 GPSR 协议[11]

(a) 边界转发机制示意图　(b) 带边界转发机制的 GPSR 协议

的节点 D 发送，先按照贪婪转发方式从邻节点中选择了与目的节点距离最近的节点 N_1，N_1 收到数据后按照同样方法进行下一节点的选择和数据发送直到选择 N_2 进行数据发送；节点 N_2 收到数据后，在它的邻节点中与目的节点最近的节点就是其本身，不存在比自身到目的节点距离更小的邻节点了，如果继续按照贪婪转发算法，那么节点 N_2 选择自身进行数据传输，这样数据分组的转发就进入了死循环，无法完成。这时节点 N_2 采用边界转发机制，按照右手法则向节点 N_3 发送数据，N_3 节点继续按照边界转发机制直到数据传送到达目的节点 S。

（3）基于地图的路由协议。随着车载电子技术的发展，越来越多的车辆都装备了电子设备，如车载 GPS 系统、数字电子地图和卫星导航系统等。这些先进的设备可以帮助节点得到自己和周围节点的位置信息、速度信息等。未来的车辆通信会更加充分地利用这些设备提供的信息以达到建立更优路由、感知网络拓扑结构等目的。基于地图的路由协议是未来车载 Ad Hoc 网络路由技术的一个重要发展方向。

3. 接入技术

目前车联网接入技术建立在传统分布式网络 MAC 层协议的基础上，通过做适当调整来适应车联网中车辆高速移动的特性。按照是否存在网络中心节点进行资源调度可把现有的车联网 MAC 层协议分为分布式和集中式两类。集中式 MAC 层协议分为以下三种机制。

（1）基于 TDMA 机制。基于时分多址（TDMA）的 MAC 层协议将信道在时间维度上划分为多个不重叠的子时隙，将它们分配给不同节点进行通信业务，这样将很好地解决基于竞争的接入机制引起的时延不确定问题。这种基于 TDMA 机制的 MAC 层协议十分适合 V2I 通信，当车辆密度不大的时候可由单个中心节点来控制时隙分配，密度变大时可转换由多个中心协同进行时隙调度，保证接入的性能。

（2）基于 SDMA 机制。基于空分多址（SDMA）的 MAC 层协议根据车辆位置进行信道分配，单位空间设置大小、切换概率、节点在空间内的效率值等都是需要考虑的因素，采用的竞争机制对节点的接入性能也有很大影响。一个基于 SDMA 机制的接入方法是将道路划分为不同的子空间，每个子空间在某时刻至多存在一辆车，然后建立从子空间集合到信道资源的映射，比如把时隙划分为众多子时隙分配给不同的子空间[12]。考虑一条 500 m 长的单向三车道，如果待分配时隙为 20 ms，子空间长度为 5m，那么这条车道可被划分为 $3 \times (500/5) = 300$ 个子空间，每个空间占用时隙资源为 $20/300 \approx 65 \, \mu s$，若采用 2.4 G 无线传输技术，这些资源足以用来可靠传输 100 字节的数据，该场景下的车道空间划分示意图如图 8.18 所示。

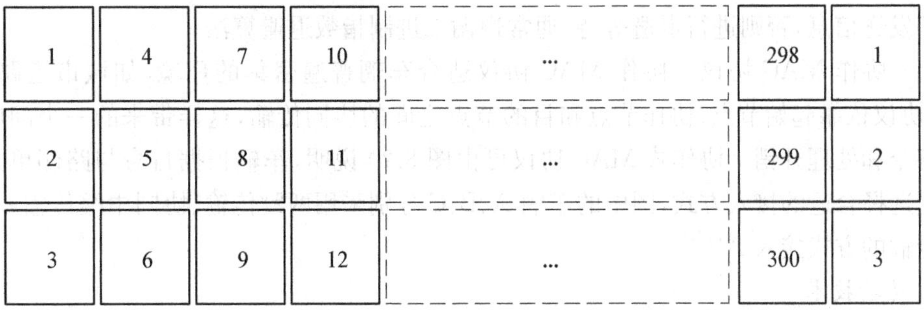

1	4	7	10	...	298	1
2	5	8	11	...	299	2
3	6	9	12	...	300	3

图 8.18　SDMA 下车道空间划分示意图

(3) 基于分簇机制。基于分簇的 MAC 层协议考虑的是车流具有集群特征,将所有车辆从相互独立转为分组处理能够极大简化接入协议的处理开销。这类协议将簇头作为接入节点,提高了接入效率,与此同时不得不考虑的问题是簇头随簇变化不断更新以及簇成员也在不断变化,这对接入稳定性有较大影响,所以提高簇的保持周期或寻找更好的分簇算法有利于这类 MAC 层协议得到实际应用。基于分簇的 MAC 接入机制工作示意图如图 8.19 所示,实线所围区域和虚线所围区域代表两个不同的车辆簇,每个簇的簇头根据簇成员发信方式调配 DSRC 标准中七个可用信道之一供它们使用(DSRC 协议在 5.9 GHz 频段划分出共计75 MHz 带宽的 7 个子信道供车联网使用,分别标号为 172、174、176、178、180、182、184 号),如簇间成员通信使用 174 号和 178 号 DSRC 信道,簇内成员通信使用其余五条信道。

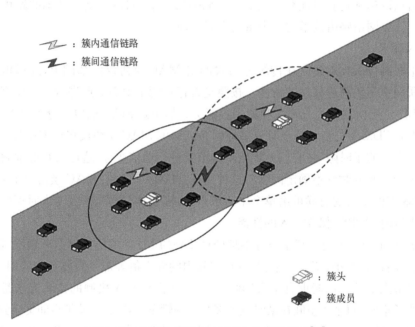

图 8.19　基于分簇的 MAC 接入机制示意图[13]

(4) 基于 DCF 的 MAC 协议。802.11 中的 MAC 层协议一个特点就是分布协调功能,带冲突避免的载波侦听协议是其具体体现。同样的,在 802.11p 中采用了 CSMA/CA 的改进版本 EDCA,在该机制中,车辆在传消息前先侦听信道,若在仲裁帧间间隔内信道空闲,车辆立即发送信息,否则进行退避等待,通常遵循二进制指数退避算法。

(5) 协作 MAC 协议。协作 MAC 协议适合车辆普遍密集的环境,如城市道路,协作MAC 协议依靠起始节点、协作节点和目的节点之间的协同传输,这样带来的一个问题是额外的信令和处理开销。协作式 MAC 协议可由图 8.20 说明,车辆根据自身与路侧单元的相对位置选择合适的接入方式,图中的车辆 A、B、C 分别采用两跳传输、协同中继传输(单跳)、直接传输的方式接入 AP。

4. 传输技术

这里的车联网传输技术特指车与车之间、车与路侧单元之间的无线传输技术,目前主流

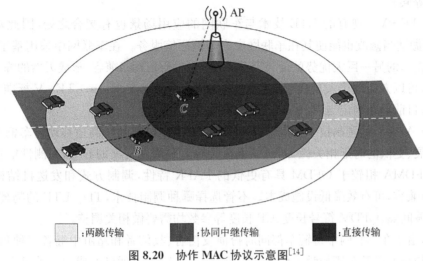

图 8.20　协作 MAC 协议示意图[14]

的传输技术包括以 IEEE 802.11p 为代表的 WiFi 技术，以及以 LTE－V 为代表的蜂窝网技术。

（1）IEEE 802.11p。IEEE 802.11p 在物理层采用正交频分复用（OFDM）技术，是对 IEEE 802.11a 中物理层的 OFDM 直接扩展得到。IEEE 802.11a 的通信带宽为 20 MHz，并不适用于车联网环境，IEEE 802.11p 中将带宽修改为 10 MHz 以适应干扰过多、车辆高速移动的场景，由此带来的影响是 802.11p 中的所有时域参数变为 802.11a 中的两倍，具体参数对比如表 8.1 所示。

表 8.1　IEEE 802.11a/p 参数对比表[15]

参　　数	IEEE 802.11a	IEEE 802.11p
信道带宽	20 MHz	10 MHz
子载波间隔	312.5 kHz	156.25 kHz
子载波数量	52	52
最大速率	54 Mbit/s	27 Mbit/s
OFDM 符号长度	4 μs	8 μs
保护间隔长度	800 ns	1 600 ns

除了物理层，IEEE 802.11p 的 MAC 层内容也由 IEEE 802.11a 的 MAC 层继承而来，相应地对管理实体、接入优先级以及介质访问控制方式等方面做了适当调整。首先，为了降低车辆通信的时延及增强车辆的信息交换能力，一个新的管理实体信息库 MIB 被定义，该库可以自行建立简单的 BSS 业务，不需要通过 MAC 层及以上层的认证，大大提高了通信的效率。其次，接入优先级是车辆网中必须要考虑的问题，为此 IEEE 802.11p 巧妙地借鉴了 IEEE 802.11e 中的 EDCA 机制，这样一来一些重要的信息可以优先占用资源而其他信息将

进入队列等候。

（2）LTE-V。现有的 LTE 技术与车联网的应用场景也有契合之处，因此对传统的 LTE 技术做适当修改也能使其在车联网中为车辆通信服务。在车联网中采用基于 LTE 的无线传输技术的另一巨大优势就是与现存的 4G 移动通信网络兼容，形成天然的蜂窝集中式网络结构，可以方便地接入互联网或者云端。相较于 IEEE 802.11p，LTE-V 标准研究进展比较缓慢，目前仍在制定当中。

LTE-V 有两种调制技术可供选择，OFDM 在高频段有利于高速移动的车辆获得更大的频率扩展、更低的时延相关性，同时如果在时域上采用更密集的导频，检测性能将大大提升。SC-FDMA 相较于 OFDM 具有更低的 PAPR 特性，调制方式和发送机结构能够与 V2B、D2D 兼容，可有效降低设施成本。不管选择哪种调制技术，TD-LTE 的物理层参数，包括子载波间隔、OFDM 符号长度、CP 长度等参数均需要做相关调整。

另外，由于在车联网中每辆车都同时扮演发信者、收信者和路由中继者三种角色，为了辅助车辆与车辆以及车辆与骨干网之间的连接，引入路侧单元已经成为一种可靠的解决方案。车辆在车联网中通信需要依靠一种安装在车身上的无线接口装置——车载单元（on board unit，OBU），它既能帮助车辆间互传信息，也能与 RSU 进行通信。由于 RSU 通常需要连接到骨干网络，所以其位置也一般是固定的，具体网络中 RSU 的数量和分布特性与通信协议有关，通常 RSU 沿道路均匀分布，或 RSU 分布在十字路口附近或区域边界上。结合实际应用场景，车联网内的通信情形大致可分为以下三类：车内广播通信、RSU 对车的广播通信以及车内依靠路由的单播通信，如图 8.21 所示。

8.2.3　车联网的安全机制

由于车联网涉及道路交通安全问题，所以车联网的网络安全问题也至关重要。首先需要保证网络中传播的重要信息不能被他人随意篡改，系统要做到在保护车辆隐私的同时无误地对车辆身份进行确认。然而所有这些要求结合在一起就成了一个难题，尤其是在车联网络这样一个规模庞大、车速变化、地理信息变化、连接不稳定的环境下。即便有种种缺陷，车联网络在应对安全问题上也有其他 Ad Hoc 网络不具备的优势，那就是车辆具有强大的计算和能量资源支持，一辆普通小车常规装配了几十甚至几百个微处理器。

广义上针对车联网的攻击可以分为三大类：对数据可用性的攻击、对数据真实性的攻击、对数据保密性的攻击。下面分别对这三种攻击进行介绍。

1. 对数据可用性的攻击

目前业界工作者普遍认为对数据可用性的攻击存在以下几种情况。

（1）服务拒绝攻击：服务拒绝攻击可由网络内部人员或外部人员发起，破坏者通过制造大量拥塞数据和干扰使得网络对目标用户不可用，洪泛控制信道可导致网络内节点、车载单元、路侧单元难以及时处理这些过剩的数据量，即便各单元具有强大的数据处理能力。

（2）广播干预攻击：网络内部攻击者可能播报虚假安全信息或篡改真实安全信息，当攻击者截断某一重要事故信息使其无法在网络内传播时有可能引起更大的事故，当攻击者伪造一虚假信息在网络内传播时可能引起局部路段的交通事故。

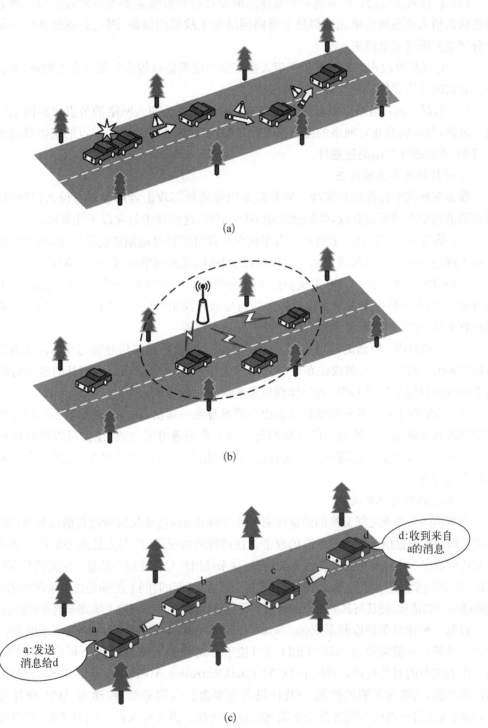

图 8.21　车联网通信情形示意图[16]

（a）车内广播通信　（b）RSU 对车的广播通信　（c）车内单播通信

（3）恶意软件攻击：当车载单元或路侧单元有重要数据需要更新时攻击者可能趁此机会将病毒植入这些通信单元使得整个道路网络发生故障而瘫痪，因此恶意软件攻击是一种十分严重的网络安全隐患。

（4）垃圾信息攻击：若数据包携带大量冗余的垃圾信息传输时延会大大增加，而目前还缺少有效的手段管控这种垃圾信息的传播。

（5）黑洞攻击：当网络中有节点拒绝加入网络或者已加入网络的节点脱离网络时就形成了黑洞，黑洞的存在对网络的连通性是致命的，会使原本经由这个节点的路由路径都变为不可用，从而破坏网络的连通性。

2. 对数据真实性的攻击

保证车联网中数据的真实性主要是阻止内部或外部攻击者用虚假身份入侵网络，并正确识别消息是否被恶意篡改，排除错误的 GPS 信号，这些攻击包含以下几方面：

（1）伪装攻击：只要攻击者有一台车载单元就可以轻易地制造伪装攻击，他所要做的就是加入网络并利用这台车载单元发动攻击，比如强制退出网络就可以成黑洞攻击。

（2）GPS 欺诈攻击：GPS 卫星会给车联网内所有车辆保留一份地址信息表，攻击者可以通过 GPS 卫星模拟器发射能量更强大的信号来淹没正常信号，并且包含了被攻击者的错误位置信息，这样被攻击者会认为自己处于另一个位置。

（3）隧道攻击：所谓的隧道攻击，是在车辆进入隧道后接收信号能力变弱而攻击者可能趁机发起的一种攻击，在被攻击车辆进入隧道无法获知自身准确定位信息的这段时间内攻击车辆可向目标车辆的 OBU 发送错误信息来误导目标车辆。

（4）地址攻击：每辆车的地址信息由车辆本身唯一提供，任何其他车辆不可冒充其他车辆提供虚假位置信息。然而通信介质的公用给了攻击者可乘之机，他们可以将其他车辆发出的数据包中携带的位置信息修改成自己的位置信息再重新发送出去，这样就会造成多辆认证车辆存在。

3. 对数据保密性的攻击

在车辆网络节点之间交换的消息特别容易受到诸如通过非法窃听收集消息和通过收集广播消息而获得位置信息这两种手段的攻击。在窃听的情况下，内部人员或外部攻击者可以在不知情的情况下收集有关道路使用者的信息，并未经用户允许使用该信息。位置隐私和匿名是车辆用户的重要问题。位置隐私涉及通过模糊用户在空间和时间上的确切位置来保护用户。通过隐藏用户的请求，使其与其他用户的请求不可区分，可以在一定程度上实现车辆用户匿名。

目前一种针对车辆诊断系统(on board diagnostics，OBD)存在的缺陷而采取攻击的方式比较普遍。一般来说，汽车的 OBD 端口位于方向盘左下方的前内饰板内，如图 8.22 所示。作为汽车的对外接口，它能访问 CANBus(Controller Area Network-BUS)，也就是汽车的内部总线，实现对车辆的控制。OBD 设备主要由云端服务器、移动端 APP、硬件盒子构成，其间的通信都将成为黑客攻击车联网的威胁所在。黑客可入侵云端服务器，篡改服务端的诊断数据逻辑，改变汽车行为，或者通过逆向工程获取移动端 APP 和硬件之间的通信逻辑，伪造信息以及通过 WiFi、蓝牙等渠道实施攻击。加强云端服务的防火墙系统，提高更新车联网系统漏洞的频率是解决这类安全问题的主要方式。

图 8.22　汽车 OBD 端口示意图

以上介绍了几个为防范网络攻击需要重点注意的几个方面，下面介绍一种有效的保障车联网网络安全的机制-带数字签名的认证方式。由于网络中车辆数量众多，与认证服务器的连接性可变，因此公共密钥基础设施（public key infrastructure，PKI）是实现认证的一种很好的方法，每个车辆将被提供一个公钥/私钥对。在发送安全消息之前，它使用其私钥进行签名，并包括证书颁发。通过使用私钥，每个车辆都需要防篡改设备，其中将存储秘密信息，并且将传出的消息也通过这个设备进行签名。

在目前的 IEEE 1609.2 建议书中，使用椭圆曲线数字签名算法对消息进行认证，每条消息还包括证书。为了节省空口带宽，验证者可以缓存签名者的证书和公钥。签名者就有可能在一组数据消息或单独的证书共享消息中发送证书。

目前，各种联盟正着手解决 VANET 安全和隐私问题，包括碰撞避免指标合作伙伴关系（crash avoidance metrics partnership，CAMP）、车辆安全通信应用项目、车辆基础设施集成项目（vehicle infrastructure integration，VII）、SeVeCom 项目等。如上所述，IEEE 1609.2 也涉及 VANET 的安全服务。在广播通信场景中提供发送方认证仍是 VANET 安全领域一大关键问题。

8.2.4　车联网应用案例

随着汽车和公路交通运输的发展，车联网的概念应运而生，并在近年来飞速发展，其中以美国、欧洲、日本为代表的车联网技术发展和应用得最为成熟，下面分别介绍车联网在这三大阵营中的应用进展。

1. 美国

2009 年美国交通部通过《智能交通系统战略研究计划：2010—2014 年》首先正式提出了"车联网"构想，通过 DSRC 实现 V2V、V2I 高效安全的无线传输。紧接着 IEEE 802.11p 车联网无线技术标准于 2010 年被提出，此后美国车联网产业迈入新的高速发展期。2011 年，美国交通部发起了 The Connected Vehicle 项目，包括汽车、卡车、公交车等众多车种的约 3 000 辆车参与到了这次项目中来,主要是为了验证 802.11p 标准对 V2V、V2I 通信的安全性、移动性的保证,这是当时全球最大规模的车联网测试项目。2014 年 2 月 3 日,美国交通部宣称开始制订要求乘用车安装 V2V 设备的法案。2017 年初,美国交通部推出了拟定法案,法案要求到 2023 年美国所有轻型车都加装 V2V 通信系统以减少交通事故发生率,法案有望于 2019 年开始正式执行。

2. 欧洲

2006 年,欧洲启动了 CVIS(cooprative vehicle infrastructure system)项目,与以往的单一使用 DSRC 技术不同的是,此项目还引用了 2G/3G 技术来辅助 DSRC 实现车车互联、车路互联、辅助驾驶、交通管理和移动信息服务。2009 年,欧盟开始在 27 个成员国中推广应用 eCall 系统,一旦车辆的安全气囊系统(supplementary restraint system,SRS)在事故中被触发,ecall 系统就会自动拨打紧急求救电话,同时将车辆的地理位置信息及求救信息通过 GSM 网络传给附近的急救中心,不得不说这是未来车联网中交通安全应用方面的一个雏形。2011 年,DRIVE C2X 项目启动,项目计划用三年时间在全欧洲建立 C2X(Car to X)车联网系统,道路安全、交通管理、环境保护等方面都是 DRIVE C2X 系统的测试内容。为了实现车辆与车辆及车辆与路边基础设施的通信,项目中的车辆必须安装支持 IEEE 802.11p、UMTS(Universal Mobile Telecommunications System)及 GeoNetworking 标准的硬件设备,这些设备将与车辆的 CAN 总线连接,将收集到的车辆动态数据与其他车辆交互。2015 年,由德国和英国牵头展开的 C - ITS corridor(cooperative intelligent transportation system corridor)项目开始实施,该项目首先建立一个横跨丹麦、德国、奥地利三国的含有车联网服务的道路网络,之后再向整个欧洲推广,目标是提供面向未来、统一标准和国际化的智能交通服务,项目宣传图如图 8.23 所示。

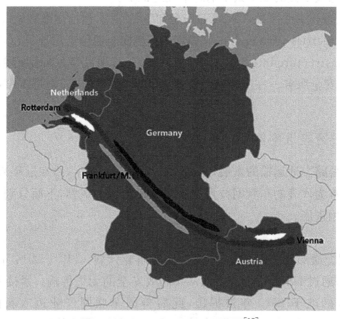

图 8.23　C - ITS corridor 项目图[17]

3. 日本

2004 年，日本政府联同 23 家企业发起了 Smartway 计划，项目通过在车辆上装备电子导航系统、车间通信设备、自动驾驶装置等电子仪器，使之能感测行车路途上的交通状况、不断选择最佳行车路线，依靠车道白线、车辆间通信等信息进行自动或半自动驾驶。2012 年，用于车车/车路防碰撞安全应用的规范 ARIB STD - T109 被发布，并首先在广岛和东京进行了初步测试，2014—2016 年扩展为全面测试，测试结果显示 ARIB T109 在某些方面的性能优于 IEEE 802.11p，如城区环境下的通信不易受到建筑物遮挡的影响。另一个与车联网紧密相关的工程——日本国家创新技术工程 SIP——仍在进行中，该工程旨在维护和更新道路基础设施，其中就包括车辆自动驾驶系统和路侧单元，该项目预计 2018 年收工。

4. 中国

中国的车联网研究起步较晚，主要通过 863 计划、自然科学基金等项目进行重点攻关，包括《基于移动中继技术的车辆通信网络的研究》《智能车路协同关键技术研究》《车联网应用技术研究》等课题，已经取得阶段性成果。尤其是在车联网通信标准的研究上，我国取得了重大突破，由国内大唐电信和华为主导的 LTE - V 车联网通信标准相较于国外主流的 DSRC 标准在技术层面上具有很大优势，比如通信时延更小、传输可靠性更好、具有更大的系统容量，它有望成为我国未来车辆网采用的标准。目前，我国各方面都在积极筹备通信技术标准的相关工作，多个标准化协会和联盟正在积极推动标准的确定，包括中国通信标准化协会（CCSA）、中国智能交通产业联盟（C - ITS）、中国汽车工程学会（SAE - China）、车载信息服务产业应用联盟（TIAA）。

8.3　近距离可穿戴网络

8.3.1　无线体域网概述

社会老龄化问题的日渐加剧与人们对日常生活服务水平要求的提高使得人们迫切希望一种智能的无缝化服务出现；另一方面，器件的小型化及低功耗技术的发展以及移动计算的兴起使得可穿戴系统的实用化成为可能。在这种情况下，基于无线体域网（wireless body area network，WBAN）的系统作为一种可以随身携带、提供用户便捷的医疗监护、运动娱乐等服务的新型应用逐渐受到业界的关注。

通常，一个 WBAN 由一些传感器节点和一个中心协调器节点（coordinator）组成。这些传感器节点或贴附于体表、或植入体内，用来采集实时医疗体征信息，例如心率、血压、心电图等，并可以根据要求适当在节点处做一些数据的预处理。中心协调器节点具有发送和接收信息的能力，同时具有较高的数据处理能力并能提供较高的数据传输速率；而传感器节点则相对较为简单，仅具有发送与接收信息的功能，通常它们具有体积小、功能简单、价格低、功耗小的特点。另外，WBAN 系统还应该具有与外界进行数据交换或通信的功能，因此 WBAN 系统中还必须加入一些已有的无线短距离接入通信系统。典型的 WBAN 系统如图

8.24 所示,其由监控人体不同特征的节点组成,这些节点均匀分布于人体周围,包括躯干、四肢与头部等,这些 WBAN 节点由一系列的传感器组成,包括:脑电传感器、心电传感器与运动传感器等,该 WBAN 系统通过蓝牙(Bluetooth)、WLAN 等将采集到的数据传输到医疗数据中心用于进一步医疗诊断。

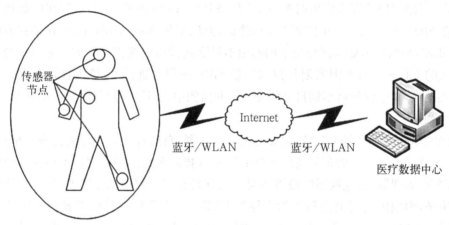

图 8.24 WBAN 典型应用场景[18]

IEEE 协会于 2011 年 12 月提出了 IEEE 802.15.6 标准草案,并于 2012 年 2 月发布了正式版本,该标准主要为 WBAN 系统提供了传输功率、作用范围、适应人体通信环境及 MAC 层协议等方面的规范。虽然无线体域网的标准正在逐步完善,但由于市场及成本等原因,目前工业界尚未提出基于此标准的成熟的解决方案。除此之外,IEEE 学会也为与无线体域网类似的其他几种无线个域网技术制定了标准,包括 IEEE 802.15.1、IEEE 802.15.3 及 IEEE 802.15.4 等。

除此之外,常见的标准还有:符合 IEEE 802.15.1 的 Bluetooth 系列,Bluetooth 的特点是作用范围小,数据率较高,因此常被用于移动设备的音频流服务;符合 IEEE 802.15.4 的 ZigBee 系列,相比 Bluetooth,ZigBee 的特点是作用范围较大,数据率与功耗较低,因此常被用于工业控制领域;此外,为了应对实际构建无线体域网系统的需求,ANT+联盟发布了 ANT+协议。该协议为 ANT+联盟私有,不对外公开,具有功耗低、作用范围小等特点,在户外运动、健康监测等领域应用较多。

虽然与无线体域网技术的严格定义有所差别,但在调整相关参数后,基于 IEEE 802.15.1 的 Bluetooth 协议、基于 IEEE 802.15.4 的 ZigBee 协议甚至基于 IEEE 802.11 的 WLAN 技术,也可以应用于无线体域网系统的实际构建。表 8.2 比较了不同标准下的 WBAN 技术的优缺点。

表 8.2 不同无线体域网技术优缺点[19]

标准/协议	频 段	优 点	缺 点
IEEE802.15.6	2.4 GHz ISM	数据率中等、功耗较低	使用该频段技术较多,需保证共存性

（续表）

标准/协议	频　段	优　点	缺　点
IEEE 802.15.6	UWB	数据率较高、发射功率及功耗较低	人体附近传输衰减大
IEEE 802.15.6	HBC	人体附近传输衰减较小、发射功率及功耗较低	数据率较低
Bluetooth EDR	2.4 GHz ISM	数据率较高	较大的发射功率及功耗、每个网络最多支持 8 个节点
ZigBee	2.4 GHz ISM	较小的发射功率以功耗、每个网络支持多达 65 000 数量的节点	数据率较低、与其他类型的 2.4 GHz ISM 段网络冲突
ANT+	2.4 GHz ISM	协议简单、功耗较低	私有协议、数据率较低

下面以 IEEE 802.15.6 标准为基础介绍 WABN 的关键技术。

8.3.2　无线体域网网络拓扑

1. 节点分类

WBAN 的节点依据功能可以分为两类：一类是中心协调器节点，另一类是传感器节点。传感器节点负责数据信息的采集，如脉搏、心跳、血糖、血压等人体体征信号。传感器节点一般由传感模块、通信模块、处理器模块和能量管理模块组成。其中，传感模块负责采集人体体征信息并将其转换成数字信号；通信模块负责完成和协调器之间的数据交换；处理模块负责协调传感器节点各部分的工作，对信息进行必要的处理、保存、控制电源工作等；能量管理模块根据处理器的指令配置传感器节点的工作模式（例如睡眠模式等）并为传感器节点提供正常工作所要求的能量，传感器节点不仅仅可以布置在人体周围或人体表面，甚至可以根据需求植入人体实现对体征信号的长期监测。传感器节点的主要功能是采集数据和无线传输，它不具有强大的计算能力，所携带的电池容量也比较小。

与传感器节点不同，协调器节点是 WBAN 中一类功能较强的节点，作为每个 WBAN 子系统的处理中心，协调器具有协调网络接入、避免冲突、协调资源分配及网络维护等功能。另外，协调器节点也是 WBAN 的网关节点，负责 WBAN 网内节点与外界网络的信息交互。相比传感器节点，协调器节点配备有更大容量的存储空间、更高性能的处理器、更大容量的电池、更多的通信接口。在实际应用中，用户可以选择随身携带的智能手机、平板电脑等智能终端作为 WBAN 的协调器节点。表 8.3 给出了协调器节点与传感器节点的功能特点。

表 8.3　协调器节点和传感器节点的特点

特　点	协调器节点	传感器节点
主要功能	网络管理	采集数据
计算能力	强	弱
储存空间	大	小

（续表）

特　　点	协调器节点	传感器节点
电池容量	充足	稀缺
接口数量	多	少
常见设备	手机等智能终端	传感器＋无线模块

2. 拓扑结构及拓扑控制

如图 8.25 所示 WBAN 的网络拓扑结构一般分为两类，一类是以协调器为中心的星形结构，另一类是以协调器为根的树形结构。

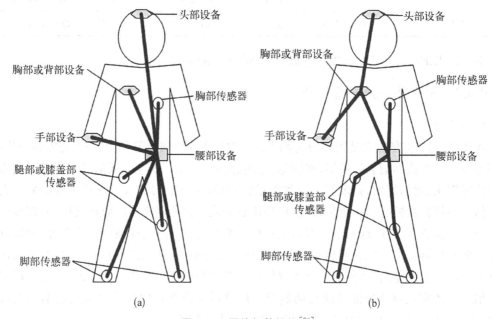

图 8.25　网络拓扑结构[20]

（a）星形结构　（b）树形结构

在星形网络结构中传感器节点通过单跳的形式将传感器模块收集到的数据直接发送至协调器节点，协调器节点也将控制指令等信息直接发送至每个传感器节点。星形网络拓扑具有网络结构简单的优点，星形拓扑中不需要设计路由算法，而且便于协调器完成对WBAN 传感器节点的控制。但是其缺点是一旦遇到某条链路质量变差的情况时，协调器和传感器节点只能通过增大发射功率的方法来保证通信质量。

在树形结构中 WBAN 支持多跳的接入模式，相比单跳结构的星形拓扑，树形拓扑中，协调器可以通过选择较优的通信链路使传感器节点以较低的发射功率完成数据的传递，从而降低整个系统的能耗，多跳接入模式中的路由算法也给 WBAN 的性能研究带来了挑战。

8.3.3　无线体域网物理层关键技术

下面讨论无线体域网的媒质接入控制层（MAC）及物理层（PHY）技术。

1. 工作频段

无线体域网的标准 IEEE 802.15.6 主要定义了四个可用于体域网通信的频段，分别是用于内植医疗器件通信的 MICS 段（需授权）、用于无线医疗遥测服务的 WMTS 段（需授权）、用于超宽带通信的 UWB 段及用于工业、科学及医疗的 ISM 段（2.4 GHz），如图 8.26 所示。

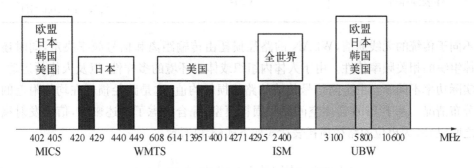

图 8.26　WBAN 使用的频带范围[20]

根据使用频段与应用场景的不同，标准定义了三种不同的物理层通信技术，窄带通信（NB）、超宽带通信（UWB）及人体通信（HBC）。基于 ISM 频段的窄带器件较为常见，成本也较低，更易于用来构建无线体域网系统。

2. 信道模型

WBAN 中传感器节点可以布置在人体外、人体表面和人体内部三种位置，根据传感器节点的位置特点，WBAN 物理层信道模型可以描述为如图 8.27 所示的四种情况：

CM1 是植入体与植入体之间的通信，CM2 是植入体与体表设备之间的通信，CM3 代表体表可穿戴通信设备之间的通信，CM4 是距离人体周围 3 米范围内的通信终端与体表硬件之间的通信。CM1 和 CM2 合称为植入体通信信道模型，而 CM3 和 CM4 合称为可穿戴通信信道模型。由于每种信道模型具有不同的特点，因此与之对应的工作频段不同，信道模型与工作频段的对应关系如表 8.4 所示。

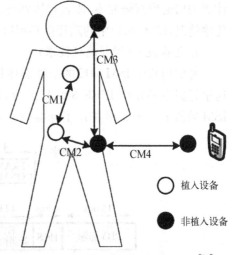

图 8.27　无线体域网信道模型分类[20]

表 8.4　无线体域网信道模型与工作频段[20]

信　道	信　道　模　型	频　段
植入体到植入体	CM1	402~405 MHz
植入体到体表或体外	CM2	402~405 MHz

(续表)

信　　道	信　道　模　型	频　　段
体表到体表	CM3	13.5,50,400,600,900 MHz 2.4,3.1~10.6 GHz
体表到体外	CM4	900 MHz 2.4,3.1~10.6 GHz

不同于传统的无线通信,WBAN 的路径损耗由传输距离和信号频率决定,同时还要考虑人体组织的相关频率特性。由于人体内组织或体表环境的多样性,以及人体的运动,接收到的实际功率不同于自由空间信号传输的路径损耗均值,这是路径损耗在均值附近的一种随机分布情况。基于 Friis 自由空间路径损耗模型,综合考虑了上述影响,信号发射端与接收端之间以 dB 为单位的路径损耗表达式如下式(8.1)所示。

$$PL(d) = PL(d_0) + 10n\log\left(\frac{d}{d_0}\right) + S_\sigma \tag{8.1}$$

其中 n 是路径损耗参数,取决于信号传播的环境; d_0 是参考距离; S_σ 是随机数,代表由身体不同部位(如骨骼,肌肉,脂肪等)和不同方向天线增益引起的偏差,以 dB 为单位,并且实验证明, S_σ 基本上符合均值为零且方差为 σ 的正态分布,即 $S_\sigma \sim N(0, \sigma)$ 。值得注意的是,从体表的信道模型研究中,体表到体外终端之间的信道模型可以近似的简化为在自由空间的传输情况,即式(8.1)中的路径损耗可以不考虑随机项 S_σ 。

3. 传输技术(调制编码技术)

考虑到基于 ISM 频段的窄带器件较为常见成本也较低,更易于用来构建无线体域网,这里我们主要介绍 IEEE 802.15.6 标准中的窄带物理层模型,WBAN 工作在 2.4 GHz 的 ISM 频段上。图 8.28 描述了标准中定义的窄带器件的物理层协议数据单元结构(PPDU)。

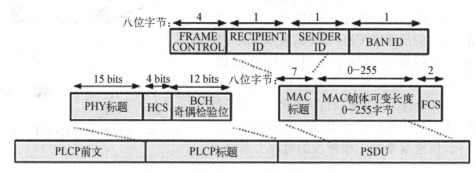

图 8.28　IEEE802.15.6 窄带 PPDU 结构

根据 IEEE 802.15 TG6 的研究,窄带物理层中可选调制方式及相关参数如表 8.5 所示。传感器节点与协调器工作时的路径损耗模型为

$$PL(d)[dB] = \begin{cases} 6.6\log(d) + 36.1 + N & 100 \text{ mm} \leqslant d \leqslant 1\,000 \text{ mm} \\ 20\log(d) & d \geqslant 1\,000 \text{ mm} \end{cases} \tag{8.2}$$

其中 N 是期望为 0 方差为 3.80 的正态分布函数[20]。

表 8.5　PLCP 和 PSDU 调制参数[20]

数据包组件	调　制	符号率 (ksps)	编码率 (k/n)	扩散因子 (S)	脉冲形状	信息数据率 (kbps)	支　撑
PLCP	$\pi/2-\mathrm{DBPSK}$	600	19/31	4	SRRC	91.9	命令式
PSDU	$\pi/2-\mathrm{DBPSK}$	600	51/63	4	SRRC	121.4	命令式
PSDU	$\pi/2-\mathrm{DBPSK}$	600	51/63	2	SRRC	242.9	命令式
PSDU	$\pi/2-\mathrm{DBPSK}$	600	51/63	1	SRRC	485.7	命令式
PSDU	$\pi/2-\mathrm{DQPSK}$	600	51/63	1	SRRC	971.4	命令式

8.3.4　无线体域网 MAC 层关键技术

MAC 层主要任务是负责接入策略以及数据帧的传输和处理。网络通信时，帧结构的定义以及接入机制的选择均在中心控制节点处完成。通常情况下 MAC 层接入策略可以分为基于竞争的接入策略、基于调度的接入策略和混合接入策略。

1. 基于竞争的接入策略

基于竞争的接入策略的特点是节点通过竞争的方式占用信道并进行数据传输。典型的基于竞争的接入策略是 CSMA/CA 协议和 Slotted-Aloha 协议。

CSMA/CA 协议中，源节点发送数据前首先检测信道是否有其他节点正在使用，如果检测出信道空闲，则等待 DIFS 时间后，才发送数据。接收节点如果正确收到此帧，则经过 SIFS 时间间隔后，向源节点发送确认帧 ACK，源节点收到 ACK 帧，确定数据正确传输。在经历 DIFS 时间间隔后，信道会出现一段空闲时间，为避免出现各节点争用信道的情况，各节点通过选择相应的竞争窗口来退避，如图 8.29 所示：

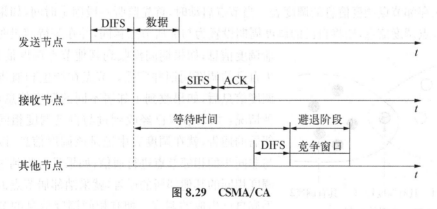

图 8.29　CSMA/CA

Slotted-Aloha 协议将时间划分为离散的时间片，用户每次必须等到下一个时间片开始才能发送数据，从而减少了用户数据发送的随意性，降低用户发生冲突的可能性，进而提高信道的利用率，如图 8.30 所示：

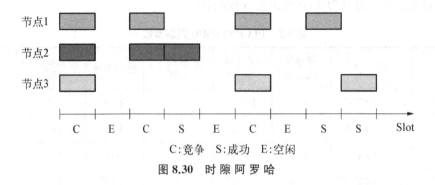

C:竞争 S:成功 E:空闲

图8.30 时隙阿罗哈

上述两种接入策略仅仅是考虑了如何降低冲突,鉴于无线体域网的特性,能量有效性指标是协议设计过程中必须考虑的一个因素。MAC层协议网络能量浪费主要来源于以下方面:数据碰撞重传导致能量消耗增加;节点接收并处理不必要的数据(也称作串音),导致节点无线接收模块和处理器模块消耗更多能量;节点在不需要发送数据时一直保持对无线信道的空闲侦听,这种过度的空闲侦听造成能量浪费。针对上述这些可能造成能量浪费的主要因素,在IEEE 802.11MAC协议的基础上提出了S-MAC(Sensor-MAC)协议。S-MAC协议主要采取了以下机制:周期性侦听/睡眠的低占空比工作方式,控制节点尽可能处于睡眠状态来降低节点能量的消耗;邻居节点通过协商的一致性睡眠调度机制形成虚拟簇,减少节点的空闲侦听时间;采用带内信令来减少重传和避免监听不必要的数据;通过流量自适应的侦听机制,减少消息在网络中的传输延迟[21]。

(1)周期性侦听/睡眠的低占空比工作方式。每个节点独立地调度它的工作状态,周期性地转入睡眠状态,在苏醒后侦听信道状态,判断是否要发送或接收数据。在活动状态下,节点能够传输数据分组,跟邻节点交互信息;在睡眠状态下,节点关闭发射接收器。当节点在睡眠状态下有数据要处理时,会缓存数据等到活动状态处理。

(2)虚拟簇机制。每个节点用广播同步帧(SYNC)的方式通告自己的调度信息,同时维护一个保存邻节点调度信息的调度表。当节点启动时,首先监听一段固定时间,如果期间收到其他节点调度信息,则将自己的调度周期设置为与邻居节点相同,并在等待随机时间后广播调度信息;如果期间没收到其他节点调度信息,则产生自己的调度周期并广播。节点在产生和通告自己的调度信息后,如果收到了邻居不同的调度信息,则分两种情况:如果节点已经收到过与自己调度相同的其他邻居的通告,就在调度表中记录该调度信息,以便能够与非同步的相邻节点进行通信;如果没有收到过与自己调度相同的其他邻居的通告,就采纳邻居节点的调度而丢弃自己生成的调度。拥有相同调度信息的节点就形成了一个虚拟簇,如图8.31所示。

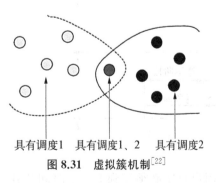

具有调度1 具有调度1、2 具有调度2

图8.31 虚拟簇机制[22]

(3)冲突减少机制。S-MAC协议采用与IEEE 802.11 MAC协议类似的物理和虚拟载波监听机制,以及RTS/CTS的握手机制来减少冲突和避免串音,如图8.32所示:

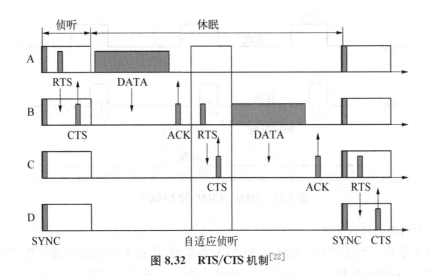

图 8.32　RTS/CTS 机制[22]

当节点竞争到信道后，采用与 IEEE802.11 中相同的帧间间隔，在 DIFS 时间后开始发送一个短的发送请求帧(RTS)来通知接收节点；接收节点收到 RTS 后，在 SIFS 时间后向发送节点回复一个 CTS 帧。发送节点在接到 CTS 后便开始发送 DATA 数据分组。通过 RTS/CTS 交互完成发送方和接收方之间的握手过程，目的是为了通知发送方和接收方两者的邻居节点，避免邻居节点此时传输数据造成冲突。

（4）流量自适应的侦听机制。在 WBAN 中，节点使用多跳通信，因此节点周期性侦听/睡眠机制带来的时延会增加。S－MAC 协议为了降低时延的累加效应，采用了流量自适应侦听机制。这种机制的核心思想是发送节点的邻节点在收发过程结束后继续侦听一段时间。如果节点在继续侦听的时间内收到 RTS 分组，立刻接收数据，不用等待下次侦听周期的到来，降低了数据的传输时延。如果节点在此侦听时间没有收到 RTS 分组，那么进入睡眠状态等待下次调度侦听周期的到来。

S－MAC 协议中，节点活动时间无法适应负载动态变化时会存在较高的能量浪费，针对这个问题，在 S－MAC 基础上演变出了 T－MAC(Timeout MAC)协议[22]，T－MAC 协议在保持周期长度不变的基础上，根据通信流量动态地调整活动时间，用突发方式发送消息，减少空闲侦听时间，相对 S－MAC 协议减少了处于活动状态的时间，进一步提升了能量有效性。除此之外，还演变出了 P－MAC(Pattern－MAC)[20]，它允许系统工作时睡眠的占空比可变，使用超时机制动态地调整休眠/工作时间长度，该策略使得 P－MAC 更适应异构负载条件，但是它具有提前休眠的问题即节点进入休眠模式后，邻近节点仍然会有数据传送到该节点，这增加了额外的丢包率。除了 S－MAC 和 T－MAC(Timeout－MAC)，基于竞争的接入策略还有 WiseMAC[20]等。

基于竞争的接入策略很少被使用，其原因在于 WBAN 对能量有效性有很高的要求，而基于竞争的接入策略中，节点间通过竞争占用信道的过程不可避免地存在因数据包碰撞而引发的重传，或因长时间侦听信道而浪费能量，这些都降低了 WBAN 网络的能量有效性。

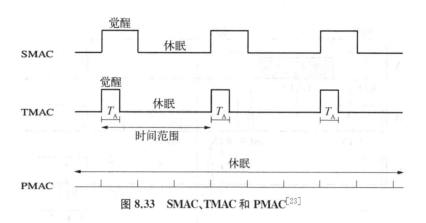

图 8.33　SMAC、TMAC 和 PMAC[23]

2. 基于调度的接入策略

WBAN 中基于调度的接入策略以 TDMA 为基础,该技术中频谱资源依据时间轴被分为多个时隙。协调器根据调度策略为每个节点分配一个或多个时隙,节点在指定的时隙访问信道。这类基于调度的接入策略有效地解决了因数据包碰撞、信道空闲侦听等造成的能量浪费问题,因此基于调度的接入策略更适用于对能耗有苛刻要求的 WBAN。为了使调度接入策略在 WBAN 中有效工作,全网各个节点的时钟必须保持同步,因此如果没有高效的同步机制,理论上被分配到不同时隙的节点在实际中可能发生冲突,造成数据包碰撞和丢失。除了采用精确的时钟同步机制外,在相邻时隙之间插入适当宽度的保护时隙也是减少因时钟漂移造成的不同步问题的有效方法。

美国加利福尼亚大学研究的通信流量自适应媒质接入协议(TrafficAdaptive Medium Access,TRAMA)[24] 旨在以有效节能的方式改进传统的 TDMA 机制的信道利用率,TRAMA 协议将物理信道划分为多个连续时隙,通过对这些时隙的复用为数据和控制信息提供信道。每个时隙分为随机接入和分配接入两部分,随机接入时隙也称为信令时隙,分配时隙也称为传输时隙,如图 8.34 所示。TRAMA 协议核心是三个部分:邻居协议 NP、调度交换协议 SEP 和自适应时隙选择算法 AEA,节点通过 NP 协议获得两跳内的拓扑信息,通过 SEP 协议建立和维护发送者之间的调度信息,通过 AEA 算法决定节点在当前时隙的活动策略。

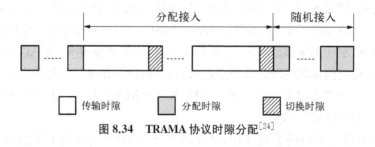

图 8.34　TRAMA 协议时隙分配[24]

除上述算法外,近年来,研究人员针对 WBAN 的 MAC 层调度策略做出了大量的研究,其中包括:心跳驱动接入协议(heartbeat driven MAC,H－MAC)[20],该协议中研究人员为了保证每个节点通过识别脉搏信号实现同步,将固有的心跳频率作为全网同步的 Beacon

帧；基于分布式排队机制的接入策略（distributed queuing body area network MAC，DQBAN）[20]，该协议使用跨层的模糊逻辑算法以满足不同业务对 QoS 的要求，该策略能够在保证能量有效性的前提下实现更稳定的传输系统；基于电池动态驱动的时分多址接入策略（battery-dynamics driven TDMA MAC），该策略综合考虑了电池的电化学特性、时变的信道衰落模型和数据的排队特性，在保证系统可靠性和数据包时延的基础上延长了系统的生存时间。

表 8.6 总结了上述两种策略的特点，从表中可以看出基于调度的接入方式的优点在于数据包的传输效率和能量有效性都比较高，但是网络的扩展性较差，当网络出现突发的数据包时它的服务时延较高。考虑到 WBAN 对能量有效性和传输效率有很高的要求，而对网络扩展性要求不高。因此，综合各方面的因素，基于调度的接入策略优于基于竞争的接入策略。

表 8.6　基于竞争接入和基于调度接入比较

属　　性	基于竞争接入	基于调度接入
功率消耗	高	低
频带利用率	低	高
传输效率	低	高
突发业务时延	低	高
时钟同步	不需要	需要
网络扩展性	好	差

3. 混合接入策略

结合以上两种接入策略的优势，研究人员还设计了混合接入策略。典型的如 ZMAC 协议，它可以根据网络中信道竞争情况来动态调整协议所采用的机制，在 CSMA 和 TDMA 机制之间切换。在网络数据量较小时，竞争者少，节点工作在 CSMA 机制下；在网络数据量较大时，竞争者多，节点工作在 TDMA 机制下，使用拓扑信息和时钟信息来改善协议性能，因此，ZMAC 协议可以很好地适应网络拓扑的变化并提供均衡的网络性能。

WBAN 的标准 IEEE 802.15.6 的信标工作模式也支持混合接入策略。在该模式下协调器将时间资源以超帧的形式划分，且每个超帧再划分为适当长度的接入期，如图 8.35 所示，IEEE 802.15.6 超帧结构被划分为紧急接入期（EAP1/EAP2）、随机接入期（RAP1/RAP2）、管理接入期（MAP）以及一个竞争接入期（CAP）。在 EAP，RAP 和 CAP 阶段，WBAN 采用 CSMA/CA 或 Slotted-Aloha 接入策略来竞争信道资源。其中 EAP 仅用于最高优先级业务的接入，如紧急业务等。而 RAP 和 CAP 用于非最高优先级业务（普通业务）的接入。MAP 中采用基于调度的接入策略分配信道资源，它支持上行、下行或双向的接入方式。值得注意的是，以上接入期在超帧中占用的时间长度是可变的，根据实际的需求可以通过将以上接入期的时间长度设置为 0 来禁用这些接入期。因此 IEEE 802.15.6 标准在实际应用中具有很强的灵活性。

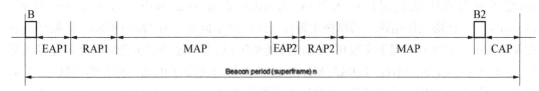

图 8.35　IEEE 802.15.6 超帧结构

8.3.5　无线体域网的性能指标

无线体域网特殊的网络拓扑和应用决定了其所关注的技术指标不同于其他无线通信标准。无线体域网更注重于节点的功率消耗、能量有效性、数据可靠性、安全性以及异构网络的可扩展性,对无线体域网的研究工作也是基于对这些技术指标的优化而开展的。在无线体域网中最为重要的是能量有效性指标,能量有效性注重于研究所消耗的能量是完成了所需的工作,还是由于某种原因被浪费了。在通信协议的设计中,减少碰撞率提高通信成功率是一种有效地提高能量有效性的方法,如何合理地设计通信协议,尽可能地减少碰撞,是提升能量有效性指标的关键技术。

无线体域网的主要应用是医疗健康领域,这个应用特点对数据的可靠性和安全性提出了更高的要求,因此无线体域网系统需要有足够的鲁棒性,能够在较短时间内发现可靠性问题并做出响应,最坏情况下如果无法自行修复,也需要将突发问题报告给远端的设备。

无线体域网设计过程中另外一个需要考虑的地方是异构网络的扩展性,无线体域网工作在以人体为中心 2～3 m 范围内,但是当前的研究趋势是将体域网和现有的其他网络进行融合,这包括无线局域网、互联网、有线电视网络以及日益流行的智能家居等网络,在设计体域网的过程中,不仅要设计考虑到体域网内部各个节点的通信行为,同时也要把体域网和其他网络的交互行为纳入考虑范围,需要充分考虑异构网络扩展过程中可能存在的各类问题。

在实际应用中,不同应用对 WBAN 在传输速率、时延和误码率上的要求也各不相同,具体如表 8.7。

表 8.7　不同应用指标要求[18]

应　　用	传 输 速 率	时　　延	误 码 率
深部脑刺激	<320 kbps	<250 ms	$<10^{-10}$
药物投放	<16 kbps	<250 ms	$<10^{-10}$
胶囊内窥镜	1 Mbps	<250 ms	$<10^{-10}$
心电图	192 kbps	<250 ms	$<10^{-10}$
脑电图	86.4 kbps	<250 ms	$<10^{-10}$
肌电图	1.536 Mbps	<250 ms	$<10^{-10}$

(续表)

应　用	传输速率	时　延	误码率
血糖监测	<1 kbps	<250 ms	$<10^{-10}$
高清语音	1 Mbps	<20 ms	$<10^{-5}$
视频传输	10 Mbps	<100 ms	$<10^{-3}$
通话业务	50~100 kbps	<100 ms	$<10^{-3}$

8.3.6　无线体域网安全机制

在开放的空间中，进行无线数据交互不可避免地存在安全性问题。鉴于 WBAN 传输的是个人医疗数据信息，其个人隐私性、敏感性和安全性的要求远高于普通应用，如何保证 WBAN 中数据传输的安全性对 WBAN 未来的应用发展起着至关重要的作用。

1. 无线体域网的安全需求

（1）数据的保密性。WBAN 中传输的数据往往是涉及用户个人隐私的敏感数据，需要对这些数据进行严格的保护。标准做法是采用密钥对 WBAN 通信网络进行加密。受限于传感器的资源限制，通常采用对称密钥而不是公开密钥。

（2）数据的完整性。保证数据保密性并不等同于保证数据仍然为原始数据，对手有可能在窃取数据后通过增加或减少数据段的方式来篡改或破坏数据，之后发往数据中心，这些重要的体征信息一旦被破坏，可能会对用户的生命造成威胁。因此，保证数据完整性也是体域网安全机制中需要重点考虑的一个方面。

（3）认证。WBAN 中的数据必须是从值得信赖的节点获得，若存在非法实体通过冒充合法用户向服务器端或者体内传感器发送错误指令将会造成很严重的后果，因此通过访问控制来实现数据的认证性对于无线体域网来说至关重要。

（4）访问控制。类似于实际应用中的很多系统，无线体域网中很多数据信息需要对数据访问权限进行控制，不同的用户得到不同的访问权限。

2. 数据安全和隐私保护技术

WBAN 上的攻击主要可分为三类：① 机密与认证攻击；② 服务诚信攻击；③ 网络可用性攻击。表 8.8 给出了物理层、链路层、网络层、传输层受到的 DoS 攻击与防御措施（见表8.8，表 8.9）。

表 8.8　WBAN 各层所受攻击与防御[25]

层	DoS 攻击	防　御
物理层	阻塞 篡改	扩展频谱，消息优先级，较低的占空度，区域映射通信模式变换，防篡改，汇节点隐匿
链路层	冲突 不工作 耗尽	错误纠正码 通信速率限制

(续表)

层	DoS 攻击	防　　御
网络层	忽略 归位 误导 黑洞	冗余路由,探查 加密 输出过滤,授权监测 认证,监控
传输层	扩散法 同步破坏	客户难题 认证

表 8.9　WBAN 中安全威胁和解决方案[25]

安　全　威　胁	安　全　需　求	可能的解决方案
未经证实或未授权的访问	密钥建立和信任建立	随机密钥分配、公钥加密
信息泄露	保密性	链路层或网络层加密、访问控制
消息篡改	完整性	键入安全的散列函数、数字签名
拒绝服务(DoS)	可用性	入侵检测、冗余路由
节点捕获和受损节点	受损节点的恢复力	一致性检查和节点撤销、防篡改
路由攻击	安全路由	安全路由协议
入侵和高级安全攻击	安全组管理,入侵检测	安全组通信、入侵检测

8.3.7　无线体域网应用案例

随着大数据、云计算和物联网的兴起,WBAN 作为针对人体通信环境设计的物联网通信技术,为人体生理数据的可靠采集和监测提供了很好的途径。目前,云技术的兴起也推动了 WBAN 的发展。一方面,有云技术作为支撑的 WBAN 应用场景更加广泛。另一方面,云计算带来的数据存储和分析能力也使得 WBAN 采集的人体生理数据更有价值。作为云技术和 WBAN 结合的代表,BodyCloud 已经得到了学术界广泛的研究,大量基于 BodyCloud 的研究成果不断涌现。图 8.36 展示了典型的 BodyCloud 应用系统。

图 8.36　WBAN 典型应用系统[26]

有着云和大数据技术的支撑，WBAN 有着更大的发展空间。WBAN 作为专门定位于人体生理信息采集和传递的无线通信网络，在医疗服务领域、消费电子等领域都展现出巨大的优势。

在医疗服务领域，由于人口老龄化速度的不断加快，社会对医疗服务的需求也越来越大。传统医疗服务手段中，由于越来越高的人力成本，人工看护逐渐减少了其所占的市场份额。相比之下，WBAN 由于其灵活方便的特征逐渐占领了市场。WBAN 一方面降低了看护成本，另一方面可以对用户的身体数据进行实时的追踪。与传统的有线医疗监护设备相比，WBAN 的应用场景从对不能移动的重症病患进行的静态看护扩展到对大多数能正常活动的慢性病患者进行的动态看护。WBAN 中轻巧的无线传感器，减小了对使用者日常生活的影响，极大地提升了使用者的用户体验。

消费电子领域在移动互联网产业的新浪潮中受到了更多的关注。在消费电子领域中可穿戴智能设备、虚拟现实设备的不断推陈出新促进了 WBAN 技术的发展。在可穿戴设备领域，WBAN 技术的应用侧重于人体健康数据的采集和分析。WBAN 通过统计处理传感器节点采集的人体生理信息数据，分析出用户当前的健康状况，然后在应用层的相关应用软件中进一步为使用者提供健康建议或者运动健康指导。此外，如何将 WBAN 与已有的移动智能设备结合使用也成为新的研究热点。

无线体域网在未来的家居和日常生活中也有着广泛的应用前景。在未来，无线体域网将和智能家居无缝整合，未来的家居生活会更加的舒适和人性化，分布在人体身上的传感器将家庭主人的信息传输给房间内的智能家具，室内环境可以做出智能的变化，例如当置于体表环境温度传感器检测到室温低于舒适温度，体域网传感器就会给室内的空调发出命令，开启制热功能，自动提高室内温度。未来的日常生活也会因为融入无线体域网而更加便捷，残障人士将受益颇多。对于盲人而言，体域网将和未来的智慧城市无缝融合，盲人只需要在身上穿戴一套体域网设备，就可以实时地接受各种导航服务、信息检索和定位功能，盲人的出行将不再存在障碍，同时也不需要额外的护工陪同。

8.4　未来局域网络关键技术

未来物联网技术将会迅速发展，短期来看，除了拥挤的 2.4 GHz 和 5 GHz 频段，工作在 60 GHz 频段的 IEEE 802.11ad 协议标准能够支持室内覆盖千兆位的网络高数据吞吐量。相比于之前的无线局域网协议，这种能力也许能够满足一些行业的应用需求。但随着现代工业的发展，对于网络吞吐量的要求只会越来越高，IEEE 802.11ad 很可能无法避免被淘汰的宿命。与之相对应的是，该标准的用例也会发生改变，它将从适用于便捷的无线家庭办公环境，扩展为应用在数据中心建立无线网络通信网络，企业也无需花费成本购买铜制或光纤电缆来铺设有线网络了。

在 2016 年，IEEE 标准协会回到了基本的 IEEE 802.11 - 2016 标准上，并推出了 IEEE 802.11ac 和 IEEE 802.11ad。与此同时，这些标准也有机会去支持更精准、吞吐量更高并且基于室内定位的应用。

其他影响物联网的无线局域网标准还包括基于蜂窝的窄带物联网（Narrow Band Internet of Things，NB‐IoT），这是一种典型的低功耗广域网络，同样的还有 IEEE 802.11ah标准协议。NB‐IoT 构建于蜂窝网络，只消耗大约 180 kHz 的带宽，可直接部署于 GSM 网络、UMTS 网络或 LTE 网络，支持待机时间长、对网络连接要求高的设备连接。相信在不久的将来，物联网将会切实走进生活的方方面面。

第9章 信息网络：未来物联网

无中心网络始终是未来无线通信领域的重要研究领域，由于其无需核心交换网络的预先铺设，其组网过程始终具备灵活性与非标准化特点。因此，无中心网络在民用领域形成了与蜂窝网络共存局面的同时，在军用/专用领域形成了主要独特的研究发展趋势。在本章中将主要围绕无中心网络的基本概念、主要特点、关键技术等进行展开介绍，并且重点针对无中心网络的质量分析与评估进行介绍，以期读者对无中心网络有较为全面的了解。

9.1 未来物联网的发展路线

9.1.1 物联网技术的概念

1. 物联网概述

物联网是物物之间的互联组织方式，现阶段的主要形式是 M2M。预测到 2020 年，世界上"物物互连"的业务，跟互联网业务相比，将达到 30 比 1 的产业规模，因此"物联网"也被称为是万亿美元级的信息技术产业。

物联网以互联网为基础设施，是传感网、互联网、自动化技术和计算技术的集成及其广泛和深度应用。物联网是互联网的延伸与拓展，是新理念引导下新一代信息技术的应用集成创新。其功能是：各类实物信息被不同的传感器感知、采集、形成数字信号，通过各类网络快速传输到信息处理层，加工处理的信息形成信号或知识，一方面为管理服务提供信息依据，另一方面可以通过传输层反馈至传感设备，实现对实物的操作。物联网既是网络技术的发展，又是自动控制技术在巨型复杂系统中的应用。

物联网是继计算机、互联网和移动通信之后的，世界信息产业的第三次革命性创新，物联网技术已经融入社会的各个方面，预计到 2020 年，将有 300 亿个原本不具有智能的物体连接到物联网，加上原本可以互联的物体，全球物联网连接的对象规模将达到大约 2 120 亿个(引用国际数据公司 IDC 发布的数据)。世界上"物连"的业务远远超过人与人通信的业务，物联网技术和产业的发展空间巨大。随着物联网技术开发、标准研究、应用示范等方面的工作进展，也暴露出我国物联网相关核心技术和产业基础相对薄弱、系统集成服务能力和应用水平较低、业务和商业模式创新不够等问题。解决这些问题有两个关键途径：① 充分认识物联网技术发展方向，引导和加强相关技术领域的创新研究；② 充分认识物联网产业与互联网产业本质特征的区别,引导和加强相关业务应用的研究和商业模式的创新。前者关注技术发展趋势,后者关注应用发展规律。

物联网技术的应用与推广,将改造提升一批传统产业,带动一批新兴产业发展,扩大一批传统产业的市场规模。目前,物联网大都在传统产业应用,如交通、物流、电网、石油天然气、食品等行业,极大提升了这些传统产业的效率,改进了发展方式。同时,物联网的应用带动了相关制造业和服务业的发展,包括芯片、传感器、集成模块及设备、中间件制造业,以及应用系统设计与集成、软件开发、试验检测、工程实施、云计算等高技术服务业的发展,扩大了其市场规模。

物联网不仅应用于诸多影响国计民生的重要行业,而且在日常生活等领域拥有巨大潜在市场。一是以政府公共服务为主的公共管理和服务市场。如电子政务、城市管理、医疗、教育等领域;二是企业为主的行业应用市场。如电信、电力、物流、石油天然气等行业;三是以个人和家庭为主的消费市场。如购物、家用电器、休闲娱乐等消费领域。随着技术的不断发展,物联网服务的领域正在扩展。

2. 物联网发展趋势

未来物联网发展方向呈现如下主要趋势。

(1)智能化趋势。物联网将从目前简单的物体识别和信息采集,走向真正意义上的物联网,实时感知、网络交互和应用平台可控可用,实现信息在真实世界和虚拟空间之间的智能化流动。目前信息化对物联网的要求已从基础的无线抄表、车辆位置监控、移动 POS 应用发展到智能化综合解决方案,信息化应用趋势重点在物联网智能化应用解决方案。

(2)规模化趋势。随着世界各国对物联网技术、标准和应用的不断推进,物联网在各行业领域中的规模将逐步扩大,尤其是一些政府推动的国家性项目将吸引大批有实力的企业进入物联网领域,大大推进物联网应用进程,为扩大物联网产业规模产生巨大作用。

(3)协同化趋势。随着产业和标准的不断完善,物联网将朝协同化方向发展,形成不同物体间、不同企业间、不同行业乃至不同地区或国家间的物联网信息的互联互通互操作,应用模式从闭环走向开环,最终形成可服务于不同行业和领域的全球化物联网应用体系。

9.1.2 物联网发展的关键技术

1. 识别技术

识别技术,涉及前端数据的采集与物体的身份识别,是实现物联网的核心关键技术之一。目前,随着技术的进步和"物联网"概念的发展,物联网涉及的物体识别手段很多,包括条码、RFID、WSN、雷达、视频、红外等等多种标识手段。所有这些识别系统之间的融合和兼容(互操作性)问题将是当前物联网发展需要考虑的问题之一。物联网的发展需要一个全新的物体标识体系,能够支持现存的全球范围内各种典型的标识方案和将来可能会有的标识系统,而且可以与现存的互联网和万维网的标识架构相兼容。

另外,现存的各种识别系统的原理有所不同,有基于身份 ID 标识的物体识别,如条码和RFID 自动识别技术等;也有基于属性的物体识别,如雷达,红外,WSN 等。由此带来的编码问题将是当前物联网发展需要考虑的问题之二。CASAGRAS 的一份报告全面评估了与物联网技术密切相关几种编码方案,并指出了他们的优缺点。物联网的发展是需要一个全新的、多维的、自适应的全球物品统一编码体系，并要考虑到物体标识与后台解析、信息服务以及 IPv6 等影射问题。涉及互联、感知与信息交互的理论和模型，物体（设备）唯一身份的标识管理，人和位置的标识，同一实体的不同标识之间可能的交叉引用操作和相互认证，以及面对物联网海量信息的时空一致性描述，智能计算和存储管理都将是物联网标识技术发展需要考虑的问题。

2. 物联网体系架构

早期的物联网，其典型架构主要有欧美的 EPC 体系和日本的 UID 体系，该两体系在各自政府支持和企业推动下已推广应用，但由于各自在编码方案和后台信息处理方面差别迥异，两者并不兼容；而且架构中都存在后台数据和用户隐私的安全问题。如 EPC 的根 ONS 系统和配套的发现服务系统暂时由 EPC global 委托的 Verisign 公司进行运维，它完全面临被单个公司或者国家运营掌控的安全威胁。此外两者都有一个共同的局限就是只能基于 ID 标识进行物体识别。随着技术进步和物联网概念的拓展，EPC、UID 将只能成为物联网架构发展中的子集，可伸缩性、可扩展性、模块化和互操作性等将是未来物联网架构设计的重点考虑问题。物联网的发展，需要一个开放的、分布式的、动态的全球体系架构。该架构能够将现存的或者将来会出现的各种异构系统和分布式资源的互操作性最大化，这些资源将包括人、智能物体，甚至软件等。目前，国际上对该领域的研究主要分为两方面：一是从网络基础理论研究的角度出发来试图解决新型物联网网络的基本问题，主要包括对现有网络层次化功能模型的改进和探索非层次化的网络体系结构；二是从工程技术研究角度出发，解决网络与业务实现的具体问题。欧盟主要聚焦于"Integration of RFID & WSN"（射频识别技术与无线传感器的融合），重点支持语义操作和 SOA 架构方面的研究。国内主要有研究物联网及其演进的软件建模理论、体系架构和设计方法。

近日美国自然科学基金委员会召开未来互联网体系结构（Future Internet Architecture）高层研讨会，会中提出：未来网络应该适应于发展中国家基础设施比较欠缺的环境；应该面向人类的自我辨识，以人为中心，而不是以设备为中心；应该更多联系到现实世界，因而不但能够信息传递，而且要控制、动作和感知。中欧专家经过多次交流有一些共识：目前全球还无统一的物联网体系架构，尚需经过一个摸索和交流阶段。因此如何由当前智能网体系演进到未来物联网体系架构，需要加强如下几个方面的研究：

端对端服务、异构系统融合、中性访问、分层明确和对物理网络中断具有弹性恢复的开放性、分布式架构、基于对等节点的自主分散式架构模型、云计算和事件驱动架构、断开连接操作和同步性机理。

3. 物联网通信和网络技术

物联网实现的是物理世界、虚拟世界、数字世界与社会间的交互。典型的物联网通信模式主要分为："物与物"（thing-to-thing），和"物与人"（thing-to-person）通信。"物与物"通信，主要实现"物"与"物"在没有人工介入情况下的信息交互，譬如物体能够监控其他物体，当发生应急情况，物体能够主动采取相应措施。"M2M"技术就是其中的一种形式，但是目前 M2M 技术实现大多是基于大型 IT 系统的终端设备。"物与人"通信，主要实现"物"与"人"之间的信息交互，譬如人对物体的远程控制，或者物体向人主动报告自身状态信息和感知的信息。随着物联网发展,实现互联的范围将会指数倍增长,那么通信中可扩展性、互操作性,以及保证网络运营商投资回报的问题将是挑战。

物联网对网络技术的需求主要表现在三方面:要求网络传输技术的进步(无线、有线),要求网络分配技术的升级,以及 web 3.0 的应用。另外,在网络架构和管理方面,能够具有集成有线和无线网络技术,实现透明的无缝衔接,并实现自我配置和有层次的组网结构。无线通信和网络技术将是促进物联网发展的主要动力,尤其 3G、3.5G MMDS、WLAN、WiMax、UWB、WSN 等。除此之外,还有涉及分布式存储单元,定位和追踪系统,以及数据挖掘和服务等[4]相关通信和网络技术都将是物联网发展需要考虑的主题。

当前,在全球物联网体系架构并没有确定的情况下来明确未来物联网通信和网络架构实非易事,但值得肯定的一点是:物联网的发展需要一个全新的通信和网络架构,能够融合现有的多种通信、网络技术及其演进;能够适合各类感知方式、解析架构以及未来可用的网络计算处理。因此,针对物联网发展中的通信与网络技术,需要从以下几个方面加强研究。

(1) 物联网扩频通信和频谱分配问题。

(2) 基于软件无线电(SDRs)和认知无线电(CRs)的物联网通信体系架构。

(3) 物联网中的异构网络融合和自治机理。

(4) 基于多通信协议的高能效传感器网络。

(5) IP 网络技术(IP 和后 IP,IP 多协议优化和兼容)。

4. 物联网搜索和发现服务

面对物联网中海量的分布式资源,如传感器,信息源和存储库等,那么按照这些资源的属性(如提供的传感器,驱动器,服务器的类型)、位置或者所提供的信息(如物体或交易的 ID 号等)来搜索和发现这些资源是很有必要的,也是一项挑战[4,30]。因此,物联网搜索和发现服务对物联网的信息管理至关重要。如果失去它,数据的查找和访问将不能达到准确和有效。在 EPC 系统中,搜索和发现服务主要包括 ONS 以及配套的服务。但随着物联网技术的发展,其搜索与发现服务不仅可以被人使用,也可以被应用软件或智能物体使用,以帮助收集来自不同系统和位置的信息或查找可用于支持智能运输、处理、网络通信和数据处理的基础设施。因此物联网的发展需要一个全新的解析架构,能够实现物理、数字和虚拟实体间的影射,其功能将远远超越 ONS 或者 DNS。

对于有效的搜索和发现,信息的语义标记[4]非常重要,尤其要确保大量自动生成的信息在没有人工干预的情况下具有自动性和可靠性,这将是一个挑战。此外,如何将地面测绘数据与如邮政编码和地名的逻辑位置交叉引用,以及物联网搜索和发现服务涉及的位置几何概念问题,如空间重叠和分离将是一个技术热点。

当前,物联网搜索和发现服务需要解决的问题有:面向物联网海量资源信息查找模型与分析机理,真实、数字和虚拟实体间影射问题,语义标记和搜索,搜索发现与标识的多维性研究,如物品 ID,物品属性,时间,地点等多融合与一致性,全球通用认证机制。

5. 物联网数据处理技术

物理世界的数字化,将使网络上的数据量逐渐攀升。物联网的发展必会带来海量信息的数据存储和智能处理问题,因此,迫切需要更佳的数据处理方法和机制来查询、获取和处理数据。目前出现的"云计算""超算"等技术都将是物联网数据处理的强大后盾,将大大促进物联网的发展。目前,国外研究主要聚焦于物理计算和认知设备(如无线传感器网络,移动电话,嵌入式系统,微型机器人等)以及互联网融合中涉及的数据处理技术,主要包括:语义互操作性,服务寻找,服务组合,语义传感器网络,数据共享、传播和协作,自治代理,人机交互等问题。

国内在面向海量信息的智能处理和面向复杂应用环境的数据存储等方面有较强的研究力度,主要有以下几点。

(1) 物联网中的海量信息智能处理和数据存储理论。

(2) 面向海量信息的高效计算模型与分析学习机理,动态时空信息描述与一致性控制机制。

(3) 整合和分析海量信息并提供智能服务的方法。

(4) 针对异构和并发服务的大规模数据存储面临的高效性、安全性、可靠性、低能耗等挑战,研究面向服务且支持云计算等存储服务的架构。

(5) 自组织的动态数据对象管理和资源共享方法,存储服务 QoS 和效用评价方法。

(6) 网络使能技术及其与物联网的协同应用。

6. 物联网安全和隐私技术

物联网作为前沿综合交叉技术,其安全和隐私问题受到广泛关注。主要涉及两方面的问题:一是国家和企业机密,二是个人隐私。对国家和企业而言,数据资源包含了一定的敏感信息,若处理不当,很容易在数据交互共享的过程中遭受攻击而导致机密泄露,构成严重的安全威胁;同样对个人而言,数据信息往往涉及个人行为、兴趣等隐私问题,将会对个人形成威胁;也会出现愿意分享个人信息的情况,譬如应急事故救援时,受伤者希望自己的病情和以前的病史可以及时提供给医生从而得到及时和最优的治疗。因此,物联网的发展需要全面考虑这些安全因素,设计并建立相对完善的安全机制,而不是等待新的安全技术出现后再去解决安全威胁。尤其在考虑物联网的各种安全要素时,隐私保护强度和特定业务需求之间是有折中的,最终的设计原则是:在满足业务需求(实用性、易用性)基础上尽可能地保护用户隐私、定制适度的隐私保护策略(实现匿名性和用户行为的不可追踪)。

物联网的安全机制可以从以下几个方面加强。

(1) 认证和访问控制。对用户访问网络资源的权限进行严格的多等级认证和访问控制。例如,进行用户身份认证,对口令加密、更新和鉴别,设置用户访问目录和文件的权限,控制网络设备配置的权限等。还有,可以在通信前进行节点与节点的身份认证;设计新的密钥协商方案,使得即使有一小部分节点被操纵后,攻击者也不能或很难从获取的节点信息推导出其他节点的密钥信息等。另外,还可以通过对节点设计的合法性进行认证等措施来提高感知终端自身的安全性能。

(2) 数据加密。加密是保护数据安全的重要手段。加密的作用是保障信息被攻击者截获后不能被破译,同时对传输信息加密可以解决窃听问题,但需要一个灵活、强健的密钥交换和管理方案,密钥管理方案必须容易部署而且适合感知节点资源有限的特点。另外,密钥管理方案还必须保证当部分节点被操纵后不会破坏整个网络的安全性。目前,加密技术很多,但是如何让加密算法适应快速节能的计算需求,并提供更高效和可靠的保护,尤其在资源受限的情况,人和物体相对运动彼此分离的情况下,进行安全加密和认证是物联网发展对加密技术提出的更高挑战和要求。

（3）立法保护。未来需要从立法角度，针对物联网隐私，如规章的地域性影响、数据所有权等问题，明晰统一的法律诠释并建立完善的保护机制。通过政策法规加大对物联网信息涉及的国家安全、企业机密和个人隐私的保护力度，进一步加强对监管机构的人、财、物的投入，完善监管体系，形成监管合力，都是解决物联网安全和隐私问题的重要手段。

7. 物联网标准

标准化是促进物联网成功的一个关键性因素。目前，物联网标准的发展涉及多方面的不确定性，包括架构、编码、网络通信等基础技术标准，以及应用标准和涉及法律、政治、经济、人文等规范。以 RFID 技术标准为例，EPC global 和 UID 标准各自都在发展，都希望融入国际标准框架下，但两者并不能直接兼容，这也正是限制其发展的重要因素。因此，当前物联网的发展急需加强各国的协商和沟通，以便制定一个全球能接受的、统一和节能的标准。

欧盟在一份研究报告中提出物联网的标准制定需要重点考虑以下三个方面的问题：对现存的互联网、条码和 RFID 标准的依赖性问题；针对特定标准之间的矛盾和公平的调和问题，以及标准之间的兼容互用性问题。目前国际上的研究主要聚焦于：操作性方面的语义数据模型的标准化，无线频谱分配，发射功率和通信协议方面的技术标准，以及在同一频谱下与其他服务的合作标准，包括移动通信服务，广电服务，应急服务等等。其中涉及的物联网本身的标准化，以及基于语义标准和通信标准等理论问题尚待研究。

在我国，RFID 和传感网技术的标准化工作已经开始。国内目前采取的政策是：首先聚焦传感网，在加快制定传感器网络关键技术标准的基础上，再根据不同行业应用需求，按照顶层规划设计，逐步完善物联网标准体系。具体在传感网标准制定方面，工业和信息化部已成立国家传感网标准工作组，统筹规划传感网的标准研究，并表示我国传感网标准体系已形成初步框架，向国际标准化组织提交的"传感网标准化体系框架""传感网系统架构""传感网网络协同架构"等核心方案已被采纳。但目前总体来说，这些标准还是基于"狭义"传感网技术进行制定的，由于未来物联网的体系架构和核心技术尚未确定，我们目前制定的传感网标准与未来真正的物联网标准还是有距离的。

本文认为，物联网发展是一项庞大的系统工程，其标准体系的构建将非常复杂，从标准规划、立项到出台都需要一个过程，在长期储备和掌握核心技术的基础上，需要各方面的协调和配合，因此我国在制定物联网标准的前期。可以针对标准制定的课题进行研究和论证，以"大规划"与"小阶段实施"的思路来规划，逐步、阶段性完成标准制定工作。首先从国家战略的高度来统一规划，充分考虑国际合作和我国国情来论证我国物联网体系框架性标准；然后再具体结合我国物联网发展、核心技术掌握和应用情况，有条件地逐步制定较为成熟的技术和应用标准；最后逐步和系统性地进行完善和融合。

8. 物联网管理

目前，缺乏统一管理已成为物联网发展的另一主要障碍之一。没有一个公正权威的管理协调机构，国际物联网的标准化工作协调起来比较困难。同时，标识、编码和网络通信等关键技术如果将独自发展并应用于各领域，很难为全球物联网提供支撑。WSIS（World Summit on the Information Society）提出，未来互联网的管理模式将是"多元、透明、民主"，由多国共同运营，使政府、私营部门、民间团体和国际组织都能参与进来的模式。物联网的管理模式到底是什么样，它和当前的互联网管理模式有什么不同，其管理机构到底是一个国家主导的，还是由联合国监督下的一个共管机构，都仍然是国际上备受争论的话题。

9.1.3　典型行业物联网与 PaaS 技术

行业物联网通过各种信息传感设备，如传感器、射频识别技术、全球定位系统、红外感应器、激光扫描器、气体感应器等各种装置与技术，实现在工业等行业现场采集任何需要监控、连接、互动的物体或过程、采集其声、光、热、电等各种需要的信息。具有环境感知能力的各类终端、基于泛在技术的计算模式、移动通信等不断融入工业生产的各个环节，可大幅提高制造效率，改善产品质量，降低产品成本和资源消耗，将传统工业提升到智能工业的新阶段。

行业物联网有以下几个特点：

信息采集的全面感知：行业物联网是通过射频识别技术、传感器、二维码等技术，可以随时获取产品从生产过程到销售再到终端用户使用的各个阶段的信息数据。而传统的工业自动化系统进行信息采集时，往往只存在于生产质检的阶段，企业信息化系统通常并不关注具体生产过程。

数据网络的互联传输：行业物联网为了能实时将设备信息精确无误地传出去，需要将专用网络和互联网相互连接。因此行业物联网对网络具有极强的依赖性，同时也要比传统的工业自动化信息化系统更加注重数据的交互。

大数据的智能处理：行业物联网通过使用云计算、云存储、模糊识别以及神经网络这些智能计算的技术，结合大数据处理，对采集到的信息和数据进行分析和处理，并进一步深挖这些数据的价值。

系统的自组织与自维护：系统的自组织和自维护的特性是一个功能完善的行业物联网所必须具备的。系统中的每个节点都要将自身处理得到的信息以及决策数据提供给整个系统，如果其中某个节点失效或是数据发生异常变化时，整个系统将会根据整体的逻辑关系来进行相应的调整，以保证整个系统的全方位互联共通。

PaaS 是云计算应用程序运行环境，提供应用程序部署与管理服务。通过 PaaS 层的软件工具和开发语言，应用程序开发者只需上传程序代码和数据即可使用服务，而不必关注底层的网络、存储、操作系统的管理问题。

PaaS 提供了完善的云计算开发环境，保证了开发的灵活性，可以在平台上设计开发和部署应用，PaaS 为系统开发者提供了一个透明安全功能强大的运行环境和开发环境，学习难度相对较低，主要的 PaaS 平台支持 Java、Python 等高级编程语言，易于软件开发者使用。

PaaS 层作为 3 层核心服务的中间层，既为上层应用提供简单、可靠的分布式编程框架，又需要基于底层的资源信息调度作业、管理数据，屏蔽底层系统的复杂性。随着数据密集型应用的普及和数据规模的日益庞大，PaaS 层需要具备存储与处理海量数据的能力。

1. 海量数据存储技术

云计算环境中的海量数据存储既要考虑存储系统的 I/O 性能，又要保证文件系统的可靠性与可用性。

Ghemawat 等人为 Google 设计了 GFS(google file system)。根据 Google 应用的特点，GFS 对其应用环境做了 6 点假设：① 系统架设在容易失效的硬件平台上；② 需要存储大量 GB 级甚至 TB 级的大文件；③ 文件读操作以大规模的流式读和小规模的随机读构成；④ 文件具有一次写多次读的特点；⑤ 系统需要有效处理并发的追加写操作；⑥ 高持续 I/O 带宽比低传输延迟重要。图 9.1 展示了 GFS 的执行流程。在 GFS 中，一个大文件被划分成若干固定大小(如 64 MB)的数据块，并分布在计算节点的本地硬盘，为了保证数据可靠性，每一个数据块都保存有多个副本，所有文件和数据块副本的元数据由元数据管理节点管理。GFS 的优势在于：① 由于文件的分块粒度大，GFS 可以存取 PB 级的超大文件；② 通过文件的分布式存储，GFS 可并行读取文件，提供高 I/O 吞吐率；③ 鉴于上述假设 4，GFS 可以简化数据块副本间的数据同步问题；④ 文件块副本策略保证了文件可靠性。

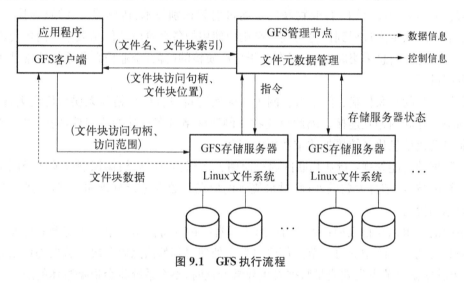

图 9.1 GFS 执行流程

Bigtable 是基于 GFS 开发的分布式存储系统，它将提高系统的适用性、可扩展性、可用性和存储性能作为设计目标。Bigtable 的功能与分布式数据库类似，用以存储结构化或半结构化数据，为 Google 应用(如搜索引擎、Google Earth 等)提供数据存储与查询服务。在数据管理方面，Bigtable 将一整张数据表拆分成许多存储于 GFS 的子表，并由分布式锁服务 Chubby 负责数据一致性管理。在数据模型方面，Bigtable 以行名、列名、时间戳建立索引，表中的数据项用无结构的字节数组表示。这种灵活的数据模型保证 Bigtable 适用于多种不同应用环境。图 9.2 展示了如何在 Bigtable 中存储网页。由于 Bigtable 需要管理节点集中管理元数据，所以存在性能瓶颈和单点失效问题。为此，DeCandia 等人设计了基于 P2P 结构的 Dynamo 存储系统，并应用于 Amazon 的数据存储平台。借助于 P2P 技术的特点，Dynamo 允许使用者根据工作负载动态调整集群规模。另外，在可用性方面，Dynamo 采用零跳分布式散列表结构降低操作响应时间；在可靠性方面，Dynamo 利用文件副本机制应对节点失效。由于保证副本强一致性会影响系统性能，所以，为了承受每天数千万的并发读写请求，Dynamo 中设计了最终一致性模型，弱化副本一致性，保证提高性能。

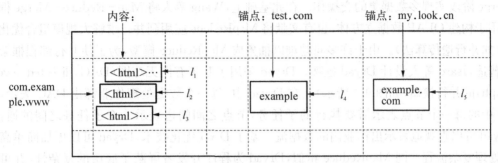

图 9.2　在 Bigtable 中存储网页

2. 数据处理技术与编程模型

PaaS 平台不仅要实现海量数据的存储，而且要提供面向海量数据的分析处理功能。由于 PaaS 平台部署于大规模硬件资源上，所以海量数据的分析处理需要抽象处理过程，并要求其编程模型支持规模扩展，屏蔽底层细节并且简单有效。

MapReduce 是 Google 提出的并行程序编程模型，运行于 GFS 之上。如图 9.3 所示，一个 MapReduce 作业由大量 Map 和 Reduce 任务组成，根据两类任务的特点，可以把数据处理过程划分成 Map 和 Reduce 2 个阶段：在 Map 阶段，Map 任务读取输入文件块，并行分析处理，处理后的中间结果保存在 Map 任务执行节点；在 Reduce 阶段，Reduce 任务读取并合并多个 Map 任务的中间结果。MapReduce 可以简化大规模数据处理的难度：首先，MapReduce 中的数据同步发生在 Reduce 读取 Map 中间结果的阶段，这个过程由编程框架自动控制，从而简化数据同步问题；其次，由于 MapReduce 会监测任务执行状态，重新执行异常状态任务，所以程序员不需考虑任务失败问题；再次，Map 任务和 Reduce 任务都可以并发执行，通过增加计算节点数量便可加快处理速度；最后，在处理大规模数据时，Map/Reduce 任务的数目远多于计算节点的数目，有助于计算节点负载均衡。

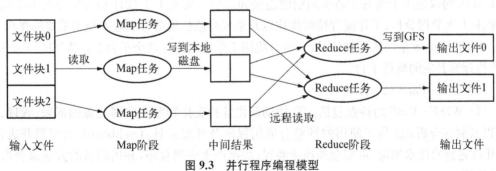

图 9.3　并行程序编程模型

虽然 MapReduce 具有诸多优点，但仍具有局限性：① MapReduce 灵活性低，很多问题难以抽象成 Map 和 Reduce 操作；② MapReduce 在实现迭代算法时效率较低；③ MapReduce 在执行多数据集的交运算时效率不高。为此，Sawzall 语言和 Pig 语言封装了 MapReduce，可以自动完成数据查询操作到 MapReduce 的映射；Ekanayake 等人设计了 Twister 平台，使 MapReduce 有效支持迭代操作；Yang 等人设计了 Map - Reduce - Merge 框架，通过加入

Merge 阶段实现多数据集的交操作。在此基础上,Wang 等人将 Map - Reduce - Merge 框架应用于构建 OLAP 数据立方体;也有文献将 MapRedcue 应用到并行求解大规模组合优化问题(如并行遗传算法)。由于许多问题难以抽象成 MapReduce 模型,为了使并行编程框架灵活普适,Isard 等人设计 Dryad 框架。Dryad 采用了基于有向无环图(DAG,directed acyclic graph)的并行模型(如图 9.4 所示)。在 Dryad 中,每一个数据处理作业都由 DAG 表示,图 9.4 中的每一个节点表示需要执行的子任务,节点之间的边表示 2 个子任务之间的通信。Dryad 可以直观地表示出作业内的数据流。基于 DAG 优化技术,Dryad 可以更加简单高效地处理复杂流程。同 MapReduce 相似,Dryad 为程序开发者屏蔽了底层的复杂性,并可在计算节点规模扩展时提高处理性能。在此基础上,Yu 等人设计了 DryadLINQ 数据查询语言,该语言和。NET 平台无缝结合,并利用 Dryad 模型对 Azure 平台上的数据进行查询处理。

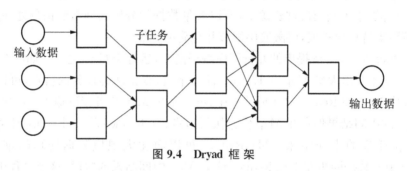

图 9.4 Dryad 框架

9.1.4 研华 wise - PaaS 简介

WISE - PaaS(平台即服务)是域专属云与 IoT 设备之间的桥梁,可为系统集成商提供模块化运营环境。在提供无缝传感器信息传输和远程管理控制的同时,其开放式 RESTful API/SDK 协议也可于所有子系统间创建连接和通信。集成 IoT 软件和云平台在 IoT 应用开发、IoT 大数据分析、工作流程持续优化以及系统后续扩展等方面起着至关重要的作用。

WISE - PaaS 是物联网软件平台,所有应用工业应用都在这个平台上。WISE - PaaS 是为边缘计算开发的软件平台。

1. WISE - PaaS 的核心精神

(1) WISE - PaaS 的特点包括:① 协助简化各种支持物联网联网装置的部署、管理、运作,以及洞察分析;② 易于使用的预整合应用程序及开发工具、Dashboard、云部署开店包;③ 开放完整的技术架构,可安全地连接装置、快速产生应用程序,并用创新的方法来获取新商务价值。

(2) WISE - PaaS 的功能:WISE - PaaS 物联网智能云端平台,为系统集成商提供一个稳定、快速、整合、模块化的开发及运行环境,不仅提升装置管理效率也能快速横向串联各种云服务中的应用,集合六大优势,WISE - PaaS 为用户提供强大及快速开大功能支持;① SUSIAccess 设备管理:信息采集与设备一次完成;② 与 Microsoft Azure 预先整合:预先整合 Azure 的 IaaS 及 PaaS 服务,提供物联网的数据运算与大数据分析;③ McAfee

与 OpenSSL 守护物联网服务安全：提供系统保护、白名单防护、传输安全等工业级的防护机制；④ RESTful API 界面：突破平台与程序语言障碍；⑤ 云端 Web 系统接口：行动管理更有效率：无论手机、平板、个人计算机皆可随时随地地远程监控设备状态；⑥ 专业培训与顾问服务：助你跨越技术难点与门槛：由感知路由器到云端一条龙的专业训练及顾问服务。

2. 开放、标准 WISE－PaaS 平台提供便捷开发平台

在 WISE－PaaS 平台之上，对客户应用开放的应用程序编程接口（RESTfulAPI）以及标准化的连接协议（MQTT），打造分属于不同服务应用下所需要的应用。

因为平台提供的是开放、标准化的 API 及协议，以及在硬件设备上针对系统板卡和无线传感器所开发的专用程序接口；因此平台的架构和部件，具有弹性及易开发等特性，不论是横向整合到第三方云端系统，或对上层云端、下层设备之间均可以进行无缝的通信，这对于物联网平台落地及提供大数据分析并持续进行改善流程将会非常重要。

RESTful 具有开发简单、只需依托现有 Web 基础设施，以及学习成本低等基础条件，再加上物联网的实际应用上的带宽和传递封包需求较小，以及可跨越不同操作系统等优势，让RESTful API 得以成为 WISE－PaaS 串接应用层的关键技术。

3. 优店联网（U－Shop）Powered by WISE－PaaS

在 U－Shop 的大架构下，分别有负责店内人流数据的视频分析与识别 IVS 系统、从事店内环境数据采集与监控的 WebAccess 的 SCADA 系统，以及店内像是 POS 机、电子数字广告牌等终端设备管理与资料搜集上传至云端的 SUSIAccess 等 3 个不同的子系统架构。

3 个子系统架构彼此间独立运作，并且需要相互支持或进行数据的整合透过SUSIAccess 将需要有效的数据上传至云端的数据库储存，而提供这些运算与整合的共同平台，就是所谓的 WISE－PaaS 的平台。利用 WISE－PaaS 平台的计算分析功能与店内设备和客群数据结合，做出分析之后的结果，可做为改善 U－Shop 的依据，并且借助平台提供的机器学习（Machine Learning）功能不断改善，将实际的 U－Shop 应用上达到优化的目的。

由上面实际案例可以看到，物联网的跨系统和跨功能合作是必然的趋势，所以平台的开放性和标准化也会成为客户在物联网快速达成至关重要的因素，WISE－PaaS 将以此作为原则，并秉持着以系统开发者优先的设计理念来不断创新和开发，将物联网的种种概念一一实现。

9.2　物联数据感知过程

9.2.1　常见的物联网感知协议

物联网协议分为两大类，一类是传输协议，一类是通信协议。传输协议一般负责子网内设备间的组网及通信。通信协议则主要是运行在传统互联网 TCP/IP 协议之上的设备通讯

协议,负责设备通过互联网进行数据交换及通信。

1. 传输协议

目前,物联网中使用较广泛的近距离无线通信技术有无线局域网 802.11(WiFi)、蓝牙(Bluetooth)和红外数据传输(IrDA),比较有发展潜力的无线通信技术有:ZigBee、NFC、超宽频(Ultra WideBand)、DECT 等。

(1) WiFi 是一种允许电子设备连接到一个无线局域网(WLAN)的技术。WIFI 全称Wireless Fidelity,又称 802.11 标准,通常使用 2.4G UHF 或 5G SHF ISM 射频频段。连接到无线局域网通常是有密码保护的;但也可是开放的,这样就允许任何在 WLAN 范围内的设备可以连接上。无线保真是一个无线网络通信技术的品牌,由 WiFi 联盟所持有。目的是改善基于 IEEE 802.11 标准的无线网络产品之间的互通性。WiFi 的优缺点及应用见表 9.1。

表 9.1　WiFi 技术的优缺点及技术应用

优　点	(1) 无线电波的覆盖范围广,基于蓝牙技术的电波覆盖范围非常小,半径大约只有 50 英尺左右约合 15 m,而 Wi-Fi 的半径则可达 300 英尺左右约合 100 m (2) 速度快,可靠性高 802.11b 无线网络规范是 IEEE 802.11 网络规范的变种,最高带宽为 11 Mbps,在信号较弱或有干扰的情况下,带宽可调整为 5.5 Mbps、2 Mbps 和 1 Mbps,带宽的自动调整,有效地保障了网络的稳定性和可靠性
缺　点	(1) 移动 WiFi 技术只能作为特定条移动 WiFi 技术的应用,相对于有线网络来说,无线网络在其覆盖的范围内,它的信号会随着离节点距离的增加而减弱,WiFi 技术本身 11 Mb/s 的传输速度有可能因为距离的增加到达终端用户的手中只剩 1 M 的有效速率,而且无线信号容易受到建筑物墙体的阻碍,无线电波在传播过程中遇到障碍物会发生不同程度的折射、反射、衍射,使信号传播受到干扰,无线电信号也容易受到同频率电波的干扰和雷电天气等的影响 (2) WiFi 网络由于不需要显式地申请就可以使用无线网络的频率,因而网络容易饱和而且易受到攻击。WiFi 网络的安全性差强人意。802.11 提供了一种名为 WEP 的加密算法,它对网络接入点和主机设备之间无线传输的数据进行加密,防止非法用户对网络进行窃听、攻击和入侵。 但由于 WiFi 天生缺少有线网络的物理结构的保护,而且也不像要访问有线网络之前必须先连接网络,如果网络未受保护,只要处于信号覆盖范围内,只需通过无线网卡别人就可以访问到你的网络,占用你的带宽,造成你信息泄露
技术的应用	WLAN 未来最具潜力的应用将主要在 SOHO、家庭无线网络以及不便安装电缆的建筑物或场所。目前这一技术的用户主要来自机场、酒店、商场等公共热点场所。WiFi 技术可将 WiFi 与基于 XML 或 Java 的 Web 服务融合起来,可以大幅度减少企业的成本。例如企业选择在每一层楼或每一个部门配备 802.11b 的接入点,而不是采用电缆线把整幢建筑物连接起来。这样一来,可以节省大量铺设电缆所需花费的资金。

(2) 蓝牙(Bluetooth®)是一种无线技术标准,可实现固定设备、移动设备和楼宇个人域网之间的短距离数据交换(使用 2.4~2.485 GHz 的 ISM 波段的 UHF 无线电波)。蓝牙技术最初由电信巨头爱立信公司于 1994 年创制,当时是作为 RS232 数据线的替代方案。蓝牙技术的优缺点及技术应用见表 9.2。

表9.2 蓝牙技术的优缺点及技术应用

优点	(1) 同时可传输语音和数据：蓝牙采用电路交换和分组交换技术,支持异步数据信道、三路语音信道以及异步数据与同步语音同时传输的信道。每个语音信道数据速率为 64 kbit/s,语音信号编码采用脉冲编码调制(PCM)或连续可变斜率增量调制(CVSD)方法。当采用非对称信道传输数据时,速率最高为 721 kbit/s,反向为 57.6 kbit/s;当采用对称信道传输数据时,速率最高为 342.6 kbit/s (2) 可以建立临时性的对等连接(Ad‑hoc ConnecTIon)：根据蓝牙设备在网络中的角色,可分为主设备(Master)与从设备(Slave) (3) 蓝牙模块体积很小,便于集成：由于个人移动设备的体积较小,嵌入其内部的蓝牙模块体积就应该更小 (4) 低功耗：蓝牙设备在通信连接(ConnecTIon)状态下,有四种工作模式——激活(AcTIve)模式、呼吸(Sniff)模式、保持(Hold)模式和休眠(Park)模式
缺点	(1) 传输距离短：蓝牙传输频段为全球公众通用的 2.4 GHz ISM 频段,提供 1 Mbps 的传输速率和 10 m 的传输距离 (2) 抗干扰能力不强：由于蓝牙传输协议和其他 2.4 G 设备一样,都是共用这一频段的信号,这也难免导致信号互相干扰的情况出现 (3) 芯片价格高
技术应用	手机、笔记本电脑、智能家居中嵌入微波炉、洗衣机、电冰箱、空调机等传统家用电器、蓝牙技术构成的电子钱包和电子锁还有其他数字设备,如数字照相机、数字摄像机等

(3) IrDA 是红外数据组织(Infrared Data AssociaTIon)的简称,目前广泛采用的 IrDA 红外连接技术就是由该组织提出的。初始的 IrDA1.0 标准制订了一个串行,半双工的同步系统,传输速率为 2 400 bps 到 115 200 bps,传输范围 1 m,传输半角度为 15 度到 30 度。最近 IrDA 扩展了其物理层规格使数据传输率提升到 4 Mbps。PXA27x 就是使用了这种扩展了的物理层规格。IrDA 技术的优缺点及应用见表 9.3。

表9.3 IrDA 技术的优缺点及技术应用

优点	无需申请频率的使用权,因而红外通信成本低廉。并且还具有移动通信所需的体积小、功耗低、连接方便、简单易用的特点;此外,红外线发射角度较小,传输上安全性高
缺点	IrDA 的不足在于它是一种视距传输,两个相互通信的设备之间必须对准,中间不能被其他物体阻隔,因而该技术只能用于 2 台(非多台)设备之间的连接。而蓝牙就没有此限制,且不受墙壁的阻隔;IrDA 目前的研究方向是如何解决视距传输问题及提高数据传输率
技术应用	目前 IrDA 的软硬件技术都很成熟,在小型移动设备,如 PDA、手机上广泛使用。事实上,当今每一个出厂的 PDA 及许多手机、笔记本电脑、打印机等产品都支持 IrDA

(4) ZigBee 是基于 IEEE802.15.4 标准的低功耗局域网协议。ZigBee 这一名称(又称紫蜂协议)来源于蜜蜂的八字舞,由于蜜蜂(bee)是靠飞翔和"嗡嗡"(zig)地抖动翅膀的"舞蹈"来与同伴传递花粉所在方位信息,也就是说蜜蜂依靠这样的方式构成了群体中的通信网络。

ZigBee 可以说是蓝牙的同族兄弟,它使用 2.4 GHz 波段,采用跳频技术。与蓝牙相比,ZigBee 更简单、速率更慢、功率及费用也更低。它的基本速率是 250 kb/s,当降低到 28 kb/s 时,传输范围可扩大到 134 m,并获得更高的可靠性。另外,它可与 254 个节点联网,可以比蓝牙更好地支持游戏、消费电子、仪器和家庭自动化应用。Zigbee 技术的优缺点及应用见表 9.4。

表 9.4 ZigBee 技术的优缺点及技术应用

优 点	功耗低,在待机模式下,两节普通 5 号干电池可使用 6 个月以上,这也是 ZigBee 的一个独特优势 成本低,因为 ZigBee 数据传输速率低,协议简单,所以大大降低了成本;积极投入 ZigBee 开发的 Motorola 以及 Philips,均已推出应用芯片 网络容量大,每个 ZigBee 网络最多可以支持 255 个设备,也就是说每个 ZigBee 设备可以与另外 254 台设备相连接 工作频段灵活。使用的频段分别为 2.4 GHz、868 MHz(欧洲)及 915 MHz(美国),均为免执照频段
缺 点	数据传输速率低。只有 10 kb/s~250 kb/s,专注于低速率传输应用 有效范围小,有效覆盖范围 10~75 m 之间,具体依据实际发射功率的大小和各种不同的应用模式而定,基本上能够覆盖普通的家庭或办公室环境
技术应用	根据 ZigBee 联盟目前的设想,ZigBee 将会在安防监控系统、传感器网络、家庭监控、身份识别系统和楼宇智能控制系统等领域拓展应用

另外,ZigBee 的目标市场主要还有 PC 外设(鼠标、键盘、游戏操控杆)、消费类电子设备(TV、VCR、CD、VCD、DVD 等设备上的遥控装置)、家庭内智能控制(照明、煤气计量控制及报警等)、玩具(电子宠物)、医护(监视器和传感器)、工控(监视器、传感器和自动控制设备)等非常广阔的领域。

(5) NFC。近场通信(Near Field Communication,NFC)是一种短距高频的无线电技术,在 13.56 MHz 频率运行于 20 厘米距离内。其传输速度有 106 Kbit/s、212 Kbit/s 或者 424 Kbit/s 三种。目前近场通信已通过成为 ISO/IEC IS 18092 国际标准、ECMA - 340 标准与 ETSI TS 102 190 标准。NFC 采用主动和被动两种读取模式。这个技术由非接触式射频识别(RFID)演变而来,由飞利浦半导体(现恩智浦半导体公司)、诺基亚和索尼共同研制开发,其基础是 RFID 及互联技术。

NFC 近场通信技术是由非接触式射频识别(RFID)及互联互通技术整合演变而来,在单一芯片上结合感应式读卡器、感应式卡片和点对点的功能,能在短距离内与兼容设备进行识别和数据交换。NFC 技术的优缺点及应用见表 9.5。

表 9.5 NFC 技术的优缺点及技术应用

优 点	安全性:相比蓝牙或 WiFi 这些远距离通信连接协议,NFC 是一种短距离通信技术,设备必须靠得很近,从而提供了固有的安全性 连接快,功耗低:比蓝牙连接速度更快,功耗更低,支持无电读取。NFC 设备之间采取自动连接,无需执行手动配置。只需晃动一下,就能迅速与可信设备建立连接 私密性:在可信的身份验证框架内,NFC 技术为设备之间的信息交换、数据共享提供安全
缺 点	传输距离近:RFID 的传输范围可以达到几米、甚至几十米,但由于 NFC 采取了独特的信号衰减技术,NFC 有效距离只有 10 cm。NFC 的传输速度也比较低

(续表)

技术应用	设备连接，除了无线局域网，NFC 也可以简化蓝牙连接。比如，手提电脑用户如果想在机场上网，他只需要走近一个 WiFi 热点即可实现 实时预定，比如，海报或展览信息背后贴有特定芯片，利用含 NFC 协议的手机或 PDA，便能取得详细信息，或是立即联机使用信用卡进行门票购买。而且，这些芯片无需独立的能源 移动商务。飞利浦 Mifare 技术支持了世界上几个大型交通系统及在银行业为客户提供 Visa 卡等各种服务

（6）超宽频 UWB(Ultra Wideband) 是一种无载波通信技术，利用纳秒至微微秒级的非正弦波窄脉冲传输数据。UWB(Ultra - Wideband) 超宽带，一开始是使用脉冲无线电技术，此技术可追溯至 19 世纪。后来由 Intel 等大公司提出了应用了 UWB 的 MB - OFDM 技术方案，由于两种方案的截然不同，而且各自都有强大的阵营支持，制定 UWB 标准的 802.15.3a 工作组没能在两者中决出最终的标准方案，于是将其交由市场解决。为进一步提高数据速率，UWB 应用超短基带丰富的 GHz 级频谱。超宽频技术的优点及应用见表 9.6。

表 9.6　UWB 技术的优缺点及技术应用

优　点	系统结构的实现比较简单：当前的无线通信技术所使用的通信载波是连续的电波，载波的频率和功率在一定范围内变化，从而利用载波的状态变化来传输信息。而 UWB 则不使用载波，它通过发送纳秒级脉冲来传输数据信号 高速的数据传输：民用商品中，一般要求 UWB 信号的传输范围为 10 m 以内，再根据经过修改的信道容量公式，其传输速率可达 500 Mbit/s，是实现个人通信和无线局域网的一种理想调制技术。UWB 以非常宽的频率带宽来换取高速的数据传输，并且不单独占用已经拥挤不堪的频率资源，而是共享其他无线技术使用的频带 功耗低：UWB 系统使用间歇的脉冲来发送数据，脉冲持续时间很短，一般在 0.20 ns～1.5 ns 之间，有很低的占空因数，系统耗电可以做到很低，在高速通信时系统的耗电量仅为几百 μW～几十 mW 安全性高：作为通信系统的物理层技术具有天然的安全性能。由于 UWB 信号一般把信号能量弥散在极宽的频带范围内，对一般通信系统，UWB 信号相当于白噪声信号，并且大多数情况下，UWB 信号的功率谱密度低于自然的电子噪声，从电子噪声中将脉冲信号检测出来是一件非常困难的事。采用编码对脉冲参数进行伪随机化后，脉冲的检测将更加困难 多径分辨能力强：由于常规无线通信的射频信号大多为连续信号或其持续时间远大于多径传播时间，多径传播效应限制了通信质量和数据传输速率。由于超宽带无线电发射的是持续时间极短的单周期脉冲且占空比极低，多径信号在时间上是可分离的 定位精确：冲激脉冲具有很高的定位精度，采用超宽带无线电通信，很容易将定位与通信合一，而常规无线电难以做到这一点 工程简单造价便宜：在工程实现上，UWB 比其他无线技术要简单得多，可全数字化实现。它只需要以一种数学方式产生脉冲，并对脉冲产生调制，而这些电路都可以被集成到一个芯片上，设备的成本将很低
技术应用	UWB 主要应用在小范围、高分辨率、能够穿透墙壁、地面和身体的雷达和图像系统中。除此之外，这种新技术适用于对速率要求非常高（大于 100 Mb/s）的 LANs 或 PANs，也就是说，光纤投入昂贵。通常在 10 m 以内 UWB 可以发挥出高达数百 Mbps 的传输性能，对于远距离应用 IEEE802.11b 或 Home RF 无线 PAN 的性能将强于 UWB

把 UWB 看作蓝牙技术的替代者可能更为适合,因后者传输速率远不及前者,另外蓝牙技术的协议也较为复杂。具有一定相容性和高速、低成本、低功耗的优点使得 UWB 较适合家庭无线消费市场的需求。UWB 尤其适合近距离内高速传送大量多媒体数据以及可以穿透障碍物的突出优点,让很多商业公司将其看作是一种很有前途的无线通信技术,应用于诸如将视频信号从机顶盒无线传送到数字电视等家庭场合。

(7) DECT。数字增强无绳通信(Digital Enhanced Cordless Telecommunications,DECT)系统,是由欧洲电信标准协会(European Telecommunications Standards Institute)制定的增强型数字无绳电话标准,是一个开放型的,不断演进的数位通信标准,主要用于无绳电话系统。可为高用户密度,小范围通信提供话音和数据高质量服务无绳通信的框架。

2. 通信协议

物联网的通信环境有 Ethernet、WiFi、RFID、NFC(近距离无线通信)、Zigbee、6LoWPAN(IPV6 低速无线版本)、Bluetooth、GSM、GPRS、GPS、3G、4G 等网络,而每一种通信应用协议都有一定适用范围。AMQP、JMS、REST/HTTP 都是工作在以太网,COAP 协议是专门为资源受限设备开发的协议,而 DDS 和 MQTT 的兼容性则强很多。

互联网时代,TCP/IP 协议已经一统江湖,现在的物联网的通信架构也是构建在传统互联网基础架构之上。在当前的互联网通信协议中,HTTP 协议由于开发成本低,开放程度高,几乎占据大半江山,所以很多厂商在构建物联网系统时也基于 http 协议进行开发。包括 google 主导的 physic web 项目,都是期望在传统 web 技术基础上构建物联网协议标准。

HTTP 协议是典型的 CS 通讯模式,由客户端主动发起连接,向服务器请求 XML 或 JSON 数据。该协议最早是为了适用 web 浏览器的上网浏览场景和设计的,目前在 PC、手机、pad 等终端上都应用广泛,但并不适用于物联网场景。在物联网场景中其有三大弊端。

一是由于必须由设备主动向服务器发送数据,难以主动向设备推送数据。对于单单的数据采集等场景还勉强适用,但是对于频繁的操控场景,只能推过设备定期主动拉取的方式,实现成本和实时性都大打折扣。

二是安全性不高。web 的不安全都是妇孺皆知,HTTP 是明文协议,在很多要求高安全性的物联网场景,如果不做很多安全准备工作(如采用 https 等),后果不堪设想。

三是不同于用户交互终端如 pc、手机,物联网场景中的设备多样化,对于运算和存储资源都十分受限的设备,http 协议实现、XML/JSON 数据格式的解析,都是不可能的任务。

(1) REST/HTTP(松耦合服务调用)。REST (Representational State Transfer),表征状态转换,是基于 HTTP 协议开发的一种通信风格,目前还不是标准。

适用范围:REST/HTTP 主要为了简化互联网中的系统架构,快速实现客户端和服务器之间交互的松耦合,降低了客户端和服务器之间的交互延迟。因此适合在物联网的应用层面,通过 REST 开放物联网中资源,实现服务被其他应用所调用。其特点见表 9.7。

表 9.7　松耦合服务调用特点

1	REST 指的是一组架构约束条件和原则。满足这些约束条件和原则的应用程序或设计就是 RESTful

（续表）

2	客户端和服务器之间的交互在请求之间是无状态的
3	在服务器端，应用程序状态和功能可以分为各种资源，它向客户端公开。资源的例子有：应用程序对象、数据库记录、算法等等。每个资源都使用 URI(Universal Resource Identifier)得到一个惟一的地址。所有资源都共享统一的界面，以便在客户端和服务器之间传输状态
4	使用的是标准的 HTTP 方法，比如 GET、PUT、POST 和 DELETE

点评：REST/HTTP 其实是互联网中服务调用 API 封装风格，物联网中数据采集到物联网应用系统中，在物联网应用系统中，可以通过开放 REST API 的方式，把数据服务开放出去，被互联网中其他应用所调用。

（2）CoAP 协议。CoAP(Constrained Application Protocol)，受限应用协议，应用于无线传感网中协议。

适用范围：CoAP 是简化了 HTTP 协议的 RESTful API，CoAP 是 6LowPAN 协议栈中的应用层协议，它适用于在资源受限的通信的 IP 网络。CoAP 特点见表 9.8。

表 9.8 CoAP 协议的特点

1	报头压缩：CoAP 包含一个紧凑的二进制报头和扩展报头。它只有短短的 4 B 的基本报头，基本报头后面跟扩展选项。一个典型的请求报头为 10~20 B
2	方法和 URIs：为了实现客户端访问服务器上的资源，CoAP 支持 GET、PUT、POST 和 DELETE 等方法。CoAP 还支持 URIs，这是 Web 架构的主要特点
3	传输层使用 UDP 协议：CoAP 协议是建立在 UDP 协议之上，以减少开销和支持组播功能。它也支持一个简单的停止和等待的可靠性传输机制
4	支持异步通信：HTTP 对 M2M(Machine-to-Machine)通信不适用，这是由于事务总是由客户端发起。而 CoAP 协议支持异步通信，这对 M2M 通信应用来说是常见的休眠/唤醒机制
5	支持资源发现：为了自主的发现和使用资源，它支持内置的资源发现格式，用于发现设备上的资源列表，或者用于设备向服务目录公告自己的资源。它支持 RFC5785 中的格式，在 CoRE 中用 /.well-known/core 的路径表示资源描述
6	支持缓存：CoAP 协议支持资源描述的缓存以优化其性能
7	协议主要实现：(1) libcoap(C 语言实现)；(2) Californium(java 语言实现)

点评：CoAP 和 6LowPan，这分别是应用层协议和网络适配层协议，其目标是解决设备直接连接到 IP 网络，也就是 IP 技术应用到设备之间、互联网与设备之间的通信需求。因为 IPV6 技术带来巨大寻址空间，不光解决了未来巨量设备和资源的标识问题，互联网上应用可以直接访问支持 IPV6 的设备，而不需要额外的网关。

（3）MQTT 协议（低带宽）。MQTT (Message Queuing Telemetry Transport)，消息队列遥测传输，由 IBM 开发的即时通信协议，相比来说比较适合物联网场景的通信协议。MQTT 协议采用发布/订阅模式，所有的物联网终端都通过 TCP 连接到云端，云端通过主题的方式管理各个设备关注的通讯内容，负责将设备与设备之间消息的转发。

MQTT 在协议设计时就考虑到不同设备的计算性能的差异,所以所有的协议都是采用二进制格式编解码,并且编解码格式都非常易于开发和实现。最小的数据包只有 2 个字节,对于低功耗低速网络也有很好的适应性。有非常完善的 QOS 机制,根据业务场景可以选择最多一次、至少一次、刚好一次三种消息送达模式。运行在 TCP 协议之上,同时支持 TLS(TCP+SSL)协议,并且由于所有数据通信都经过云端,安全性得到了较好地保障。

适用范围:在低带宽、不可靠的网络下提供基于云平台的远程设备的数据传输和监控。

MQTT 特点见表 9.9。

表 9.9　MQTT 协议特点

特　点	1. 使用基于代理的发布/订阅消息模式,提供一对多的消息发布 2. 使用 TCP/IP 提供网络连接 3. 小型传输,开销很小(固定长度的头部是 2 字节),协议交换最小化,以降低网络流量 4. 支持 QoS,有三种消息发布服务质量:"至多一次","至少一次","只有一次"
协议主要 实现和应用	1. 已经有 PHP、JAVA、Python、C、C♯等多个语言版本的协议框架 2. IBM Bluemix 的一个重要部分是其 IoT Foundation 服务,这是一项基于云的 MQTT 实例 3. 移动应用程序也早就开始使用 MQTT,如 Facebook Messenger 和 com 等

点评:MQTT 协议一般适用于设备数据采集到端(Device — Server, Device — Gateway),集中星型网络架构(hub-and-spoke),不适用设备与设备之间通信,设备控制能力弱,另外实时性较差,一般都在秒级。

(4) DDS 协议(高可靠性、实时)。DDS(Data Distribution Service for Real-Time Systems),面向实时系统的数据分布服务,这是大名鼎鼎的 OMG 组织提出的协议,其权威性应该能证明该协议的未来应用前景。

适用范围:分布式高可靠性、实时传输设备数据通信。目前 DDS 已经广泛应用于国防、民航、工业控制等领域。

DDS 特点:见表 9.10。

表 9.10　DDS 协议特点

特　点	1. 以数据为中心 2. 使用无代理的发布/订阅消息模式,点对点、点对多、多对多 3. 提供多达 21 种 QoS 服务质量策略
协议主要 实现	1. OpenDDS 是一个开源的 C++实现 2. OpenSplice DDS

点评:DDS 很好地支持设备之间的数据分发和设备控制,设备和云端的数据传输,同时 DDS 的数据分发的实时效率非常高,能做到秒级内同时分发百万条消息到众多设备。DDS 在服务质量(QoS)上提供非常多的保障途径,这也是它适用于国防军事、工业控制这些高可靠性、可安全性应用领域的原因。但这些应用都工作在有线网络下,在无线网络,特别是资源受限的情况下,没有见到过实施案例。

（5）AMQP 协议（互操作性）。AMQP（Advanced Message Queuing Protocol），先进消息队列协议，这是 OASIS 组织提出的，该组织曾提出 OSLC（Open Source Lifecyle）标准，用于业务系统例如 PLM，ERP，MES 等进行数据交换。

适用范围：最早应用于金融系统之间的交易消息传递，在物联网应用中，主要适用于移动手持设备与后台数据中心的通信和分析。

AMQP 协议特点见表 9.11。

表 9.11　AMQP 协议特点

特　点	1. Wire 级的协议，它描述了在网络上传输的数据的格式，以字节为流 2. 面向消息、队列、路由（包括点对点和发布/订阅）、可靠性、安全
协议实现	1. Erlang 中的实现有 RabbitMQ 2. AMQP 的开源实现，用 C 语言编写 OpenAMQ 3. Apache Qpid 4. stormMQ

（6）XMPP 协议（即时通信）。XMPP（Extensible Messaging and Presence Protocol）可扩展通讯和表示协议，XMPP 的前身是 Jabber，一个开源形式组织产生的网络即时通信协议。XMPP 目前被 IETF 国际标准组织完成了标准化工作。

适用范围：即时通信的应用程序，还能用在网络管理、内容供稿、协同工具、档案共享、游戏、远端系统监控等。

XMPP 特点：① 客户机/服务器通信模式；② 分布式网络；③ 简单的客户端，将大多数工作放在服务器端进行；④ 标准通用标记语言的子集 XML 的数据格式。

点评：XMPP 是基于 XML 的协议，由于其开放性和易用性，在互联网即时通信应用中运用广泛。相对 HTTP，XMPP 在通讯的业务流程上是更适合物联网系统的，开发者不用花太多心思去解决设备通讯时的业务通讯流程，相对开发成本会更低。但是 HTTP 协议中的安全性以及计算资源消耗的硬伤并没有得到本质的解决。

（7）JMS（Java Message Service）。JMS（Java Message Service），JAVA 消息服务，这是 JAVA 平台中著名的消息队列协议。

Java 消息服务（Java Message Service）应用程序接口，是一个 Java 平台中关于面向消息中间件（MOM）的 API，用于在两个应用程序之间，或分布式系统中发送消息，进行异步通信。Java 消息服务是一个与具体平台无关的 API，绝大多数 MOM 提供商都对 JMS 提供支持。

JMS 是一种与厂商无关的 API，用来访问消息收发系统消息，它类似于 JDBC（Java Database Connectivity）。这里，JDBC 是可以用来访问许多不同关系数据库的 API，而 JMS 则提供同样与厂商无关的访问方法，以访问消息收发服务。许多厂商都支持 JMS，包括 IBM 的 MQSeries、BEA 的 Weblogic JMS service 和 Progress 的 SonicMQ。JMS 能够通过消息收发服务（有时称为消息中介程序或路由器）从一个 JMS 客户机向另一个 JMS 客户机发送消息。消息是 JMS 中的一种类型对象，由两部分组成：报头和消息主体。报头由路由信息以及有关该消息的元数据组成。消息主体则携带着应用程序的数据或有效负载。根据有效负载的类型来划分，可以将消息分为几种类型，它们分别携带：简单文本（TextMessage）、可序列化的对象（ObjectMessage）、属性集合（MapMessage）、字节流（BytesMessage）、原始值流（StreamMessage），还有无有效负载的消息（Message）。

（8）物联网协议对比。物联网协议对比如表 9.12 所示。

表 9.12　物联网协议对比

	DDS	MQTT	AMQP	XMPP	JMS	REST/HTTP	CoAP
抽象	Pub/Sub	Pub/Sub	Pub/Sub	NA	Pub/Sub	Request/Reply	Request/Reply
架构风格	全局数据空间	代理	P2P 或代理	NA	代理	P2P	P2P
QoS	22 种	3 种	3 种	NA	3 种	通过 TCP 保证	确认或非确认消息
互操作性	是	部分	是	NA	否	是	是
性能	100 000 msg/s/sub	1 000 msg/sub	1 000 msg/s/sub	NA	1 000 msg/s/sub	100 req/s	100 req/s
硬实时	是	否	否	否	否	否	否
传输层	缺省为 UDP，TCP 也支持	TCP	TCP	TCP	不指定，一般为 TCP	TCP	UDP
订阅控制	消息过滤的主题订阅	层级匹配的主题订阅	队列和消息过滤	NA	消息过滤的主题和队列订阅	N/A	支持多播地址
编码	二进制	二进制	二进制	XML 文本	二进制	普通文本	二进制
动态发现	是	否	否	NA	否	否	是
安全性	提供方支持，一般基于 SSL 和 TLS	简单用户名/密码认证，SSL 数据加密	SASL 认证，TLS 数据加密	TLS 数据加密	提供方支持，一般基于 SSL 和 TLS，JAAS AF 支持	一般基于 SSL 和 TLS	

协议应用的侧重方向：MQTT、DDS、AMQP、XMPP、JMS、REST、CoAP 这几种协议都已被广泛应用，并且每种协议都有至少 10 种以上的代码实现，都宣称支持实时的发布/订阅的物联网协议，但是在具体物联网系统架构设计时，需考虑实际场景的通信需求，选择合适的协议。

以智能家居为例，说明下这些协议侧重应用方向。智能家居中智能灯光控制，可以使用 XMPP 协议控制灯的开关；智能家居的电力供给，发电厂的发动机组的监控可以使用 DDS

协议；当电力输送到千家万户时，电力线的巡查和维护，可以使用 MQTT 协议；家里的所有电器的电量消耗，可以使用 AMQP 协议，传输到云端或家庭网关中进行分析；最后用户想把自家的能耗查询服务公布到互联网上，那么可以使用 REST/HTTP 来开放 API 服务。

9.2.2　感知数据的存储架构

随着传统的数据库技术日趋成熟、计算机网络技术的飞速发展和应用范围的扩充，数据库应用已经普遍建立于计算机网络之上。这时集中式数据库系统表现出它的不足：数据按实际需要已在网络上分布存储，再采用集中式处理，势必造成通信开销大；应用程序集中在一台计算机上运行，一旦该计算机发生故障，则整个系统受到影响，可靠性不高；集中式处理引起系统的规模和配置都不够灵活，系统的可扩充性差。在这种形势下，集中式 DB 的"集中计算"概念向"分布计算"概念发展。分布计算主要体现在客户机/服务器模式和分布式数据库体系结构两个方面。

1. 分布式数据库系统概述

随着传统的数据库技术日趋成熟、计算机网络技术的飞速发展和应用范围的扩大，以分布式为主要特征的数据库系统的研究与开发受到人们的注意。分布式数据库是数据库技术与网络技术相结合的产物，在数据库领域已形成一个分支。分布式数据库的研究始于 20 世纪 70 年代中期。世界上第一个分布式数据库系统 SDD-1 是由美国计算机公司（CCA）于 1979 年在 DEC 计算机上实现。20 世纪 90 年代以来，分布式数据库系统进入商品化应用阶段，传统的关系数据库产品均发展成以计算机网络及多任务操作系统为核心的分布式数据库产品，同时分布式数据库逐步向客户机/服务器模式发展。

2. DDBS(Distributed Database System)的分类

同构同质型 DDBS：各个场地都采用同一类型的数据模型（譬如都是关系型），并且是同一型号的 DBMS。

同构异质型 DDBS：各个场地采用同一类型的数据模型，但是 DBMS 的型号不同，譬如 DB2、ORACLE、SYBASE、SQL Server 等。

异构型 DDBS：各个场地的数据模型的型号不同，甚至类型也不同。随着计算机网络技术的发展，异种机联网问题已经得到较好的解决，此时依靠异构型 DDBS 就能存取全网中各种异构局部库中的数据。

3. DDBS 的特点和优缺点

（1）DDBS 的基本特点：① 物理分布性：数据不是存储在一个场地上，而是存储在计算机网络的多个场地上；② 逻辑整体性：数据物理分布在各个场地，但逻辑上是一个整体，它们被所有用户（全局用户）共享，并由一个 DDBMS 统一管理。③ 场地自治性：各场地上的数据由本地的 DBMS 管理，具有自治处理能力，完成本场地的应用（局部应用）。④ 场地之间协作性：各场地虽然具有高度的自治性，但是又相互协作构成一个整体。

（2）DDBS 的其他特点：① 数据独立性；② 集中与自治相结合的控制机制；③ 适当增加数据冗余度；④ 事务管理的分布性。

（3）DDBS 的优点：① 具有灵活的体系结构；② 适应分布式的管理和控制机构；③ 经济

性能优越;④ 系统的可靠性高、可用性好;⑤ 局部应用的响应速度快;⑥ 可扩展性好,易于集成现有的系统。

(4) DDBS 的缺点:① 系统开销较大,主要花在通信部分;② 复杂的存取结构(如辅助索引、文件的链接技术),在集中式 DBS 中是有效存取数据的重要技术,但在分布式系统中不一定有效;③ 数据的安全性和保密性较难处理。

4. 数据分片

(1) 类型:① 水平分片:按一定的条件把全局关系的所有元组划分成若干不相交的子集,每个子集为关系的一个片段;② 垂直分片:把一个全局关系的属性集分成若干子集,并在这些子集上作投影运算,每个投影称为垂直分片;③ 导出分片:又称为导出水平分片,即水平分片的条件不是本关系属性的条件,而是其他关系属性的条件;④ 混合分片:以上三种方法的混合。可以先水平分片再垂直分片,或先垂直分片再水平分片,或其他形式,但他们的结果是不相同的。

(2) 条件:① 完备性条件:必须把全局关系的所有数据映射到片段中,决不允许有属于全局关系的数据却不属于它的任何一个片段;② 可重构条件:必须保证能够由同一个全局关系的各个片段来重建该全局关系。对于水平分片可用并操作重构全局关系;对于垂直分片可用连接操作重构全局关系;③ 不相交条件:要求一个全局关系被分割后所得的各个数据片段互不重叠(对垂直分片的主键除外)。

5. 数据分配方式

(1) 集中式。所有数据片段都安排在同一个场地上。

(2) 分割式。所有数据只有一份,它被分割成若干逻辑片段,每个逻辑片段被指派在一个特定的场地上。

(3) 全复制式。数据在每个场地重复存储。也就是每个场地上都有一个完整的数据副本。

(4) 混合式。这是一种介乎于分割式和全复制式之间的分配方式。

6. 体系结构

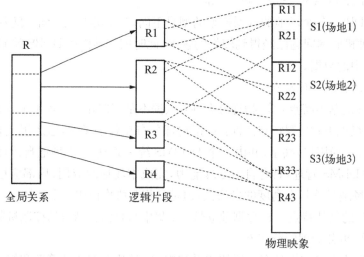

图 9.5 体系结构

（1）数据分片和数据分配概念的分离，形成了"数据分布独立型"概念。

（2）数据冗余的显式控制。数据在各个场地的分配情况在分配模式中一目了然，便于系统管理。

（3）局部 DBMS 的独立性。这个特征也称为"局部映射透明性"。此特征允许我们在不考虑局部 DBMS 专用数据模型的情况下，研究 DDB 管理的有关问题。

7. 分布式数据库管理系统

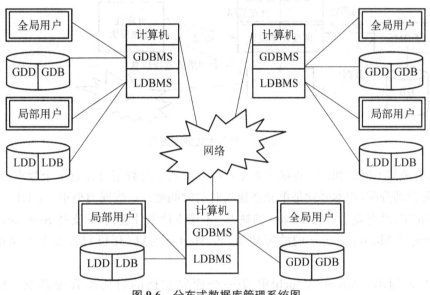

图 9.6　分布式数据库管理系统图

（1）接受用户请求，并判定把它送到哪里，或必须访问哪些计算机才能满足该要求。

（2）访问网络数据字典，了解如何请求和使用其中的信息。

（3）如果目标数据存储于系统的多个计算机上，就必须进行分布式处理。

（4）通信接口功能。在用户、局部 DBMS 和其他计算机的 DBMS 之间进行协调。

（5）在一个异构型分布式处理环境中，还需提供数据和进程移植的支持。这里的异构型是指各个场地的硬件、软件之间存在着差别。

8. 常见的分布式数据库类型

（1）HBase。HBase 是一个分布式的、面向列的开源数据库，该技术来源于 Fay Chang 所撰写的 Google 论文"Bigtable：一个结构化数据的分布式存储系统"。就像 Bigtable 利用了 Google 文件系统（File System）所提供的分布式数据存储一样，HBase 在 Hadoop 之上提供了类似于 Bigtable 的能力。HBase 是 Apache 的 Hadoop 项目的子项目。HBase 不同于一般的关系数据库，它是一个适合于非结构化数据存储的数据库。另一个不同的是 HBase 基于列的而不是基于行的模式。

HBase 的特点：① 面向列：面向列表（簇）的存储和权限控制，列（簇）独立检索；② 稀疏：对于为空（NULL）的列，并不占用存储空间，因此，表可以设计得非常稀疏；③ 无模式：每一行都有一个可以排序的主键和任意多的列，列可以根据需要动态增加，同一张表中不同

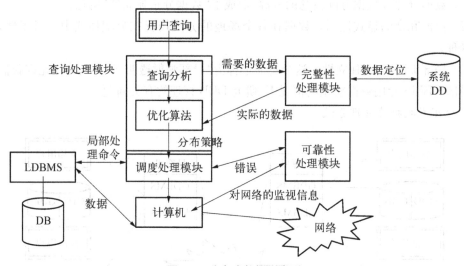

图 9.7　分布式数据库类型

的行可以有截然不同的列；④ 数据多版本：每个单元中的数据可以有多个版本，默认情况下，版本号自动分配，版本号就是单元格插入时的时间戳；⑤ 数据类型单一：HBase 中的数据都是字符串，没有类型。⑥ HBase 的缺点：不能支持条件查询，只支持 Row key 来查询；暂时不能支持 Master server 的故障切换，当 Master 宕机（死机）后，整个存储系统就会挂掉。

（2）CouchDB。Apache CouchDB 是一个面向文档的数据库管理系统。它提供以JSON 作为数据格式的 REST 接口来对其进行操作，并可以通过视图来操纵文档的组织和呈现。CouchDB 是 Apache 基金会的顶级开源项目。

CouchDB 是用 Erlang 开发的面向文档的数据库系统，其数据存储方式类似 Lucene 的Index 文件格式。CouchDB 最大的意义在于它是一个面向 Web 应用的新一代存储系统，事实上，CouchDB 的口号就是：下一代的 Web 应用存储系统。

CouchDB 特性：CouchDB 是分布式的数据库，他可以把存储系统分布到 n 台物理的节点上面，并且很好的协调和同步节点之间的数据读写一致性。这当然也得以于 Erlang 无与伦比的并发特性才能做到。对于基于 web 的大规模应用文档应用，然的分布式可以让它不必像传统的关系数据库那样分库拆表，在应用代码层进行大量的改动。

CouchDB 是面向文档的数据库，存储半结构化的数据，比较类似 lucene 的 index 结构，特别适合存储文档，因此很适合 CMS，电话本，地址本等应用，在这些应用场合，文档数据库要比关系数据库更加方便，性能更好。

CouchDB 支持 REST API，可以让用户使用 JavaScript 来操作 CouchDB 数据库，也可以用 JavaScript 编写查询语句，我们可以想象一下，用 AJAX 技术结合 CouchDB 开发出来的 CMS 系统会是多么的简单和方便。其实 CouchDB 只是 Erlang 应用的冰山一角，在最近几年，基于 Erlang 的应用也得到的蓬勃的发展，特别是在基于 web 的大规模，分布式应用领域，几乎都是 Erlang 的优势项目。

（3）MongoDB。MongoDB 是基于文档所存储的（而非表格形式），是一个介于关系数据库和非关系数据库之间的产品，是非关系数据库当中功能最丰富，最像关系数据库的。其支持的数据结构非常松散，是类似 json 的 bjson 格式，因此可以存储比较复杂的数据类型。模式自由（schema-free），意味着对于存储在 MongoDB 数据库中的文件，我们不需要知道它的任何结构定义。如果需要的话，你完全可以把不同结构的文件存储在同一个数据库里。Mongo 最大的特点是他支持的查询语言非常强大，其语法有点类似于面向对象的查询语言，几乎可以实现类似关系数据库单表查询的绝大部分功能，而且还支持对数据建立索引。

Mongo 主要解决的是海量数据的访问效率问题。因为 Mongo 主要是支持海量数据存储的，所以 Mongo 还自带了一个出色的分布式文件系统 GridFS，可以支持海量的数据存储。由于 Mongo 可以支持复杂的数据结构，而且带有强大的数据查询功能，因此非常受到欢迎。

mongoDB 的特性包括以下几点。

一是面向集合存储。数据被分组到若干集合，每个集合可以包含无限个文档，可以将集合想象成 RDBMS 的表，区别是集合不需要进行模式定义。

二是模式自由。集合中没有行和列的概念，每个文档可以有不同的 key，key 的值不要求一致的数据类型。

三是支持动态查询。mongoDB 支持丰富的查询表达式，查询指令使用 json 形式表达式。

四是完整的索引支持。mongoDB 的查询优化器会分析查询表达式，并生成一个高效的查询计划。

五是高效的数据存储，支持二进制数据及大型对象（图片、视频等）。

六是支持复制和故障恢复。

七是自动分片以支持云级别的伸缩性，支持水平的数据库集群，可动态添加额外的服务器。

适用场景包括：① 网站数据：适合实时的插入，更新与查询，并具备网站实时数据存储所需的复制及高度伸缩性。② 缓存：由于性能很高，也适合作为信息基础设施的缓存层。在系统重启之后，搭建的持久化缓存可以避免下层的数据源过载。③ 大尺寸、低价值的数据：使用传统的关系数据库存储一些数据时可能会比较贵，在此之前，很多程序员往往会选择传统的文件进行存储。④ 高伸缩性的场景：非常适合由数十或者数百台服务器组成的数据库。⑤ 用于对象及 JSON 数据的存储：MongoDB 的 BSON 数据格式非常适合文档格式化的存储及查询。

八是不适合场景主要表现在三个方面：① 高度事物性的系统：例如银行或会计系统。传统的关系型数据库目前还是更适用于需要大量原子性复杂事务的应用程序；② 传统的商业智能应用：针对特定问题的 BI 数据库会对产生高度优化的查询方式，对于此类应用，数据仓库可能是更合适的选择；③ 需要 SQL 的问题。

（4）Cassandra。Cassandra 是一个高可靠的大规模分布式存储系统。高度可伸缩的、一致的、分布式的结构化 key-value 存储方案，集 Google BigTable 的数据模型与 Amazon Dynamo 的完全分布式的架构于一身。2007 由 facebook 开发，2009 年成为 Apache 的孵化项目。

Cassandra 使用了 Google BigTable 的数据模型,与面向行的传统的关系型数据库不同,这是一种面向列的数据库,列被组织成为列族(Column Family),在数据库中增加一列非常方便。对于搜索和一般的结构化数据存储,这个结构足够丰富和有效。

Cassandra 的系统架构与 Dynamo 一脉相承,是基于 O(1)DHT(分布式哈希表)的完全 P2P 架构,与传统的基于 Sharding 的数据库集群相比,Cassandra 可以几乎无缝地加入或删除节点,非常适于对于节点规模变化比较快的应用场景。

Cassandra 的数据会写入多个节点,来保证数据的可靠性,在一致性、可用性和网络分区耐受能力(CAP)的折中问题上,Cassandra 比较灵活,用户在读取时可以指定要求所有副本一致(高一致性)、读到一个副本即可(高可用性)或是通过选举来确认多数副本一致即可(折中)。这样,Cassandra 可以适用于有节点、网络失效,以及多数据中心的场景。

Cassandra 的主要特点如下。

① 列表数据结构。在混合模式可以将超级列添加到 5 维的分布式 Key - Value 存储系统。

② 模式灵活。使用 Cassandra,你不必提前解决记录中的字段。你可以在系统运行时随意的添加或移除字段。

③ 真正的可扩展性。Cassandra 是纯粹意义上的水平扩展。为给集群添加更多容量,可以增加动态添加节点即可。你不必重启任何进程,改变应用查询,或手动迁移任何数据。

④ 多数据中心识别。你可以调整节点布局来避免某一个数据中心起火,一个备用的数据中心将至少有每条记录的完全复制。

⑤ 范围查询。如果你不喜欢全部的键值查询,则可以设置键的范围来查询。

⑥ 分布式写操作。你以在任何地方任何时间集中读或写任何数据。并且不会有任何单点失败。

(5) Sector/Sphere。Sector 是一个分布式存储系统,能够应用在广域网环境下,并且允许用户以高速度从任何地理上分散的集群间摄取和下载大的数据集。另外,Sector 自动的复制文件有更高的可靠性、方便性和访问吞吐率。Sector 已经被分布式的 Sloan Digital Sky Survey 数据系统所使用。

Sphere 是一个计算服务构建在 sector 之上,并为用户提供简单的编程接口去进行分布式的密集型数据应用。Sphere 支持流操作语义,这通常被应用于 GPU 何多核处理器。流操作规则能够实现在支持 MR 计算的应用系统上。

(6) Riak 详细介绍。Riak 是以 Erlang 编写的一个高度可扩展的分布式数据存储,Riak 的实现是基于 Amazon 的 Dynamo 论文,Riak 的设计目标之一就是高可用。Riak 支持多节点构建的系统,每次读写请求不需要集群内所有节点参与也能胜任。提供一个灵活的 map/reduce 引擎,一个友好的 HTTP/JSON 查询接口。

Riak 非常易于部署和扩展。可以无缝地向群集添加额外的节点。link walking 之类的特性以及对 Map/Reduce 的支持允许实现更加复杂的查询。除了 HTTP API 外,Riak 还提供了一个原生 Erlang API 以及对 Protocol Buffer 的支持。

目前有三种方式可以访问 Riak：HTTP API（RESTful 界面）、Protocol Buffers 和一个原生 Erlang 界面。提供多个界面使您能够选择如何集成应用程序。如果您使用 Erlang 编写应用程序，那么应当使用原生的 Erlang 界面，这样就可以将二者紧密地集成在一起。其他一些因素也会影响界面的选择，比如性能。例如，使用 Protocol Buffers 界面的客户端的性能要比使用 HTTP API 的客户端性能更高一些；从性能方面讲，数据通信量变小，解析所有这些 HTTP 标头的开销相对更高。然而，使用 HTTP API 的优点是，如今的大部分开发人员（特别是 Web 开发人员）非常熟悉 RESTful 界面，再加上大多数编程语言都有内置的原语，支持通过 HTTP 请求资源，例如，打开一个 URL，因此不需要额外的软件。在本文中，我们将重点介绍 HTTP API。

所有示例都将使用 curl 通过 HTTP 界面与 Riak 交互。这样做是为了更好地理解底层的 API。许多语言都提供了大量客户端库，在开发使用 Riak 作为数据存储的应用程序时，应当考虑使用这些客户端库。客户端库提供了与 Riak 连接的 API，可以轻松地与应用程序集成；您不必亲自编写代码来处理在使用 curl 时出现的响应。

API 支持常见的 HTTP 方法：GET、PUT、POST、DELETE，它们将分别用于检索、更新、创建和删除对象。

9.2.3 分布式数据库 InfluxDB 介绍

1. InfluxDB 简介

InfluxDB 是用 Go 语言编写的一个开源分布式时序、事件和指标数据库，无需外部依赖。类似的数据库有 Elasticsearch、Graphite 等。

（1）主要特色功能：① 基于时间序列，支持与时间有关的相关函数（如最大，最小，求和等）；② 可度量性：你可以实时对大量数据进行计算；③ 基于事件：它支持任意的事件数据。

（2）InfluxDB 的主要特点：① 无结构（无模式）：可以是任意数量的列；② 可拓展的；③ 支持 min，max，sum，count，mean，median 等一系列函数，方便统计；④ 原生的 HTTP 支持，内置 HTTP API；⑤ 强大的类 SQL 语法；⑥ 自带管理界面，方便使用。

2. 常用概念

常见的概念简单列举如下。

（1）Database。数据库，可以创建多个，不同数据库中的数据文件存放在磁盘上的不同目录。

（2）Measurement。数据库中的表，例如 memory 记录了内存相关统计，其中包括了 used、cached、free 等。

（3）Point。表里的一行数据，由 A）时间戳（timestamp，每条记录的时间，数据库的主索引，会自动生成）；B）数据（field，记录的 Key/Value 例如温度、湿度）；C）标签（tags，有索引如地区、海拔）组成。

（4）Tag/tag key/tag value。有点不太好解释，可以理解为标签，或者二级索引，例如采集机器的 CPU 信息的时候，可以设置两个 tag 分别是机器 IP 以及第几个 CPU，在查询的时候放在 where 条件中，从而不需要遍及整个表，这是一个 map[stirng]string 结构。

（5）Fields。也就是实际记录的数据值，是 map[string]interface{}类型，类似于 C 语言中的 void＊，这里的 interface{}可以是 int、int32、int64、float32、float64，也就是真正需要显示或者计算的值，例如 CPU 的 sys,user,iowait 等。

（6）Retention Policy。存储策略。InfluxDB 会自动清理数据，可以设置数据保留的时间，默认会创建存储策略 autogen（保留时间为永久），之后用户可以自己设置，例如保留最近30 天的数据。

9.3　物联数据智能决策过程

9.3.1　常见的数据深度加工算法

根据算法的功能和形式的类似性，我们可以把算法分类，比如说基于树的算法，基于神经网络的算法等等。当然，机器学习的范围非常庞大，有些算法很难明确归类到某一类。而对于有些分类来说，同一分类的算法可以针对不同类型的问题。这里，我们尽量把常用的算法按照最容易理解的方式进行分类。

1. 回归算法

回归算法是试图采用对误差的衡量来探索变量之间的关系的一类算法。回归算法是统计机器学习的利器。在机器学习领域，人们说起回归，有时候是指一类问题，有时候是指一类算法，这一点常常会使初学者有所困惑。常见的回归算法包括：最小二乘法（ordinary least square），逻辑回归（logistic regression），逐步式回归（stepwise regression），多元自适应回归样条（multivariate adaptive regression splines）以及本地散点平滑估计（locally estimated scatterplot smoothing）。

2. 基于实例的算法

基于实例的算法常常用来对决策问题建立模型，这样的模型常常先选取一批样本数据，然后根据某些近似性把新数据与样本数据进行比较。通过这种方式来寻找最佳的匹配。因此，基于实例的算法常常也被称为"赢家通吃"学习或者"基于记忆的学习"。常见的算法包括 k‑Nearest Neighbor（KNN），学习矢量量化（learning vector quantization，LVQ），以及自组织映射算法（self‑organizing map,SOM）。

3. 正则化方法

正则化方法是其他算法（通常是回归算法）的延伸，根据算法的复杂度对算法进行调整。正则化方法通常对简单模型予以奖励而对复杂算法予以惩罚。常见的算法包括：Ridge Regression，Least Absolute Shrinkage and Selection Operator（LASSO），以及弹性网络（elastic net）。

4. 决策树学习

决策树算法根据数据的属性采用树状结构建立决策模型，决策树模型常常用来解决分类和回归问题。常见的算法包括：分类及回归树（classification and regression tree,

CART)，ID3（Iterative Dichotomiser 3），C4.5，Chi – squared Automatic Interaction Detection(CHAID)，Decision Stump，随机森林（random forest），多元自适应回归样条（MARS)以及梯度推进机（gradient boosting machine，GBM）。

5. 贝叶斯方法

贝叶斯方法算法是基于贝叶斯定理的一类算法，主要用来解决分类和回归问题。常见算法包括：朴素贝叶斯算法，平均单依赖估计（averaged one-dependence estimators，AODE)，以及 bayesian belief network(BBN)。

6. 基于核的算法

基于核的算法中最著名的莫过于支持向量机（SVM）了。基于核的算法把输入数据映射到一个高阶的向量空间，在这些高阶向量空间里，有些分类或者回归问题能够更容易的解决。常见的基于核的算法包括：支持向量机（support vector machine，SVM），径向基函数（radial basis function，RBF)，以及线性判别分析（linear discriminate analysis，LDA)等。

7. 聚类算法

聚类，就像回归一样，有时候人们描述的是一类问题，有时候描述的是一类算法。聚类算法通常按照中心点或者分层的方式对输入数据进行归并。所有的聚类算法都试图找到数据的内在结构，以便按照最大的共同点将数据进行归类。常见的聚类算法包括 k – Means 算法以及期望最大化算法（expectation maximization，EM）。

8. 关联规则学习

关联规则学习通过寻找最能够解释数据变量之间关系的规则，来找出大量多元数据集中有用的关联规则。常见算法包括 Apriori 算法和 Eclat 算法等。

9. 人工神经网络

人工神经网络算法模拟生物神经网络，是一类模式匹配算法。通常用于解决分类和回归问题。人工神经网络是机器学习的一个庞大的分支，有几百种不同的算法。（其中深度学习就是其中的一类算法，我们会单独讨论），重要的人工神经网络算法包括：感知器神经网络（perceptron neural network），反向传递（back propagation），Hopfield 网络，自组织映射（Self – Organizing Map，SOM）。学习矢量量化（learning vector quantization，LVQ)。

10. 深度学习

深度学习算法是对人工神经网络的发展。在近期赢得了很多关注，特别是百度也开始发力深度学习后，更是在国内引起了很多关注。在计算能力变得日益廉价的今天，深度学习试图建立大得多也复杂得多的神经网络。很多深度学习的算法是半监督式学习算法，用来处理存在少量未标识数据的大数据集。常见的深度学习算法包括：受限波尔兹曼机（restricted boltzmann machine，RBN），Deep Belief Networks（DBN），卷积网络（convolutional network），堆栈式自动编码器（stacked auto-encoders）。

11. 降低维度算法

像聚类算法一样，降低维度算法试图分析数据的内在结构，不过降低维度算法是以非监督学习的方式试图利用较少的信息来归纳或者解释数据。这类算法可以用于高维数据的可视化或者用来简化数据以便监督式学习使用。常见的算法包括：主成分分析（principle component analysis,PCA),偏最小二乘回归(partial least square regression,PLS),Sammon 映射,多维尺度(Multi - Dimensional Scaling,MDS),投影追踪(Projection Pursuit)等。

12. 集成算法

集成算法用一些相对较弱的学习模型独立地就同样的样本进行训练,然后把结果整合起来进行整体预测。集成算法的主要难点在于究竟集成哪些独立的较弱的学习模型以及如何把学习结果整合起来。这是一类非常强大的算法,同时也非常流行。常见的算法包括:Boosting, Bootstrapped Aggregation (Bagging), AdaBoost, 堆 叠 泛 化 (stacked generalization,blending),梯度推进机(gradient boosting machine,GBM),随机森林(random forest)。

9.3.2 典型数据挖掘简介——Kmeans 算法

在数据挖掘中,Kmeans 算法是一种 cluster analysis 的算法,其主要是来计算数据聚集的算法,主要通过不断地取离种子点最近均值的算法。

Kmeans 算法思想

(1)算法步骤。Kmeans 算法(k 均值算法)是一种简单的聚类算法,属于划分式聚类算法,当给定一个数据集 D 时,Kmeans 算法的步骤如下:

选择 K 个点作为初始质心(随机产生或者从 D 中选取),将每个点分配到最近的质心,形成 K 个簇,重新计算每个簇的质心,直到簇不发生变化或达到最大迭代次数。

若 n 是样本数,m 是特征维数,k 是簇数,t 是迭代次数,则 Kmeans 算法的时间复杂度为 O(tknm),与样本数量线性相关,所以在处理大数据集合时比较高效,伸缩性好。空间复杂度为 O((n+k) * m)。

Kmens 算法虽然一目了然,但算法实现过程中涉及的细节也不少,下面逐一介绍。

(2)k 值选取。k 的值是用户指定的,表示需要得到的簇的数目。在运用 Kmeans 算法时,我们一般不知道数据的分布情况,不可能知道数据的集群数目,所以一般通过枚举来确定 k 的值。另外,在实际应用中,由于 Kmean 一般作为数据预处理,或者用于辅助分类贴标签,所以 k 一般不会设置很大。

(3)初始质心的选取。Kmeans 算法对初始质心的选取比较敏感,选取不同的质心,往往会得到不同的结果。初始质心的选取方法,常用以下两种的简单方法:一种是随机选取,一种是用户指定。

需要注意的是,无论是随机选取还是用户指定,质心都尽量不要超过原始数据的边界,即质心每一维上的值要落在原始数据集每一维度的最小与最大值之间。

(4)距离度量方法。距离度量方法(或者说相似性度量方法)有很多种,常用的有欧氏距离,余弦相似度,街区距离,汉明距离等等。在 Kmeans 算法中,一般采用欧氏距离计算两个点的距离,欧氏距离如下:

$$distEclud(X, Y) = \sqrt{\sum_{i=1}^{n} (X_i - Y_i)^2}$$

举个例子，$X=(1\,000,0.1)$，$Y=(900,0.2)$，那么它们的欧氏距离就是

$$\sqrt{(1\,000-900)^2+(0.1-0.2)^2}\approx100$$

举这个例子是为了说明，当原始数据中各个维度的数量级不同时，它们对结果的影响也随之不同，那些数量级太小的维度，对于结果几乎没产生任何影响。比如所举的例子中的第二个维度的 0.1，0.2，与第一个维度 1\,000 的数量级相差了一万倍。

为了赋予数据每个维度同等的重要性，我们在运用欧氏距离时，必须先对数据进行规范化，比如将每个维度都缩放到 [0,1] 之间。

（5）质心的计算。在 Kmeans 算法中，将簇中所有样本的均值作为该簇的质心。这也是 Kmeans 名字的由来吧。

（6）算法停止条件。在两种情况下算法应该停止：一种是达到了指定的最大迭代次数，一种是算法已经收敛，即各个簇的质心不再发生变化。

（7）代价函数与算法收敛。Kmeans 算法的代价函数比较简单，就是每个样本点与其所属质心的距离的平方和（误差平方和，Sum of Squared Error，简称 SSE）：

$$J(c,u)=\sum_{i=1}^{k}||X^{(i)}-u_c(i)||^2$$

与其他机器学习算法一样，我们要最小化这个代价函数，但这个函数没有解析解，所以只能通过迭代求解的方法来逼近最优解（这一点也和众多机器学习算法一样吧）。所以你再看看算法步骤，其实就是一个迭代过程。

由于代价函数（SSE）是非凸函数，所以在运用 Kmeans 算法时，不能保证收敛到一个全局的最优解，我们得到的一般是一个局部的最优解。

因此，为了取得比较好的效果，我们一般会多跑几次算法（用不同的初始质心），得到多个局部最优解，比较它们的 SSE，选取 SSE 最小的那个。

9.4　物联数据与人工智能架构

9.4.1　边缘计算

数字化浪潮正席卷几乎所有传统行业，改变了我们的生活方式、出行方式，改变了教育、医疗、各种传统服务……数字化背后的基础技术是云计算，几乎所有数据都需要连接到云，再通过云端存储、计算，通过网络互相连接。近十年来，云计算充分的向人们展示了它的优越性：① "无限"的资源池；② 大量用户共享资源池带来的廉价资源；③ 随时随地用任何网络设备访问；④ "快速"重新部署，弹性的资源租用；⑤ 按需购买，自助服务。

服务提供商把特定服务部署在云中，终端设备发送信息给服务，服务完成运算后将结果发回给终端，并将必要数据在云端存储。通过这种形式，云充分满足了终端设备的资源期待，也成为物联网生态系统中不可缺少的一环。

　　然而,大多数的云数据中心是集中化的,离终端的设备和用户较远。所以,实时性要求高的计算服务,需要远端的云数据中心的反馈,通常这样会引起长距离往返延时、网络拥塞、服务质量下降等问题。

　　根据国际电信联盟电信标准分局ITU－T的研究报告,到2020年,每个人每秒将产生1.7 MB的数据,IoT可穿戴设备的出货量将达到2.37亿。IDC也发布了相关预测,到2018年,50%的物联网网络将面临网络带宽的限制,40%的数据需要在网络边缘侧分析、处理与储存,到2025年,这一数字将超过50%。

　　这些数据表明,随着万物互联的时代的到来,数以万计IoT设备产生的海量数据将给通信技术带来无限压力。这就要求靠近数据源头的网络边缘侧或者设备,就近提供边缘智能服务,实时处理设备收集的有价值的数据。为了满足这种需求,一种新的计算方式——边缘计算,进入了大众视野。

　　边缘计算指在靠近物或数据源头的网络边缘侧,融合网络、计算、存储、应用核心能力的开放平台,就近提供边缘智能服务,满足行业数字化在敏捷连接、实时业务、数据优化、应用智能、安全与隐私保护等方面的关键需求。

　　边缘计算的初衷是为了将计算能力带向离数据源更近的地方。更准确一点说,边缘计算让数据在边缘网络处处理。边缘网络基本上由终端设备(例如移动手机、智能物品等等)、边缘设备(例如边界路由器、机顶盒、网桥、基站、无线接入点等等)、边缘服务器等构成。这些组件可以具有必要的性能,支持边缘计算。作为一种本地化的计算模式,边缘计算提供了对于计算服务需求更快的响应速度,通常情况下不将大量的原始数据发回核心网(见图9.8)。

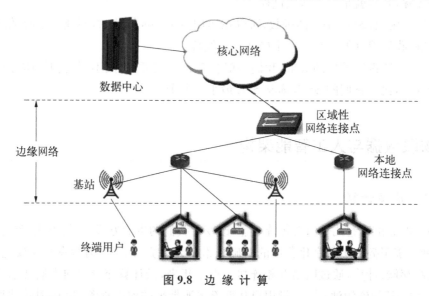

图9.8　边　缘　计　算

　　对物联网而言,边缘计算技术取得突破,意味着许多控制将通过本地设备实现而无需交由云端,处理过程将在本地边缘计算层完成。这无疑将大大提升处理效率,减轻云端的负荷。由于更加靠近用户,还可为用户提供更快的响应,将需求在边缘端解决。目前,云计算是行业的大势所趋,而对于云计算来说,所有的数据都要汇总到后端的数据中心完成。在

"云、管、端"三者的角色中，云计算更侧重于"云"，是实现最终数据分析与应用的场所。但是在边缘计算中，强调了"边缘"也就是"端"所在的物理区域。在这个区域，如果能够为"端"就近提供网络、计算、存储等资源，显然实时性等业务需求能够容易满足，这是"边缘计算"相比于"云计算"最大的不同。

9.4.2 雾计算架构

雾计算(fog computing)是一种面向物联网(IoT)的分布式计算基础设施，可将计算能力和数据分析应用扩展至网络边缘，它使客户能够在本地分析和管理数据，从而通过连接获得即时的见解。在该模式中数据、(数据)处理和应用程序集中在网络边缘的设备中，而不是几乎全部保存在云中，是云计算(cloud computing)的延伸概念，由思科(Cisco)首创。

雾计算是个很形象的名称，提出它的 Ginny Nichols 提了一个有趣的说法"雾是接近地面的云"。这句话有两层含义：一是雾计算和云计算有很多相似。例如，它们都基于虚拟化技术，从共享的资源池中，为多用户提供资源；二是接近地面。这也指出了雾和云第一个不同——位置。更具体些，是它们在网络拓扑中的位置(见图9.9)。

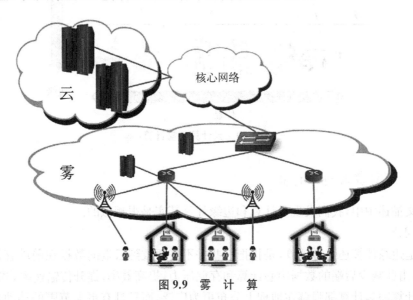

图9.9 雾 计 算

在 Cisco 的定义中，雾计算主要使用边缘网络中的设备。这些设备可以是传统网络设备(早已部署在网络中的路由器、交换机、网关等等)，也可以是专门部署的本地服务器。一般来说，专门部署的设备会有更多资源，而使用有宽裕资源的传统网络设备则可以大幅度降低成本。这两种设备的资源能力都远小于一个数据中心，但是它们庞大的数量可以弥补单一设备资源的不足。

雾计算让数据可以在本地智能设备中进行处理而不必发送到云端。雾计算可以简单地理解为局域网计算，"雾"的概念可以代指分布式的局域网里。它将数据、数据处理和应用程序集中在网络边缘的设备中，而不是几乎全部都保存在云总。雾计算是由性能较弱、更为零散的计算设备组成，将物理上分散的计算机联合起来，形成较弱的计算能力。

雾计算是一种分布式的计算模型,作为云数据中心和物联网(IoT)设备/传感器之间的中间层,它提供了计算、网络和存储设备,让基于云的服务可以离物联网设备和传感器更近。雾计算的概念的引入,也是为了应对传统云计算在物联网应用时所面临的挑战。图9.10是一个简单的雾计算技术框架,雾计算服务器位于终端设备和云服务器之间,所有的本地设备和传感器等智能终端设备被部署在边缘,每一个区域的终端设备连接到一个雾计算服务器上,所有的雾计算服务器与云服务器相连。雾计算在构架中作为终端设备的决策者和云服务器的执行者,分别为上下层提供服务。

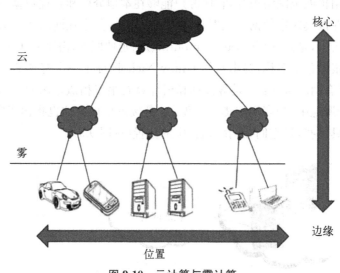

图 9.10　云计算与雾计算

9.4.3　雾计算与边缘计算

从前文描述中中,我们发现雾计算和边缘计算其实是很相似的。

1. 共同点

无论是边缘计算还是雾计算,是指把一些并不需要放到云端的数据在前端直接计算、存储和处理,由此减少后端的数据中心计算和存储压力,提高效率,提升传输速率,减低时延。

边缘计算和雾计算都强调在地理上分布更为广泛,而且具有更大范围的移动性,这让它适应如今越来越多不需要进行大量运算的智能设备。

边缘计算和雾计算都特别强调由性能较弱、更为分散的,处于大型数据中心以外的庞大外围设备组成,这些外围设备包括智能终端本身,也包括把智能设备与云端相连接的网关或路由设备,可以渗入工厂、汽车、电梯、电器、街灯及人们物质生活中的各类可计算设备中。

2. 区别

一般而言,雾计算和边缘计算的区别在于,雾计算更具有层次性和平坦的架构,其中几个层次形成网络,而边缘计算依赖于不构成网络的单独节点。雾计算在节点之间具有广泛的对等互连能力,边缘计算在孤岛中运行其节点,需要通过云实现对等流量传输。

事实上,无论是云、雾还是边缘计算,本身只是实现物联网、智能制造等所需要计算技术的一种方法或者模式。严格讲，雾计算和边缘计算本身并没有本质的区别，都是在接近于现场应用端提供的计算。就其本质而言，都是相对于云计算而言的。

从上可知，雾计算是一种新的云计算服务模式，又称边缘计算，它利用了虚拟化的基础设施更接近最终用户，在云的边缘进行处理的好处，包括更少的带宽和网络应变，可以降低成本、减少延迟，并有更多的访问。这样的计算既扩展了云的能力，同时又降低了组织利用它的要求。雾计算和云计算名称一样，两者十分生动形象。云在天空飘浮，高高在上，遥不可及，刻意抽象，而雾却现实可及，贴近地面。雾计算对企业来说有着明显效果：企业大量的内部数据不用先传到"云"里再从"云"里传回来进行处理，而是通过身边的"雾"来直接处理，这样减少了数据传输的消耗，能大大提高企业业务效率和降低运营成本。对个人而言，雾计算也能提供快速有效的服务，如手机软件升级，不必到"云"里去升级，只需在最近的"雾计算"的设备（如小区内）升级就可以快速解决。

9.4.4　典型的雾计算环境

雾计算的一个典型用例是车联网中一个智能交通灯系统，它可以减少拥塞或防止事故发生，相关数也可以被发送到云计算以便做长期分析。

交通拥堵已经成为城市普遍存在的现象，不仅给出行者造成时间上的延误、经济上的损失，还给整个社会造成了资源的浪费、环境的污染。"智慧车联网"是指利用射频识别（radio frequency identification，RF/D）、传感器、无线通信、卫星定位、互联网、地理信息系统及语音识别等技术，收集车辆、道路和环境的数据信息，通过车、人、路之间相互联通共享信息，并在服务平台上对采集到的多目标信息进行分析后，对车辆进行引导与监管，实现更智能、更安全、更环保、更绿色的驾驶。

车联网具有实时监控、定位、提醒功能，当遇到车辆故障、交通事故或其他特殊情况时，需要对车主及时提醒或采取紧急措施；当遇到某个路口交通堵塞的情况，需要结合其他路口的实时情况改变红绿灯策略，尽快解决堵塞问题，以确保车辆安全、顺畅地出行。可想而知，当遇到车辆故障、交通事故或其他特殊情况时，车联网系统需要做出的提醒或紧急措施需要非常及时，几秒、几毫秒甚至更少的时间误差就难以避免事故的发生。如果车联网的海量数据是上传到云计算中做分析处理，必定会产生一定的时延。在这种应用下，时延引起的问题可能是致命的。

而通过雾计算来完成这类特殊情况的计算、分析及反馈，对应用场景实现实时的反馈，就能减少交通事故的发生。

这个系统把交通灯作为网络节点，可以和传感器一起进行互动。传感器可以探测出行人或骑车人的出现情况，测量出正在接近的汽车的距离和车速。通过雾计算，这些智能交通灯可以与邻近的智能交通灯进行协调，可以对接近的汽车发出警告，甚至可以改变红绿灯亮的周期，以避免可能出现的交通意外。最后，雾计算服务器里的智能交通系统数据，将传到"云"里，再进行全局数据分析，如图 9.11 所示。在道路沿线路边的单位和智能交通灯部署各种无线接入点如 WIFI、3G 和 4G，车辆到车辆、车辆到访问点，以及访问点间的相互作用，都是雾计算在这方面的应用。

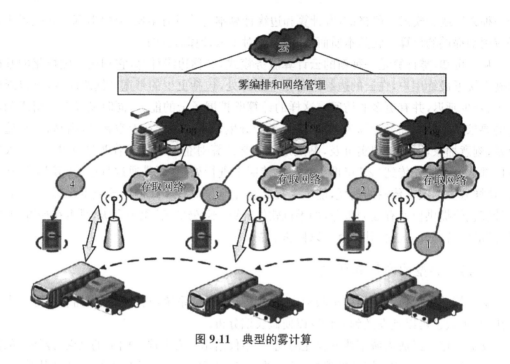

图 9.11 典型的雾计算

9.5 物联网数据的人工智能处理架构

9.5.1 NVIDIA 的 GPU 提供的计算框架——CUDA 架构

CUDA(Compute Unified Device Architecture),由 NVIDIA 公司创立的,基于 NVIDIA 生产的图形处理器 GPUs(Graphics Processing Units)的并行计算平台和编程模型。CUDA 是一种通用并行计算架构,通过该框架,GPUs 可以很方便地被用来进行通用计算,解决复杂的计算问题。它包含了 CUDA 指令集架构(ISA)以及 GPU 内部的并行计算引擎。开发人员现在可以使用 C 语言来为 CUDA 架构编写程序,C 语言是应用最广泛的一种高级编程语言。所编写出的程序于是就可以在支持 CUDA 的处理器上以超高性能运行。

从 CUDA 体系结构的组成来说,包含了三个部分:开发库、运行期环境和驱动。开发库是基于 CUDA 技术所提供的应用开发库。运行期环境提供了应用开发接口和运行期组件,包括基本数据类型的定义和各类计算、类型转换、内存管理、设备访问和执行调度等函数。驱动部分基本上可以理解为是 CUDA - enable 的 GPU 的设备抽象层,提供硬件设备的抽象访问接口。

CUDA 是 NVIDIA 的 GPGPU 模型,它使用 C 语言为基础,可以直接以大多数人熟悉的 C 语言,写出在显示芯片上执行的程序,而不需要去学习特定的显示芯片的指令或是特殊的结构。

在 CUDA 的架构下,一个程序分为两个部分:host 端和 device 端。Host 端是指在

CPU 上执行的部分，而 device 端则是在显示芯片上执行的部分。Device 端的程序又称为"kernel"。通常 host 端程序会将数据准备好后，复制到显卡的内存中，再由显示芯片执行 device 端程序，完成后再由 host 端程序将结果从显卡的内存中取回。

1. 软件架构

操作系统的多任务机制可以同时管理 CUDA 访问 GPU 和图形程序的运行库，其计算特性支持利用 CUDA 直观地编写 GPU 核心程序。目前 Tesla 架构具有在笔记本电脑、台式机、工作站和服务器上的广泛可用性，配以 C/C++语言的编程环境和 CUDA 软件，使这种架构得以成为最优秀的超级计算平台（见图 9.12）。

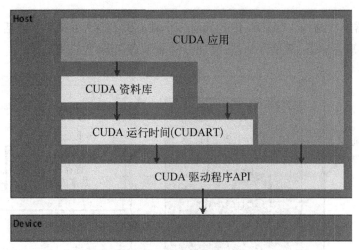

图 9.12　CUDA 软件架构

2. CUDA 软件层次结构

CUDA 在软件方面组成有：一个 CUDA 库、一个应用程序编程接口（API）及其运行库（Runtime）、两个较高级别的通用数学库，即 CUFFT 和 CUBLAS。CUDA 改进了 DRAM 的读写灵活性，使得 GPU 与 CPU 的机制相吻合。另一方面，CUDA 提供了片上（on-chip）共享内存，使得线程之间可以共享数据。应用程序可以利用共享内存来减少 DRAM 的数据传送，更少的依赖 DRAM 的内存带宽。

3. 编程模型

CUDA 程序构架分为两部分：Host 和 Device。一般而言，Host 指的是 CPU，Device 指的是 GPU。在 CUDA 程序构架中，主程序还是由 CPU 来执行，而当遇到数据并行处理的部分，CUDA 就会将程序编译成 GPU 能执行的程序，并传送到 GPU。而这个程序在 CUDA 里称做核（kernel）。CUDA 允许程序员定义称为核的 C 语言函数，从而扩展了 C 语言，在调用此类函数时，它将由 N 个不同的 CUDA 线程并行执行 N 次，这与普通的 C 语言函数只执行一次的方式不同。执行核的每个线程都会被分配一个独特的线程 ID，可通过内置的 threadIdx 变量在内核中访问此 ID。

在 CUDA 程序中，主程序在调用任何 GPU 内核之前，必须对核进行执行配置，即确定线程块数和每个线程块中的线程数以及共享内存大小。

（1）线程层次结构。在 GPU 中要执行的线程，根据最有效的数据共享来创建块（Block），其类型有一维、二维或三维。在同一个块内的线程可彼此协作，通过一些共享存储器来共享数据，并同步其执行来协调存储器访问。一个块中的所有线程都必须位于同一个处理器核心中。因而，一个处理器核心的有限存储器资源制约了每个块的线程数量。在早起的 NVIDIA 架构中，一个线程块最多可以包含 512 个线程，而在后期出现的一些设备中则最多可支持 1 024 个线程。一般 GPGPU 程序线程数目是很多的，所以不能把所有的线程都塞到同一个块里。但一个内核可由多个大小相同的线程块同时执行，因而线程总数应等于每个块的线程数乘以块的数量。这些同样维度和大小的块将组织为一个一维或二维线程块网格（Grid）。

（2）存储器层次结构。CUDA 设备拥有多个独立的存储空间，其中包括：全局存储器、本地存储器、共享存储器、常量存储器、纹理存储器和寄存器（见图 9.13）。

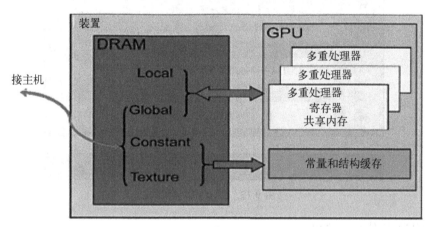

图 9.13　CUDA 存储器层次结构

CUDA 设备上的存储器：CUDA 线程可在执行过程中访问多个存储器空间的数据：① 每个线程都有一个私有的本地存储器；② 每个线程块都有一个共享存储器，该存储器对于块内的所有线程都是可见的，并且与块具有相同的生命周期；③ 所有线程都可访问相同的全局存储器；④ 此外还有两个只读的存储器空间，可由所有线程访问，这两个空间是常量存储器空间和纹理存储器空间。全局、固定和纹理存储器空间经过优化，适于不同的存储器用途。纹理存储器也为某些特殊的数据格式提供了不同的寻址模式以及数据过滤，方便 Host 对流数据的快速存取。

（3）主机（Host）和设备（Device）。CUDA 假设线程可在物理上独立的设备上执行，此类设备作为运行 C 语言程序的主机的协处理器操作。内核在 GPU 上执行，而 C 语言程序的其他部分在 CPU 上执行（即串行代码在主机上执行，而并行代码在设备上执行）。此外，CUDA 还假设主机和设备均维护自己的 DRAM，分别称为主机存储器和设备存储器。因而，一个程序通过调用 CUDA 运行库来管理对内核可见的全局、固定和纹理存储器空间。这种管理包括设备存储器的分配和取消分配，还包括主机和设备存储器之间的数据传输。

9.5.2　Google 的 TPU 适用的计算框架——TensorFlow

Google 的 TPU 是专门用于在 TensorFlow 中执行特性功能的 ASIC(专用集成电路)。

ASIC，指依照产品需求不同而定制化的特殊规格集成电路，由特定使用者要求和特定电子系统的需要而设计、制造。一般来说，ASIC 在特定功能上进行了专项强化，可以根据需要进行复杂的设计，但相对来说，实现更高处理速度和更低能耗。相对应的，ASIC 的生产成本也非常高。

TPU 为了更好地用 TensorFlow(TF)来实现机器学习功能而特意优化了 ASIC，降低了计算精度以减少完成每个操作所需要的晶体管数量。Google 声称这些优化有助于提高芯片每秒钟处理的操作数量。

Google 已经将 TPU 用于许多内部项目，如机器学习系统 RankBrain、Google 街景以及因为在 2 月份的围棋比赛中击败韩国大师李世石而声名鹊起的 AlphaGo 等。

1. TensorFlow

TensorFlow 是谷歌于 2015 年 11 月 9 日正式开源的计算框架，最初由 Google 大脑小组(隶属于 Google 机器智能研究机构)的研究员和工程师们开发出来。TensorFlow 计算框架可以很好地支持深度学习的各种算法，但它的应用也不限于深度学习。TensorFlow 是将复杂的数据结构传输至人工智能神经网中进行分析和处理过程的系统，可被用于语音识别或图像识别等多项机器深度学习领域。

TensorFlow 是一个采用数据流图(data flow graphs)，用于数值计算的开源软件库。节点(Nodes)在图中表示数学操作，图中的线(edges)则表示在节点间相互联系的多维数据数组，即张量(tensor)。

什么是数据流图(Data Flow Graph)？

数据流图用"结点"(nodes)和"线"(edges)的有向图来描述数学计算。"节点"一般用来表示施加的数学操作，但也可以表示数据输入(feed in)的起点/输出(push out)的终点，或者是读取/写入持久变量(persistent variable)的终点。"线"表示"节点"之间的输入/输出关系。这些数据"线"可以输运"size 可动态调整"的多维数据数组，即"张量"(tensor)。张量从图中流过的直观图像是这个工具取名为"Tensorflow"的原因。一旦输入端的所有张量准备好，节点将被分配到各种计算设备完成异步并行地执行运算。

2. TensorFlow 的特征

(1) 高度的灵活性。TensorFlow 并不仅仅是一个深度学习库，只要可以把你的计算过程表示称一个数据流图的过程，我们就可以使用 TensorFlow 来进行计算。TensorFlow 允许我们用计算图的方式还建立计算网络，同时又可以很方便地对网络进行操作(具体计算图是什么意思，后面会有详细的介绍)。用户可以基于 TensorFlow 的基础上用 Python 编写自己的上层结构和库，如果 TensorFlow 没有提供我们需要的 API 的，我们也可以自己编写底层的 C++代码，通过自定义操作将新编写的功能添加到 TensorFlow 中。

(2) 真正的可移植性。TensorFlow 可以在 CPU 和 GPU 上运行，可以在台式机，服务器，移动设备上运行。你想在你的笔记本上跑一下深度学习的训练，或者又不想修改代码，想把你的模型在多个 CPU 上运行,亦或想将训练好的模型放到移动设备上跑一下,这些 TensorFlow 都可以帮你做到。

（3）多语言支持。TensorFlow 采用非常易用的 python 来构建和执行我们的计算图,同时也支持 C++的语言。我们可以直接写 python 和 C++的程序来执行 TensorFlow,也可以采用交互式的 ipython 来方便的尝试我们的想法。当然,这只是一个开始,后续会支持更多流行的语言,比如 Lua,JavaScript 或者 R 语言。

（4）丰富的算法库。TensorFlow 提供了所有开源的深度学习框架里,最全的算法库,并且在不断添加新的算法库。这些算法库基本上已经满足了大部分的需求,对于普通的应用,基本上不用自己再去自定义实现基本的算法库了。

（5）完善的文档。TensorFlow 的官方网站,提供了非常详细的文档介绍,内容包括各种 API 的使用介绍和各种基础应用的使用例子,也包括一部分深度学习的基础理论。不过这些都是英文的。

第10章 实践环节：物联网数据的感知与处理

物联网涉及物理层硬件、多层软件协议栈、大数据分析等领域的研究知识，是继计算机、互联网和移动通信之后的世界信息产业的第三次革命性创新。在本章中，将主要围绕物联网的未来新技术领域的主要研究方向，对于物联网数据感知过程的分布式存储结构、智能决策过程的深度加工与挖掘细节，以及物联网与人工智能架构的深度耦合等内容，进行新技术的全面介绍。

10.1 物联网数据感知实践

10.1.1 常见开源 IoT 软件介绍

1. KAA

Kaa 是一款易用的多功能物联网中间件平台，能用来搭建完整的物联网设计、相互连接的应用产品和智能产品。Kaa 平台提供了一个开源的物联网产品开发工具包，它有着丰富的特性，减少了产品开发的成本和风险，缩短了市场化的时间。

Kaa 是一个用于物联网的多功能的中间件平台，他允许构建完全端到端 IoT 解决方案，连接的应用和智能产品。Kaa 平台为 IoT 产品开发提供了一个开放的，功能丰富的工具组件，因此有效地降低了相关的费用，风险和面向市场的时间。为了快速开始，kaa 提供了一套开箱即用的企业级物联网功能，使其能够被简单地插入并实现大量的 IoT 用户实例。

kaa 上有很多架构特征使得 IoT 开发更加快速和简单。首先，kaa 是与硬件无关的，因此 kaa 与虚拟化的任何类型的连接的设备，传感器和网关是相兼容的。他也提供了一个清澈的 IoT 特征和延伸的架构用于不同种类的应用。在开发上，他们可以使用最小额外的代码，被用于即插即用的模块。和用于连接协议和整体分析的无限选项结合在一块，这些能力使得 Kaa 成为用于创新性 IoT 开发的恰当的比喻（见图 10.1）。

2. Device Hive

Device Hive 是一个集成了大量设备的开源物联网数据平台。它受到了 DataArt 公司（一家世界领先的技术顾问公司）的物联网研发团队的支持。

部署操作简单，既能用于想法验证，也能用于开发和大规模生产。Device Hive 在公有云和私有云上都能运行——MicroSoft Azure、Amazon Web Services、Apache Mesos、

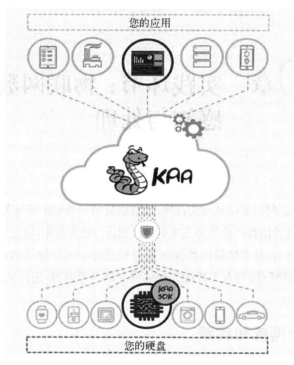

图 10.1　KAA

OpenStack，或是自己的数据中心。

Device hive 云平台同时还支持 Apache Spark 和 Spark streaming，也就是说你可以在收集到的数据上做批量分析和机器学习，也可以实时处理事件消息。无论网络配置如何，其基于云的 API 都可以进行远程控制。它可以管理和控制门户、协议和开源库，其潜在的应用包括安全、智能家居技术、远程传感器和自动化。

DeviceHive 项目提供一个支持连接设备到物联网的机器对机器通信框架。它包括支持创建网络易于使用基于 web 的管理软件、应用安全规则和监控设备。该网站提供内置有 DeviceHub 的样本项目，而且它也有一个"游乐场"部分，允许用户使用 DeviceHub 在线去看它是如何工作的(图 10.2)。

3. OpenIoT

OpenIoT 是物联网的一个创新开源平台，包括了一些独特的功能，诸如基于云计算来组合各种重要的物联网服务(见图 10.3)。

OpenIoT 是把物联网和云计算相结合的开源解决方案，OpenIoT 项目专注于提供一个开源的中间件框架，使得云环境中的物联网 IoT 应用能实现公式化的自管理。因此，OpenIoT 中间件框架将作为物联网应用的宏伟蓝图，使得物联网应用的交付变得自动化，更能适应云基础设施。

OpenIoT 架构的用途在于：① 收集和处理世界各个角落传感器的数据，包括物理设备、传感器处理算法、社交媒体处理算法等等；② 将各个传感器的数据流导入云计算架构中；③ 动态发现/查询传感器以及它们的数据；④ 组合并传递基于大量传感器数据的物联网服务；

图 10.2　Device Hive

图 10.3　OpenIoT

⑤ 物联网数据的可视化展示(表格、图形等)；⑥ 优化 OpenIoT 中间件和云计算架构的资源。

4. The Thing System——家居自动化软件

Thing System 是一组用来维护物联网的软件和网络协议的组合(图 10.4)。

这个项目包括软件组件和网络协议。它承诺可以找到你家里面所有与互联网连接的物件，并结合起来，那样你就能控制它们。它支持一大批的设备，包括 Nest 恒温器、三星智能空调系统、Insteon LED 灯泡、Roku、谷歌 Chromecast、Pebble 智能手表、Goji 智能锁及其他众多设备。它用 Node.js 编写，可以装在 Raspberry Pi 上。

这个智能家居"监管"软件声称支持真正的自动化，而不是简单的通知。其自学习人工智能软件可处理许多协同式 M2M 操作，不需要由人干预。缺少云组件恰恰提供了更好的安全性、隐私性和控制性(图 10.5)。

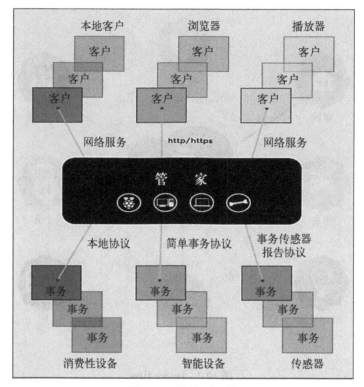

图 10.4　系 统 架 构

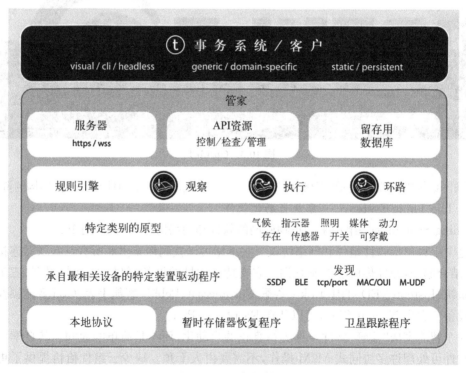

图 10.5　系 统 架 构 图

5. ThingSpeak

ThingSpeak 是 Mathworks 在物联网（Internet of Things）大潮下的一个产品线，它是物联网的数据收集和数据分析的云平台。大多数使用 Thingspeak 的用户都是 Maker，也叫做创客，他们有工程和硬件方面的经验，开发和使用可联网的硬件收集数据，并把数据传向云端，Thingspeak 扮演的角色是物联网的后端，即免费存储硬件所收集的数据，以及提供免费的在线使用 MATLAB 分析这些数据的功能。

ThingSpeak 是目前可用的较老的物联网开发平台之一，但它也是最可靠的之一。该平台主要专注于警报、位置跟踪和传感器记录，但它仍然是一个内在多功能的平台。

ThingSpeak 可以处理 HTTP 请求，并存储和处理数据。这个开放数据平台的主要功能包括开放应用程序、实时数据收集、地理位置数据、数据处理和可视化、设备状态信息和插件。它可以集成多个硬件和软件平台，包括 Arduino、树莓派、ioBridge/RealTime.io、Electiclmp、移动和网络应用、社会网络和 MATLAB 数据分析。除了开源版本，还提供托管服务。

一个典型的例子是汽车计数器开发，使用网络摄像头和 Raspberry Pi 设备，通过 ThingSpeak 的分析和可视化，能够计数汽车在一个繁忙的公路上的交通模式。

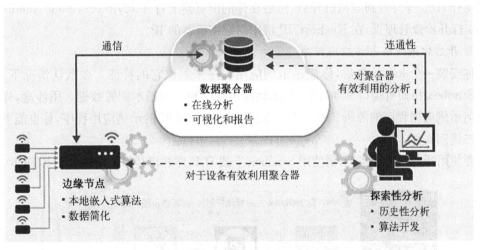

图 10.6 ThingSpeak

10.1.2 开启自己的物联网应用

Kaa 通过提供服务器和终端 SDK 组建来管理入网物体和后端架构的数据。SDK 被嵌入到入网物体中，并与服务器进行实时的双向数据交换。Kaa SDK 几乎能与任何入网设备或者微芯片集成。

Kaa 服务器提供了超大规模、关键的物联网技术方案需要的所有后端功能。它处理了所有入网设备的信息交流，包括数据一致性和安全性，设备交互性，以及失败重连。

Kaa 服务器提供了整合数据管理和分析系统的完好接口，和产品定制化服务。它就像后端系统的基础，使你能够自由扩展，满足产品的个性化需求。Kaa 主要特性：① 事件系统，发现设备的高级功能；② 日志收集；③ 配置和分组；④ 发送提醒；⑤ 数据分布式管理；

⑥ Transport abstraction;⑦ 支持个商业条目和多个应用配置;⑧ 授权协议:Apache;⑨ 开发语言:Java 查看源码;⑩ 操作系统:跨平台。

1. kaa sandbox 的安装

Kaa Sandbox 是一种预配置的虚拟环境,旨在为希望使用 Kaa 平台的私有实例进行教育,开发和概念验证。沙箱还包括一些演示应用程序,用于说明平台功能的各个方面。

为了运行 kaa 沙盒,使用 VirtualBox 环境。

(1)VirtualBox 上 Kaa Sandbox 的安装。自己的系统必须满足最小要求:① 64 位操作系统;② 4GRAM。

(2)在 BIOS 中能够设置虚拟化技术:① 安装一个虚拟化环境。kaa 沙盒 0.10.0 支持 VirtualBox 版本 5.1.2 或者更高的版本;② 从 kaa 下载页下载沙盒.ova 镜像;③ VirtualBox 中导入沙盒镜像;④ 加载完镜像后,调整内存 RAM(随机动态存储器)的数量和 VM 可用的处理器核数。为了最佳性能,我们推荐至少 4G 内存(RAM)和 2CPUs;(Note:沙箱实例作品开箱默认虚拟机网络配置设置为 NAT,这个能够连接你的机器和 kaa 服务器。您可能切换到桥接适配器模式,采用桥接适配器模式的优势在于即使你改变了你的本机 IP,沙盒也能正确工作);⑤ 等待直到虚拟机开启,然后在你的浏览器上打开 127.0.0.1:9080/sandbox 链接;⑥ 打开沙盒管理页,在 Kaahost/IP 块中指定你机器的 IP。

2. 开启你第一个 kaa 应用程序

你安装一个 kaa 沙盒后,你能用示例应用程序来测试它的特征。在默认情况下,您的 Kaa Sandbox 将侦听端口 9080 以访问示例应用程序和一些基本配置数据。用沙盒,你能下载任何示例应用程序的源码。对于 Java 或者 Android SDK 的示例应用程序,你也能下载他们的二进制文件。

要使用特定的 Kaa 实例,请使用 Sandbox 下载 SDK 库并将其部署到您的端点(图 10.7)。

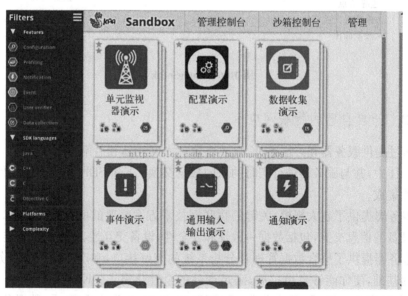

图 10.7　KAA - Sandbox

为了下载和运行你的第一个 Kaa 示例应用程序，我们推荐你从你的沙盒打开 Data collect demos 句柄描述，然后选择你的 SDK 类型。

Tip：为了快速安装，选择 Java SDK 类型。java SDK，你能下载一个包含二进制文件的可执行.jar 包。对于其他 SDK 类型，您需要从源文件下载和构建（图 10.8）。

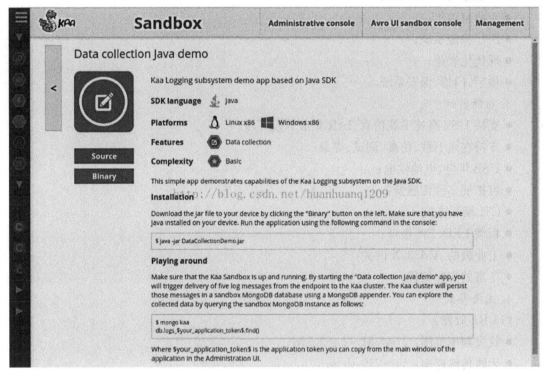

图 10.8　KAA－Java SDK

在沙盒中跟随这个说明去下载和运行、测试示例应用程序。

之后，你就可以使用沙盒去创建你自己的 kaa 应用程序了。

10.2　物联网数据处理实践

10.2.1　物联网实验平台概述

1. 概述

DY－WSN－KIT 是德研电科根据教学和工程界推出的物联网实验平台开发套件，该套件不仅可以作为高校物联网教学的设备，还可以作为产品研发用。该平台搭载了 cortex－A8 处理器，以 TI 的 AM335X 作为网关，集成了当今最先进的技术，包括了多种模块如 Zigbee 模块、Sub－1G 模块、Bluetooth 模块、RFID 射频模块、GPS 模块、GPRS 模块、wifi 模块等多种无线处理模块。

2. 适用范围

- 智能家电；

- 智能家居；

- 无线网络设备；

- 环境监测,节能减排；

- 工业自动化；

- 医疗保健系统；

- 现代化农业；

- 楼宇、门禁、保安系统。

3. 功能特性

- 支持 USB 高速下载仿真、IAR 集成开发环境；

- 支持在线下载、仿真、调试、烧录；

- USB 供电、电池供电；

- 可扩展多种传感器；

- C51 编程方式；

- 板载 LED、232 串口；

- 工业级的 AM335X 网关；

- 丰富的实验例程。

4. 主要参数

(1) RF 收发：

- 收发频率范围：2 045 M～2 483.5 M；

- 无线传输速率：20～250 kb/s；

- 通讯距离 30～300 m；

- 输出功率－3 dBm、0 dBm、＋4 dBm 可选。

(2) 功耗：

- 接受模式：24 mA；

- 发送模式：29 mA；

- 宽电源电压范围：2.0～3.6 V。

(3) 微控制器：

- 高性能和低功耗的增强型 8051 微控制器内核；

- 32/64/128KB 系统可编程闪存、支持硬件调试；

- 8KB RAM。

(4) 外设接口：

- 21 个可配置通用 IO 引脚；

- 2 个同步串口；

- 1 个看门狗定时器；

- 5 通道 DMA 传输；

- 1 个 IEEE802.15.4 标准 MAC 定时器和 3 个通用定时器；
- 1 个 32 MHz 睡眠定时器；
- 1 数字接收信号强度指示 RSSI/LQI 支持；
- 8 通道 12 位 AD 模数转换器，可配分辨率，内置电压、温度传感器检测；
- 1 个 AES 安全加密协处理器。

（5）工作温度：

- 工作环境温度 0℃～+85℃；
- 储藏环境温度：−40℃～+125℃。

5. 产品图片

如图 10.9 所示。

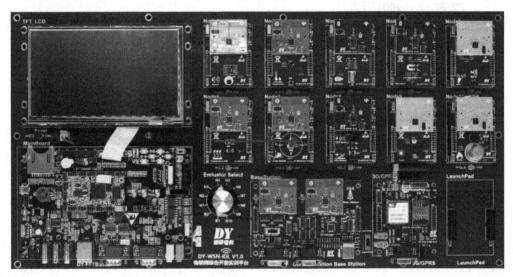

图 10.9　产　品　图　片

10.2.2　物联网基础实验

DY - WSN - KIT 嵌入式物联网综合实验系统的 ZIGBEE 模块硬件基础实验部分，将主要基于 CC2530 SOC 内嵌的加强型 8051 单片机进行硬件接口设计和学习。

1. 实验一　LED 灯控制实验

（1）实验环境：① 硬件：DY - WSN - KIT 型嵌入式物联网综合实验系统选择 sound 传感器节点模块；② 软件：IAR Embedded Workbench for MCS - 51。

（2）实验内容：① 阅读 DY - WSN - KIT 系统 ZIGBEE 模块硬件部分文档，熟悉 ZIGBEE 模块硬件接口；② 使用 IAR 开发环境设计程序，利用 CC2530 的 IO 控制 LED 外设的闪烁。

（3）实验原理：

代码

```
#include "ioCC2530.h"
```

```
void Delay(unsigned char n)
{
    unsigned char i;
    unsigned int j;
    for(i = 0; i < n; i++)
    for(j = 1; j; j++);
}


void main(void)
{
    P2SEL = 0x00;
    P2DIR = 0x01;    //选择 P2.0 作为输出口
    while(1)
    {
    P2_0 = 0;
    Delay(10);
    P2_0 = 1;
    Delay(10);
    }
}
```

（4）实验步骤：① 使用配套 USB 线连接 PC 机和 DY-WSN-KIT，设备上电，确保打开 ZIEBEE 模块开关供电；② 使用旋钮开关选择 ZIGBEE 仿真器要连接的 ZIGBEE 设备模块（根据 LED 指示灯判断）；在这个控制 LED 的实验中，将旋钮选择到声音传感器模块节点；③ 启动 IAR 开发环境，新建工程，将实验工程中代码拷贝到新建工程中；④ 在 IAR 开发环境中编译、运行、调试程序。

（5）实验现象。开发板上的 LED 灯出现闪烁的现象。

2. 实验二　定时器实验（查询和中断）

（1）实验环境：① 硬件：DY-WSN-KIT 物联网综合实验系统，PC 机；② 软件：IAR Embedded Workbench for MCS-51。

（2）实验内容：① 阅读 ZIGBEE 模块硬件部分文档，熟悉 ZIGBEE 模块相关硬件接口；② 使用 IAR 开发环境设计程序，利用 CC2530 的 Timer1 定时器控制 LED 外设的闪烁。

（3）实验原理。

代码

查询方式

```
#include <ioCC2530.h>
#define uint unsigned int
```

```
#define uchar unsigned char

//定义控制 LED 灯的端口
#define LED1 P2_0                    //定义 LED1 为 P2.0 口控制

//函数声明
void Delayms(uint xms);//延时函数
void InitLed(void);//初始化 P1 口
void InitT1();                          //初始化定时器 T1

/* * * * * * * * * * * * * * * * * * * * * * * * * *
//延时函数
 * * * * * * * * * * * * * * * * * * * * * * * * * * * * */
void Delayms(uint xms)    //i = xms 即延时 i 毫秒
{
uint i,j;
for(i = xms;i>0;i - -)
   for(j = 587;j>0;j- -);
}

/* * * * * * * * * * * * * * * * * * * * * * * * * *
//初始化程序
 * * * * * * * * * * * * * * * * * * * * * * * * * * * * */
void InitLed(void)
{
    P2DIR |= 0x01; //P1_0 定义为输出
    LED1 = 0;         //LED1 灯初始化熄灭

}
//定时器初始化
void InitT1() //系统不配置工作时钟时默认是 2 分频,即 16 MHz
{
  T1CTL = 0x0d;              //128 分频,自动重装 0X0000 - 0XFFFF
  T1STAT = 0x21;             //通道 0,中断有效
}
/* * * * * * * * * * * * * * * * * * * * * * * * * *
//主函数
```

```
 * * * * * * * * * * * * * * * * * * * * * * * * * */
void main(void)
{
        uchar count；
InitLed();//调用初始化函数
        InitT1();
while(1)
{
        if(IRCON>0)
        { IRCON = 0；
          if( ++count>= 1)          //约1s周期性闪烁
          {
            count = 0；
            LED1 = ! LED1；          //LED1 闪烁
          }
        }
}
}
```

中断方式

```
# include <ioCC2530.h>
# define uint unsigned int
# define uchar unsigned char

//定义控制 LED 灯的端口
# define LED1 P2_0//定义 LED1 为 P10 口控制

//函数声明
void Delayms(uint xms);//延时函数
void InitLed(void);//初始化 P1 口
void InitT3();                       //初始化定时器 T3

uint count;//用于定时器计数
/ * * * * * * * * * * * * * * * * * * * * * * * * * * * * *
//延时函数
 * * * * * * * * * * * * * * * * * * * * * * * * * * * * * */
void Delayms(uint xms)    //i = xms 即延时 i 毫秒
{
```

```
uint i,j;
for(i = xms;i>0;i − −)
    for(j = 587;j>0;j − −);
}
/ * * * * * * * * * * * * * * * * * * * * * * * * * * *
//初始化程序
  * * * * * * * * * * * * * * * * * * * * * * * * * * * * * /
void InitLed(void)
{
    P2DIR | = 0x01；//P1_0 义为输出
    LED1 = 0；         //LED1 灯熄灭
}
//定时器初始化
void InitT3()
{
    T3CTL | = 0x08 ;            //开溢出中断
    T3IE = 1;                   //开总中断和 T3 中断
    T3CTL| = 0XE0;              //128 分频,128/16000000 * N = 0.5S,N = 65200
    T3CTL & = ～0X03;           //自动重装 00 − >0xff  65200/256 = 254(次)
    T3CTL | = 0X10;//启动
    EA = 1;
}


/ * * * * * * * * * * * * * * * * * * * * * * * * * * *
//主函数
  * * * * * * * * * * * * * * * * * * * * * * * * * * * /
void main(void)
{
    InitLed();       //调用初始化函数
    InitT3();
    while(1){}
}

#pragma vector = T3_VECTOR //定时器 T3
__interrupt void T3_ISR(void)
{
```

```
        IRCON = 0x00;                    //清中断标志，也可由硬件自动完成
        if( + +count>254)                //254 次中断后 LED 取反，闪烁一轮（约为
0.5秒时间）
        {
        count = 0;                       //计数清零
        LED1 = ~LED1;
        }
    }
```

（4）实验步骤：① 使设备上电，确保打开 ZIEBEE 模块开关供电；② 使用旋钮开关选择 ZIGBEE 仿真器要连接的 ZIGBEE 设备模块（根据 LED 指示灯判断）。

这里通过声音传感器模块节点进行定时器实验。

启动 IAR 开发环境，新建工程，将实验工程中代码拷贝到新建工程中。

在 IAR 开发环境中编译、运行、调试程序。

（5）实验现象。开发板上的 LED 灯在设定的特定频率下闪烁（约 1 s）。

3. 实验三　串口通讯

（1）实验环境 1：① 硬件：DY－WSN－KIT 嵌入式物联网综合实验系统，PC 机；② 软件：IAR Embedded Workbench for MCS－51。

（2）实验内容：阅读 DY－WSN－KIT 系统 ZIGBEE 模块硬件部分文档，熟悉 ZIGBEE 模块相关硬件接口；使用 IAR 开发环境设计程序，利用 CC2530 的串口将 PC 发送的 hello world 字符。

（3）实验原理。查看 CC2530 的 datasheet 可知：

UART0 对应的外部设备 IO 引脚关系为：P0_2——RX

P0_3——TX

UART1 对应的外部设备 IO 引脚关系为：P0_5——RX

P0_4——TX

在 CC2530 中，USART0 和 USART1 是串行通信接口，它们能够分别运行于异步 USART 模式或者同步 SPI 模式。两个 USART 的功能是一样的，可以通过设置在单独的 IO 引脚上。

USART 模式的操作具有下列特点：① 8 位或者 9 位负载数据；② 奇校验、偶校验或者无奇偶校验；③ 配置起始位和停止位电平；④ 配置 LSB 或者 MSB 首先传送；⑤ 独立收发中断；⑥ 独立收发 DMA 触发。

注：在本次实验中，我们用到的是 UART0。

CC2530 配置串口的一般步骤：① 配置 IO，使用外部设备功能。此处配置 P0_2 和 P0_3 用作串口 UART0；② 配置相应串口的控制和状态寄存器。此处配置 UART0 的工作寄存器；③ 配置串口工作的波特率。此处配置为波特率为 115200。

本次实验串口相关的寄存器或者标志位有：U0CSR、U0GCR、U0BAUD、U0DBUF、UTX0IF。各寄存器功能如表 10.1 所示：（详细参考 CC2530 datasheet.pdf）

表 10.1 各寄存器功能

U0CSR（UART0 控制和状态寄存器）	Bit7：MODE	0：SPI 模式
		1：UART 模式
	Bit6：RE	0：接收器禁止
		1：接收器使能
	Bit5：SLAVE	0：SPI 主模式
		1：SPI 从模式
	Bit4：FE	0：没有检测出帧错误
		1：收到字节停止位电平出错
	Bit3：ERR	0：没有检测出奇偶检验出错
		1：收到字节奇偶检验出错
	Bit2：RX_BYTE	0：没有收到字节
		1：收到字节就绪
	Bit1：TX_BYTE	0：没有发送字节
		1：写到数据缓冲区寄存器的最后字节已经发送
	Bit0：ACTIVE	0：USART 空闲
		1：USART 忙
U0GCR（UART0 通用控制寄存器）	Bit7：CPOL	0：SPI 负时钟极性
		1：SPI 正时钟极性
	Bit6：CPHA	0：当来自 CPOL 的 SCK 反相之后又返回 CPOL 时，数据输出到 MOSI；当来自 CPOL 的 SCK 返回 CPOL 反相时，输入数据采样到 MISO
		1：当来自 CPOL 的 SCK 返回 CPOL 反相时，数据输出到 MOSI；当来自 CPOL 的 SCK 反相之后又返回 CPOL 时，输入数据采样到 MISO
	Bit5：ORDER	0：LSB 先传送
		1：MSB 先传送
	Bit(4—0)：BAUD_E	波特率指数值 BAUD_E 连同 BAUD_M 一起决定了 UART 的波特率
U0BAUD（UART0 波特率控制寄存器）	Bit[7—0]：BAUD_M	波特率尾数值 BAUD_M 连同 BAUD_E 一起决定了 UART 的波特率
U0DBUF（UART0 收发数据缓冲区）		串口发送/接收数据缓冲区
UTX0IF（发送中断标志）	中断标志 5 IRCON2 的 Bit1	0：中断未挂起
		1：中断挂起

串口的波特率设置可以从 CC2530 的 datasheet 中查得波特率由下式求得：

$$波特率 = \frac{(256 + BAUD\_M) \times 2^{BAUD\_E}}{2^{28}} \times f$$

本次实验设置波特率为 115 200 bps,具体的参数设置如表 10.2 所示：

表 10.2　32 MHz 系统时钟的常用波特率设置

波特率(bps)	UxBAUD.BAUD_M	UxGCR.BAUD_E	误差(%)
2 400	59	6	0.14
4 800	59	7	0.14
9 600	59	8	0.14
14 400	216	8	0.03
19 200	59	9	0.14
28 800	216	9	0.03
38 400	59	10	0.14
57 600	216	10	0.03
76 800	59	11	0.14
115 200	216	11	0.03
230 400	216	12	0.03

寄存器具体配置如下：

```
PERCFG = 0x00;          //位置1 P0 口
P0SEL  = 0x0c;          //P0_2,P0_3 用作串口(外部设备功能)
P2DIR &= ~0XC0;         //P0 优先作为 UART0
U0CSR  |= 0x80;         //设置为 UART 方式
U0GCR  |= 11;
U0BAUD |= 216;          //波特率设为 115200
UTX0IF  = 0;            //UART0 TX 中断标志初始置位 0
```

串口发送函数请参考下面源程序：

软件设计

代码

```
/ * * * * * * * * * * * * * * * * * * * * * * * * * * * * * * * * * * * * * * * * *
* * /
/ *        Zigbee 学习例程            * /
/ * 例程名称：串口通讯 1             * /
```

```
/* 描述：在串口调试助手上可以看到不停地
        收到 CC2530 发过来的：HELLO WORLD
        波特率：115200bps
* * * * * * * * * * * * * * * * * * * * * * * * * * * * * * * *
* * /
# include <ioCC2530.h>
# include <string.h>

# define   uint   unsigned int
# define   uchar unsigned char

//函数声明
void initUART(void);
void UartSend_String(char * Data,int len);

char Txdata[14]; //存放"HELLO WORLD    "共 14 个字符串
/* * * * * * * * * * * * * * * * * * * * * * * * * * * * * * * *
* * * * * * * * * * * * * * * * * * * * * * * * * *
    串口初始化函数
* * * * * * * * * * * * * * * * * * * * * * * * * * * * * * * *
* * * * * * * * * * * * * * * * * * * * * * * * */
void InitUART(void)
{
  PERCFG & = 0XFE; //设 USART0 的 ALT 1
  P0SEL | = 0X0C; //P0 口 2、3、4、5 做外设
  P2DIR & = 0X3F; //P0 外设优先级 USART0 最高

    U0CSR | = 0x80;        //设置为 UART 方式
    U0GCR | = 11;
    U0BAUD | = 216;        //波特率设为 115200
    UTX0IF = 0;                        //UART0 TX 中断标志初始置位 0
}
/* * * * * * * * * * * * * * * * * * * * * * * * * * * * * * * *
* * * * * * * * * * * * * * * * * * * * * * * *
串口发送字符串函数
* * * * * * * * * * * * * * * * * * * * * * * * * * * * * * * *
* * * * * * * * * * * * * * * * * * * * * * * * */
```

```
void UartSend_String(char * Data,int len)
{
  int j;
  for(j = 0;j<len;j + +)
  {
    UODBUF = * Data + +;
    while(UTXOIF = = 0);
    UTXOIF = 0;
  }
}
/* * * * * * * * * * * * * * * * * * * * * * * * * * * * * * * * * *
* * * * * * * * * * * * * * * * * * * * * * * *
  主函数
  * * * * * * * * * * * * * * * * * * * * * * * * * * * * * * * * * *
* * * * * * * * * * * * * * * * * * * * * * * * * * */
void main(void)
{
    CLKCONCMD & = ～0x40;              //设置系统时钟源为 32MHZ 晶振
    while(CLKCONSTA & 0x40);           //等待晶振稳定为 32M
    CLKCONCMD & = ～0x47;              //设置系统主时钟频率为 32MHZ
    InitUART();
    strcpy(Txdata,"HELLO WORLD   ");    //将发送内容 copy 到 Txdata;
    while(1)
    {
        UartSend_String(Txdata,sizeof("HELLO WORLD   ")); //串口发送数据
    }
}
```

(4) 实验步骤：① 使用配套 USB 线连接 PC 机和设备,设备上电,确保打开 ZIEBEE 模块开关供电;② 使用旋钮开关选择 ZIGBEE 仿真器要连接的 ZIGBEE 设备模块(根据 LED 指示灯判断);③ 启动 IAR 开发环境,新建工程,将实验工程中代码拷贝到新建工程中;④ 在 IAR 开发环境中编译、运行、调试程序。

(5) 实验现象。实现开发板模块发信息给 PC。

4. 实验四 PC 与模块之间互相通信

(1) 实验环境：① 硬件：DY - WSN - KIT 物联网综合实验系统,PC 机；② 软件：IAR Embedded Workbench for MCS - 51。

(2) 实验内容：① 阅读 ZIGBEE 模块硬件部分文档,熟悉 ZIGBEE 模块相关硬件接口；② 使用 IAR 开发环境设计程序,利用 CC2530 的串口发送信息给 PC 机终端。

（3）软件设计。

代码

```
/* * * * * * * * * * * * * * * * * * * * * * * * * * * * * * * * */
/*              Zigbee 学习例程                    */
/* 例程名称：串口通讯 2                            */
/* 描述：例以 abc# 方式发送,# 为结束符,
        返回 abc。波特率：115200bps
   * * * * * * * * * * * * * * * * * * * * * * * * * * * * * * * */


#include <ioCC2530.h>
#include <string.h>


#define uint unsigned int
#define uchar unsigned char



//函数声明
void Delayms(uint xms);//延时函数
void InitUart();                //初始化串口
void Uart_Send_String(char * Data,int len);

char Rxdata[50];
uchar RXTXflag = 1;
char temp;
uchar datanumber = 0;


/* * * * * * * * * * * * * * * * * * * * * * * * * * * * * *
        延时函数
   * * * * * * * * * * * * * * * * * * * * * * * * * * * * * */
void Delayms(uint xms)    //i = xms 即延时 i 毫秒（16M 晶振时候大约数,32M 需要修
改,系统不修改默认使用内部 16M)
{
uint i,j;
for(i = xms;i>0;i − −)
    for(j = 587;j>0;j − −);
```

```
    }


    /* * * * * * * * * * * * * * * * * * * * * * * * * * * * * * *
* * * * * * * * * * * * * * * * * * * * * * * *
    串口初始化函数
    * * * * * * * * * * * * * * * * * * * * * * * * * * * * * * * *
* * * * * * * * * * * * * * * * * * * * * * * */
    void InitUart()
    {
        CLKCONCMD & = ～0x40；//设置系统时钟源为 32MHZ 晶振
        while(CLKCONSTA & 0x40);                      //等待晶振稳定
        CLKCONCMD & = ～0x47；                              //设置系统主时钟频率
为 32MHZ
        PERCFG = 0x00；           //位置 1 P0 口
        P0SEL = 0x3c；            //P0_2,P0_3,P0_4,P0_5 用作串口,第二功能
        P2DIR & = ～0XC0；         //P0 优先作为 UART0,优先级


        U0CSR | = 0x80；          //UART 方式
        U0GCR | = 11；            //U0GCR 与 U0BAUD 配合
        U0BAUD | = 216；          //波特率设为 115200
        UTX0IF = 0；              //UART0 TX 中断标志初始置位 1  (收发时候)
        U0CSR | = 0X40；          //允许接收
        IEN0 | = 0x84；           //开总中断,接收中断
    }
    /* * * * * * * * * * * * * * * * * * * * * * * * * * * * * * *
* * * * * * * * * * * * * * * * * * * * * * * * *
    串口发送字符串函数
    * * * * * * * * * * * * * * * * * * * * * * * * * * * * * * * *
* * * * * * * * * * * * * * * * * * * * * * * */
    void Uart_Send_String(char ∗Data,int len)
    {
    {
      int j;
      for(j = 0;j<len;j+ +)
      {
```

```
    UODBUF = * Data + + ;
    while(UTX0IF = = 0); //发送完成标志位
    UTX0IF = 0;
  }
}
}
/* * * * * * * * * * * * * * * * * * * * * * * * * * *
//主函数
 * * * * * * * * * * * * * * * * * * * * * * * * * * * * */
void main(void)
{
  InitUart();
  while(1)
  {
    if(RXTXflag = = 1)     //接收状态
    {

      if( temp ! = 0)
      {
        if((temp! = '#')&&(datanumber<50)) //'#'被定义为结束字符,最多能
接收 50 个字符
        Rxdata[datanumber + + ] = temp;
        else
        {
          RXTXflag = 3;                       //进入发送状态
        }
        temp  = 0;
      }
    }
    if(RXTXflag = = 3)     //发送状态
    {
    U0CSR & = ~0x40;      //禁止接收
    Uart_Send_String(Rxdata,datanumber); //发送已记录的字符串。
    U0CSR | = 0x40;         //允许接收
    RXTXflag = 1;          //恢复到接收状态
    datanumber = 0;        //指针归 0
    }
```

```
        }
    }
/* * * * * * * * * * * * * * * * * * * * * * * * * * * * * * *
* * * * * * * * * * * * * * * * * * * * * * * * * * * *
```

串口接收一个字符：一旦有数据从串口传至 CC2530，则进入中断，将接收到的数据赋值给变量 temp.

```
    * * * * * * * * * * * * * * * * * * * * * * * * * * * * * *
* * * * * * * * * * * * * * * * * * * * * * * * * * * */
    #pragma vector = URX0_VECTOR
      __interrupt void UART0_ISR(void)
    {
      URX0IF = 0;    //清中断标志
      temp = U0DBUF;
    }
```

（4）实验步骤：① 使用配套 USB 线连接 PC 机和设备，设备上电，确保打开 ZIEBEE 模块开关供电；② 使用旋钮开关选择 ZIGBEE 仿真器要连接的 ZIGBEE 设备模块（根据 LED 指示灯判断）；③ 将系统配套串口线一端连接 PC 机，一端连接到平台上靠近 USB 口的串口 （RS232-3）上；④ 启动 IAR 开发环境，新建工程，将实验工程中代码拷贝到新建工程中；⑤ 在 IAR 开发环境中编译、运行、调试程序。

（5）实验现象：通过串口给模块发送信息并返回。

10.2.3 物联网传感协议实践

图 10.10 展示了 ZigBee 无线网络协议层的架构图。ZigBee 的协议分为两部分，IEEE

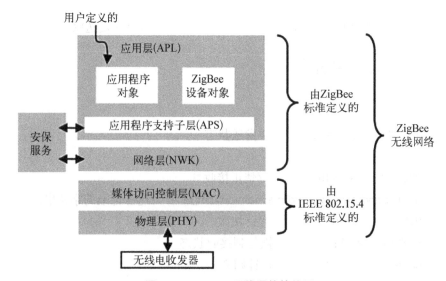

图 10.10 ZigBee 无线网络协议层

802.15.4 定义了 PHY（物理层）和 MAC（介质访问层）技术规范；ZigBee 联盟定义了 NWK（网络层）、APS（应用程序支持子层）、APL（应用层）技术规范。ZigBee 协议栈就是将各个层定义的协议都集合在一起，以函数的形式实现，并给用户提供 API（应用层），用户可以直接调用。

Z-stack 是挪威半导体公司 Chipcon（目前已经被 TI 公司收购）推出其 CC2430 开发平台时，推出的一款业界领先的商业级协议栈软件，由于这个协议栈软件的出现，用户可以很容易地开发出具体的应用程序来，也就是大家说的掌握 10 个函数就能使用 ZigBee 通讯的原因。它使用瑞典公司 IAR 开发的 IAR Embedded Workbench for MCS-51 作为它的集成开发环境。Chipcon 公司为自己设计的 Z-Stack 协议栈中提供了一个名为操作系统抽象层 OSAL 的协议栈调度程序。对于用户来说，除了能够看到这个调度程序外，其他任何协议栈操作的具体实现细节都被封装在库代码中。用户在进行具体的应用开发时只能够通过调用 API 接口来进行。

ZIGBEE 协议栈如图 10.11 所示。

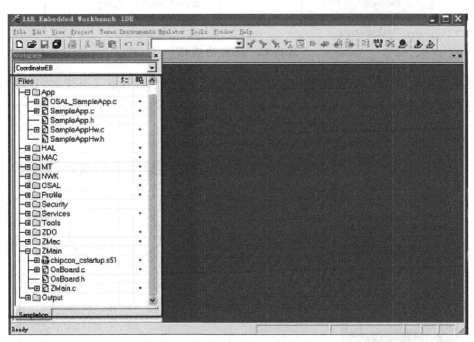

图 10.11　ZigBee 协议栈

ZigBee 协议栈已经实现了 ZigBee 协议，用户可以使用协议栈提供的 API 进行应用程序的开发。

举个例子，用户实现一个简单的无线数据通信时的一般步骤：

（1）组网：调用协议栈的组网函数、加入网络函数，实现网络的建立与节点的加入。

（2）发送：发送节点调用协议栈的无线数据发送函数，实现无线数据发送。

（3）接收：接收节点调用协议栈的无线数据接收函数，实现无线数据接收。

DY-WSN-KIT 物联网综合实验系统的 ZigBee 模块传感器模块实验部分，将主要介绍 CC2530 芯片 ZigBee 模块配合选配的相关传感器模块，如温湿度传感器、红外、气体、加速度、光敏等模块进行相关数据采集及控制的方法。

　　TI 的 ZSTACK 采用的是轮询的小型系统来实现 ZigBee 协议的功能，该轮询功能如图 10.12 所示。

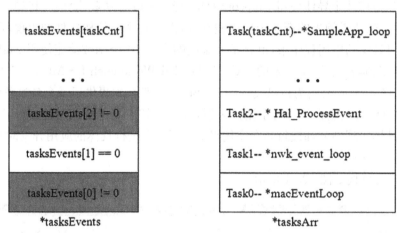

图 10.12　轮询功能图

　　根据工程应用，ZSTACK 封装好底层相关驱动，在使用协议做相关开发时，只需要了解协议整体运作架构，以及相关的 API 函数。打开工程目录结构文件 Texas Instruments\Projects\zstack 如图 10.13 所示。

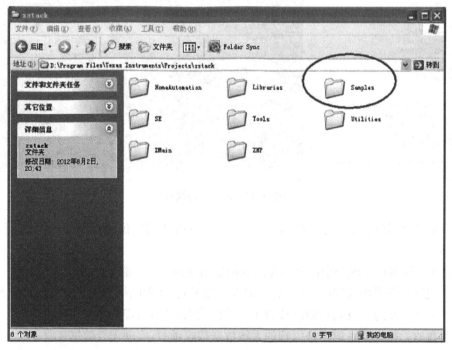

图 10.13　目 录 文 件

Samples 文件夹里面有三个例子：GenericApp、SampleApp、SimpleApp 在这里选择 SampleApp 对协议栈的工作流程进行讲解（图 10.14）。打开\SampleApp\CC2530DB 下工程文件 SampleApp.eww。如图 10.15。

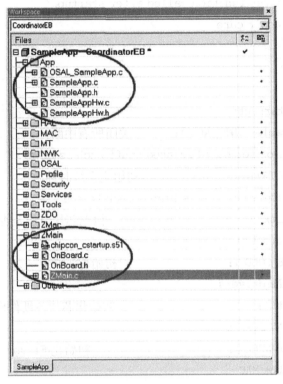

图 10.14　选择 SampleApp

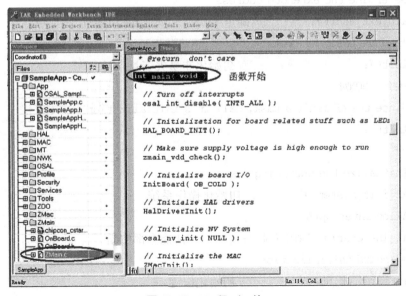

图 10.15　工 程 文 件

```
/* * * * * * * * * * * * * * * * * * * * * * * * * * * * * * * * * *
* * * * * * * * * * * * * * * * * * * * * * * * * * * * * *
 * @fn          main
 * @brief       First function called after startup.
 * @return      don't care
 */
int main( void )
{
  //Turn off interrupts
  osal_int_disable( INTS_ALL );     //关闭所有中断
  //Initialization for board related stuff such as LEDs
  HAL_BOARD_INIT();                 //初始化系统时钟
  //Make sure supply voltage is high enough to run
  zmain_vdd_check();                    //检查芯片电压是否正常
//Initialize board I/O
  InitBoard( OB_COLD );              //初始化 I/O        ,LED   、Timer 等
  //Initialze HAL drivers
  HalDriverInit();                  //初始化芯片各硬件模块
  //Initialize NV System
  osal_nv_init( NULL );             //  初始化 Flash      存储器
  //Initialize the MAC
  ZmacInit();                    //初始化 MAC  层
  //Determine the extended address
  zmain_ext_addr();          //确定 IEEE        64 位地址
//Initialize basic NV items
  zgInit();                  //初始化非易失变量
#ifndef  NONWK
  //Since the AF isn't a task, call it's initialization routine
  afInit();
#endif
  //Initialize the operating system
  osal_init_system();       //初始化操作系统
  //Allow interrupts
  osal_int_enable( INTS_ALL );      //使能全部中断
//Final board initialization
  InitBoard( OB_READY );     //初始化按键
  //Display information about this device
```

```
    zmain_dev_info();            //显示设备信息
  /* Display the device info on the LCD */
    #ifdef LCD_SUPPORTED
    zmain_lcd_init();
    #endif
    #ifdef  WDT_IN_PM1
    /* If WDT is used, this is a good place to enable it. */
    WatchDogEnable( WDTIMX );
    #endif
  osal_start_system();//No Return from here 执行操作系统,进去后不会返回
  return 0;            //Shouldn't get here.
    }
```

代码开始先执行初始化工作。包括硬件、网络层、任务等的初始化。然后执行 osal_start_system();操作系统。

初始化操作系统 osal_init_system();初始化系统的关键在于任务初始化。

初始化任务流程如下 osalInitTasks()(见图 10.16,图 10.17)。

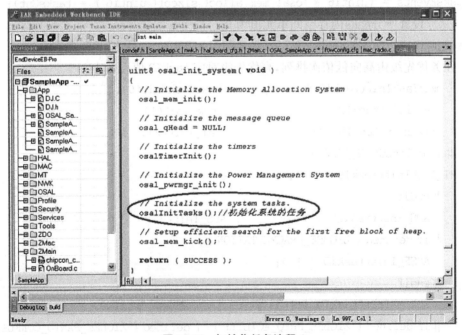

图 10.16　初始化任务流程 1

```
void osalInitTasks( void )
  {
    uint8 taskID = 0;
//分配内存,返回指向缓冲区的指针
```

图 10.17 初始化任务流 2

tasksEvents = (uint16 ∗)osal_mem_alloc(sizeof(uint16) ∗ tasksCnt);
　　//设置所分配的内存空间单元值为 0
osal_memset(tasksEvents，0，(sizeof(uint16) ∗ tasksCnt));
//任务优先级由高向低依次排列，高优先级对应 taskID 值反而小
　　macTaskInit(taskID ＋ ＋);　　　　//macTaskInit(0)，
　　nwk_init(taskID ＋ ＋);　　　　　//nwk_init(1)，
　　Hal_Init(taskID ＋ ＋);　　　　　//Hal_Init(2)，
　#if defined(MT_TASK)
　MT_TaskInit(taskID ＋ ＋);
　　#endif
　　APS_Init(taskID ＋ ＋);　　　//APS_Init(3)，
　#if defined (ZIGBEE_FRAGMENTATION)
　　APSF_Init(taskID ＋ ＋);
　#endif
　　ZDApp_Init(taskID ＋ ＋);　　　　//ZDApp_Init(4)，
　#if defined (ZIGBEE_FREQ_AGILITY) || defined (ZIGBEE_PANID_CONFLICT)
　　ZDNwkMgr_Init(taskID ＋ ＋);
　#endif
　　SampleApp_Init(taskID);　　//SampleApp_Init _Init(5)，
　}
运行操作系统 osal_start_system()，如图 10.18、图 10.19、图 10.20 所示。

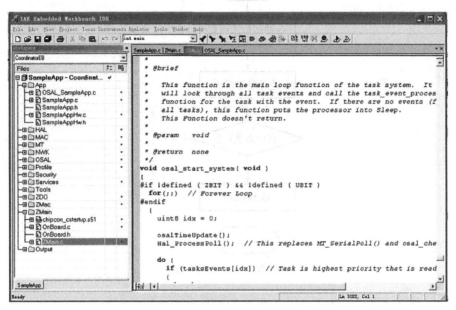

图 10.18　运行操作系统 1

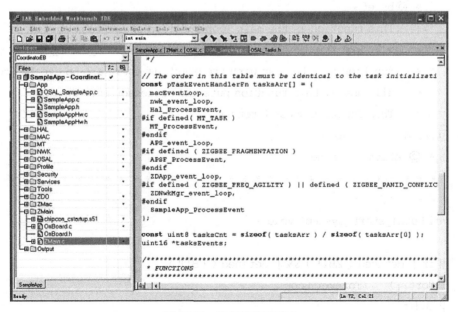

图 10.19　运行操作系统 2

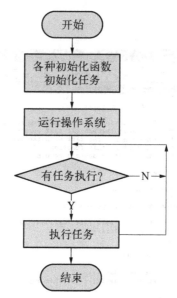

图 10.20   协议栈简要流程

```
/ * * * * * * * * * * * * * * * * * * * * * * * * * * * * * * * * * * *
* * * * * * * * * * * * * * * * * * * * * * * * * * *
    * * *
        * @fn        osal_start_system
        * @brief *
        *   This function is the main loop function of the task system. It
        *   will look through all task events and call the task_event_processor()
        *   function for the task with the event. If there are no events (for
        *   all tasks), this function puts the processor into Sleep.
        *   This Function doesn't return.
    * @param        void
      * @return      none
        * * * * * * * * * * * * * * * * * * * * * * * * * * * * * * * * * * *
* * * * * * * */
    void osal_start_system( void )
    {
    #if ! defined ( ZBIT ) && ! defined ( UBIT )
      for(;;)   //Forever Loop
    #endif
  {
        uint8 idx = 0;
    osalTimeUpdate();//这里是在扫描哪个事件被触发了,然后置相应的标志位
```

```
    Hal_ProcessPoll();    //This replaces MT_SerialPoll() and osal_check_timer().
        Do {
            if (tasksEvents[idx])    //Task is highest priority that is ready.
            {
                break;    //        得到待处理的最高优先级任务索引号 idx
            }
        } while (++idx < tasksCnt);
        if (idx < tasksCnt)
        {
```
uint16 events;
```
            halIntState_t intState;
            HAL_ENTER_CRITICAL_SECTION(intState);             //  进入临界区,保护
```
events = tasksEvents[idx];   //提取需要处理的任务中的事件
```
            tasksEvents[idx] = 0;    //Clear the Events for this task.清除本次任务的事件
            HAL_EXIT_CRITICAL_SECTION(intState); //        退出临界区
            events = (tasksArr[idx])( idx, events );//通过指针调用任务处理函数,关键
            HAL_ENTER_CRITICAL_SECTION(intState);//进入临界区
             tasksEvents[idx] |= events;        //Add back unprocessed events to
```
the   current
```
                                            task.保存未处理的事件
            HAL_EXIT_CRITICAL_SECTION(intState); //          退出临界区
        }
        #if defined( POWER_SAVING )
        else    //Complete pass through all task events with no activity?
        {
                osal _ pwrmgr _ powerconserve ( ); //Put the processor/system
```
into sleep
```
        }
        #endif
        }
    }
```
协议栈中的串口使用

(1) 实验环境：① 硬件：DY - WSN - KIT 物联网实验系统，PC 机；② 软件：IAR Embedded Workbench for MCS-51。

(2) 实验内容：阅读 DY - WSN - KIT 系统 ZIGBEE 模块硬件部分文档,熟悉 ZIGBEE 模块相关硬件接口;使用 IAR 开发环境设计程序,利用 zstack 进行模块与 PC 之间的通信。

(3) 实验原理。打开 Z - stack 目录 Projects\zstack\Samples\ SamplesAPP\CC2530DB

里面的 SampleApp.eww 工程。基于协议栈的；SampleApp 来实现串口通信的功能。整个流程分以下三步进行：① 串口初始化；② 登记任务号；③ 串口发送。见图 10.21。

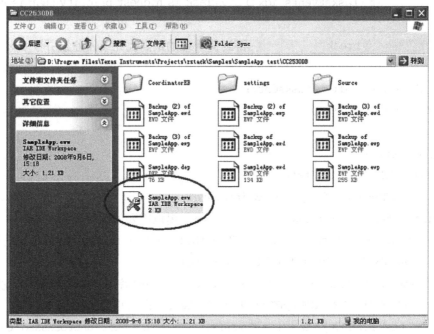

图 10.21　串 口 初 始 化

主要在 SampleApp.c 和 SampleApp.h 添加修改相关函数就可以实现通信。（见图 10.22）

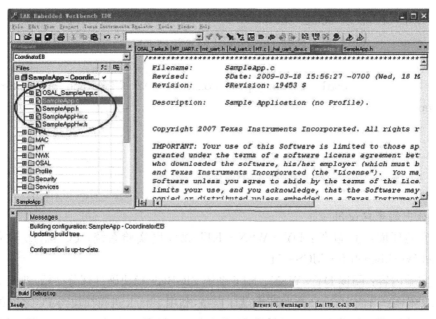

图 10.22　添加修改相关函数

串口初始化就是配置串口号、波特率、流控、校验位等。在 workspac 下找到 HAL\
Target\CC2530EB\drivers 的 hal_uart.c 文件，里面有串口初始化、发送、接收等函数。（见
图 10.23）

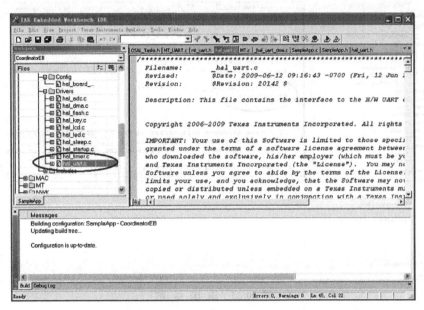

图 10.23　HAL\Target\CC2530EB\drivers - hal_uart.c 文件

打开 MT 层文件夹的 MT_UART.C，看到 MT_UartInit()函数，这里包含一个串口初始化
设置，打开 APP 目录下的 OSAL_SampleApp.C 文件，找到 osalInitTasks()任务初始化函数中的
SampleApp_Init()函数，进入这个函数，在这里加入串口初始化代码。（见图 10.24）

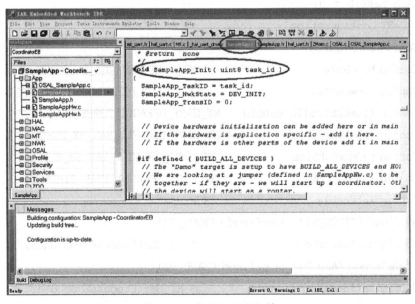

图 10.24　打开 MT 层文件

添加函数如图 10.25 所示。

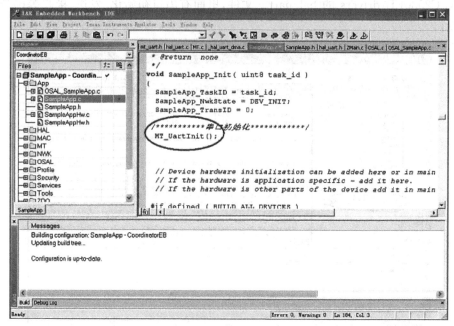

图 10.25 添 加 函 数

```
void MT_UartInit ()
 {
   halUARTCfg_t uartConfig;
  / * Initialize APP ID * /
     App_TaskID = 0;
  / * UART Configuration * /
uartConfig.configured              = TRUE;
uartConfig.baudRate                = MT_UART_DEFAULT_BAUDRATE;
uartConfig.flowControl             = MT_UART_DEFAULT_OVERFLOW;
uartConfig.flowControlThreshold = MT_UART_DEFAULT_THRESHOLD;
uartConfig.rx.maxBufSize          = MT_UART_DEFAULT_MAX_RX_BUFF;
uartConfig.tx.maxBufSize          = MT_UART_DEFAULT_MAX_TX_BUFF;
uartConfig.idleTimeout            = MT_UART_DEFAULT_IDLE_TIMEOUT;
uartConfig.intEnable              = TRUE;
#if defined (ZTOOL_P1) || defined (ZTOOL_P2)
uartConfig.callBackFunc              = MT_UartProcessZToolData;
#elif defined (ZAPP_P1) || defined (ZAPP_P2)
uartConfig.callBackFunc              = MT_UartProcessZAppData;
#else
```

```
uartConfig.callBackFunc                = NULL;
#endif
/* Start UART */
#if defined (MT_UART_DEFAULT_PORT)
HalUARTOpen (MT_UART_DEFAULT_PORT, &uartConfig);
#else
/* Silence IAR compiler warning */
(void)uartConfig;
#endif
/* Initialize for Zapp */
#if defined (ZAPP_P1) || defined (ZAPP_P2)
/* Default max bytes that ZAPP can take */
MT_UartMaxZAppBufLen            = 1;
MT_UartZAppRxStatus             = MT_UART_ZAPP_RX_READY;
#endif
}
```

根据预先定义的 ZTOOL 或者 ZAPP 选择不同的数据处理函数。后面的 P1 和 P2 则是串口 0 和串口 1。我们用 ZTOOL，串口 0。我们可以在 option——C/C++ 的 CompilerPreprocessor 里面看到，已经默认添加 ZTOOL_P1 预编译（见图 10.26）。

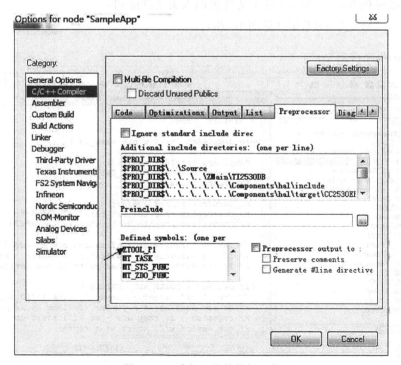

图 10.26　选择不同的数据函数

在 SampleApp_Init();刚添加的串口初始化语句下面加入语句：
MT_UartRegisterTaskID(task_id);//登记任务号。(见图 10.27)

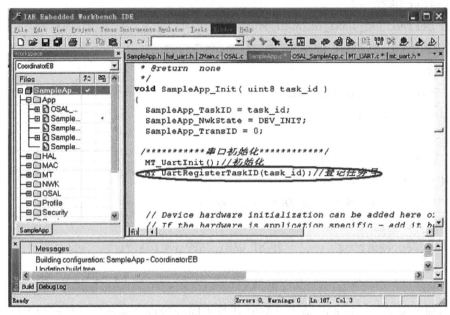

图 10.27 登记任务号

串口发送 HalUARTWrite(0,"Hello World\n",12);(串口 0,'字符',字符个数。)
提示：需要在 SampleApp.c 这个文件里加入头文件语句：
♯include "MT_UART.h"(见图 10.28)。

图 10.28 头文件示例

（4）实验步骤。使用配套 USB 线连接 PC 机和设备，设备上电，确保打开 ZIEBEE 模块开关供电。

使用旋钮开关选择 ZIGBEE 仿真器要连接的 ZIGBEE 设备模块（根据 LED 指示灯判断）。

启动 IAR 开发环境，新建工程，将实验工程中代码拷贝到新建工程中。

在 IAR 开发环境中编译、运行、调试程序。

效果图如图 10.29 所示。

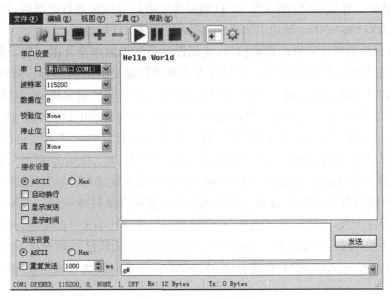

图 10.29　IAR 开发环境

10.2.4　物联网系统实践—GPRS 实践

1. 实验环境

硬件：DY‑WSN‑KIT 物联网实验系统，PC 机。

软件：Vmware Workstation ＋ubuntu ＋ ARM‑LINUX 交叉编译开发环境。

2. 实验内容

掌握 GPRS 通信原理，学习使用 ARM 嵌入式开发平台配置的 GPRS 单元通讯功能。

认识 GPRS 通信电路的主要构成，了解 GPRS 单元的控制接口和 AT 命令。

通过对串口编程来控制 GPRS 功能单元，实现发送固定内容的短信，接打语音电话等通信模块的基本。

功能：编程实现利用 PC 机标准输入键盘设备对 GPRS 功能单元进行通讯控制。

3. 实验原理

SIM900 GPRS 模块硬件物联网综合实验系统板载 GPRS 功能模块，采用的 GPRS 模块型号为 SIM300，是 SIMCOM 公司推出的新一代 GPRS 模块，主要为语音传输、短消息和数据业务提供无线接口。SIM900 集成了完整的射频电路和 GSM 的基带处理器，适合于开发一些 GSM/GPRS 的无线应用产品,如移动电话、PCMCIA 无线 MODEM 卡、无线 POS 机、无线抄表系统以及无线数据传输业务,应用范围十分广泛。SIM300 模块的详细技术指标请参阅产品光盘中提供的硬件说明文档及 datasheet 手册。

SIM300 提供标准的 RS-232 串行接口,用户可以通过串行口使用 AT 命令完成对模块的操作。串行口支持以下通信速率:300,1 200,2 400,4 800,9 600,19 200,38 400,57 600,115 200(起始默认)当模块上电启动并报出 RDY 后,用户才可以和模块进行通信,用户可以首先使用模块默认速率 115 200 与模块通信,并可通过 AT+IPR=<rate>命令自由切换至其他通信速率。在应用设计中,当 MCU 需要通过串口与模块进行通讯时,可以只用三个引脚:TXD,RXD 和 GND。其他引脚悬空,建议 RTS 和 DTR 置低。

SIM900 模块提供了完整的音频接口,应用设计只需增加少量外围辅助元器件,主要是为 MIC 提供工作电压和射频旁路。音频分为主通道和辅助通道两部分。可以通过 AT+CHFA 命令切换主副音频通道。音频设计应该尽量远离模块的射频部分,以降低射频对音频的干扰。本扩展板硬件支持两个语音通道,主通道可以插普通电话机的话柄,辅助通道可以插带 MIC 的耳幔。当选择为主通道时,有电话呼入时板载蜂鸣器将发出铃声以提示来电。但选择辅助通道时来电提示音乐只能在耳机中听到。蜂鸣器是由 GPRS 模块的 BUZZER 引脚加驱动电路控制的。GPRS 模块的射频部分支持 GSM900/DCS1800 双频,为了尽量减少射频信号在射频连接线上的损耗,必须谨慎选择射频连线。应采用 GSM900/DCS1800 双频段天线,天线应满足阻抗 50 欧姆和收发驻波比小于 2 的要求。为了避免过大的射频功率导致 GPRS 模块的损坏,在模块上电前请确保天线已正确连接。模块支持外部 SIM 卡,可以直接与 3.0VSIM 卡或者 1.8V SIM 卡连接。模块自动监测和适应 SIM 卡类型。

对用户来说,GPRS 模块实现的就是一个移动电话的基本功能,该模块正常的工作是需要电信网络支持的,需要配备一个可用的 SIM 卡,在网络服务计费方面和普通手机类似。

通讯模块的 AT 指令集 GPRS 模块和应用系统是通过串口连接的,控制系统可以发给 GPRS 模块 AT 命令的字符串来控制其行为。GPRS 模块具有一套标准的 AT 命令集,包括一般命令、呼叫控制命令、网络服务相关命令、电话本命令、短消息命令、GPRS 命令等。详细信息请参考 GPRS/SIM900 的应用文档。

(1)一般命令。

AT 命令字符串功能描述;

AT+CGMI 返回生产厂商标识;

AT+CGMM 返回产品型号标识;

AT+CGMR 返回软件版本标识;

ATI 发行的产品信息;

ATE <value>　　决定是否回显输入的命令;value=0 表示关闭回显,1 打开回显;

AT+CGSN　　　　返回产品序列号标识;

AT+CLVL?　　　　读取受话器音量级别;

AT+CLVL=<level>　　设置受话器音量级别,level 在 0~100 之间,数值越小则音量越轻；

AT+CHFA=＜state＞ 切换音频通道。State＝0 为主音频通道，1 为辅助音频通道；

AT+CMIC=＜ch＞,＜gain＞ 改变 MIC 增益,ch＝0 为主 MIC,1 为辅助 MIC；gain 在 0～15 之间；

（2）呼叫控制命令：

ATD××××××××； 拨打电话号码×××××××××,注意最后要加分号,中间无空格；

ATA 接听电话；

ATH 拒接电话或挂断电话；

AT+VTS=＜dtmfstr＞ 在语音通话中发送 DTMF 音,dtmfstr 举例："4,5,6"为 456 三字符。

（3）网络服务相关命令：

AT+CNUM=? 读取本机号码；

AT+COPN 读取网络运营商名称；

AT+CSQ 信号强度指示,返回接收信号强度指示值和信道误码率。

（4）电话本命令（略）。

（5）短消息命令：

AT+CMGF=＜mode＞ 选择短消息格式。mode＝0 为 PDU 模式,1 为文本模式。建议文本模式。

AT+CSCA? 读取短消息中心地址。

AT+CMGL=＜stat＞ 列出当前短消息存储器中的短信。stat 参数空白为收到的未读短信。

AT+CMGR=＜index＞ 读取短消息。index 为所要读取短信的记录号。

AT+CMGS=×××××××××"CR"Text"CTRL+Z" 发送短消息。×××××××× 为对方手机号码,回车后接着输入短信。

内容,然后按 CTRL+Z 发送短信。CTRL+Z 的 ASCII 码是 26。

AT+CMGD=＜index＞ 删除短消息。index 为所要删除短信的记录号。

（6）GPRS 命令（本实验仅实现基本功能,GPRS 命令请参考手册）。

本篇参考文献

[1] 冯景锋,刘骏,周兴伟.国家标准 GB20600－2006《数字电视地面广播传输系统帧结构、信道编码和调制》解读[J].广播与电视技术 2007.doi：10.3969/j.issn.1002－4522.

[2] ATSC："ATSC Standard：Signaling，Delivery，Synchronization，and Error Protection," Doc. A/331，Advanced Television System Committee，Washington，D. C.，22 March 2017.

[3] Digital Video Broadcasting （DVB）："Framing structure，channel coding and modulation for digital terrestrial television," ETSI EN 300 744 V1. 6. 2，October 2015.

[4] Association of Radio Industries and Businesses. ITU－R WP 11A/59 Channel Coding，Frame Structure and Modulation Scheme for Terrestrial Integrated Service Digital Broadcasting （ISDB－T）[S]. Geneva：ITU,1999.

[5] ATSC："ATSC Standard：Program and System Information Protocol for Terrestrial Broadcast and Cable," Doc. A/65，Advanced Television System Committee，Washington，D.C.，7 August 2013.

[6] Digital Video Broadcasting （DVB）："Framing structure，channel coding and modulation for cable systems," ETSI EN 300 529 V1.2.1，April 1998.

[7] IGY 中华人民共和国广播电影电视行业标准 GY/T97－016.《NGB 宽带接入系统 HINOC2.0 物理层和媒体接入控制层技术规范》行业标准通过审查[J].广播与电视技术,2016.

[8] Digital Video Broadcasting （DVB）："Framing structure，channel coding and modulation for 11/12 GHz satellite services," ETSI EN 300 421 V1. 1. 2，August 1997.

[9] Digital Video Broadcasting （DVB）："Second generation framing structure，channel coding and modulation systems for Broadcasting，Interactive Services，News Gathering and other broadband satellite applications；Part 1 （DVB－S2）," ETSI EN 302 307－1 V1.4.1，November 2014.

[10] Saito T，Hashimoto A，Minematsu F. ISDB－S－Satellite Transmission System for Advanced Multimedia Services Provided by Integrated Services Digital Broadcasting [J]. 1997.

［11］Digital Video Broadcasting (DVB)："Transmission system for handheld terminals," ETSI EN 302 304 V1.1.1，November 2004.

［12］EBU Report BPN003，Technical Bases for T‐DAB services network planning and compatibility with existing Broadcasting Services，February 2003.

［13］Selier C，Chuberre N. Satellite digital multimedia broadcasting（SDMB）system presentation［C］//Proceedings of 14th IST Mobile & Wireless Communications Summit. 2005.

［14］GY/T220.1—2006 移动多媒体广播 第1部分：广播信道帧结构、信道编码和调制［J］.广播与电视技术，35(6)：100‐100.

［15］GB/T 22726‐2008. 多声道数字音频编解码技术规范［S］.北京：中国国家标准化管理委员会，2008.

［16］National Radio Systems Committee. In-band/on-channel Digital Radio Broadcasting Standard，(NRSC‐5)［J］.2005.

［17］Digital Audio Broadcasting（DAB）："Guide to DAB standards," ETSI TR 101 495 V1.4.1，March 2012.

［18］刘婷.网络广播的传播特征及优化策略［D］.长春：吉林大学，2015.

［19］衣春翔.网络广播特点浅析［J］.新闻传播，2006(7)：46‐47.

［20］崔文冲.网络广播简介和技术特点分析［J］.大连：电视技术，2012,36(8)：64‐67.

［21］神伟.网络广播的传播特点及发展趋势［J］.山西广播电视大学学报，2004(6)：102‐103.

［22］金建南.RPR over MSTP 在有线数字电视干线传输中的应用研究［D］.浙江工业大学，2012.

［23］陈松达.有线数字电视信号传输技术研究［J］.信息系统工程，2011,000(009)：83‐84.

［24］张凤莉.基于 DOCSIS3.0 的 HFC 双向网络设计［D］.南京理工大学，2012.

［25］杨帆.卫星广播电视地球站抗干扰监控系统与关键技术研究［J］.西部广播电视，2016. No.372(4)：248‐249.

［26］张志洪，王琴.地面无线数字电视应用分析［J］.视听，2015(3)：198‐199.

［27］罗蕴军，廖庆龙.浅析地面无线数字电视广播系统建设［J］.电视技术，2015,39(8)：6‐9.

［28］胡骏.数字地面电视广播网络规划与覆盖的技术研究［D］.上海：复旦大学，2012.

［29］陈慧，薛飞霞.地面无线电视和调频广播频率频道收测方法［J］.西部广播电视，2016(11)：227‐228.

［30］陈媛.DTMB 接收机信道估计算法及其 VLSI 电路优化实现［D］.复旦大学，2009.

［31］杨知行，王军，潘长勇，等.地面数字电视传输技术与系统［M］.北京：人民邮电出版社，2009.

［32］谢新洲，严富昌.IPTV 技术与管理［M］.北京：华夏出版社，2010.

［33］IPTV 这十二年［N］.王峰.人民邮电，2017‐06‐30(006).

［34］季伟，葛振斌.IPTV 关键技术及应用［M］.北京：机械工业出版社，2007.

［35］崔文冲.网络广播简介和技术特点分析［J］.电视技术，2012，36(8)：64－67.

［36］刘婷.网络广播的传播特征及优化策略［D］.长春：吉林大学，2015.

［37］衣春翔.网络广播特点浅析［J］.新闻传播，2006(7)：46－47.

［38］网络广播的传播特点及发展趋势［J］.山西广播电视大学学报，2004(6)：102－103.

［39］谢新洲，严富昌.IPTV 技术与管理［M］.2010.

［40］IPTV 这十二年［N］.王峰.人民邮电.2017－06－30(006).

［41］https：//en.wikipedia.org/wiki/Netflix.

［42］陈燚.从 Netflix 发展路径看视频网站转型布局［J］.传播与版权，2016(2)：114－116.

［43］http：//www. hollywoodreporter. com/features/netflix-backlash-whyhollywood-fears-928428.

［44］Ronca D. A brief history of netflix streaming［J］.Streaming media blog，2013.

［45］张伟.IEEE 802.11e 的网络性能、容量评估与资源分配策略研究［D］.上海：上海交通大学，2008.

［46］段永福，厉晓华，段炼.无线局域网(WLAN)设计与实现［M］.杭州：浙江大学，2007.

［47］https：//baike. baidu. com/item/％E5％88％86％E5％B8％83％E5％BC％8F％E7％BD％91％E7％BB％9C.

［48］https：//en.wikipedia.org/wiki/Orthogonal_frequency-division_multiplexing.

［49］http：//rfmw. em. keysight. com/wireless/helpfiles/89600B/WebHelp/Subsystems/wlan-ofdm/Content/ofdm_basicprinciplesoverview.htm.

［50］Vodopivec S，Bešter J，Kos A. A survey on clustering algorithms for vehicular ad-hoc networks［C］//Telecommunications and Signal Processing（TSP），2012 35th International Conference on. IEEE，2012：52－56.

［51］Chiti F，Fantacci R，Rigazzi G. A mobility driven joint clustering and relay selection for IEEE 802. 11 p/WAVE vehicular networks［C］//Communications（ICC），2014 IEEE International Conference on. IEEE，2014：348－353.

［52］Tee C，Lee A C R. Survey of position based routing for inter vehicle communication system［C］//Distributed Framework and Applications，2008. DFmA 2008. First International Conference on. IEEE，2008：174－182.

［53］Beijar N. Zone routing protocol（ZRP）［J］. Networking Laboratory，Helsinki University of Technology，Finland，2002，9：1－12.

［54］Zeadally S，Hunt R，Chen Y S，et al. Vehicular ad hoc networks（VANETS）：status，results，and challenges［J］. Telecommunication Systems，2012，50（4）：217－241.

［55］丁犇.车载 Ad Hoc 网络路由算法的研究［D］.上海：上海交通大学，2012.

［56］Bana S V，Varaiya P. Space division multiple access（SDMA）for robust ad hoc vehicle communication networks［C］//Intelligent Transportation Systems，2001.

Proceedings. 2001 IEEE. IEEE，2001：962－967.

[57] Zhang X，Su H，Chen H H. Cluster-based multi-channel communications protocols in vehicle ad hoc networks[J].IEEE Wireless Communications，2006，13(5).

[58] Zhou T，Sharif H，Hempel M，et al. A novel adaptive distributed cooperative relaying MAC protocol for vehicular networks[J].IEEE Journal on Selected Areas in Communications，2011，29(1)：72－82.

[59] 杨淼,潘冀.车联网无线传输技术研究[J].中国无线电,2015,08：33－36.

[60] Zeadally S，Hunt R，Chen Y S，et al. Vehicular ad hoc networks（VANETS）：status，results，and challenges［J].Telecommunication Systems，2012，50（4）：217－241.

[61] http://c-its-korridor.de/? menuId=1&sp=en.

[62] 李明.无线体域网中低功耗,低时延接入技术研究[D].上海：上海交通大学,2015.

[63] 任长城.能量高效的认知无线体域网[D].上海：上海交通大学,2014.

[64] 马志超.Multi－WBANs 共存环境下节能调度策略的研究[D].上海：上海交通大学,2014.

[65] 侯跃霞.基于 S－MAC 协议无线传感网络节能技术研究[D].西安：西安电子科技大学,2010.

[66] 武莹.无线传感器网络 S－MAC 协议的改进和仿真[D].哈尔滨：哈尔滨工程大学,2014.

[67] Zheng. T.，Radhakrishnan. S.，Sarangan. V.，"PMAC：an adaptive energy-efficientMAC protocol for wireless sensor networks," IEEE International Proceedings ofParallel and Distributed Processing Symposium，pp. 65－72，April 2005.

[68] http://www.51dzw.com/embed/embed_78572.html.

[69] 张茂龙.无线体域网中安全问题的分析与对策[D].武汉：华中科技大学,2012.

[70] 王明宇,杨吉江,陈昊,曾强,时慧光,刘耀东.基于体域网和云平台的远程数字健康系统发展的研究[J].计算机科学,2012,39(S1)：195－200.

[71] Vidanagama V G T N，Arai D，Ogishi T. Service Environment for Smart Wireless Devices：An M2M Gateway Selection Scheme[J].IEEE Access，2015，3：666－677.

[72] https://services.forrester.com/Internet-of-Things-%28IoT%29#.

[73] Biswas A R，Giaffreda R. IoT and cloud convergence：Opportunities and challenges [C]//Internet of Things. 2014.

[74] Ziegler S，Skarmeta A，Kirstein P，et al. Evaluation and recommendations on IPv6 for the Internet of Things[C]//2015 IEEE 2nd World Forum on Internet of Things（WF－IoT). IEEE，2015.

[75] Huang Y，Li G. Descriptive models for Internet of Things［C]//International Conference on Intelligent Control & Information Processing. IEEE，2010.

[76] Chen I R，Guo J，Bao F. Trust management for service composition in SOA-based

IoT systems[C]//Wireless Communications & Networking Conference. 2014.

[77] http://www.nets-fia.net/.

[78] CERP - IoT. Internet of Things Strategic Research Roadmap [OL]. http://ec.europa.eu./information-society/policy/rfid/documents/in-cerp.pdf, 2009 - 09 - 15.

[79] Anne James, et al. Research directions in database architectures for the internet of things: a communication of the first international workshop on database architectures for the internet of things (DAIT 2009) [A].BNCOD 2009, LNCS 5588[C].Berlin: 2009. 225 - 223.

[80] S. Chaudhry, "An Encryption-based Secure Framework for Data Transmission in IoT," 2018 7th International Conference on Reliability, Infocom Technologies and Optimization (Trends and Future Directions) (ICRITO), Noida, India, 2018, pp. 743 - 747.

[81] http://www.iotcn.org.cn/tag/rfid/ 中国物联网.

[82] Bernstein, David. Cloud Foundry Aims to Become the OpenStack of PaaS[J].IEEE Cloud Computing, 2014, 1(2): 57 - 60.

[83] Ghemawat S, Gobioff H, Leung S T. The Google file system[C]//2003.

[84] 史晓丽. Bigtable 分布式存储系统的研究[D].西安电子科技大学，2014.

[85] Dean J, Ghemawat S. MapReduce: simplified data processing on large clusters[C]// Proceedings of Sixth Symposium on Operating System Design and Implementation (OSD2004). 2004.

[86] http://www. advantech. com. cn/embedded-boards-design-in-services/wisepaas,研华工业互联网平台.

[87] D. M. Rathod, M. S. Dahiya and S. M. Parikh, "Towards composition of RESTful web services," 2015 6th International Conference on Computing, Communication and Networking Technologies (ICCCNT), Denton, TX, 2015, pp. 1 - 6.

[88] http://www. advantech. com.cn/iretail-hospitality/uShopPlus-landing, Ushop＋云端管理平台.

[89] IEEE Standard for Information technology — Local and metropolitan area networks — Specific requirements — Part 11: Wireless LAN Medium Access Control (MAC) and Physical Layer (PHY) Specifications: Further Higher Data Rate Extension in the 2.4 GHz Band, in IEEE Std 802.11g - 2003 (Amendment to IEEE Std 802.11, 1999 Edn. (Reaff 2003) as amended by IEEE Stds 802.11a - 1999, 802.11b - 1999, 802.11b - 1999/Cor 1 - 2001, and 802.11d - 2001), vol., no., pp. 1 - 104, 27 June 2003.

[90] G. Pan, J. He, Q. Wu, R. Fang, J. Cao and D. Liao, "Automatic stabilization of Zigbee network," 2018 International Conference on Artificial Intelligence and Big Data (ICAIBD), Chengdu, 2018, pp. 224 - 227.

[91] V. Coskun, B. Ozdenizci, K. Ok and M. Alsadi, "NFC loyal system on the cloud," 2013 7th International Conference on Application of Information and Communication Technologies, Baku, 2013, pp. 1−5.

[92] Z. Xiao, N. Ge, Y. Pei and D. Jin, "SC−UWB: A low-complexity UWB technology for portable devices," 2011 IEEE International Conference on Signal Processing, Communications and Computing (ICSPCC), Xi'an, 2011, pp. 1−6.

[93] F. M. Barreto, P. A. d. S. Duarte, M. E. F. Maia, R. M. d. C. Andrade and W. Viana, "CoAP−CTX: A Context−Aware CoAP Extension for Smart Objects Discovery in Internet of Things," 2017 IEEE 41st Annual Computer Software and Applications Conference (COMPSAC), Turin, 2017, pp. 575−584.

[94] H. W. Chen and F. J. Lin, "Converging MQTT Resources in ETSI Standards Based M2M Platform," 2014 IEEE International Conference on Internet of Things (iThings), and IEEE Green Computing and Communications (GreenCom) and IEEE Cyber, Physical and Social Computing (CPSCom), Taipei, 2014, pp. 292−295.

[95] Al-Sanhani A H, Hamdan A, Al-Thaher A B, et al. A comparative analysis of data fragmentation in distributed database[C]//2017 8th International Conference on Information Technology (ICIT). IEEE, 2017.

[96] Klophaus R. Riak Core: building distributed applications without shared state[C]// Acm Sigplan Commercial Users of Functional Programming. 2010.

[97] Böhning D. Multinomial logistic regression algorithm[J]. Annals of the Institute of Statistical Mathematics, 1992, 44(1): 197−200.

[98] Eltibi M F, Ashour W M. Initializing KMeans Clustering Algorithm using Statistical Information[J]. International Journal of Computer Applications, 2011, 29 (7): 51−55.

[99] Shi W, Jie C, Quan Z, et al. Edge Computing: Vision and Challenges[J]. IEEE Internet of Things Journal, 2016, 3(5): 637−646.

[100] Bonomi F, Milito R, Natarajan P, et al. Fog Computing: A Platform for Internet of Things and Analytics[J].2014.

[101] https://www. cisco. com/c/en/us/solutions/enterprise-networks/edge-computing. html, Edge computing vs. fog computing: Definitions and enterprise uses.

[102] Deng B, Zhang X. Car networking application in vehicle safety[C]//Advanced Research & Technology in Industry Applications. 2014.

[103] Bakhoda A, Yuan G L, Fung W W L, et al. Analyzing CUDA workloads using a detailed GPU simulator[J]. IEEE Intl Symp Performance Analysis of Systems & Software, 2009: 163−174.

[104] Abadi M, Barham P, Chen J, et al. TensorFlow: a system for large-scale machine learning[J].2016.

[105] Rabaiei K A A，Harous S，Rabaiei K A A，et al. Internet of things：Applications and challenges[C]//2017.

[106] Xavier Vilajosana，Pere Tuset，Thomas Watteyne，etc. OpenMote：Open-Source Prototyping Platform for the Industrial IoT[C]//Eai International Conference on Ad Hoc Networks. 2015.

[107] Jaeho Kim，Jang-Won Lee. OpenIoT：An open service framework for the Internet of Things[C]//2014 IEEE World Forum on Internet of Things（WF - IoT）. IEEE，2014.

[108] Pu H，Lin J，Liu F，et al. An intelligent interaction system architecture of the internet of things based on context[C]//2010.

[109] Ahmed I. Abdul-Rahman，Corey A. Graves. Internet of Things Application Using Tethered MSP430 to Thingspeak Cloud[C]//2016 IEEE Symposium on Service-Oriented System Engineering（SOSE）. IEEE，2016.

第三篇

拓 展 篇

在拓展篇中,叙述超越传统的通信信号处理过程,从网络架构、数据融合、应用交叉等多个角度,阐述未来的通信系统发展方向。随着通信过程不再被视为独立的信息传输管道,对通信过程的理解也不断深入。其中,较为典型的是对网络架构及分布式处理的理解与拓展。例如,比特币即可视为最为典型的去中心化信息处理应用之一,在金融领域中发挥着独特的作用。

拓展篇首先通过对去中心化的新技术介绍,总结梳理典型的路由与 MAC 层协议内容,并且对去中心网络的质量进行分析评估。在有线网络的世界里,所谓的去中心化过程通常是指无需中心服务器的服务过程,但具体的通信过程可能依旧是有线的。而随着无线环境中去中心化网络的出现,出现了真正意义上的去中心化网络。通过对本章节内容的了解,读者可以对未来无中心网络有一定的了解。在拓展篇中介绍数据网络的原因,在于随着数据网络对高延时敏感数据处理技术的越发成熟,数据网络也已经逐步形成了可以与传统通信网络媲美的数据处理与传输质量,因此传统意义上数据网络与通信网络的界限变得更加模糊。分布式实时处理、容器技术以及由此产生的服务发现过程,将对未来通信领域的技术发展产生重要影响,也是拓展篇向读者介绍的重要内容。为了更为全面地说明通信与信息学科对其他行业的拓展支撑,本篇选择信息金融交叉领域的若干新技术向读者进行介绍,重点围绕分布式认证、区块链、经济数据挖掘等主题展开,整理出无线通信领域未来重要的应用拓展。

在本篇的实践部分,读者能够从移动互联网编程、移动端计算与数据可视化方面进行实践操练。这些实践操作将在本著作出版后逐步实现线上更新,帮助读者能够在学习之余紧跟技术发展现状与潮流。

第11章 应用场景拓展：无中心网络与战术通信

在本实践环节中，主要围绕物联网硬件平台及传感协议进行实践设计与验证，期望读者在进行完成本章节内容后，对物联网的软硬件细节有初步的了解，并通过上一章关于数据挖掘与加工、物联网与人工智能耦合等知识的耦合，在数据分析层面对物联网数据的新技术方向，而非物联网传统软硬件概念，进行知识的凝练与拓展。

11.1 无线自组织网的发展

11.1.1 概述

无线自组织网（Mobile Ad hoc Network）的发展分为两个阶段：一是 20 世纪 60 年代末到 80 年代末是基于军事通信应用的初期发展阶段；二是 20 世纪 90 年代至今是基于军事通信和民用通信应用的快速发展时期。

1. 军事通信的初期发展阶段

移动自组网的出现，最早来自军事通信的需求。作战部队的快速移动，要求相互之间只能采用无线方式通信。其次，军事通信网要具有抗毁性，即不能因为个别节点的摧毁造成整个网系的瘫痪，为此要求通信系统最好采用无中心、分布式组网；在某些战场环境下，无法预先布设通信基础设施，参战单位多元化，需要一种能快速展开部署的移动自组网。此外，战场无线频谱资源越来越紧张，100 MHz 以上的频段只能进行视距传输，限制了无线通信的范围，为实现远距离用户的信息交互，必须采用多跳中继转发方式。

Ad hoc 网络技术的起源可追溯到 1968 年的 ALOHA 项目和 1972 年的 PRNET 网络。1968 年，美国夏威夷大学为了将分布在四个岛屿的七处校园内的计算机之间互连，构建了第一个无线自组网——ALOHA 系统。在该网络中，计算机不能移动，相互之间一跳可达。该项目首先研究了共享无线媒介的多站点接入信道问题，提出了著名的 ALOHA 协议。1972 年，夏威夷大学在美国国防部预先研究计划局（DARPA，Defence Advanced Research Projects Agency）的支持下，开发了支持节点移动的分组无线电网络 PRNET（Packet Radio Networks）。与 ALOHA 不同，PRNET 允许在一个更广地理范围内，采用分组多跳存储转发方式进行通讯。PRNET 设计时希望网络的形成无需人工干预，系统能自动初始化和自动运行。这意味着网络节点能够发现邻居节点,并根据这些邻居节点形成路由。1983 年,DARPA 资助进行了具有抗毁性和自适应的无线网络 SURAN 项目(Survivable Adaptive Radio Networks)。

2. 军民并重的快速发展阶段

20 世纪 90 年代初,随着移动通信和移动终端技术的高速发展,移动自组网技术不但在军事通信领域得到充分发展,而且在民用通信领域得到应用。此前的 PRNET、SURAN、HF‐ITF 系统等项目在自组网内部采用自定义子网协议,未采用标准 IP 协议。因特网的成功推动了将全球信息基础设施扩展到移动无线环境的进程。

1993 年,美国国防部启动近期数字无线电台(NTDR,Near‐term Digital Radio)计划,目标是研制支持 IP 数据业务的战术无线电台。基于该电台可自组织成两层的 Ad Hoc 网络。Ad Hoc 网络分为若干簇,每个簇由一个簇首和若干簇成员组成,各簇首构成一个骨干网。NTDR 配置到美军旅或旅以下部队战术作战中心,是目前少数的"实际"使用的 Ad Hoc 网络之一。1994 年,美国 DARPA 启动全球移动信息系统(GloMo)计划,目标是为移动用户提供信息服务,使移动无线环境成为国防信息基础设施的重要组成。WINGs(Wireless Internet Gateways)是 GloMo 计划中的一个项目,主要目标是在 IP 层完成路由功能,实现无线移动自组网与多媒体因特网的无缝结合。各种基于无线和红外技术通信设备的广泛出现和便携计算机的流行,产生了移动终端互连的要求,为移动自组网的应用提供了广阔空间,这标志着移动自组网技术开始从军事通信领域转向民用通信领域。

11.1.2 无中心网络的应用场景

1. 应急通信

应急通信是在出现自然或人为突发性紧急情况时,综合利用各种通信资源、保障救援、紧急救助和必要通信所需的通信手段和方法,是一种具有暂时性的特殊通信机制。

应急通信所涉及的场景包括个人紧急情况和公众紧急情况。个人紧急情况指的是个人在某种情况下生命和财产受到威胁,通过向应急系统报送求助信息以获取救助。如:用户遇到紧急情况,拨打急救电话等等。公众紧急情况包括突发公共事件和突发话务高峰两种情况。突发公共事件是指突然发生,造成或者可能造成重大人员伤亡、财产损失、生态环境破坏和严重社会危害,危及公共安全的紧急事件。根据突发公共事件的发生过程、性质和机理,突发公共事件可分为:自然灾害、事故灾害、公共卫生事件、社会安全事件等。突发话务高峰是指由于重大活动、重大节日等时间产生突发话务造成网络拥塞、导致用户无法正常使用的情况。例如当举办大型体育运动会、大型演唱会等重大活动,由于大量用户正常使用所产生的突发话务高峰。

综上所述,应急通信相关紧急情况可以划分如图 11.1 所示。应急通信的特点包括:① 突发事件的时间和地点具有不确定性;② 通信网络本身受紧急事件破坏程度不确定;③ 应急通信容量需求具有不均衡、不可预测性;④ 通信能力需求不确定。

2. 应急通信网络中断应用

在处置突发公共事件过程中,通常需要整合多种通信手段实现数据传输,比如公共通信蜂窝网和公安专网等。

公共通信蜂窝网可靠性较差,容易出现阻塞现象,导致信号传输滞后,从而导致应急通

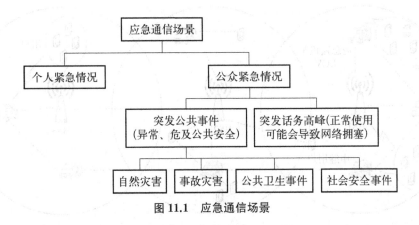

图 11.1 应急通信场景

信网络系统运转故障。在紧急情况下,部分基站虽然可以正常工作,但是急剧增加的访问业务量,也会导致其过载而崩溃。此时,可以综合利用蜂窝网络和无中心网络的技术优势,设计混合式的无中心网络[16,17],解决此类紧急状况。

这种混合式的无中心网络技术的基本设计理念是：专用移动终端可以选择无中心模式或者蜂窝模式,蜂窝网直接向基站传送数据,而无中心网络通过节点逐层将数据发送到基站。当遇到紧急情况,蜂窝网络不能直接将数据传送到基站时,无中心网络就会启动,构建一条将数据传送给基站的路由,解决网络瘫痪问题。

图 11.2 为无中心网络和蜂窝网络混合通讯示意图。将数据从蜂窝网的基站 A 传输到基站 C 有两条可能路径,第一条是经过基站 B 的蜂窝网路径,第二条是经过用户终端 2、4、5、6 组建的多跳路径。如果传送数据过程中的 B 基站突遇故障,导致 A 基站的信息不能直接传送至 C 基站,此时就可以启动节点多跳模式,通过节点 2、4、5、6 建立 A 和 C 之间的通讯。

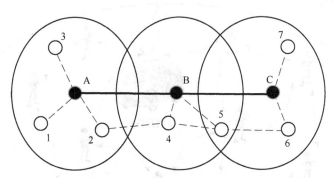

图 11.2 无中心网络和蜂窝多跳混合通讯网络结构示意图

当应急通讯的基站数量不够时,还可以临时部署应急通讯车(ECV),作为临时基站,以满足应急通信网络覆盖和吞吐量的要求,网络架构示意如图 11.3 所示。一般情况下,混合式的应急通信无线网络可以等效为分级无线网络。多跳无线通信网络由低层的移动终端构成,骨干网络由高层的应急通讯车和基站构成。混合式应急通信网络的工作过程可以分为两个阶段：第一阶段,移动终端先尝试访问基站,当网络拥塞通信质量差时,将通讯方式修改成多跳模式;第二阶段,移动终端根据路由准则计算最优多跳路由,完成应急通讯。

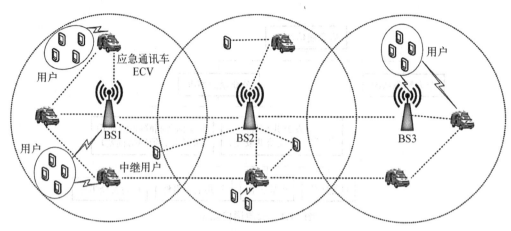

图 11.3　混合模式的无中心网络

3. 突发事件快速建网应用

当发生公共突发事件,基础通信设备损坏,或本地通信能力不足的时候。可在突发事件区域部署无线自组织网络应急通信系统。

无线自组织网络应急通信系统通常由应急指挥多媒体平台软件、无线自组织网络便携式设备和多台无线自组织网络单兵设备构成(如图 11.4 所示)[18]。不同作战单元既可以通过无中心组网方式实现应急现场的点对点、点对多点指挥通讯,又可以实现现场与应急指挥中心的通讯。

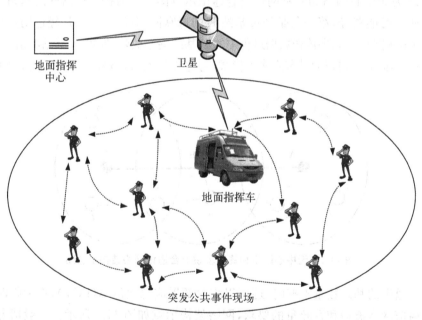

图 11.4　突发公共事件现场

4. 战术通信

无线自组织网能使士兵在移动过程中和缺乏固定通信基础设施的地区进行通信。目前,无线自组织网技术正由研究和开发转向生产和部署,作为陆军战术无线电装备发展的重要进步,正逐渐成为一种基本的战场通信技术。一个典型的基于无中心网络的战术通信网如图 11.5 所示,士兵、陆地车辆、飞行设备以及部署在陆地的小型移动基站共同组成一个无中心网络,士兵可利用多跳传输迅速建立起本地链路,也可以接入卫星,实现与远端战术中心的通讯。在战术通信中使用无中心网络具备以下优点:

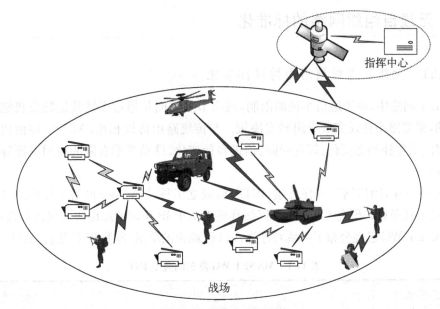

图 11.5　战术自组织网络

- 快速部署安装,支持节点高速移动;
- 结构灵活,拓扑变化快速,易于扩展;
- 各通信子系统之间具有良好的互联互通能力;
- 网络的健壮性和安全性好。

无线自组织网中联网的无线电设备既是中继台又是用户终端设备,因而能克服缺乏基础设施和非视距遮挡的障碍。此外,移动自组织网还具有自组织和自修复性质,不需要士兵主动进行网络管理。

战术无线自组织网络结构一般为三层架构[19]:

第一层:地面自组织网络节点。该层包括各种普通移动节点和骨干节点,并且以骨干节点为簇头,将网络分成多个簇。在每个簇内由骨干节点负责管理和协调簇内的普通节点。

第二层:地面移动骨干网络。为了解决网络规模较大时可扩展性差的问题,引入地面骨干网络作为网络的第二层。在战术环境中,装甲车、通信车可以作为骨干节点,在一个战斗区域内,它们可以借助定向天线技术构成高速点对点无线连接。

第三层:空中骨干网络。该层主要用来维护相距较远的骨干网络之间的通信,并且在地面骨干节点失效时可以充当地面骨干网络的备份通信设施,提高整个网络的可靠性。

通过采用这种三层的立体式网络体系结构,可以为战术通信网络提供一种可靠性强、易于管理的通信支撑平台。

与传统无线应急通信系统相比,战术无线自组织网络具有覆盖范围广、移动性好、防遮挡和抗衰落能力强、稳定性高、可靠性高等显著优点,各军兵种都有针对性产品的研究与装备。

11.2   无线自组织网络的标准化

11.2.1   无线自组织网络由协议标准化

Ad hoc 网络中,由于通信半径的限制,网络节点之间是通过多跳数据转发机制进行数据交互的,需要路由协议完成分组转发决策。与传统路由协议相比,Ad hoc 路由协议的设计面临着网络拓扑动态变化、带宽受限、信道容量变化、移动终端有限的可用资源等新的问题和挑战。

早在 1996 年,因特网工程任务组(IETF)就成立了移动 Ad hoc 网络工作小组(MANET WG),其核心任务就是研究无线自组织网络环境下基于 IP 协议的路由协议规范和接口设计。目前,MANET WG 已经公布了一系列有关 Ad hoc 路由的草案(典型 RFC 见表 11.1)。

表 11.1   MANET WG 发布的典型 RFC

RFC 标准	说　明	时　间
RFC 2501[1]	无线 Ad hoc 网络的应用场景、特征和性能要求	1999 - 01
RFC 3561[2]	按需距离矢量路由算法(AODV)	2003 - 07
RFC 3626[3]	优化链路状态路由算法(OLSR)	2003 - 10
RFC 3684[4]	基于反向路径转发的拓扑分发协议(TBRPF)	2004 - 02
RFC 4728[5]	动态源路由算法(DSR)	2007 - 02
RFC 6130[6]	邻居发现算法(NHDP)	2011 - 04

RFC2501[1]描述了无线 Ad hoc 网络的应用场景、特征和性能要求。RFC3561[2]介绍了按需距离矢量路由算法 AODV,AODV 是一种按需路由协议,旨在多个移动节点中建立和维护一个动态的、自启动的多跳路由专属网络。RFC3626[3]介绍了优化链路状态路由算法 OLSR,该协议不断地收集节点之间能相互通信的数据,并对每个节点保持一个最优化的路由表,能够迅速建立起连接。但是 OLSR 是一个相对比较大而且复杂的协议,它要求大型复杂的计算机、很大的内存和计算。同时频繁进行网络其他节点的发现过程是一个巨大的负担。RFC3684[4]介绍了基于反向路径转发的拓扑分发协议 TBEPF,其能够快速监测出网络拓扑变化,适用于小型 Ad hoc 网络。但是 TBRPF 通过周期性的更新消息来维护拓扑结构,占用大量网络带宽。RFC4728[5]介绍了动态源路由算法 DSR,DSR 路由算法能够在一定程度上避免错误重传,有效提高网络链路利用率,但由于采用了洪泛机制,占用较大网络带宽。RFC6130[6]介绍了邻居发现算法 NHDP,该协议是基于 OLSR 的邻居发现过程,在

OLSRv2[7]中也有使用，在 NHDP 中，使用由 RFC5444[8]定义的消息格式，通过 HELLO 消息交换直接邻居和对称两条邻居的拓扑信息，每个路由器都定期发送 HELLO 消息，在其每个接口上，广播其所有邻居的地址。因此，每个路由器可以获取最多两跳的路由器信息。

在此，我们将介绍典型路由协议 DSDV、DSR 和 AODV，其他协议请参考 IETF 的 MANET 工作组标准文稿。

11.2.2　无线自组织网 MAC 协议标准化

无线自组织网络由无需基础设施支持，具有动态组网能力的节点组成。这种网络适应了军事应用和商业应用对网络和设备移动性的要求，20 世纪 90 年代后获得了广泛的研究和发展。与其他通信网络相比，无线自组织网络具有带宽有限、链路易改变、节点移动性高等特点。正是由于这些特点，相对于传统网络 MAC 协议，无线自组织网络 MAC 协议有着更高的要求。

第二次世界大战以来，无线自组织网因军事应用效果显著，而受到格外重视。为了推动互联互通，IEEE 在 1997 年为无线局域网制定了第一版标准——IEEE 802.11[9]，定义了物理层和媒体访问控制层（MAC）标准。物理层定义工作频段为 2.4 GHz，总数据传输速率设计为 2 Mbit/s。标准规定设备之间可以自行构建临时网络，也可以在基站（Base Station，BS）或者接入点（Access Point，AP）的协调下通信。为了在不同的通讯环境下获取良好的通讯质量，采用 CSMA/CA（Carrier Sense Multiple Access/Collision Avoidance）MAC 协议。

在 1997 年提出的第一版标准基础上，IEEE 802.11 标准不断发展，从不同角度对原始标准进行补充和修改。例如，IEEE 802.11a（数据率 54 Mbit/s，工作频段 5 GHz）、IEEE 802.11b（数据率 11 Mbit/s，工作频段 2.4 GHz）和 IEEE 802.11g（数据率 54 Mbit/s，工作频段 2.4 GHz）都对物理层进行了补充，IEEE 802.11n 在补充物理层的同时加入了多输入多输出（MIMO）技术，而 IEEE 802.11e 则对 MAC 层进行了补充——对服务等级进行了支持。

IEEE 802 委员会于 1999 年成立了 802.16 工作组，专门开发宽带无线接入标准，以解决"最后一公里"的通信要求。802.16 可以提供范围更广、速率更高的宽带无线接入，在一些无基础设施支持的区域，这种无线接入方式更为灵活。IEEE 802.16 标准[11]的空中接口由物理层和 MAC 层组成。物理层主要定义了调制编码技术，其中正交频分复用（OFDM）和正交频分多址（OFDMA）是物理层的核心技术。MAC 层分为三个子层，分别为特定业务汇聚子层、MAC 公共部分子层和安全子层。汇聚子层对外部网络的数据提供转换和映射，MAC 公共部分子层负责提供 MAC 层核心功能，包括系统接入、宽带分配、连接建立和连接管理，而安全子层用来提供鉴权、密钥交换和加密功能。802.16 标准的 MAC 协议主要是为点对多点（PMP）的宽带无线接入应用而设计的，包括 MAC PDU 的结构和传输、ARQ 机制、调度服务、带宽分配与请求机制、网络接入与初始化、测距、QoS 等方面。但为了适应 2～11 GHz 频段的物理环境和不同的业务需求，802.16a 增强了 MAC 层的功能，作为对 PMP 的补充，提出了可选的网状（Mesh）体系结构。与 PMP 模式不同，在 Mesh 模式下，用户站（subscriber station，SS）之间可构成小规模的 1～2 跳的多点到多点的无线连接，没有明确的独立上下行链路子帧，每个站能够与网络中的其他站建立直接的通信链路。Mesh 模式具有覆盖区路径损失小,Mesh 覆盖区和稳健性随用户的增加呈指数改进,以及在多跳环境下用户吞吐量较 PMP 大等优点。根据是否支持移动性,IEEE 802.16 标准可以分为固定宽带无线接入和移动宽带无线接入标准。其中 802.16a、802.16c、802.16d 属于固定宽带无线接入标准,而 802.16e 属于移动宽带无线接入标准[12]。

为满足用户对低速率、低成本、低能耗的短距离无线通信需求,2003 年 5 月 IEEE 802.15.4 工作组正式发布了 IEEE 802.15.4 标准[10]。该标准针对低速率无线个人区域网(LR-WPAN)制定了其物理层和 MAC 层规范。基于该标准的低速率无线个人区域网络,网络节点间的通信距离通常为 10 米左右,并且有 868 MHz、915 MHz 和 2.4 GHz 三个物理频段供以选择,各频段所支持的数据传输速率分别为 20 kb/s、40 kb/s 和 250 kb/s。相应的 MAC 层规范仅采用 26 个原语即可实现所有功能,并规定所传输的分组最多为 128 字节。

在 IEEE 802.15.4 中,有三种不同类型的数据传输:从器件到协调器,从协调器到器件,在对等多跳网络中从一方到另一方。为了突出低功耗的特点,把数据传输分为三种方式,相应的 MAC 层采取不同的冲突避免机制:第一种是直接数据传输,适用于上述所有数据传输,采用非时隙 CSMA/CA 或时隙 CSMA/CA 协议,具体要由使用非信标使能方式还是信标使能方式而定;第二种是间接数据传输,仅适用于从协调器到器件的数据传输,也采用非时隙 CSMA/CA 或时隙 CSMA/CA 协议;第三种是有保证时隙(GTS)数据传输,仅适用于器件与其协调器之间的数据传输,既可以从器件到协调器,也可以从协调器到器件,在 GTS 数据传输中不需要使用 CSMA/CA。在 IEEE 802.15.4 中的其他一些机制如短的 CSMA/CA 倒计时数和短收发器预热时间有助于进一步减少功耗[13]。IEEE 802.15.4 标准的发布,弥补了短距离低速率通信应用领域的空白,并且基于其成本低,协议简单灵活等特点,将有望在未来的无线市场中赢得一席之地。

IEEE 802.11、802.16 和 802.15 标准支持系统移动性能差,主要适用于固定或者牧游式的无线接入。因此,2002 年 11 月移动宽带无线接入工作组成立,旨在定义一种支持移动的无线网络,于 2008 年正式提出 IEEE 802.20 标准[14]。其中 MAC 层也分为特定业务汇聚子层、MAC 公共部分子层和安全子层三个子层。MAC 特定业务汇聚子层,将通过汇聚子层服务 SAP 把收到的任何外部数据转换、映射为 MAC SDU,然后通过 MAC SAP 将其送到 MAC 公共部分子层。MAC 特定业务汇聚子层区分不同网络数据类型,并将其关联到相应的 MAC 业务流和连接标识,同时可以根据网络配置(通过协商决定压缩算法等)对净荷进行头部压缩。IEEE 802.20 提供不同的汇聚子层规范和接口以支持不同的协议,其内部格式是唯一的,并且对于 MAC 公共部分子层来说,不需要知道 SDU 的格式,因此不会对其进行任何解析。MAC 公共部分子层实现了 MAC 的核心功能,包括系统接入、带宽分配、连接建立以及连接管理、维护。MAC 公共部分子层给上层提供了统一的接口,从 MAC SAP 接收来自不同汇聚子层的数据,对特定的 MAC 连接分类,然后根据特定 QoS 要求对要发送给 PHY 的数据进行排队、调度和传输。MAC 安全子层,提供包括认证、安全密钥交换和加密等安全措施。

为了更加有效地利用系统资源,MAC 层应有多种协议状态与用户所处的状态相对应,并且支持状态之间动态且快速的转移。IEEE 802.20 主要支持工作状态、保持状态、休眠状态。IEEE 802.20 采取了一种寻呼机制，将其从休眠状态唤醒并转移到工作状态。这种机制使得移动终端在非活动状态时节约能量，在有数据分组到来时，支持诸如话音和即时消息等实时应用。此外，系统还可以对不同的 IP QoS 要求提供有效的支持，上下行链路必须被合理安排来区分不同用户及不同应用的业务[15]。IEEE 802.20 的出现顺应了未来整个网络向全 IP 网络过渡的趋势，它将有广阔的市场前景。

11.3　无中心网络 MAC 协议

按照节点接入信道方式不同，无中心网络 MAC 协议可分为无竞争 MAC 协议和基于竞争的 MAC 协议两大类，其分类如图 11.6 所示。

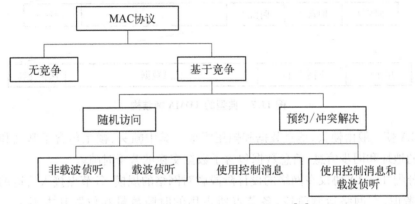

图 11.6　无中心网络 MAC 协议分类[20]

无竞争 MAC 协议一般采用 TDMA、FDMA 或 CDMA 等策略来避免冲突，较适合静态网络和/或集中控制式网络。基于竞争的 MAC 协议分为随机访问和预约/冲突解决两类。随机访问方案包括非侦听信道的（如 ALOHA、时隙 ALOHA）和侦听信道的（CSMA）两种，基于 CSMA 的方案可有效减少冲突和提高吞吐量，但不能解决隐藏终端和暴露终端问题。为解决隐藏终端和暴露终端问题，预约/冲突解决方案使用某种形式的动态预约/冲突解决，有些使用 RTS/CTS 控制报文来预防冲突（如 MACA、MACAW），另一些使用载波侦听和控制报文技术。

下文将介绍几种典型的无中心网络 MAC 协议。

11.3.1　无竞争 MAC 协议

无竞争 MAC 协议通过对网络资源的预先规划来保证节点对于通信质量的需求，主要分为轮询接入和固定接入两类。由于这类协议采用了冲突避免的预规划方式，在网络负载较重时，这类协议仍然能够保证一定的吞吐量和时延性能，但是难以保证高优先级突发业务的实时传送需求。

典型的无竞争 MAC 协议主要有基于 TDMA 的 MAC 协议、基于 FDMA 的 MAC 协议和基于 CDMA 的 MAC 协议等。

1. TDMA 协议

（1）TDMA 协议工作方式。时分多址（Time Division Multiple Access，TDMA）协议的基本原理是按照周期将时间分割为帧，再把每一帧分成若干个时隙，根据一定的分配规则，为每个节点分配一定数量的时隙。每个节点在指定的时隙内完成数据的发送或者接收，以此来规避不同节点之间的数据碰撞。根据时隙分配策略的不同，一般将 TDMA 协议分为固定分配 TDMA 和动态分配 TDMA 两种类型。典型的 TDMA 协议帧结构如图 11.7 所示。

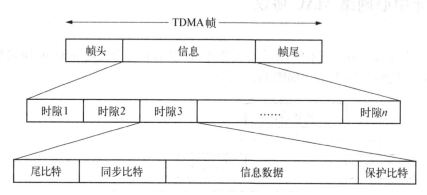

图 11.7 典型的 TDMA 帧结构

TDMA 帧一般由帧头、信息数据和帧尾组成。其中帧头、帧尾包含了基站和用户用来确认彼此的地址和同步信息，信息数据包含了数据交换的若干时隙。

固定分配 TDMA 协议在网络的设计阶段就对网络的规模、各节点接入信道的公平性等因素加以考虑，在网络运营阶段，各节点所占用的时隙数量和位置基本不变。固定分配 TDMA 预先规定网络的规模和运行方式，保证各节点接入信道的公平性，消除节点间碰撞。同时，由于网络分配方案基本不变，算法复杂度很小，系统控制开销也很小，当节点数量和各节点业务量稳定时，系统性能较好。

动态分配 TDMA 协议一般将帧分为竞争帧和信息帧两种类型。在竞争帧阶段，各节点根据自身需要通过信道预约短报文预约信息帧中的时隙资源。在信息帧阶段，各节点根据预约结果，在信息帧对应的时隙内完成数据的发送和接收。动态分配 TDMA 协议对于节点数更改和各节点业务量更改的适应性大大提高，能够根据节点数和各节点业务量更加高效合理的利用信道资源。但是预约帧只用于传输信道预约和确认信息，占用一定的信道资源。对于节点数频繁改变或者节点业务量频繁变化的情况，预约帧资源需要大量增加，导致传输开销增加，信道利用率降低。因此动态分配 TDMA 协议在提高灵活性的同时，降低了信道利用率。

（2）TDMA 协议的同步方案。基于 TDMA 的无线自组织网络 MAC 协议的同步方案一般分为三类，分别是卫星授时同步、主从同步和互同步，下面分别予以介绍。

卫星授时同步：顾名思义，这种同步方式利用地球同步轨道卫星的授时使得网络中的各节点实现时隙同步。由于基于 GPS、北斗等系统的卫星同步技术十分成熟，采用卫星授时同步能够以较低的开销实现较高精度的时隙同步。

主从同步：主从同步的基本原理如下：首先通过一定算法在所有节点中选出一个中心节点；然后该中心节点与其邻居节点交换时间同步信息，使其邻居节点与其保持时间同步；中心节点的邻居节点再向其自身的邻居节点交换时间同步信息，使其邻居节点与其保持时间同步；通过逐跳交换时间同步信息，实现全网主从同步。

主从同步通过逐跳方式实现全网同步，网络开销大，因此主从同步主要适用于于规模较小且拓扑变换较慢的无线自组织网络。

互同步：互同步方案中每个节点都独立发送同步信息，对于网络中的任意一个节点，一旦其收到网络中其他任意节点的同步信息，则根据一定的算法调整自身时钟，以此完成彼此的时隙同步。

互同步方案具有更强的抗毁性和灵活性，但同时牺牲了稳定性和对信道的利用率。考虑到节点之间距离各不相同，网络中各节点通过互同步方式达到理想的同步状态需要更多的调整时间，且同步的精确度也相对较低；同时，互同步方案复杂度高、时间同步信息开销很大，大大降低了无线自组织网络的信道利用率。

2. FDMA 协议

频分多址（frequency division multiple access，FDMA）协议将通信系统的总频段划分为若干个不交叠的等间隔频道，并将这些频道分配给不同的用户使用。FDMA 协议的一般性频道划分如图 11.8 所示。

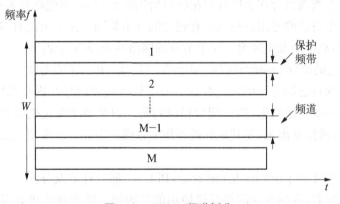

图 11.8　FDMA 频道划分

在无线自组织 FDMA 系统中，通常会为两个需要通信的用户 A 和用户 B 分配一对频谱。其中，一个频谱用于 A 发送 B 接受的通信，另一个则用于 B 发送 A 接收的通信。为了支持信道资源的动态分配，FDMA 通常与 TDMA 相结合使用。

基于 FDMA 的典型 MAC 协议主要是多信道 MAC 协议[21,22,23]。多信道 MAC 协议将信道分为两种类型，一种为控制信道，一种为数据传输信道。在控制信道中，用户通过短数据分组预约数据传输信道的信道资源；在数据传输信道中，用户根据预约结果进行通信。控制信道和数据传输信道可以是频率不同，控制信道和数据信道分别占用不同的频域信道，并且始终占据该信道；控制信道和数据传输信道也可以是通过不同时隙区分，在所有信道上，一部分时隙为控制信道，另一部分时隙为数据传输信道。

将 FDMA 与 TDMA 相结合的多信道 MAC 协议，可以利用多个频率信道拓展可用信道资源，有效拓展系统容量，但是不同时频资源的分布式调度复杂度高，开销大。

3. CDMA 协议

码分多址技术的基本原理是将需要传输的具有一定信号带宽的信息数据，用一个带宽远大于信号带宽的高速伪随机码进行调制（即扩频），扩展原数据信号带宽，再经载波调制并发送出去。接收端使用完全相同的伪随机码，与接收的宽带信号做相关处理，把宽带信号转换成原信息数据的窄带信号（即解扩），以实现信息通信。

CDMA 通信系统中，不同用户传输信息所用的信号不是靠频率不同或时隙不同来区分，而是用各自不同的编码序列来区分，或者说，靠信号的不同波形来区分。如果从频域或时域来观察，多个 CDMA 信号是互相重叠的。接收机用相关器可以在多个 CDMA 信号中选出其中使用预定码型的信号。其他使用不同码型的信号因为和接收机本地产生的码型不同而不能被解调。它们的存在类似于在信道中引入了噪声和干扰，通常称之为多址干扰。

将 CDMA 技术引入无中心网络需要解决扩频码的分配问题。基本的码分配机制有 4 种：

（1）公共码（common code，CC）。所有节点分配相同的公共码，地址信息放在分组头以识别源节点和目的节点。这一机制本质上是单信道，只需要一个码。

（2）基于接收的码（receiver-based code，RBC）。每一节点分配一个专用的基于接收的码。发送机必须先查询码分配表以找到接收机所用的码，然后用此码将数据分组发送出去。接收机必须一直用自己的专用码控制所有到达的分组数据。由于可能有多个发射机向同一接收机发送数据，故可能发生冲突。N 个节点的网络共需要 N 个码。

（3）基于发送的码（transmitter-based code，TBC）。每一节点分配一个专用的基于发送的码。发送机根据自己的专用码发送数据。为了解扩接收信号并提取数据，接收机必须预先知道哪个节点将要发送数据，然后调到相应的码。如果多个发送机同时向同一接收机发送，其中之一可以被恢复出来，而其他的被当作宽带噪声丢弃。N 个节点的网络同样共需要 N 个码。

（4）成对分配的码（pairwise-based code，PBC）。每一对节点分配一个专用的码。发送机经过查询码分配表，找到对应的接收机使用的扩频码。除非接收机有多个匹配滤波器来同时控制它的码集，否则它也必须像基于发送的码那样，要预先知道哪个节点将要传送数据，然后调到相应的码。N 节点的网络共需 N(N−1)多个码。

11.3.2 基于竞争的 MAC 协议

基于竞争的 MAC 协议采用按需使用方式，当节点需要发送数据时，通过竞争获得信道使用权，如果发送的数据遭遇碰撞，则按照某种策略重新发送数据，直到数据成功发送或放弃发送。基于竞争的典型 MAC 协议有 ALOHA、CSMA、MACA、CSMA/CA 和 SPMA 等。

1. ALOHA 协议

20 世纪 70 年代，夏威夷大学的 Norman Abramson 设计了随机分配多址协议（Additive Link On-line Hawaii System，ALOHA），解决信道的动态分配问题，其基本思想可用于任何无协调关系的用户使用单一共享信道的系统。ALOHA 协议可以分为纯 ALOHA 协议和时隙 ALOHA 协议[24]。

（1）纯 ALOHA 协议。纯 ALOHA 协议的基本思想是，用户有数据要发送时，直接发送至信道，然后侦听信道，看是否产生碰撞，若产生碰撞，则等待一段随机的时间重发，因此数据的发送完全是随机的。

在纯 ALOHA 协议中，多用户共享单一信道，每个用户只根据自身数据到达情况决定是否发送，因此站点间的数据帧会产生碰撞，这样的系统称为竞争系统。对于竞争系统，信道效率是一个关键的性能指标，接下来会对此进行分析。

为了分析方便，假设帧长固定，用户是无限个，并按泊松分布产生新帧，每帧长度相同，发送时间为 T_0。当发生碰撞重传时，新旧帧共传 k 次，也遵从泊松分布[24]。

ALOHA 协议的信道效率可以利用吞吐量 S 和网络负载 G 两个参数进行描述。吞吐量 S 等于 T_0 内成功发送的平均帧数，由吞吐量 S 的定义可知 0＜S＜1。S＝1 是极限情况，数据按照帧连续发送，帧与帧之间没有空隙。显然，多用户竞争信道随机发送时无法实现。但是，可以用 S 接近于 1 的程度来衡量信道利用率。网络负载 G 表示 T_0 内发送的平均帧数，包括发送成功的帧和重传的帧。显然，GS 只有在不发送碰撞时，G 才等于 S。

在稳定状态下，吞吐率 S 和网络负载 G 的关系为：

$$S = GP_0 \tag{11.1}$$

其中，P_0 为成功发送帧的概率，也就是成功发送的帧占总发送帧数中的比率。

假设有连续的 3 帧 A、B、C，因为一帧的发送时间为 T_0，因此如果要保证 B 帧发送成功，则要求 A 到 B、B 到 C 的到达间隔都得大于 T_0，即有下式存在：

$$P[发送成功] = P[连续 2 个到达时间间隔 \geq T_0] \tag{11.2}$$

因为假设帧的产生过程遵循泊松分布，即到达时间的时间间隔的概率密度可表示为

$$S = Ge^{-2G} \tag{11.3}$$

这就是 Abramson 在 1970 年首次推导出来的吞吐量的计算式[26]。当 $G = 0.5$ 时，信道利用率最高为 18.4%；当 $G > 0.5$ 时，S 反而降低，这是因为碰撞增加造成的吞吐量下降。可见，在纯 ALOHA 系统中，网络负载不能大于等于 0.5。图 11.9 为 ALOHA 的吞吐量与网络负载的关系曲线。

（2）时隙 ALOHA 协议。时隙 ALOHA 协议的基本思想是将所有各站在时间上都同步起来，把信道时间分成离散的时间槽，每个节点只允许在时隙开始时发送，其他过程与纯 ALOHA 协议相同。每一帧的发送时间为 T_0。

与纯 ALOHA 类似，可以分析时隙 ALOHA 协议的吞吐量。设一个帧在某个时隙开始之前到达，显然此帧能够发送成功的条件是没有其他帧在同一时隙内到达，也就是说，该帧与前一帧的到达时间间隔应该大于 1，而与此同时，与后一帧的到达时间间隔应大于 1。因此

$$P[发送成功] = \int_{T_0-T_s}^{\infty} a(t)\mathrm{d}t \int_{T_x}^{\infty} a(t)\mathrm{d}t \tag{11.4}$$

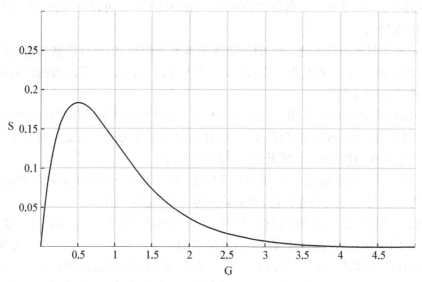

图 11.9　ALOHA 的吞吐量与网络负载的关系

结合上文中的分析可的信道的吞吐量为

$$S = Ge^{-G} \tag{11.5}$$

该式就是著名的 Rebets 公式,当 G＝1 时,S 最大为 0.368。可见,时隙 ALOHA 协议的碰撞危险区是纯 ALOHA 的一半,与纯 ALOHA 协议相比,降低了产生碰撞的概率,最大信道利用率最高为 36.8%,是纯 ALOHA 协议的两倍。

2. CSMA 协议

载波侦听多址接入协议(carrier sense multiple access,CSMA)是从 ALOHA 演变出来的一种媒体访问控制协议。在 CSMA 中,每个节点在发送数据之前,首先侦听信道上是否有其他节点正在发送,如果有,则此节点就暂停发送,如果没有,则直接发送。CSMA 机制通过信道检测和避让机制,减少了发生碰撞的可能,提高了整个系统的吞吐量。

CSMA 最主要的特点是发送前侦听。根据载波侦听策略的不同,CSMA 可以分为三种不同的协议。

(1) 1-坚持型 CSMA(1- persistent CSMA)。1-坚持型 CSMA 的基本原理是有数据发送的节点首先侦听信道,根据侦听信道情况决定是否发送。若发现信道空闲,立即发送数据;若发现信道忙,则继续侦听直至发现信道空闲,再发送数据。

然而,CSMA 协议过程会出现两个或多个站点同时侦听信号的情况,一旦出现信道空闲,它们会立即发送各自的数据帧,于是可能产生碰撞。在 1-坚持型 CSMA 中,碰撞节点等待一段随机时间然后重新启动发送过程。

该协议的优点是减少了信道空闲时间;缺点是增加了发生碰撞的概率,而且传播延迟越大,发生碰撞的可能性越大,协议性能越差。

(2) p-坚持型 CSMA。p-坚持型 CSMA 适用于分时隙信道,其基本原理是有数据发送的节点首先侦听信道,根据侦听信道情况决定是否发送。若发现信道空闲,以概率 P 发送数据,以概率$(1-P)$延迟至下一个时隙发送;若发现信道忙,则继续侦听直至发现信道空闲。

在 p-坚持型 CSMA 中,若产生碰撞,碰撞节点等待一段随机时间,重新启动发送过程。

(3)非坚持型 CSMA。非坚持型 CSMA 的基本原理是有数据发送的节点首先侦听信道,根据侦听信道情况决定是否发送。若发现信道空闲,立即发送数据;若发现信道忙,等待一段随机时间,重新启动发送过程;若产生碰撞,等待一段随机时间,重新启动发送过程。

非坚持型 CSMA 协议的优点是减少了碰撞的概率;但是节点侦听到信道忙时,需要延迟一段随机时间再启动发送,可能出现有数据需要发送而信道空闲的情况,增加了信道资源浪费和数据发送延迟。

因为 CSMA 在 ALOHA 的基础上增加了信道判断功能,整体性能优于 ALOHA 协议。其中,非坚持型 CSMA 的信道效率高于 1-坚持型 CSMA,传输延迟大于 1-坚持型 CSMA,而 p-坚持型 CSMA 是两者的折中。

3. MACA 协议

隐藏节点和暴露节点的问题是无线自组织网络的两类典型问题,隐藏节点和暴露节点问题的示意图如图 11.10 所示。

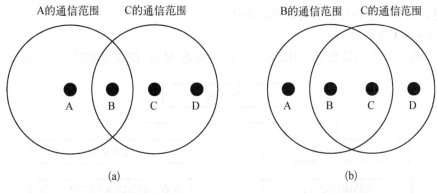

图 11.10　无线自组织网络的隐藏节点和暴露节点问题

(a) 隐藏节点问题　(b) 暴露节点问题

图 11.10(a)为隐藏节点问题形成的示意图。因为每个节点的通信范围有限,致 A 和 C 两节点无法探测到彼此的信号。当节点 C 正在向节点 B 发送数据时,若节点 A 需要向节点 B 发射,由于检测不到节点 C 的信号,节点 A 会认为信道空闲,直接开始向 B 发送数据,导致在节点 B 处产生碰撞。简而言之,节点在发送数据前即使未检测到无线信道上存在信号,也不能保证一定不发生碰撞。这种由于节点通信范围有限而产生的无法探测到无线信道上已有信号导致碰撞的问题叫做隐藏节点问题。

另外当节点之间存在障碍物时也可能产生隐藏节点问题。例如,A、B 和 C 三个节点呈三角形分布,而 A 和 C 之间存在障碍物,导致 A 和 C 节点无法探测到对方的信号。在这种情况下,若 A 和 C 两节点都希望向节点 C 发送数据,双方都会认为信道空闲,导致在节点 B 处发生碰撞。

图 11.10(b)为暴露节点问题形成的示意图。假设节点 B 正在向节点 A 发送数据的同

时,节点 C 也需要向节点 D 发送数据。因为节点 C 处于节点 B 的通信范围内,节点 C 可以探测到节点 B 的信号,判定信道忙,从而不会向 D 发送数据。但是,节点 D 不处于节点 B 的通信范围内,即使节点 C 与节点 D 之间的通信也不会对节点 B 与节点 A 之间的通信产生影响。简而言之,节点在发送数据前即使检测到介质上存在信号,也不一定意味着会产生碰撞问题。这种由于节点通信范围有限而产生的信道资源浪费问题叫做暴露节点问题。

由上述隐藏节点和暴露节点问题产生的原理的分析可知,隐藏节点问题将会增加碰撞概率,而暴露节点问题将降低信道利用率。

针对上述两个问题,文献[25]提出了避免冲突的多路访问协议(multiple access with collision avoidance,MACA)。其基本设计思想为:发射端和接收端通过短帧通知接收端周围的邻居节点,要求邻居节点在后继数据发送时间内保持沉默。

这里通过一个简单的例子来介绍 MACA 的操作过程,仍然考虑图 11.6 的通信场景:B 首先向 C 发出 RTS 并给出后继数据帧长度;C 回复允许 CTS,并复制 B 的后继数据帧长度,B 收到 CTS,便开始发送。其他在 B、C 范围内的各站点一旦侦听到 RTS 或 CTS,便对 B、C 保持沉默。沉默的时间长度由 RTS 或 CTS 中获得。如果 A、C 同时向 B 发送 RTS 帧,仍会有冲突发生而导致数据丢失。在冲突情况下,没有收到 CTS 的一方,按二进制指数退避算法来退避,等待一随机时间后,再次重试发送。

4. CSMA/CA 协议

(1) CSMA/CA 协议概述。IEEE 802.11 的标准 MAC 层模型如图 11.11 所示。

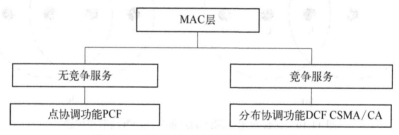

图 11.11　IEEE 802.11 标准的 MAC 层模型

无竞争服务模块即点协调功能(point coordination function,PCF)。PCF 通过点协调器使用集中轮询方式控制节点接入。控制方式类似于时分多址协议,PCF 为每个无线终端轮流分配时隙,以此避免冲突产生。

竞争服务模块即分布式协调功能(distributed coordination function,DCF)。在 DCF 中,每个节点都各自执行信道侦听,按照一定的规则竞争信道获得接入机会,完成数据的发送或接收。在发生碰撞时,节点通过二进制指数退避算法以降低冲突产生概率。

IEEE 802.11 标准采用的 DCF 协议是载波侦听多址接入(carrier sense multiple access,CSMA)的改进协议,其改进之处在于增加了冲突避免的功能,形成载波侦听多址接入及冲突避免(carrier sense multiple access with collision avoidance,CSMA/CA)协议。本章接下来介绍针对无线自组织网络的 CSMA/CA 协议。CSMA/CA 主要包括 RTS/CTS 机制、虚拟载波侦听(NAV)机制和二进制指数回退机制。

（2）RTS/CTS 机制。对于隐藏节点和暴露节点问题，CSMA/CA 协议采用了 Request To Send（RTS）/Clear To Send（CTS）的四次握手机制。RTS/CTS 机制的工作原理如下：

① 源节点在发送数据之前侦听信道，如果信道空闲，先发送 RTS 帧。RTS 帧中包含源节点地址、目的节点地址和通信所需时长。

② 若信道空闲，接收节点发送 CTS 帧。CTS 帧中包含 RTS 帧中的通信所需时长信息。

③ 源节点收到 CTS 帧，启动数据发送数据。

由于利用 RTS 帧和 CTS 帧预约数据信道，增加了额外开销，RTS/CTS 机制将在一定程度上降低网络吞吐量。但是，RTS 帧和 CTS 帧长度远小于数据帧长度的应用，虽然 RTS/CTS 增加了额外开销，但却降低了碰撞概率，提升了无网络吞吐量。对于短数据帧通信，使用 RTS/CTS 使得相对开销变大，可以选择关闭 RTS/CTS 功能。

基于基本握手机制的 CSMA/CA 协议的工作原理示意图如 11.11 所示。

（3）虚拟载波侦听（NAV）机制。IEEE 802.11 标准设计了一种虚拟载波监听机制来进一步通过降低节点发送数据的概率来减少碰撞的发生。网络分配矢量（NAV）的作用相当于一个倒数的计数器，当其他节点收到了发送节点的通知之后，NAV 会设置自身的计时器，此计时上限应当保证大于发送节点完成数据传输并收到 ACK 包所需的时间。在计时器数值没有归零之前，其他节点都认为信道是处于繁忙状态的。当计时器归零后，节点又实际对信道进行侦听判断是否空闲。虚拟载波监听的机制正是通过这种设计降低了节点在不必要发送数据时发送数据的概率。

（4）二进制指数退避机制。IEEE 802.11 标准使用的是二进制指数退避算法，指在遇到重复的冲突时，通信节点将重复传输，但在每一次冲突之后，基于二进制指数方式，将时延的平均值加倍。二进制指数退避算法提供了一个处理重负荷的方法。尝试传输的重复失败导致更长的退避时间，这将有助于负荷的平滑。

具体而言，二进制指数退避算法的过程为：对于参与通信的工作节点，当其发送数据完毕之后，需要等待一段预设长度的时间。在此时间之内，若此节点接收到来自接收节点的 ACK 包，则该节点就会认为其与接收节点之间的数据传输成功，可以进行下一阶段的数据传输过程；若没有收到 ACK 包，则认为数据接收失败或发生了碰撞，该节点进入退避阶段，并且第 n 次退避就在 2^{2+n} 个时隙中随机选择一个作为下次尝试接入信道的时隙[26]。

5. SPMA 协议概述

新一代美军采用了新研发的 TTNT 数据链，该数据链运用了属于竞争类 MAC 层协议的基于统计优先级的多址接入（statistical priority-based multiple access，SPMA）协议，该协议的时延性能十分优秀，100 海里传输距离对应的最高优先级数据延迟小于 2 ms。SPMA 协议采用多信道同时工作，全双工模式，并且定义了不同优先级数据的接入机制。该协议相比于过去的协议具有时延低、吞吐量高的特点，同时对高优先级数据可靠性和时敏性有很好的保障。

该协议的基本设计思路是各节点对信道的繁忙状况进行统计，然后通过对数据优先级门限和信道繁忙状况进行对比来控制节点发送数据的概率,进而避免碰撞的产生。该协议的核心处理状态机如图 11.12 所示。

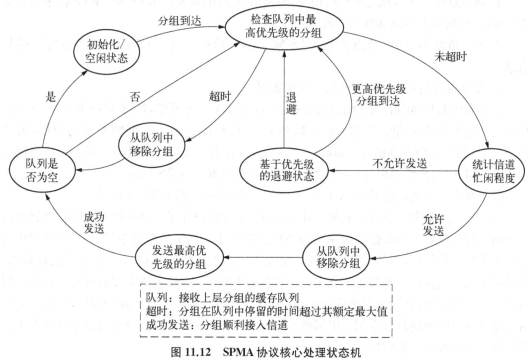

图 11.12 SPMA 协议核心处理状态机

网络中各个节点相互独立且遵从相同的状态转移策略,接入协议解决"信号碰撞"的办法是依据信道忙闲程度统计和待发送业务数据接入信道传输门限比较来控制不同优先级数据分组的发送,在保证高优先级业务低时延、高可靠传输的同时,依据回退算法充分利用信道传输能力,尽量保证低优先级业务传输。

协议对通信碰撞概率控制的关键有两点:一是如何衡量信道忙闲程度,二是如何以信道忙闲程度为依据设置不同优先级数据的发送门限值。下文将介绍一种基于信道忙闲比的 SPMA 协议[27]。

(1)基于信道忙闲比的 SPMA 协议工作原理。信道忙闲比是衡量在一段时间内信道繁忙状况的一个量,其计算式为

$$R_b = 1 - \frac{(1-p_t)T_{slot}}{(1-p_t)T_{slot} + p_s p_t T_s + p_t(1-p_s)T_c} \tag{11.6}$$

信道忙闲比不仅包括成功发送数据的时间占比,还包括了信道中发生碰撞的时间占比,因此能够更好地反应信道在一段时间内的繁忙状况。与 CSMA/CA 协议中信道的状态只有空闲和繁忙两种状态相比,信道忙闲比是一个随信道繁忙状况不断变化的值,其值在节点数量多、网络负载高时几乎是时间连续的。

(2)采用 SPMA 思想的基于信道忙闲比的 MAC 协议基本流程如下:

① 节点的数据包发送流程全部完成后进入退避阶段;

② 若在退避阶段检测到信道转变为忙态则暂停退避，并且更新信道忙闲比；若信道一直处于空闲状态或由忙态转为空闲状态，则退避计时器进行计数；

③ 当退避计时器归零时，节点整理待发数据包队列，最高优先级的数据包进入检测状态；

④ 若信道忙闲比大于此数据包的优先级门限，则不允许其发送，节点进入退避阶段；

⑤ 若信道忙闲比小于此数据包的优先级门限，则发送此数据包，然后等待 ACK 包的到来；

⑥ 若在时限内未收到 ACK 包，说明数据传输失败，节点进入退避阶段；

⑦ 若在时限内收到了 ACK 包，说明数据传输成功，节点进入下一轮数据传输阶段。

基于以上的工作流程，即可实现通过信道忙闲比和数据优先级门限来控制节点发送数据的概率。更加直观的，这种协议的流程图如图 11.13 所示。

11.3.3　无中心网络典型 MAC 协议对比

上文中的 MAC 协议各具特点，它们的适用场合也有所不同[28]。

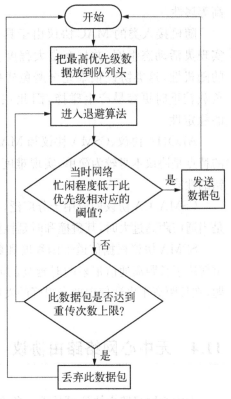

图 11.13　基于 SPMA 思想的 MAC 协议基本流程图

TDMA 协议根据时隙分配策略的不同被分为固定分配 TDMA 协议和动态分配 TDMA 协议。其中，固定分配 TDMA 协议针对确定网络，能够保证各节点发送数据的公平性并避免各节点的碰撞。算法复杂度较低且控制开销较小，对于节点数量固定且业务量稳定的情况，协议能够表现出较好的性能。但是其缺点也十分明显，那就是当节点数量容易发生改变时，可能造成节点退出导致某些时隙空闲而降低信道利用率的问题，或是新节点加入导致没有时隙可供分配而无法为新节点提供通信服务的问题。相比于固定分配 TDMA，动态分配 TDMA 协议对节点、业务量的变化具有良好的适应性，能够灵活的分配信道资源，具有更高的时隙利用率和实时性。但是由于预约信息属于管理信息，其传输必然占用一定的信道资源，导致在网络负载较轻时或节点数量频繁变化时协议开销增大，进而降低信道资源的利用率。

在实际应用当中，为了支持信道资源的动态分配，FDMA 通常与 TDMA 相结合使用。将 FDMA 与 TDMA 相结合的多信道 MAC 协议，可以利用多个频率信道拓展可用信道资源，有效拓展系统容量，但会带来不同时频资源的分布式调度复杂度高，开销大的问题。

CDMA 移动通信网是由扩频、多址接入和频率复用等几种技术结合而成的，是含有频域、时域和码域三维信号处理的一种协作，因此它具有抗干扰性好，抗多径衰落，保密安全性高等属性。

随机接入类的 MAC 协议由于具有接入信道的实时性和随机性,因此这类协议能够实现灵活动态组网,并且在很大程度上降低了端到端时延。另一方面,正由于分组发送的随机性,这类协议很难完全避免碰撞的产生,提供严格的 QoS 保证。同时,由于网络负载较重时更容易产生碰撞,因此在这种情况下随机接入类 MAC 协议难以保证系统的稳定性。

ALOHA 协议、CSMA 协议和 MACA 协议是随机接入类 MAC 协议的典型代表,它们的特点是协议本身较为简单,实现难度低,且在用户数量少、传输数据量低的情况下拥有不错的性能。

CSMA/CA 协议的应用十分广泛,在中短距离的无线通信中拥有较好的性能表现。但是当通信距离过大时,其碰撞和时延性能将会急剧下降。

SPMA 协议根据信道忙闲程度和数据优先级门限对节点发送数据的概率进行控制,着重解决了长距离通信带来的时延高的问题和竞争类 MAC 协议难以对 QoS 进行支持的问题,在长距离军事通信中拥有很好的发展前景。

11.4　无中心网络路由协议

无中心网络路由协议可从不同角度进行分类[29,30]。

根据网络逻辑视图分类。从这个角度可以分为平面结构和集群结构两种。对于平面结构的路由协议,网络的逻辑视图是平面结构,移动节点具有平等的地位。其优点是网络中没有特殊节点,节点移动性较为简单,且易于管理。如 DSR[5] 协议,ABR[36] 协议等;对于层次结构的路由协议,网络的逻辑结构是层次性的。在两级网络中,骨干网由较为稳定、综合性能较好的骨干节点组成。其优点是适合大规模移动自组网络,扩展性较强,如 GSR[32] 协议等。

根据驱动方式分类。按照路由发现策略的角度,可分为表驱动和按需驱动两种路由协议。表驱动路由协议采用周期性的路由分组广播来交换路由信息。如 DSDV[31] 协议等。按需驱动路由协议是根据发送数据分组的需要按需进行路由发现,建立传输路径,从而实现信息传送。如 AODV[2] 协议和 TORA[35] 协议等。

根据支持链路方向分类。在移动自组网中可能存在单向信道,也可能存在双向链路。按照对链路的支持方式,可分为支持单项链路的路由协议,以及支持双向链路的路由协议,如 SSR 协议等。

目前,移动自组网中路由协议的最常见分类方式是按照路由发现策略的角度,将路由协议按驱动方式分为表驱动和按需驱动路由两种路由协议类型。

11.4.1　表驱动路由协议

表驱动(table driven)路由协议被称为先应式路由协议(见图 11.14)、主动路由协议。在这类路由协议中，每个节点维护一张或多张表格，这些表格包含到达网络中所有其他节点的最新路由信息。网络中的每一个节点都要周期性地向其他节点发送最新路由信息，同时，当检测到网络拓扑结构发生变化时，节点在全网络中广播更新消息。收到更新消息的节点更新自己的表格，以维护一致、及时、准确的路由信息。不同的表驱动路由协议的区别在于拓扑更新消息在网络中传播的方式和需要存储的表的类型。表驱动路由协议不断的检测网络拓扑和链路质量的变化，根据变化更新路由表，所以路由表可以准确地反映网络的拓扑结构。源节点一旦要发送报文，可以立即取得到达目的节点的路由。

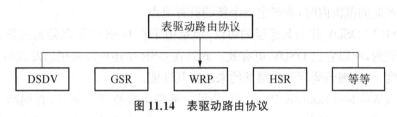

图 11.14　表驱动路由协议

表驱动路由协议包括 DSDV[31]（Destination-Sequenced Distance Vector）、GSR[32]（Gateway Switch Routing）、WRP[33]（Wireless Routing Protocol）、HSR[34]（Hierarchical State Routing）等。图 11.14 是现有的典型表驱动路由协议，本书重点介绍最典型的表驱动路由协议 DSDV。

DSDV 协议及分析

DSDV（Destination Sequenced Distance Vector）[31]路由协议是一种无环路距离向量路由协议，它是传统的 Bellman–Ford 路由协议的改进。在 DSDV 中，每个移动节点都需要维护一张路由表，路由表中含有所有可能的目的节点以及到它们的距离信息。路由表表项包括目的节点、跳数和目的地序号，其中目的地序号由目的节点分配，主要用来判别路由是否过时，并可防止路由环路的产生。

每个节点必须周期性与邻节点换路由信息，当然也可以根据路由表的改变来触发路由更新。路由表更新有两种方式：一种是全部更新（full dump），即拓扑更新消息中将包括整个路由表，主要应用于网络变化较快的情况；另一种方式是增量更新（Inceremental update），更新消息中仅包含变化的路由部分，通常适用于网络变化较慢的情况。在 DSDV 只使用序列号最高的路由，如果两个路由具有相同的序列号，那么将选择最优路由（如跳数最短）。

当邻近节点收到包含修改的路由表信息后，先比较源节点、目的节点路由序列号的大小，标有更大序列号的路由信息总是被接收，目的节点路由序列号小的路由被淘汰。如果两个更新分组有相同的序列号，则选择跳数最小的，而使路由最优最短。为了消除最优路由的频繁变化，节点首先根据历史记录，估计产生路由所需的保留时间（settle time），推迟一个 T 再发送修改的路由信息。DSDV 是一种主动路由即表驱动路由协议，网络中的每个节点都要维护一张整个网络的路由信息表，因此使得每个节点的负担过重，同时由于移动 Ad Hoc 网络的拓扑变化比较频繁，因此每个节点要不断地更新它所维护的路由表，更加重了节点的负担，所以 DSDV 协议比较适合小规模的 Ad Hoc 网络，而对于大规模的 Ad Hoc 网络，一般采用分级结构的路由协议。

其他表驱动路由协议

其他的协议简单介绍如下：

GSR[32]（Gateway Switch Routing）与 DSDV 类似。GSR 分配指定了群首节点和网关节点，其中群首节点用来控制一组节点和网关节点，而网关节点是二个群之间的节点。当一个节点要发送分组时，这个分组首先到达该发送节点的群首结点，然后群首节点把这个分组通过网关节点转发给另一个群首节点。不断重复这个过程直到分组到达目的节点。因此，每个节点都必须有其群成员的路由表。当一个节点不在任何群的范围内时或是二个或多个群首节点在彼此的范围内时，就产生一个新的群首节点。

虽然 GSR 用 DSDV 作为其底层的协议，但是由于在 GSR 中寻路是通过群首节点和网关节点来完成的，所以它比 DSDV 更有效。此外在 GSR 中还可以采用启发式的方法如优先级令牌的调度、网关编码调度和通路预约来改善其性能。

WRP[33]（Wireless Routing Protocol）是另一种路由表驱动的协议，在网络的节点中保存路由信息。每个节点保存在路由表中的信息如下：距离、路由、链路开销和重传消息的列表（MRL）。MRL 记录关于消息序列号、重传计数器、每一个邻节点正确应答所需的标识和更新消息的更新列表等信息。这就使得节点可以决定何时发送更新消息以及发送给哪个节点。更新消息包括目的节点的地址、到目的节点的距离和目的节点的上游节点。然后邻节点就修改自己的路由表并试图通过预备的节点建立新的路由。

WRP 的优点就是当一个节点试图执行路径计划算法时，可以通过目的节点的上游节点所保存的信息和邻节点所保存的信息来限制算法，使得算法收敛得更快并避免路由当中的环路。由于 WRP 需要保存四个路由表，所以比大多数的协议需要更大的内存。WRP 还依赖于周期性的 Hello 消息，这也要占用带宽。

HSR[34]（Hierarchical State Routing）维护了一个分级的网络拓扑，被选中的簇头节点是下一个更高级别簇的成员。要与簇之外的节点通信，需要将数据包转发到上级簇，直到另一个节点的簇头位于同一个簇中。然后数据包向下传播到目的节点。

11.4.2 按需驱动路由协议

按需驱动路由协议（on demand routing），又称为反应式路由、源启动按需路由协议（Source-Initiated on-Demand Driven）。网络节点并不保存及时准确的路由信息，当需要时才查找路由。当源节点要向目的节点发送报文时，源节点在网络中发起路由查找过程，找到相应的路由后才开始发送报文。为了提高效率，节点可以将找到的路由保存在缓存中供后续使用。由于路由表内容是按需建立的，本地的路由表可能仅仅是整个拓扑结构信息的一部分（见图 11.15）。

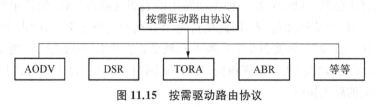

图 11.15 按需驱动路由协议

按需驱动路由协议包括 AODV(Ad hoc On-Demand Distance Vector Routing)[2]、DSR (Dynamic Source Routing)[5]、TORA(Temporally Ordered Routing Algorithm)[35]、ABR (Associativity-Based Routing)[35]等。图 11.15 是现有的典型反应式路由协议,本书主要介绍最典型的按需路由协议 AODV 和 DSR 协议。

1. DSR 协议及分析

动态源路由 DSR(Dynamic Source Routing)[5]是一种基于源路由的按需路由协议,它使用源路由算法而不是逐跳路由方法。在 DSR 中,节点有一个高速缓冲区用来存放所知道的目的节点的所有路由。DSR 主要包括两个过程:路由发现和路由维护。当节点 S 向节点 D 发送数据时,它首先检查缓存是否存在未过期的到目的节点的路由,如果存在,则直接使用可用的路由,否则启动路由发现过程,具体过程如下:

(1) 源节点 A 将使用洪泛法发送路由请求信息(RREQ),RREQ 包含源和目的节点地址以及唯一的标识号,中间节点转发 RREQ,并附上自己的节点标识,如图 11.16(a)所示。

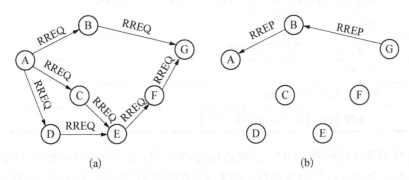

图 11.16　DSR 路由发现过程

(a) 正向广播　(b) 反向应答

(2) 当 RREQ 消息到达目的节点或任何一个到目的节点路由的中间节点时(此时,RREQ 中已记录了从 A 到 G 或该中间节点的所经过的节点标识),G 或该中间节点将向 A 发送应答消息(RREP),该消息将包含 A 到 G 的路由信息,并反转 A 到 G 的路由供 RREP 消息使用,如图 11.16(b)所示。

(3) 中间节点使用缓存的路由发送路由消息响应消息,通过混杂模式来监听和存储路由。采用分组的跳记数来降低分组的生存期,延迟路由响应消息以避免本地冲突。

在路由维护机制中,采用两种分组路由差错分组和路由的确认。当数据链路出现致命的传播问题时,会产生一个路由差错分组,节点收到此分组后,从其路由缓存中删除出错的路由跳数,所有包括此出错跳数的路由都将被截去此段。确认分组用于识别路由链路的正确运行。

DSR 的优点:① 节点仅需维护与之通信的节点路由,减少了路由开销;② 使用路由缓存技术减少了路由发现的开销;③ 一次路由的发现过程可能会产生多条到目的节点的路由,有一定的健壮性;④ 可用于单向信道;⑤ 支持中间节点应答使原节点快速获得路由。

DSR 的缺点:① 每个数据报文的头部都需要携带路由信息,数据分组的额外开销较大,尤其是当发送的数据很小时,会严重降低信道利用率;② 路由请求采用洪泛方式,相邻节点路由请求消息会发生传播冲突并重复广播;③ 由于缓存使过期路由影响路由选择的准确性。

2. AODV 协议及分析

按需距离矢量协议路由协议(Ad-hoc On-demand Distance Vector Algorithm)AODV[2]是一种反应式路由协议,各节点动态生成并维护一个路由表,路由表项主要包括:目的节点地址,下一跳节点地址,生存时间等(见表 11.2)。

表 11.2　路由表项包含的域

目的节点 IP 地址()
目的节点序列号
目的节点序列号是否正确标志
其他状态和路由标志(比如,有效,无效,可修复,正在修复)
网络接口
跳数(到达目的节点需要的跳数)
下一跳
先驱表(List of Precursors)
生命期(路由过期或应当删除的时间)

当节点从邻节点接收到 AODV 控制数据包,或创建/更新特定目的地或子网的路由时,它将检查其路由表以获得目的地条目。如果该目的地没有相应的条目,则会创建一个条目。序列号是从包含在控制分组中的信息确定的,当新的序列号如下所示时路由才会被更新,否则有效序列号字段被设置为假:① 高于路由表中的目的地序列号;② 序列号相等,但是新信息的跳数加 1,小于路由表中现有的跳数;③ 序列号是未知的。

对于由节点维护的每个有效路由作为一条路由表条目,节点还维护可能在该路由上转发分组的先驱表。在检测到下一跳链路丢失的情况下,这些先驱将接收来自该节点的通知。路由表条目中的先驱表包含生成或转发路由应答的相邻节点。

AODV 协议不采用周期性或触发式的路由更新机制来维护路由表,仅在需要传输数据的时候才发起路由请求,节点的路由表是路由发现过程建立的,利用路由维护过程保持,具体过程如下所述。

(1) 路由发现过程。当节点需要传输数据时,如源节点路由表中没有到达目的节点的有效路由时,便启动路由发现过程。源节点广播一个路由请求分组(RREQ),RREQ 分组结构主要包含源节点地址、目的节点地址和广播序列号等,其中源节点地址和广播序列号唯一标识一个 RREQ 分组,当中间节点收到 RREQ 时,在路由表中生成一条指向源节点的反向路由,并查询自己路由表有没有到达目的地的有效路由,如果有,则对此 RREQ 应答,即发送路由应答分组(RREP),若没有则把此 RREQ 广播出去,直到有中间节点应答,或者到达最终目的节点,此 RREQ 分组停止广播。一个节点将丢弃重复收到的 RREQ。中间节点或目的节点对 RREQ 进行应答时，通过已建立的反向路由向源节点发送 RREP 分组，源节点和转发此 RREP 的中间节点可以建立到达目的节点的正向路由。通过上面的寻路过程，源节点到目的节点的路由就建立起来了。

（2）路由维护过程。在 AODV 协议中，使用定期的 Hello 消息机制维护路由，在活动路由中，如果节点在允许的时间间隔内没有收到下一跳节点的 Hello 消息，则认为该链路已断开，该节点便向上游节点发送故障报告分组，上游节点依次转发，源节点收到链路断开信息后，若它仍然要发送数据就会重新发起路由发现过程。

AODV 算法旨在多个移动节点中建立和维护一个动态的、自启动的多跳路由专属网络，解决 Bellman‑Ford"无穷计数"问题，AODV 使得该算法在网络拓扑变化时（比如一个节点在网络中移动）能够快速收敛。AODV 能应付低速、中等速度和相对高速的移动速度，以及各种级别的数据通信。AODV 被设计用于节点间可以互相信任的网络，比如预先定义好密钥的网络，或者是确信不会有恶意入侵节点的网络。为了提升可测量性和效能，AODV 尽力减低控制信息的流量，并且消除数据流量的影响。但其仅适用于双向传输信道的网络环境，协议中的节点在路由表中仅维护一条到指定目的节点的路由。由于采用了超时删除路由机制，超过时限后的有效路由也会被删除，对于准静态网络增加了路由发现开销。

其他按需驱动路由协议

3. 其他按需驱动路由协议简单介绍如下

TORA[35]（Temporally Ordered Routing Algorithm）路由协议是基于逆向路由算法的分布式路由协议。它的设计是用来发现按需路由，提供到目的节点的多条路由，快速建立路由和通过拓扑变化的局部算法反应来减小通信开销。通过更长的路由来避免发现新路由时的开销。

TORA 路由协议的优点在于可以处理高速的网络并支持保存两个节点间的多条路由及广播。

TORA 的缺点在于受限于算法基于时钟同步，所以当时钟不同步时可能导致路由故障，并且这种路由算法还有潜在的震荡性，这可能会影响路由的建立时间。

ABR[36]（Associativity-Based Routing）是一种源点发起的按需路由协议。它的一个重要特点是打破了以"最短路径"作为路由选择的准则，从路由的有效时间来考虑选路，采用路径的稳定性（路径有效时间长短）作为选路的标准。当源节点请求路由时，引起路由发现过程；当已经确定好的路由因源节点、目的节点、中间节点或因自身在两个虚拟移动子网间移动而将子网分成更小子网的主机的移动而改变时，触发路由重建阶段。

11.4.3　路由仿真

按照 RFC 2501[1]对自组网路由的评价标准，选取如下 3 个衡量指标进行性能评估：

分组投递率：即目的节点接收到的数据包个数与源节点发送的数据包个数之比，反映了网络传输的可靠性。分组投递率越高，网络可靠性越大。

$$deliverate = \frac{\Box\Box\Box\Box\Box\Box\Box\Box\Box\Box\Box}{\Box\Box\Box\Box\Box\Box\Box\Box\Box} \tag{11.7}$$

端到端平均时延：包括路由查找时延、数据包在接口队列中的等待时延，传输时延以及 MAC 层的重传时延，反映了路由有效性。尤其对话音包来说，时延太大会严重影响通信质量。

$$\text{delay} = \frac{\sum(\text{接收到数据包的时间} - \text{发送数据包的时间})}{\text{发送的数据包个数}} \tag{11.8}$$

路由开销：单位时间内路由控制分组的传输量，它是网络拓扑及结构变化率的函数。

$$\text{load} = \frac{\text{发送和转发的数据包个数}}{\text{接收到的数据包个数}} \tag{11.9}$$

使用暂停时间分别为 0 s，10 s，20 s，…，200 s，节点的移动速度为 50 m/s，仿真图如图 11.17，图 11.18，图 11.19 所示。

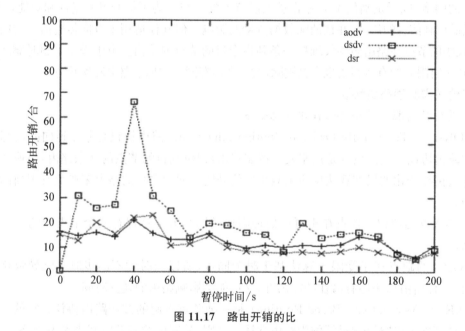

图 11.17　路由开销的比

1. 分组投递率

从图 11.18 中可以看出，按需路由协议的分组投递率高于表驱动。同时，随着暂停时间的增加，表驱动路由协议的分组投递率逐渐提高；随着移动速度的增大，表驱动路由协议的分组投递率逐渐减小。可以得出如下结论：表驱动路由协议最适合网络拓扑变化不是很频繁的网络，而按需路由协议比较适合网络拓扑结构频繁变化的网络环境。

2. 路由开销

从图 11.17 中可以看出，在这 3 个典型的路由协议中，DSDV 的开销最大，因为 DSDV 协议要维护整个网络的拓扑情况。AODV 和 DSR 路由开销相差不是很大，因为它们只维护局部的拓扑结构。由于 AODV 采用了逐跳转发分组方式，而 DSR 是源路由方式，并且 AODV 在每个中间节点保存了路由请求和回答的结果，而 DSR 将结果保存在路由请求和回答的分组中，

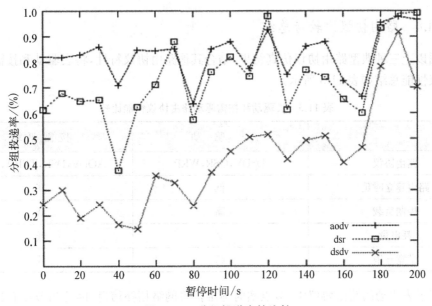

图 11.18　分组投递率的比较

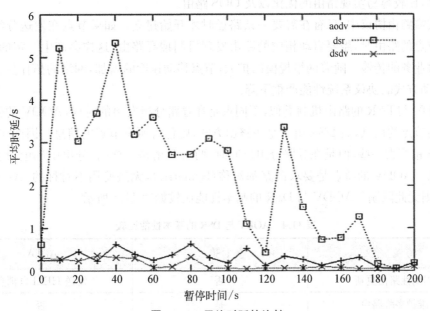

图 11.19　平均时延的比较

因此 AODV 的路由开销略高于 DSR。所以，考虑路由开销时最好选择 DSR 路由协议。

3. 端到端的平均时延

DSDV 协议的平均时延小于 AODV 和 DSR，主要是因为在发送数据之前，DSDV 协议的路由表中已有到达目的地的路由，而按需路由协议还要发送路由请求这个过程。随着节点移动速度的提高，DSR 协议的平均时延明显增加。因此，网络环境对平均时延要求比较高的时候，应该选择 DSDV 路由协议。

11.4.4　路由协议比较与总结

根据以上三种典型路由协议仿真结果,结合其他路由协议特性,将表驱动和按需驱动的路由协议性能总结如表 11.3 所示。

表 11.3　表驱动和按需驱动路由协议性能比较

	表　驱　动	按　需　驱　动
路由协议	DSDV,GSR,WRP	AODV,DSR,TPRA,ABR
路由建立时延	低	高
控制负载	高	低
耗电量	高	低
带宽开销	高	低

在基于表驱动的路由协议中,节点实时地维护着网络拓扑信息,因此当节点有数据发送时,能够根据路由表迅速地找到到达目的节点地路径,即分组的发送延时小。而且通过这些拓扑信息,比较容易实现路由的优化以及 QOS 路由。

在按需路由协议中,只有在需要一条路径时才开始建立。如果节点在发送分组时没有到目的节点的路由时,需要启动相应的路由发现机制搜寻路由,这样会产生一定的时延,不利于实时业务的传输。随着网络规模的扩大,节点移动速度的增加,网络的拓扑变化更加频繁,表驱动方式的协议系统性能严重下降。

AODV 与 DSR 的路由机制类似,不同点是在寻路分组发出的时候,AODV 的分组中只带有目的节点的信息,而 DSR 由于是源路由方式,则包含所有节点的信息。因此在一方面,DSR 的开销要大一些,但是在寻路分组返回时,两者开销是一样的,分组中都记录了整条路径的信息。AODV 的缺点是要求链路都对称(Symetric),无法使用不对称的(Asymetric),而 DSR 则无此限制。AODV 与 DSR 的基本性能比较如表 11.4 所示。

表 11.4　AODV 与 DSR 的基本性能比较

特　征	DSR	AODV
周期性路由更新	否	发送 HELLO 消息
维护多跳路由	是	否
支持单向链路	是	否
分组转发机制	源路由	逐跳
支持多播功能	否	是
QoS	否	是

AODV 和 DSR 的另一个主要区别是 DSR 支持多经路由而 AODV 不支持,因此在中间节点发现路径中断时,AODV 只能将分组丢弃;而 DSR 却可以在路由缓存中寻找其他的路

径对分组进行补救,这一点在移动 Ad Hoc 网络中尤为重要。

TORA 作为一种"链路反向"算法,非常适合于节点密度高的网络。TORA 的创新之处在于使用了有向无环图的方法。TORA 可以支持多条路径,在 TORA 协议中,为了降低寻路造成的负载,不将路径是否最优作为其选择路径的首要因素,因此选择的路径有时会很长(跳数多)。

11.5　无中心网络质量分析与评估

为了获得网络运行质量信息,了解用户对网络质量的真实感受,需要对网络的质量进行分析、测量和评价。网络性能测量和评价标准主要由 IETF(因特网工程任务组)和 ITU-T(国际电信联盟)制定。表征网络性能的指标主要包括时延、丢包率、链路的容量和带宽、流量及网络拓扑等,本书主要讨论带宽和时延。

11.5.1　评价指标

1. 带宽

带宽是网络中的一项宝贵资源,表示网络在链路或路径中传输数据速率的能力,网络带宽直接影响文件传输、流媒体等应用的性能。带宽相关的参数有:链路带宽、端到端路径带宽、链路可用带宽及端到端的路径可用带宽。

链路带宽表示该链路的最大数据传输速率,即在没有任何其他流量存在的情况下链路对数据的输出传输能力。可用带宽指存在背景流量情况下,网络能够提供的最大数据传输速率,即网络中未被使用的带宽。如图 11.20 所示的一条路径,从发送端到接收端包含 3 条链路 L_1、L_2、L_3,各链路的带宽分别为 C_1、C_2、C_3,各链路中的负载流量分别为 B_1、B_2、B_3,可用带宽分别为 A_1、A_2、A_3。则端到端的路径带宽 $C = \min(C_1, C_2, C_3) = C_1$,端到端的可用带宽为 $A = \min(A_1, A_2, A_3) = A_3$,其中窄链路(瓶颈链路)为带宽最小的链路 L_1,紧链路为可用带宽最小的链路 L_3[37]。

如图 11.20 所示,路径带宽取决于最小的链路带宽,端到端可用带宽取决于最小的链路可用带宽,且端到端路径中的窄链路和瓶颈链路可能并不是同一条链路。由于可用带宽随

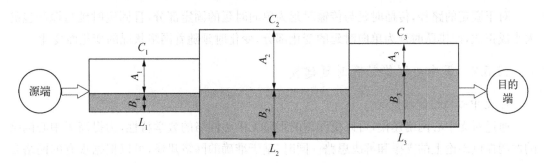

图 11.20　带宽和可用带宽示意图

着网络状态的改变而发生变化,网络负载的变化对可用带宽的测量影响较大,快速建立合适的测量模型和高效的测量方法对可用带宽的测量非常重要。

带宽的测量主要采用探测包或探测序列技术。对于路径或链路带宽的测量通常采用探测包技术,根据探测包经过被测网络后相邻探测包输入和输出间隔的变化估计路径或链路带宽。可用带宽的测量主要采用包间隔模型(PGM)[38]和包速率模型(PRM)[39],通过输入和输出的包间隔变化计算背景流量估计可用带宽,或者根据接收端探测包速率的变化情况或时延的变化趋势反映探测速率与可用带宽的关系进而估计可用带宽。

2. 时延

时延是网络的固有属性,是评价网络性能的重要指标之一。IETF IPPM 工作组将时延指标分为单向时延(端到端时延)、往返时延和时延抖动。RFC 2679 单向时延的定义为:探测包的第一个比特从发送端发送开始到接收端完全接收探测包为止所经历的时间。RFC 2681 对往返时延的定义为:探测包的第一个比特从发送端发送开始,接收端接收到该探测包后立刻向发送端反馈相同探测包,直到发送端完全接收探测包为止所经历的时间。RFC 3393 将时延抖动定义为探测包单向时延的差值。

从以上时延指标的定义可以看出,单向时延的测量需要在收发两端进行测量收发时间,进而计算单向时延。因此,单向时延测量的主要问题是收发端的时钟是否同步,如果收发端时钟不同步将会对单向时延的测量产生较大的误差。单向时延的测量主要是两端时钟同步的问题,测量较为复杂。往返时延的测量只需要在发送端测量,不需要时钟同步的要求,测量较为简单。

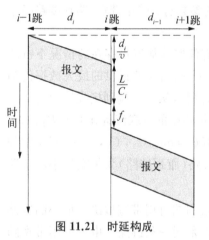

图 11.21 时延构成

单向时延由传输时延、传播时延和路由器时延组成。传输时延是指节点发送报文的第一个比特直至发送完整个报文所用时间,如果报文大小为 L,链路带宽为 C,则传输时延为 L/C。传播时延是指报文从链路的一端传输到另一端所需要的时间,如果链路物理信道长度为 d,信号传播速度为 v,则传播时延为 d/v。路由器时延主要由处理时延和排队时延组成。如图 11.21 所示为探测包通过路由器前后所经历的时间,则报文的单向时延为 $\sum_{i=1}^{n}(L/C_i + d_i/v + f_i)$。

对于固定的路径,传播时延与传输时延为单向时延的固定部分,且固定时延与探测包的大小成正比,而排队时延为单向时延的变化部分,变化时延随着网络状况的变化而变化。

11.5.2 无中心网络带宽时延建模

1. 无中心网络建模概述

通过对无中心网络建模,可以更深刻的理解无中心网络的数学特性,为提高无中心网络的性能提供理论上的支撑和解决思路。同时,基于准确的网络建模,可以根据现有的网络参数分析网络吞吐量、时延等参数,用于支持音频、视频等有 QoS 要求的业务。

本节通过对 TCP 窗口变化和 MAC 协议的联合分析[40]，建立基于 IEEE 802.11 协议在 Ad Hoc 网络中的分析模型。首先将 TCP 窗口变化建模为连通 Markov 链，其状态转换概率由不同窗口上的丢包概率决定。再通过分析 IEEE 802.11 MAC 协议的工作过程，推导每跳的稳态丢包概率和往返时间，确定所有拥塞窗口上的稳态端到端平均吞吐量。总吞吐量则表示为不同拥塞窗口上的吞吐量的期望。

2. IEEE 802.11 DCF 与 TCP - NewReno 介绍

(1) IEEE 802.11 DCF。本小节简单介绍 IEEE 802.11 标准的分布式协作协议 DCF。更多细节请参考 IEEE 802.11 标准[41]。

发送节点首先检测信道是否空闲。如果信道空闲，并保持 DIFS 时间，则直接发送该数据包。如果初始信道忙或者在 DISF 期间内由空闲转为忙，则产生窗口为 $W_{bo} = \lfloor random() \times CW \rfloor$ 的回退。这里 random() 产生一个 0 到 1 之间的随机数，CW 指当前冲突窗口值，$\lfloor x \rfloor$ 指不大于 x 的最大整数。W_{bo} 的单位是长度为 σ 长度，则回退窗口减 1；如果信道忙，则保持窗口不变。当回退窗口减小到 0 时，发送数据包。成功传输之后，执行一次额外的随机回退以避免长期捕获信道。如果发送冲突，则将冲突窗口翻倍，启动重发回退。如果某一个包的重发次数超过了最大重发次数限制 m，则丢弃该包。

IEEE 802.11 存在两种工作模式：基本模式和 RTS/CTS 模式。对于基本模式，信道空闲并且冲突窗口为 0 时直接发送；对于 RTS/CTS 模式，在发送之前使用 RTS/CTS 握手信号避免冲突。由于 RTS/CTS 握手机制是多跳网络中避免冲突、节约带宽和能量的有效措施，本节只考虑 RTS/CTS 模式。

(2) TCP - NewReno。在 TCP 的发展历史中，先后出现过多个 TCP 版本。主要包括 TCP - Tahoe、TCP - Reno、TCP - NewReno、SACK、TCP - Vegas 等。

TCP - NewReno 是 TCP - Tahoe 和 TCP - Reno 的改进算法。TCP - Tahoe 算法是 TCP 的早期版本，主要包括慢启动、拥塞避免和快速重传三个主要功能，这三个功能的更多细节参考文献[42]。

TCP - Reno 在 TCP - Tachoe 的基础上增加了快速恢复功能。与 TCP - Tahoe 收到重复 ACK 并重发丢失的数据包之后进入慢启动阶段不同，TCP - Reno 在收到三个重复 ACK 之后发送丢失的数据包，将慢启动门限设置为当前窗口的一半，把当前窗口设为慢启动门限，执行拥塞避免程序。

TCP - NewReno 算法改进了 TCP - Reno 的快速重传和快速恢复功能[43]。TCP - Reno 在检测到三个重复的 ACK 后，就发送丢失的数据包。在收到一个新的 ACK 之后，就退出快速恢复程序，进入拥塞避免程序。当存在一个发送窗口内多个数据包丢失时，后续丢失的数据包只能通过超时重传实现。超时重传会迫使 TCP 进入慢启动程序，降低系统利用率。TCP - NewReno 检测到重复的 ACK 则一直重传丢失的数据包，直到快速重传开始时所有未确认的数据包都被确认为止。TCP - NewReno 算法主要针对一个发送窗口丢失多个数据包的情况，尽力避免了 TCP - Reno 在快速恢复阶段的许多超时重传。

3. 系统模型

由于丢包概率和往返时间是拥塞窗口的函数，我们将最大窗口限制下的 TCP 拥塞窗口变化建模为一个 Markov 链,并根据该 Markov 链求取每个窗口上的往返时间和平均丢包概率。当最大窗口限制为 8 时,拥塞窗口变化如图 11.22 所示。圆圈中的数值指拥塞窗口值。当网络状态良好,没有丢包产生时,窗口大小将逐步增加,直至增加到最大值 8。如果网络状态不够好,产生 ACK 反馈超时,则拥塞窗口值减小至当前窗口 W 的一半 $\left\lfloor \dfrac{W}{2} \right\rfloor$。其中 $\left\lfloor \dfrac{W}{2} \right\rfloor$ 指不大于 $\dfrac{W}{2}$ 的最大整数。

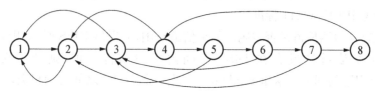

图 11.22 拥塞窗口变化

为了推导更加方便,结果更加简单明了和具有指导意义,本章推导基于如下假设。

(1) 由于 Ad Hoc 网络的带宽一般比较小,出现过大窗口的概率很小,因此限制 TCP 的最大拥塞窗口,以减小 Markov 链的状态数量。

(2) 使用 TCP - Newreno 默认设置,目的节点收到的每个数据包都会反馈一个 ACK 包,而不使用延时 ACK 和选择性 ACK(SACK)。

(3) 使用基于最短路径准则的静态路由。由于路由协议的建模至今没有很好的结果,因此假设路由协议在网络工作前就已经确定,以消除路由协议的影响。

(4) 数据包长度固定。

(5) 为了简化分析,每个节点只承载一条 TCP 流。

(6) 只存在 RTS 包的冲突。由于其他 CTS、DATA 和 MAC 层 ACK 包的丢包概率较小,本书忽略其影响[44]。

下面分析如图 11.22 所示最大窗口为 8 时的吞吐量。设 $pl(W)$ 表示重传之后的丢包概率,$s(W)=1-pl(W)$ 表示拥塞窗口为 W 时的成功接收概率。则状态转换矩阵 P 为

$$
\begin{bmatrix}
pl(1) & s(1) & 0 & 0 & 0 & 0 & 0 & 0 \\
pl(2) & 0 & s(2) & 0 & 0 & 0 & 0 & 0 \\
pl(3) & 0 & 0 & s(3) & 0 & 0 & 0 & 0 \\
0 & pl(4) & 0 & 0 & s(4) & 0 & 0 & 0 \\
0 & pl(5) & 0 & 0 & 0 & s(5) & 0 & 0 \\
0 & 0 & pl(6) & 0 & 0 & 0 & s(6) & 0 \\
0 & 0 & pl(7) & 0 & 0 & 0 & 0 & s(7) \\
0 & 0 & 0 & pl(8) & 0 & 0 & 0 & ps(8)
\end{bmatrix}
\tag{11.10}
$$

由于上述 Markov 链是一个有限状态连通链,存在稳态分布,设 $\Pi = [\pi(1)\pi(2)\pi(3)\pi(4)\pi(5)\pi(6)\pi(7)\pi(8)]$ 表示拥塞窗口的稳态分布,则 $\prod$ 可从下式解出。

$$\begin{cases} \Pi = \Pi \vec{P} \\ \sum_{W=1}^{8} \pi(W) = 1 \end{cases} \tag{11.11}$$

令 $T(W)$ 表示窗口为 W 时的吞吐量，则平均吞吐量 Thr 表示为

$$Thr = \sum_{W=1}^{8} \pi(W) T(W) \tag{11.12}$$

如上所述，平均吞吐量仅与窗口稳态分布 $\pi(W)$ 和拥塞窗口为 W 时的吞吐量 $T(W)$ 有关。其中窗口稳态分布 $\pi(W)$ 由丢包概率 $pl(W)$ 决定。而吞吐量 $T(W)$ 可写为

$$T(W) = \frac{W}{RTT(W)} \times L \tag{11.13}$$

这里 L 指固定包长，$RTT(W)$ 指窗口为 W 时的平均往返时间。

由方程(11.13)可见，在包长固定的条件下，平均吞吐量由每个窗口上的丢包概率和平均往返时延所决定。因此，下面主要分析每个窗口值上的丢包概率 $pl(W)$ 和往返时间 $RTT(W)$。

丢包概率与往返时间分析

在下面的分析中，设 F 为 TCP 流经过的节点集合，W 为拥塞控制窗口。我们首先根据 802.11 的工作机制推导一跳的丢包概率，然后推导端到端连接的丢包概率 $pl(W)$。往返时间 $RTT(W)$ 是数据包在路径上所有等待和发送时间的和，与发送窗口为 W 时的每一跳丢包概率直接相关。

(1) 丢包概率。设 (s, d)、(u, v) 表示从 s 到 d 和从 u 到 v 的两条链路。设在 s、d、u 和 v 载波侦听范围内的节点集合为 C_s、C_d、C_u 和 C_v。我们从链路 (u, v) 影响 (s, d) 传输的角度分析丢包概率。假设 (s, d) 周围所有节点的链路速率和包冲突概率已知。注意这里的包冲突概率与丢包概率不同。丢包概率指重传次数达到最大重传限制时的数据包丢弃，而冲突概率指发送包没有被接收端正确接收到的概率，主要由以下两个原因组成：

● 同时发送：如图 11.23(a)所示，节点 u 处于 s 和 d 两个节点的冲突范围内，即 $u \in C_s \cap C_d$。如果节点 s 和 u 同时发送，则从 s 到 d 的 RTS 包会丢失；

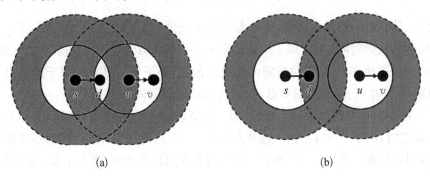

(a)   (b)

图 11.23　链 路 冲 突

（a）同时发送情况　（b）信息不对称情况

● 信息不对称：如图 11.23(b)所示，节点 u 处于节点 d 的载波侦听范围内，节点 s 的载波侦听范围外，即 $u \in C_d - C_s$。如果 u 向 v 发送时，节点 s 向 d 发送 RTS，则节点 d 由于信道忙不能向 s 反馈 CTS，引起节点 s 进入指数回退过程。

设 p_{st}、p_{ia} 表示链路 (s, d) 分别由同时发送和信息不对称引起的丢包概率，则该链路的丢包概率为：

$$p_s = 1 - (1 - p_{st})(1 - p_{ia}) \tag{11.14}$$

如上所述，丢包概率仅与发送和接收节点载波侦听范围内的节点集合有关，即 $C_s \bigcup C_d$。对于链路 (s, d)，集合 $C_s \bigcap C_d$ 内的节点会产生同时发送导致的丢包，而集合 $C_d - C_s$ 内的节点会产生信息不对称产生的丢包。下面分析 p_{st} 和 p_{ia}。

首先，我们假设节点 u 处于 $C_s \bigcap C_d$，会引起同时发送丢包。令 τ_u 表示虚拟时隙开始时的发送概率，其表达式为：

$$\tau_u = \frac{2(1 - 2p_u)}{(1 - 2p_u)(CW + 1) + p_u CW (1 - (2p_u)^m)} \tag{11.15}$$

这里 p_u 指节点 u 丢包概率，CW 是 MAC 层的最小冲突窗口，m 为最大重传限制。

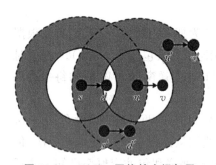

图 11.24　Ad Hoc 网络的空间复用

当节点 s 检测到信道空闲可以发送时，由于空间复用不同，节点 u 不是总会引起冲突。如图 11.24 所示，当节点 s' 向 d' 发送时，s 和 u 都可以侦听到来自 s' 的信号，停止发送。然而，当 u' 向 v' 发送，s' 不发送时，节点 u 认为信道忙，而节点 s 认为信道空闲。则在此时间内，节点 s 发送不会受到来自 u 的干扰。因此，尽管 u 处于节点 s 的载波侦听范围内，由于两个节点空间复用状况不同，节点 u 不会总是引起 s 节点的冲突。我们通过 p_{su} 考虑该现象，其定义为节点 s 发送时，节点 u 发送的概率。

条件发送概率 p_{su} 受到 $C_u - C_s$ 内所有节点业务流量的影响，估计为

$$p_{su} = 1 - \alpha \sum_{x \in C_u - C_s} \lambda_x (T_{x_d} + T_{x_a}) \tag{11.16}$$

这里 λ_x 是节点 x 的发送概率，T_{x_d} 是节点 x 一个 DATA 包的发送时间，T_{x_a} 为节点 x 一个 ACK 包的发送时间。T_{x_d} 和 T_{x_a} 分析见下一小节。对于处于拥塞窗口为 W 的 TCP 流中的节点 x，发送速率 λ_x 为单位时间内发送的包数，等于 W/RTT。对于源节点，ACK 包的发送时间 T_{x_a} 为 0。对于目的节点，DATA 包的发送时间 T_{x_d} 为 0。

小于 1 的参数 α 考虑、$C_u - C_s$ 和 $C_s - C_u$ 内节点的空间复用。在空间 $C_u - C_s$ 内的节点处于发送状态时，由于 $C_s - C_u$ 内一些节点与 $C_u - C_s$ 内的一些节点之间的距离超过了干扰范围，可以同时发送。当 $C_u - C_s$ 和 $C_s - C_u$ 内节点同时发送时，节点 u 和 s 都不能发送，集合 $C_u - C_s$ 内节点在此时间段的发送并不会对节点 S 的冲突作出贡献，因此使用系数 α 消除其影响。随机网络内 α 估计非常复杂，在以后的工作中进行分析。链式拓扑中，除边缘节点

外，$C_u - C_s$ 和 $C_s - C_u$ 内节点的业务流基本对称。因此下面的分析设空间复用因子 $\alpha = 0.5$。

已知发送速率 τ_u 和条件丢包概率 p_{s_u}，由于节点 S 的同步发送引起的丢包概率为

$$p_{st_s} = 1 - \prod_{u \in C_s \cap C_d} (1 - p_{s_u} \tau_u) \tag{11.17}$$

下面我们设节点 u 处于集合 $C_d - C_s$ 内。由于节点 S 不能侦听来自节点 u 的信号，当节点 u 发送时，节点 S 认为信道空闲，可以发送。类似于条件发送概率的分析，这里也需要考虑。因此，节点 s 由于信息不对称引起的丢包概率 p_{ia_s} 为

$$p_{ia_s} = 1 - \prod_{u \in C_d - C_s} [1 - p_{s_u} \lambda_u T_u] \tag{11.18}$$

由于当重发超过最大重发次数限制 m 时，数据包被丢弃，丢包概率 pl_s 为

$$pl_s = p_s^m \tag{11.19}$$

令 pl_{u_d}、pl_{u_a} 分别表示节点 u 发送的 DATA 包和 ACK 包的丢包概率。则 TCP 流的丢包概率为

$$pl(W) = 1 - \prod_{u \in F} (1 - pl_{u_d})(1 - pl_{u_a}) \tag{11.20}$$

注意，源节点的 ACK 丢包概率 pl_{s_a} 为 0，而目的节点 DATA 包的丢包概率 pl_{s_d} 为 0。

（2）往返时间 RTT 分析。往返时间由路径上所有节点的 DATA 包发送时间和 ACK 发送时间组成。设 D_s、A_s 分别表示节点 S 的数据发送时间和 ACK 发送时间，则往返时间 RTT 表示为

$$RTT = \sum_{s \in F} T_{s_d} + \sum_{s \in F} T_{s_a} \tag{11.21}$$

尽管 ACK 的长度远小于 DATA 包，但是两者发送过程类似。因此，下面的分析我们仅推导包的发送时间，而不区分 DATA 包和 ACK 包。

链路 (s, d) 上一个包的发送时间包括四个部分：① 成功发送时间 T_{s_s}；② 回退时间 T_{bo_s}；③ 冲突时间 T_{c_s}；④ 信道忙时间 T_{b_s}。从节点 s 到 d 的发送时间是四个部分之和。

$$T_{sd} = T_{s_s} + T_{bo_s} + T_{c_s} + T_{b_s} \tag{11.22}$$

设 T_p 表示一个包载荷的发送时间，等于载荷长度与传输速率的比值。注意载荷包括有效数据、TCP 头、IP 头、MAC 头和物理头，其长度大于有效数据长度。数据包的成功发送时间 T_{s_s} 为

$$T_{s_s} = difs + rts + cts + T_p + ack + 3sifs \tag{11.23}$$

这里 rts、ds、ack 指 MAC 层 RTS、CTS 和 ACK 包的发送时间。$difs$、$sifs$ 指 IEEE 802.11 中的长帧间间隔和短帧间间隔。

回退时间由丢包概率决定。设 p_s 为链路 (s,d) 上发送节点 s 的丢包概率,则一个包的回退时间为

$$T_{bo_s} = \sum_{k=1}^{m} p_s^{k-1}(1-p_s)\frac{2^{k-1}CW}{2} \times \sigma \qquad (11.24)$$

这里 σ 指时隙长度, CW 指最小冲突窗口长度。

链路 (s,d) 上的冲突时间由平均冲突次数 N_{c_s} 和 RTS 冲突的时间决定

$$T_c = (difs + rts + CTS\_timeout) \times N_{c_s} \qquad (11.25)$$

这里 $CTS\_timeout$ 指发送 RTS 之后的最长等待时间。

节点 s 的平均冲突次数为

$$N_{c_s} = \sum_{k=1}^{m} p_s^{k-1}(1-p_s)(k-1) \qquad (11.26)$$

至此,我们已经分析了 T_{s_s}、T_{bo_s} 和 T_{c_s}。下面分析信道忙时间 T_{b_s}。

信道忙时间 T_{b_s} 由发送节点 s 周围的业务流量决定,包括两个部分:一是流外干扰,即由路径 F 之外的节点导致的信道忙时间,记为 T_{outF};另一个是流内干扰,即由 F 内节点导致的信道忙时间,记为 T_{inF}。

在节点 s 的载波侦听范围内,却在路径 F 之外节点的业务流量导致 s 节点的流外信道忙时间 t_{outF_s}

$$T_{outF_s} = \frac{1}{\lambda_s} \sum_{u \in C_s; u \notin F} \lambda_u (T_{u_d} + T_{u_a}) \qquad (11.27)$$

现在考虑流内干扰。对于数据包 D_i,在到达目的节点前,平均会遇到 W 个 ACK 包。而由其他节点的数据包 D_i 导致的信道忙已计入往返时间 RTT,此处无需再次考虑。由于干扰范围是发送范围的两倍,干扰时间记为 ACK 发送时间的两倍。ACK 包的分析类似。因此,由于流内干扰引起的信道忙时间为

$$T_{inF_s} = \frac{2}{\lambda_s}\frac{W}{N} \sum_{u \in C_s \cap F} \lambda_u T_{u_a} \qquad (11.28)$$

这里系数 2 考虑 ACK 包的传输会导致两跳范围内 DATA 包的发送,$\frac{W}{N}$ 考虑 W 个数据包分布在长为 N 跳的路径上。

因此,信道 (s,d) 的忙时间长度为

$$T_{b_s} = T_{outF_s} + T_{inF_s} \qquad (11.29)$$

上述所有分析都假设已经链路 (s,d) 周围的信道状态,比如发送速率和发送时间。通过所有节点之间迭代,我们可以获得稳态丢包概率和每个链路的丢包概率。基于上述两个概率,我们可以获得端到端丢包概率 $pl(W)$、往返时间 $RTT(W)$ 和在特定窗口 W 时的吞吐量 $T(W)$。

4. 模型验证

我们使用 ns‑2[46] 验证我们的模型。

验证拓扑结构如图 11.25 所示，节点之间距离为 200 m。用静态路由协议消除路由协议的影响。IEEE 802.11 相关的参数如表 11.5 所示。

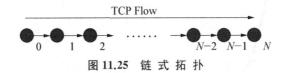

图 11.25　链 式 拓 扑

表 11.5　IEEE 802.11 MAC 相关参数

BasicRate	1 Mbps
DataRate	2 Mbps
Preamble Length	144 bits @ 1 Mbps
PLCP Length	48 bits @ 1 Mbps
RTS Length	160 bits @ BasicRate
CTS,ACK Length	112 bits @ BasicRate
MAC Header	224 bits @ BasicRate
IP Header	160 bits @ DataRate
Packet Size	1 460 bytes
sifs	10 μs
difs	50 μs
Slot time σ	20 μs
CW	31
Retry limit m	7

在链式拓扑上，从源节点 s 到目的节点 d 设置一条 TCP 流，源节点和目的节点之间的跳数可变。我们使用模型验证了 TCP‑Newreno 的吞吐量。参考文献[47]，将最大窗口设为 8。吞吐量对比如图 11.26 所示。由图 11.26 可见，基于我们的法代模型分析的结果可以很好地拟合 ns‑2 仿真所获得结果。

11.5.3　无中心网络下带宽时延测量

1. 测量方法概述

网络测量由于涉及的测量对象及环境复杂多变，需要灵活高效的测量方法和测量工具。网络测量方法的分类有很多种，根据测量方式的不同可分为主动测量、被动测量以及主被动结合的测量；根据测量位置的不同，可分为网络边缘测量和基于网络节点测量；根据测量内容的不同，可分为拓扑测量和性能测量。

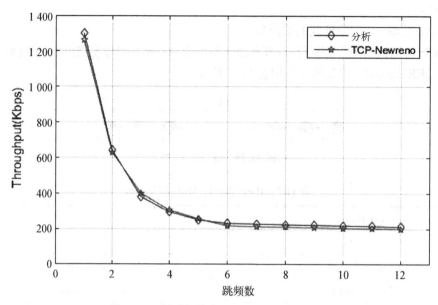

图 11.26　链式拓扑上一跳 TCP 流的吞吐量

主动测量方式是向被测网络中注入探测包,通过采集探测包所包含的信息推测网络状态。对于拓扑测量,探测源点向网络中发送特定协议(例如 ICMP 等)的探测包,请求网络节点信息,根据各节点返回相应的探测包解析各节点的 IP 进而获得网络拓扑。对于可用带宽和时延的测量,测量端向目的端发送探测序列,目的端根据捕获的探测报文信息计算时延或时延的变化情况,进而估计可用带宽。主动测量通过对数据包受被测网络影响而发生的变化进行分析,推测网络各项指标。主动测量方式只需在测试节点进行简单的部署就可发起测量,是一种端到端的测量方法,由于该测量方法向网络中注入一定量的探测包,可能会引起网络状态的变化,进而使得该方法的测量结果产生偏差。

被动测量方式通过在网络节点上部署测量工具,并需要对被测网络设备具有访问甚至管理权限,捕获网络中的数据包,统计分析以推测被测网络的状态。该测量方式不需要向网络中注入探测包,因此,不会引起网络状态的变化,相比于主动测量方式,其网络状态的推测更加准确。然而,由于网络管理权限等问题的限制,该方法只能获得网络的局部信息。

端到端的测量方式就是网络边缘的一种测量方法,该测量方法只需要边缘主机的参与,不需要其他网络设备的协作配合。端到端的测量方法易于部署,且操作简便,结合网络推测方法能够有效灵活地对网络进行测量。被动测量方式需要在被测节点上部署测量工具,且对被测设备具有一定权限,使用范围受到限制,例如基于网络管理协议的拓扑测量方法,就是通过 SNMP 协议在网络设备上获取路由信息。

由于网络用户在使用网络提供的服务时,网络业务的交互过程通常是端到端的,端到端的测量就是从用户感知的角度,对被测路径整个链路综合性能的测评。此外,主动测量和端到端的测量可以灵活部署,通过发送少量的探测报文即可获取网络性能参数。结合以上测量方法的优势及考虑现实条件,本文的有线网络与无线局域网组成的混合网络测量采用端到端的主动测量方法，对网络拓扑、可用带宽及单向时延进行测试分析。

2. 可用带宽测量

（1）可用带宽相关测量技术。PRM 模型基于自诱导拥塞原理进行可用带宽的测量，根据探测序列在接收端的速率或单向时延的变化趋势，比较发送速率与可用带宽的大小关系，逐步调整发送端的探测速率，进而分析速率或时延转折点所对应的发送速率估计可用带宽。常用的可用带宽测量算法有 Pathload[48]、PathChirp[49]、ASSOLO[50]、NEXT[51]、SLDRT[52]、HybChirp[53] 等，接下来对测量算法按照可用带宽估计采用接收速率或时延转折点的方法进行分类介绍，对其在探测序列结构、探测负载、速率调整及测量精确性等方面进行分析。

Pathload 发送的探测流是等速率的探测序列，接收端捕获探测包的单向时延，根据单向时延的变化趋势，采用二分搜索法调整探测序列的发送速率。Pathload 测量的可用带宽结果为一个范围，此范围由带宽分辨率决定。Pathload 的探测负载与探测序列的数量相关，带宽测量结果的准确性与网络状态有很大的关联，当网络状态稳定时，能够获得比较准确的测量结果。当网络状态不稳定、带宽变化较快时，由于其二分搜索的速率调整机制使得探测速率无法跟随带宽变化，或测量结果远远偏离带宽的真实值。

PathChirp 探测序列的探测包速率呈指数型增长，指数型结构使得每个探测序列以较少的探测包获得较大的探测速率范围，且探测速率可以得到快速的调整以适应带宽的变化。PathChirp 根据接收端探测序列单向时延的变化趋势和时延转折点，分析探测包发送速率与可用带宽的大小关系，根据探测序列发送速率及时延转折点对应的探测速率采用加权平均的方法估计可用带宽。时延转折点判断准确与否决定了测量结果的精度，在探测包速率接近探测速率范围最小值附近包速率增加的步幅较小，探测包速率分布较为密集，此区域内时延转折点的判断较为准确。反之，时延转折点判断不准确，且在时延转折点附近探测速率的步幅增加较大，使得可用带宽的估计值不准确。因此，PathChirp 只能对可用带宽进行粗略的估计。为了改进 PathChirp 的这种缺陷提出了 ASSOLO 算法，对探测序列的结构进行了改善：探测序列采用速率增加步幅呈指数型对称的结构，以改进单向时延转折点判断的准确性。这种结构的探测序列使得 ASSOLO 在低负载背景流量的情况下获得了比 PathChirp 更好的测量结果[54]。NEXT 对 PathChirp 的速率调整策略以及序列结构进行了改进，NEXT 将探测速率范围分成三段，每段的速率同样呈指数型增长，中间范围的速率增长相比两边范围较慢，以保证中间范围的速率分布较为密集。对于探测速率的调整不再采用以整数倍增加或减小的方法，而是根据可用带宽的估计值作为中间探测区域的基准，进而确定整个探测速率范围。HybChirp 采用探测速率呈指数变化与线性变化的探测序列进行可同带宽的测量，但其将时延转折点对应的探测速率作为可用带宽的估计值，当网络发生较小波动时没有考虑带宽的变化而引起测量误差。此外，HybChirp 的线性速率增幅与以整数倍增减探测速率范围的调整方法使得其在可用带宽较小时，探测速率分布比较稀疏，造成可用带宽测量误差，甚至无法有效地测量可用带宽。

SLDRT 是一种降速率的探测序列测量方法，其通过单向时延达到稳定时探测序列的平均接收速率估计可用带宽。SLDRT 的探测序列由多个背靠背的探测包及探测速率呈指数减小的探测包构成，背靠背的探测序列先对网络造成拥塞，再通过速率减小的探测包用于减缓直至消除网络拥塞,当网络拥塞刚消除时通过发送的探测序列平均值估计可用带宽。这种方法的测量精度与 Pathload 相似,但是其测量结果的准确性是建立在对网络造成拥塞的基础上。

综合以上分析,指数型序列的探测速率范围调整比较快,非常适用于网络带宽发生快速变化的场景,且其探测负载开销较低,但缺点在于测量精度不高。

本节将介绍一种 HybProbe 测量方法,保留了指数序列能够快速测量可用带宽的粗略值,并能快速调整探测速率范围以追踪带宽变化的优势,在此基础上 HybProbe 采用线性序列探测机制,能根据可用带宽估计值自适应地调整线性速率的增幅,增加在可用带宽附近探测速率的分布密度,提高探测序列时延转折点的判断,保证可用带宽估计值的精确度。此外,当网络状态发生波动时,转换为指数序列探测机制,根据可用带宽估计值自适应地调整探测速率范围,能够保证该估计值附近的探测速率分布密度。HybProbe 结合使用指数序列与线性序列,使得 HybProbe 成为一种测量结果准确、低开销、快速跟踪带宽的测量方法。

(2) 可用带宽测量方案设计。探测包的单向时延主要由传输时延、传播时延和排队时延组成。对于某条路径而言,传输时延和传播时延是固定的,排队时延受路径可用带宽的影响较大,进而探测包的单向时延随着可用带宽的变化而变化。根据自感应拥塞原理,当探测包的单向时延有增加趋势时,即探测包的排队时延有增加趋势,这是由探测包发送速率高于网络的可用带宽引起的。当探测包的单向时延比较稳定时,即探测包在传输过程中几乎没有经历排队延时,此时探测包发送速率不高于网络的可用带宽。因此,根据探测包的单向时延变化情况,可以推断探测包发送速率与可用带宽的大小关系。HybProbe 正是基于以上思路进行可用带宽的估计,以下为 HybProbe 算法在带宽估计、序列结构、速率调整等方面的设计介绍。

3. 可用带宽估计方法

可用带宽估计的关键是探测序列时延转折点的判断,HybProbe 通过以下方法判断时延转折点以及其对应的探测速率,以对该序列探测的可用带宽进行估计。

HybProbe 在发送端发送探测速率依次增加的探测包,接收端探测序列的排队时延有着平稳或增加的趋势。由于突发背景流量的干扰,探测序列的排队时延可能无法呈现平稳或单调增加的趋势,如图 11.27 所示为四种典型的探测序列排队时延。图 11.27(a)中探测序列的发送速率不高于可用带宽,其排队时延的变化趋势比较平稳。图 11.27(b)中可用带宽位于探测速率范围内,排队时延有着先平稳后增加的变化趋势。图 11.27(c)中有多个偏移(excursions)存在,偏移是由突发背景流引起短暂的排队形成的。由于较高的探测速率大于可用带宽使得最后一个偏移的排队时延保持着递增的趋势,而突发背景流的缓解使得其他偏移的排队时延有着先增加后递减的变化趋势。图 11.27(d)中偏移最终以减小趋势的排队时延结束。

假设探测包 i 的排队时延为 q_i,如果序列的探测包从 i 到 j 为一个偏移,则其满足以下关系

$$q_i \leqslant q_{i+1}, \, q_i \leqslant q_{i-1}$$
$$q_j - q_i < \max_{i \leqslant n \leqslant j} \frac{[q_n - q_i]}{F}, \, j - i \geqslant L \tag{11.30}$$

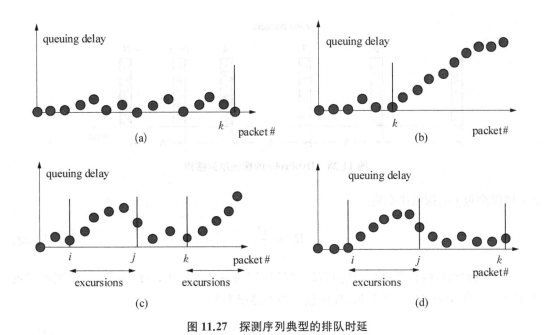

图 11.27　探测序列典型的排队时延

（a）场景①　（b）场景②　（c）场景③　（d）场景④

其中 F 为大于 1 的衰减因子，L 为满足偏移的最小长度[49]。

接收端基于探测序列的发送速率及排队时延估计可用带宽，首先对相邻的探测包 n 和 $n+1$ 进行可用带宽的估计 E_n，E_n 的估计值依据自诱导拥塞原理通过探测包的发送速率进行如下估计：对于场景①，所有探测包的可用带宽估计值 E_n 被设置为最大探测速率 R_k。对于场景②，可用带宽接近于探测序列时延转折点的探测包 k 的发送速率为 R_k，因此，所有探测包的可用带宽估计值 E_n 被设置为探测速率 R_k。对于场景③，如果探测包 n 属于最后一个没有终止的偏移，则探测包可用带宽的估计值 E_n 为 R_k，其中 k 为最后一个偏移的起始位置。如果探测包 n 属于其他类型的偏移，则 E_n 设置为 R_n。否则，E_n 设置为 R_k。对于场景④，序列的探测速率低于可用带宽，由于突发背景流的干扰，暂时的排队造成了偏移的出现，如果探测包 n 属于偏移，则 E_n 设置为 R_n；否则，E_n 设置为最大的探测包速率 R_k。

可用带宽是一个时间变化量，为了量化表示可用带宽，将一段时间内变化的可用带宽统计平均为一个数值。因此，可用带宽的计算应考虑网络状态的波动。假设相邻探测包 n 与 $n+1$ 在发送端的时间间隔为 Δ_n，HybProbe 结合探测包可用带宽的估计值 E_n 进行加权平均以计算探测序列的可用带宽 ABW

$$ABW = \sum_{n=0}^{N-1} E_n \Delta_n \Big/ \sum_{n=0}^{N-1} \Delta_n \tag{11.31}$$

4. 探测序列结构

HybProbe 采用两种结构的探测序列对端到的端可用带宽进行估计，探测序列的速率范围取决于最小的探测包速率、探测包数目和探测速率的增长幅度。如图 11.28 所示为具有 N 个探测包的探测序列，其中每个探测包的大小为 P，相邻探测包 i 与 $i+1$ 的时间间隔为

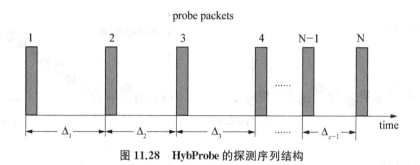

图 11.28　**HybProbe** 的探测序列结构

Δ_i，则探测包 i 的探测速率为

$$R_i = \frac{P}{\Delta_i} \tag{11.32}$$

对于指数结构的探测序列，其拥有较宽的探测速率范围：$[L,H]$ Mbps。序列的扩展因子 γ 为相邻探测包速率的比值，探测包 i 的探测速率为

$$R_i = L \times \gamma^{i-1} = R_1 \times \gamma^{i-1}$$
$$H = R_{N-1}, 1 \leqslant i \leqslant N-1 \tag{11.33}$$

对于线性结构的探测序列，其拥有较窄的探测速率范围：$[S,U]$ Mbps。序列的线性速率增幅为 Δd，探测包 i 的探测速率为

$$R_i = S + (i-1) \times \Delta d, 1 \leqslant i \leqslant N-1 \tag{11.34}$$

5. 可用带宽评估的算法流程

根据 PathChirp 探测序列的配置，HybProbe 使用 UDP 协议类型的探测报文，测量开始时指数序列探测速率范围为 $[H/8,H]$，其中 H 为收发端网络接口卡的最小速率。在初始测量阶段，HybProbe 采用拥有较大扩展因子 γ_1 的指数序列，γ_1 能够保证指数序列的探测速率范围较宽，但同时也会导致相邻探测速率的差值较大，使可用带宽估计值产生较大偏差。较宽的探测速率范围有利于快速定位于可用带宽附近，并对可用带宽进行粗略估计。在获得可用带宽的粗略估计值之后，HybProbe 利用线性结构的探测序列以提高测量结果的精确性。在线性探测阶段，HybProbe 利用序列估计的可用带宽值 $\overline{ABW}$ 自适应地调整下个线性序列的探测速率范围和线性速率增幅 Δd。根据上个序列的带宽估计值 $\overline{ABW}$，发送端更新探测速率范围为：$[\overline{ABW} - m \cdot \Delta d, \overline{ABW} + n \cdot \Delta d]$；该转换机制能够自动调整可用带宽附近的探测速率分布密度，以便于准确判断序列时延的转折点。在线性测量过程中，如果连续三次的估计结果都接近于探测范围的最大或最小部分，网络状态可能发生了较大波动，因此，HybProbe 转换为具有较小扩展因子 γ_2 的指数探测机制直至网络达到稳定状态。较小的扩展因子 γ_2 能够保证指数速率范围不过于太宽，且根据可用带宽估计值 $\overline{ABW}$ 自适应地调整探测速率范围，能够快速追踪带宽的变化，使得探测速率范围覆盖变化后的可用带宽，同时保证相邻探测速率的差值不是太大，有利于时延转折点的判断。HybProbe 采用指

数序列和线性序列相互转换机制测量可用带宽的详细流程如图 11.29 所示。

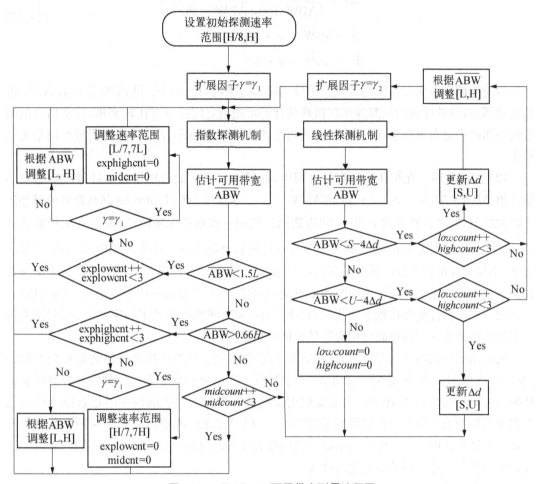

图 11.29　HybProbe 可用带宽测量流程图

（1）初始化阶段。HybProbe 首先采用指数探测机制，通过较大的扩展因子 γ_1 在发送端产生探测速率范围较宽的序列，接收端通过捕获探测序列的时延趋势，估计指数序列的可用带宽，根据可用带宽估计值位于探测速率范围的区域选择是否更新指数序列的探测速率范围。然而，由于相邻探测包速率增加的步幅较大，当真实的可用带宽位于探测速率范围较高的区域时，时延转折点附近的探测速率分布比较稀疏，导致可用带宽的估计值偏离真实值，但较宽的探测速率范围可快速定位可用带宽。在此阶段，只能获取粗略的可用带宽值。在指数序列测量过程中，如果可用带宽估计值连续三次达到稳定状态，指数序列探测过程结束，估计的可用带宽粗略值为 ABW_1。

通过指数序列获取可用带宽的粗略值 ABW_1 后，HybProbe 在发送端产生初始探测速率范围为 $[\mathrm{ABW}_1 - m \cdot \Delta d, \mathrm{ABW}_1 + n \cdot \Delta d]$ 的线性结构序列，并在接收端对可用带宽值进行估计。一旦接收端反馈实时的可用带宽估计值 $\overline{\mathrm{ABW}}$，HybProbe 立刻更新线性增幅和探测速率范围：

$$\Delta d = \begin{cases} \overline{\text{ABW}}/50, & \overline{\text{ABW}} \leqslant 20 \\ \overline{\text{ABW}}/100, & \overline{\text{ABW}} > 20 \end{cases}$$

$$S = \overline{\text{ABW}} - m \cdot \Delta d$$

$$U = \overline{\text{ABW}} + n \cdot \Delta d$$

(11.35)

该速率调整方法使得可用带宽位于探测速率范围内,且 Δd 随可用带宽估计值 $\overline{\text{ABW}}$ 进行自动调整,线性序列的探测速率在粗略估计的可用带宽附近分布比较密集,带宽估计值附近的探测速率分布越密集,时延转折点的判断越准确,进而保证了线性序列测量可用带宽的精度。

(2) 跟踪阶段。在线性序列测量过程中,如果连续多次的可用带宽估计值偏离之前的估计值 $\overline{\text{ABW}}$($\overline{\text{ABW}} < S + l \cdot \Delta d$ 或 $\overline{\text{ABW}} > U - l \cdot \Delta d$),则 HybProbe 判断背景流量经历了较大的波动,然后转换到采用 γ_2 的指数探测机制。在指数探测阶段,根据可用带宽估计值 $\overline{\text{ABW}}$ 调整探测速率范围,使得可用带宽估计值自动位于探测速率范围内,较小的扩展因子 γ_2 不仅能保证快速追踪带宽的变化,而且能够使得可用带宽估计值附近的探测速率分布比较密集。指数序列迅速扩展探测速率范围,并对经历变化后的可用带宽进行粗略的估计。当连续三次的估计值保持较小变化时,HybProbe 判断网络恢复到了稳定状态,探测序列再次采用线性速率序列以提高可用带宽估计值的精确性。

两种结构的探测序列保证了 HybProbe 算法的优势:从线性探测机制到指数探测机制的转换,使得 HybProbe 能够迅速跟踪可用带宽的变化;从指数探测机制到线性探测机制的转换,使得 HybProbe 估计的可用带宽值更加精确。两种不同扩展因子的指数探测序列也有利于初始测量阶段快速获取可用带宽估计值,以及在跟踪测量阶段调整探测速率范围及保证一定测量精度。线性序列与跟踪阶段的指数序列的速率调整策略,也保证了 HybProbe 在测量精度与快速跟踪带宽变化的优势。

6. 探测速率的调整

对于指数和线性序列探测速率的调整,如图 11.30 所示。

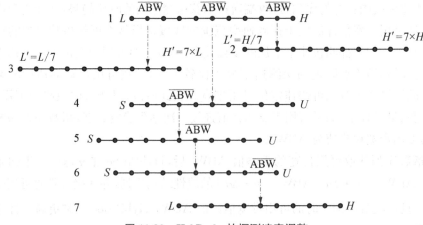

图 11.30　HybProbe 的探测速率调整

速率调整示意图中的水平线表示序列的探测速率范围,其中 L、H 分别表示指数序列的最小、最大速率,S、U 分别表示线性序列的最小、最大速率。各圆点表示不同的探测速率,蓝色圆点表示该序列的可用带宽估计值。为了便于表述,图中用部分探测包组合表示整个探测序列,相邻探测包的距离间隔相等不一定表示速率增幅是相等的。线 1、2 和 3 表示初始测量阶段指数序列探测速率的更新,从线 1 到线 4 的转变表示由指数探测机制转换为线性探测机制,线 4、5、6 表示线性序列探测速率的调整,从线 6 到线 7 的转变表示带宽跟踪阶段由线性探测机制转换为指数探测机制。

在初始化阶段的指数序列测量过程中,探测速率范围的调整策略采用 PathChirp 的速率调整方案[49],当序列估计的可用带宽值 $\overline{\text{ABW}} > 0.66 \times H$ 时,探测速率偏低,探测速率范围调整为 $[H/7, 7 \times H]$,如图 11.30 中线 1 到线 2 的速率调整。当序列估计的可用带宽值 $\overline{\text{ABW}} < 1.5 \times L$ 时,探测速率偏高,调整探测速率范围为 $[L/7, 7 \times L]$,如图 11.30 中线 1 到线 3 的速率调整。否则,网络状态稳定,指数序列的探测速率范围保持不变。当连续三次的估计值位于探测速率范围中间区域时表示网络状态稳定,可用带宽的粗略估计值为 ABW_1,以扩展因子为 γ_1 的指数探测过程结束,HybProbe 采用线性序列进行测量以提高带宽测量精度,如图中线 1 到线 4 的速率调整。

在线性序列测量过程中,HybProbe 发送端根据接收端反馈的可用带宽估计值 $\overline{\text{ABW}}$ 按照等式(11.35)实时更新线性增幅和探测速率范围,如图 11.28 中线 4 到线 5 和线 5 到线 6 的速率调整。当序列的估计值连续三次都接近 S 或 U 时,HybProbe 检测到网络带宽发生了波动,探测机制由线性序列转换为指数序列,以提高快速追踪可用带宽变化的能力。

在线性探测机制转换为指数探测机制以及之后跟踪阶段的指数测量过程中,根据可用带宽估计值 $\overline{\text{ABW}}$ 自适应地调整探测速率范围：探测速率范围以 $\overline{\text{ABW}}$ 为中心,以 γ_2 为扩展因子向两侧设置其他探测包的探测速率,例如探测速率 $\overline{\text{ABW}}/\gamma_2^n$、$\cdots$、$\overline{\text{ABW}}/\gamma_2^2$、$\overline{\text{ABW}}/\gamma^2$、$\overline{\text{ABW}}$、$\overline{\text{ABW}} \cdot \gamma_2$、$\overline{\text{ABW}} \cdot \gamma_2^2$、$\cdots$、$\overline{\text{ABW}} \cdot \gamma_2^n$。如果连续三次的可用带宽估计值 $\overline{\text{ABW}}$ 都位于探测速率的中间区域时,指数探测过程结束,采用线性序列以提高可用带宽的测量精度。

HybProbe 采用两种了不同类型的指数探测序列,具有扩展因子 γ_1 的指数探测机制采用 PathChirp 的速率调整方案,以整数倍增减探测速率范围的速率调整机制使得 HybProbe 能快速扩大探测速率。虽然该速率范围较宽,时延转折点判断不准确,但是有利于定位可用带宽的位置,便于获取可用带宽的粗略估计值。而具有较小扩展因子 γ_2 的指数探测机制,根据可用带宽的估计值 $\overline{\text{ABW}}$ 自适应调整探测速率范围,使得可用带宽始终位于调整后的探测速率范围内；相比于 PathChirp 与 HybChirp 的探测速率调整,该方案既能保证探测速率范围不会太宽,又能保证可用带宽附近的探测速率分布密度,提高了指数序列的测量精度。

HybProbe 在线性探测阶段,其线性速率增幅 Δd 根据可用带宽估计值实时更新,相比于 HybChirp 的线性速率调整方案,HybProbe 使得可用带宽附近的探测速率分布密度更大,进而有着更小的测量误差。

7. 单向时延测量

(1) 单向时延测量原理。一般收发端的时钟频率非常接近,目前工艺可以实现时钟频

率偏差不大于 10^{-4} 且时钟频率抖动较小[55],因此在本文的研究中假设时钟频率在整个测量过程中是固定的,假设两端时钟频率比为 α,在测量开始时两个时钟的时间偏差称为初始时间偏差 θ。单向时延测量主要是通过主动方式进行端到端的测量,利用探测报文接收时间戳和其发送时间戳的差值进行计算。然而,当收发端时钟不同步时,单向时延的测量值存在一定误差,且误差随收发端时钟偏移的增大而增大。时钟不同步的单向时延测量模型如图 11.31 所示。

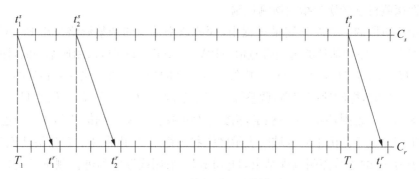

图 11.31 单向时延测量模型

其中发送端以 C_s 表示,接收端以 C_r 表示。探测包 i 在发送端的发送时刻为 t_i^s,该时刻在接收端对应的时刻为 T_i,探测包到达接收端的时刻为 t_i^r,则 $T_1 = t_1^s + \theta$,$T_i - T_1 = \alpha(t_i^s - t_1^s)$。假设以发送端时钟为基准,探测包 i 的单向时延为 d_i,则有以下关系:

$$\begin{cases} t_1^r = T_1 + \alpha \cdot d_1 \\ t_i^r = T_i + \alpha \cdot d_i \\ T_i = T_1 + \alpha(t_i^s - t_1^s) \end{cases} \tag{11.36}$$

根据探测包 i 的收发时刻直接测量的单向时延 D_i 为

$$\begin{aligned} D_i &= t_i^r - t_i^s \\ &= T_1 + \alpha(t_i^s - t_1^s) + \alpha \cdot d_i - t_i^s \\ &= (\alpha - 1)(t_i^s - t_1^s) + \theta + \alpha \times d_i \end{aligned} \tag{11.37}$$

由于时钟频率偏差一般不大于 10^{-4},且单向时延通常为毫秒级,因此直接测量的单向时延 D_i 可简化为:

$$D_i = (\alpha - 1)(t_i^s - t_1^s) + \theta + d_i \tag{11.38}$$

由等式 11.38 可知单向时延 d_i 与时钟频率比 α 和初始时间偏差 θ 有关,在时钟不同步的情况下即 $\alpha \neq 1$、$\theta \neq 0$ 时,直接测量的单向时延与真实的单向时延存在误差。测量误差 $(\alpha - 1)(t_i^s - t_1^s) + \theta$ 随着测量时间的增加而逐渐积累增大,同时测量误差随着测量时间的推移而呈现线性增加的趋势。在较短的测量时间内,较小的 α 引起的时间偏差相对于单向时延非常小,单向时延的测量误差主要由初始时间偏差 θ 决定;而对于较长的测量时间,由于时钟频差的存在,使得时间偏差逐渐增大,导致测量误差逐渐增加。因此,对于时钟不同步的单向时延测量,主要是通过估计时钟频率比 α 和初始时间偏差 θ,进而减小测量误差。

在端到端时延测量中存在收发主机时钟不同步问题,对单向时延的测量造成较大误差。我们对上海交通大学校园网内某两端的单向时延进行了测量,其中用于测量单向时延的探测包发送间隔为 20 ms,20 分钟的单向时延测量结果如图 11.32 所示:源主机和目的主机之间时钟不同步,造成时延测量结果呈现线性变化的趋势,同时两端的时钟偏移随时间推移而逐渐增加。该时延测量结果表明时钟不同步对时延测量造成较大的测量误差,因此,在单向时延测量中减小或消除时钟频率比和时钟偏移的影响非常重要。为了在时钟不同步条件下对单向时延进行测量,下一节通过对时延的分布建立模型,对两端的时钟频率比和初始时钟偏差进行估计,减小时钟不同步对单向时延测量精度的影响。

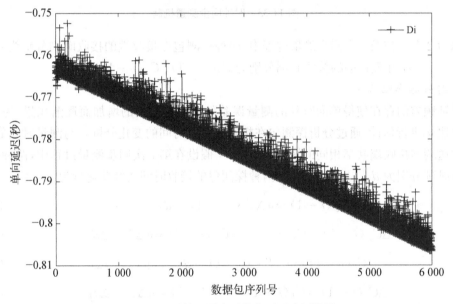

图 11.32　时钟不同步时单向时延实测结果

(2) 端到端单向时延估计方法。本文建立如图 11.33 所示的时钟同步模型,在正向时延与反向时延不对称的条件下,同时考虑时钟频差和时钟偏移的影响,通过周期性地发送相同间隔的探测包以对收发端的时钟频率比 α 和初始时间偏差 θ 进行估计。

假设发送端的时钟为 $C_A(t)$,接收端时钟为 $C_B(t)$,收发端的时钟频率比 $\alpha = C_B(t)/C_A(t)$,收发端的时钟偏移为 $C_B(t) - C_A(t)$。发送端和接收端各自按照本地时钟周期性地以相同间隔 ΔT 发送大小不同的两种探测包,在每次同步测量过程中,第二个探测包的大小为第一个的 a 倍 $(a > 1)$,两个探测包的发送间隔为 Δt。测量开始时收发两端的时钟偏移 $\theta = t_B - t_A$,发送端在 $C_A(0)$ 时刻发送第一个小的探测包,并在 $C_a(0) = C_A(0) + \Delta t$ 时刻发送第一个大的探测包,之后两种类型的探测包被发送端根据其本地时钟 $C_A(t)$ 以相同的发送间隔 ΔT 周期性地注入网络中。同理,当接收端在 $C_B(0)$ 时刻接收到第一个探测包时,同样按照其本地时钟 $C_B(t)$ 以间隔 ΔT 周期性地发送两种探测包,两种探测包的发

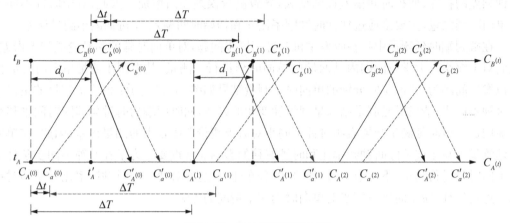

图 11.33　时钟同步测量机制

送间隔为 ΔT。 在第 i 次同步测量过程中,两种探测包在接收端的接收时刻分别为 $C_B(i-1)$、$C_b(i-1)$,在发送端的接收时刻分别为 $C_A(i-1)$、$C_a(i-1)$。

8. 时钟频率比估计

时钟频差的存在使得单向时延的测量误差随着测量时间的增加而逐渐积累,为了对时钟频率比 α 进行估计,通过分析探测包在接收端接收时间的变化分析 α 与测量时间的关系。由于发送端与接收端共享相同的发送间隔 ΔT,假设在第 i 次同步测量过程中,两种探测包的正向时延分别为 $d_{B,i-1}$、$d_{b,i-1}$,则两种探测包的接收时间及其变化量为

$$C_B(i-1)=\alpha\Delta T \cdot (i-1)+d_{B,j-1}+t_B \tag{11.39}$$

$$\Delta C_B(i-1)=C_B(i-1)-C_B(i-2)=\alpha\Delta T+\Delta d_{B,i-1} \tag{11.40}$$

$$C_b(i-1)=\alpha\Delta T \cdot (i-1)+d_{b,i-1}+t_B+\alpha\Delta t \tag{11.41}$$

$$\Delta C_b(i-1)=C_b(i-1)-C_b(i-2)=\alpha\Delta T+\Delta d_{b,i-1} \tag{11.42}$$

根据文献[56,57]的研究,排队时延近似服从高斯分布,本文假设排队时延的分布为高斯分布,则时延变化量 $\Delta d_{B,i-1}$、$\Delta d_{b,i-1}$ 服从零均值的高斯分布 $N(0,\sigma_0^2)$。 建立 $\Delta d_{B,i-1}$、$\Delta d_{b,i-1}$ 的联合似然函数为

$$L(\alpha)=(2\pi\sigma_0^2)^{1-N}\exp\left\{-\frac{1}{2\sigma_0^2}\left[\sum_{i=2}^{N}(\Delta C_B(i-1)-\alpha\Delta T)^2+\sum_{i=2}^{N}(\Delta C_b(i-1)-\alpha\Delta T)^2\right]\right\}$$
$$\tag{11.43}$$

将上式的对数似然函数对 α 进行求导得到 α 的最大似然估计:

$$\hat{\alpha}=\frac{C_B(N-1)-C_B(0)+C_b(N-1)-C_b(0)}{2(N-1)\Delta T} \tag{11.44}$$

通过上式可以看出,通过探测包的接收时刻和两端已知的周期性发送间隔 ΔT 可以获得收发端时钟频率比 α 的估计值,且 α 近似为收发端的探测时间比,该结论与文献[58]的结

论相同,因此,随着同步测量次数的增加,α 的估计值精度也会越来越接近真实的时钟频率比。

9. 初始时间偏差估计

收发端的初始时钟偏差 $\theta = t_B - t_A = t_B - C_A(0)$,因此,可以通过估计同步测量开始时接收端的对应时刻 t_B,估计收发端的初始时间偏差 θ。假设发送端对应于接收端发送第一个探测包的时刻为 t'_A,由于单向时延的量级一般为毫秒级,且两端时钟频差较小,在毫秒量级内时钟频差引起的时钟偏移可以忽略不计,因此可认为 t_A 与 t'_A 时刻收发端的时间偏差相同,则有

$$\theta = t_B - C_A(0) = C_B(0) - t'_A \tag{11.45}$$

对于第 i 次同步测量,通过收发时刻直接测量的四个探测包正反向时延分别为 U_i、U'_i、V_i、V'_i,则有

$$U_i = C_B(i-1) - C_A(i-1) = C_B(i-1) - C_A(0) - \Delta T \cdot (i-1) \tag{11.46}$$

$$U'_i = C_b(i-1) - C_a(i-1) = C_b(i-1) - C_A(0) - \Delta t - \Delta T \cdot (i-1) \tag{11.47}$$

$$V_i = C'_A(i-1) - C'_B(i-1) = C'_A(i-1) - C_B(0) - \Delta T \cdot (i-1) \tag{11.48}$$

$$V'_i = C'_a(i-1) - C'_b(i-1) = C'_a(i-1) - C_B(0) - \Delta t - \Delta T \cdot (i-1) \tag{11.49}$$

因此,通过记录探测包在收发端的接收时间戳和初始测量时间 $C_A(0)$,即可获得探测包的正反向时延 U_i、U'_i、V_i、V'_i。假设小探测包正向时延的固定部分为 d,变化时延为 X_i,大探测包正向时延的变化部分为 X'_i;小探测包反向时延的固定部分为 l,变化时延为 Y_i,大探测包反向时延的变化部分为 Y'_i。探测包在发送端的接收时刻为 $C'_A(i-1)$、$C'_a(i-1)$:

$$C_B(i-1) = \alpha\Delta T \cdot (i-1) + d + X_i + t_B \tag{11.50}$$

$$C_b(i-1) = \alpha\Delta T \cdot (i-1) + ad + X'_i + t_B + \alpha\Delta t \tag{11.51}$$

$$C'_A(i-1) = \frac{1}{\alpha}\Delta T \cdot (i-1) + l + Y_i + t'_A \tag{11.52}$$

$$C'_a(i-1) = \frac{1}{\alpha}\Delta T \cdot (i-1) + al + Y'_i + t'_A + \frac{\Delta t}{\alpha} \tag{11.53}$$

假设随机时延服从均值为 $N(\mu, \sigma^2)$ 的高斯分布,N 次同步测量之后,建立 $(t_B, \mu, \sigma^2, d, l)$ 的似然函数:

$$L(t_B) = (2\pi\sigma^2)^{-2N}\exp\left\{-\frac{1}{2\sigma^2}\left[\sum_{i=1}^{N}(C_B(i-1) - \alpha\Delta T \cdot (i-1) - d - t_B - \mu)^2 + \right.\right.$$

$$\sum_{i=1}^{N}(C_b(i-1) - \alpha\Delta T \cdot (i-1) - ad - t_B - \alpha\Delta - \mu)^2 +$$

$$\sum_{i=1}^{N}\left(C'_A(i-1) - \frac{1}{\alpha}\Delta T \cdot (i-1) - l - t'_A - \mu\right)^2 +$$

$$\left.\left.\sum_{i=1}^{N}\left(C'_a(i-1) - \frac{1}{\alpha}\Delta T \cdot (i-1) - al - t'_A - \frac{\Delta t}{\alpha} - \mu\right)^2\right]\right\}$$

$$\tag{11.54}$$

根据文献[56]的研究可知 d、l 的最大似然估计为

$$\hat{d} = \frac{1}{N(a-1)} \sum_{i=1}^{N} [C_b(i-1) - C_b(i-1)] - \frac{\Delta t}{a-1} \tag{11.55}$$

$$\hat{l} = \frac{1}{N(a-1)} \sum_{i=1}^{N} [C'_a(i-1) - C'_A(i-1)] - \frac{\Delta t}{a-1} \tag{11.56}$$

将等式(11.54)的对数似然函数对 t_B 求导,并将等式(11.45)、(11.55)和(11.56)代入可得 t_B 的最大似然估计为

$$\hat{t}_B = \frac{\bar{C}_B + \bar{C}_b - \bar{C}'_A - \bar{C}'_a}{4} + \frac{(a+1)(\bar{C}_B - \bar{C}_b - \bar{C}'_A + \bar{C}'_a)}{4N(a-1)} + \frac{C_B(0) + C_A(0)}{2} - \frac{(N-1)\Delta T + \Delta t}{4}\left(\alpha - \frac{1}{\alpha}\right) \tag{11.57}$$

因此,通过两端已知的时间间隔 ΔT、Δt、记录的初始测量时刻 $C_A(0)$ 及探测包在收发端的接收时间可以获得 t_B 的估计值,进而得到收发端的初始时间偏差 θ,通过式(11.38)根据得到的 α、θ 以及 D_i 可实现单向时延的测量。上式中 $\bar{C}_B$、$\bar{C}_b$、$\bar{C}'_A$、$\bar{C}'_a$ 分别表示探测包的接收时刻观测值 $\{C_B(i-1)\}_{i=1}^{N}$、$\{C_b(i-1)\}_{i=1}^{N}$、$\{C'_A(i-1)\}_{i=1}^{N}$、$\{C'_a(i-1)\}_{i=1}^{N}$ 的平均值,$\alpha = \dfrac{C_B(N-1) - C_B(0) + C_b(N-1) - C_b(0)}{2(N-1)\Delta T}$。

10. 单向时延实际测试

(1)单向时延测试流程。在实际网络的单向时延测量过程中,测量误差不仅来源于时钟本身:时钟频差和时钟偏移,收发端探测包发送及接收时间戳的记录方法同样也可能会造成测量误差。由于 Windows 平台下直接在应用层获取时间戳受到协议栈、数据包的封装和解包等因素影响,可能给获得的时间戳带来接近毫秒级的误差;为了减小获取时间戳而产生的误差,我们利用 SharpPcap 的网络协议驱动程序直接获取数据包流经网卡的时间,保证时间戳的获取精度。基于上述单向时延同步估计方法,利用 C♯语言编程实现端到端单向时延的测试。

端到端单向时延测试软件框图如图 11.34 所示,其测试流程包含两个阶段:时钟同步估计阶段和单向时延测量阶段。其中发送端和接收端分别位于被测路径的两端,测试过程中两端主要完成探测包的封装发送、捕获解析及时间戳的记录,以便于计算 α、θ 的估计值和单向时延。

在单向时延测量之前,首先收发端在公网服务器的协助下进行 UDP 打洞,使得不在同一内网或位于内外网的收发端主机能够建立连接,并将其内网 IP 进行网络地址转换,使收发端利用相应的公网 IP 及端口号进行数据包的封装以进行通信。

(2)在时钟同步估计阶段,根据图 11.34 所示的测量机制,发送端发送大小不同的 UDP 报文并记录第一个探测包的发送时间戳 $C_A(0)$ 和探测包的接收时间戳 $C'_A(i-1)$、$C'_a(i-1)$。同理,接收端捕获到相应的两个探测报文后记录接收时间戳 $C_B(i-1)$、$C_b(i-1)$,将探测包的接收时间戳封装到回应报文中并按照本地时钟以相同间隔 ΔT 周期

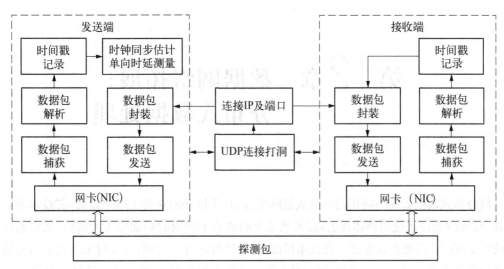

图 11.34　单向时延测试框图

性向发端发送。发送端经过多次测量根据记录的时间戳计算时钟频率比 α 和初始时间偏差 θ 的估计值。

发送端获得 α 和 θ 的估计值之后，收发端进入单向时延测量阶段。发送端设置相应的探测报文及发包间隔等信息，并记录发送时间戳；接收端接收探测报文并记录其接收时间戳，同时将接收时间戳封装发送到接收端，发送端利用记录的收发时间戳及 α 和 θ，按照等式(11.38)进行单向时延 d_i 的计算。

第12章 数据网络拓展:分布式数据处理

以分布式数据处理为应用目标的数据网络在 2015 年开始获得了迅速发展,其技术背景是随着 4G 无线通信系统的整体发展,原来意义上的通信不畅通的局面被大大缓解,从而出现了移动互联网产业的爆发式发展。在技术层面,海量出现的各类应用,又反过来促进了对通信及其他相关技术的需求,其中最为典型的是人工智能算法的出现,以及由此对计算能力的诉求。

尽管新一代网络通信能力获得了全面增强,但参考各种人工智能的算法组合,其计算与存储能力的需求将远远超过相关通信网络能力,而必须通过分布式数据网络,支撑各种计算过程。以下以自动驾驶对应的人工智能算法为例,对相关算法进行简要评估,以说明计算量提升的巨大:

在 L3 自动驾驶中,不需要驾驶员时时刻刻盯着,系统需要高度的鲁棒性,在特定工作的情况下,系统不允许退出,能处理更复杂的交通状况,即使遇到无法处理的路况也能在车主接管前争取更多的时间。在某些环境条件下,驾驶员可以完全放弃操控,交给自动化系统进行操控。L3 到 L4 则需要高精度的地图和各种路谱扫描能力强的感知系统来做支持,完成人机交互、时效模式,自动驾驶和其他车辆系统的交互、环境感知等。因此,L2 环境感知率到 80%、90% 是没问题的,因为驾驶员是主体;一旦进入 L3 以上,环境感知就必须接近 100%。

对于上述感知需求,需要提供分布式计算环境,并将其架设在通信网络之上,形成自动驾驶模式。比方典型摄像分辨率为 $1\,920 \times 1\,080$,是一张图片 200 万的量级,但是 L3 等算法还只是几百乘几百的小型量级。L4 为了胜任各种各样的复杂场景,在网络规模上、安全纠错机制、软件框架等方面要比 L3 复杂很多,不可能依靠一套算法去解决问题,相对 L3 有约 50 倍计算量和数据量的提升。

12.1 分布式流式大数据处理平台

12.1.1 流式数据处理要求

数据是以元组为单位,以连续数据流的形态,持续地到达大数据流式计算平台。数据并不是一次全部可用,不能够一次得到全量数据,只能在不同的时间点,以增量的方式,逐步得到相应数据。

　　数据源往往是多个，在进行数据流重放的过程中，数据流中各个元组间的相对顺序是不能控制的。也就是说，在数据流重放过程中，得到完全相同的数据流（相同的数据元组和相同的元组顺序）是很困难的，甚至是不可能的。

　　数据流的流速是高速的，且随着时间在不断动态变化。这种变化主要体现在两个方面，一个方面是数据流流速大小在不同时间点的变化，这就需要系统可以弹性、动态地适应数据流的变化，实现系统中资源、能耗的高效利用；另一方面是数据流中各个元组内容（语义）在不同时间点的变化，即概念漂移，这就需要处理数据流的有向任务图可以及时识别、动态更新和有效适应这种语义层面上的变化。

　　实时分析和处理数据流是至关重要的，在数据流中，其生命周期的时效性往往很短，数据的时间价值也更加重要。所有数据流到来后，均需要实时处理，并实时产生互应，进行反馈，所有的数据元组也仅会被处理一次。虽然部分数据可能以批量的形式被存储下来，但也只是为了满足后续其他场景下的应用需求。

　　数据流是无穷无尽的，只要有数据源在不断产生数据，数据流就会持续不断地到来。这也就需要流式计算系统永远在线运行，时刻准备接收和处理到来的数据流。在线运行是流式计算系统的一个常态，一旦系统上线后，所有对该系统的调整和优化也将在在线环境中开展和完成。

　　多个不同应用会通过各自的有向任务图进行表示，并将被部署在一个大数据计算平台中，这就需要整个计算平台可以有效地为各个有向任务图分配合理资源，并保证满足用户服务级目标。同时各个资源间需要公平地竞争资源、合理地共享资源，特别是要满足不同时间点各应用间系统资源的公平使用。

　　在大数据时代，数据的时效性日益突出，数据的流式特征更加明显，越来越多的应用场景需要部署在流式计算平台中。大数据流式计算作为大数据计算的一种形态，其重要性也在不断提升

12.1.2　storm 平台使用方法

1. Storm 应用组件关键的基本理解

　　图 12.1 对这个关系梳理的还是比较清楚。通俗地理解下。

　　（1）提交有一个 topology（就是一个程序）给集群，集群分配到不同 worker 执行（可能分布在不同节点），就是有多少个进程在同时进行这个 topology，而进程可能在同一个节点上也可能在不同节点上。

　　（2）每个 topology 运行在多个 worker 上，每个 worker 又分出多个 executor，就是进程内有多个线程来执行。

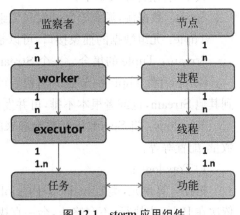

图 12.1　storm 应用组件

（3）每个 executor 又可以有多个具体任务来执行。一个 topology 可以在多个 supervisor 上执行，一个 supervisor 也可以执行多个 topology；一个 worker 只执行某个 topology，一个 topology 由多个 worker 来执行。一个 executor 可以执行一个 component 中的多个 task。一个 executor 默认对应一个 task，一个 worker 中包含多个 executor。

2. Storm 通信机制

有下列场景：从一个实时生产的文件列表中取出文件，然后统计具体 id 的次数，如果应用 storm 平台，涉及文件资源读取会不会重复？具体 id 的统计如何汇聚？在分布式情况下，storm 是如何控制 topology 不会重复读取文件内容，同时又能汇聚 id 的次数？先看看 storm 的通信机制。

（1）同一 worker 间消息的发送使用的是 LMAX Disruptor，它负责同一节点（同一进程内）上线程间的通信；Disruptor 使用了一个 RingBuffer 替代队列，用生产者消费者指针替代锁。生产者消费者指针使用 CPU 支持的整数自增，无需加锁并且速度很快。Java 的实现在 Unsafe package 中。

（2）不同 worker 间通信使用 ZeroMQ(0.8)或 Netty(0.9.0)。

（3）不同 topologey 之间的通信，Storm 不负责，需要自己实现，例如使用 kafka 等；先不考虑不同 topologey 之间的通信（除了 kafa，还可以用 nosql 的 Redis 来保存一些需要共享的数据资源），同一 topology 的 worker 之间用 netty 通信和同一 worker 之间用 LMAX Disruptor 通信。

3. Storm 并行机制

基于 storm 的通信机制，storm 是可以实现并行分布来实现任务。

这张 storm 官方的图（图 12.2），很清晰地给出了各组件之间的并行度。

12.1.3 Storm 运行典型过程

Strom 在运行中可分为 spout 与 bolt 两个组件，其中，数据源从 spout 开始，数据以 tuple 的方式发送到 bolt，多个 bolt 可以串联起来，一个 bolt 也可以接入多个 spot/bolt。运行时原理如下图 12.3 所示。

其中，各组件定义如下：

Spout：数据源，源源不断的发送元组数据 Tuple；

Tuple：元组数据的抽象接口，可以是任何类型的数据。但是必须要可序列化；

Stream：Tuple 的集合。一个 Stream 内的 Tuple 拥有相同的源；

Bolt：消费 Tuple 的节点。消费后可能会排出新的 Tuple 到该 Stream 上，也可能会排到其他 Stream，也或者根本不排，可并发；

Topology：将 Spout、Bolt 整合起来的拓扑图。定义了 Spout 和 Bolt 的结合关系、并发数量、配置等等。

1. Topologies

拓扑计算单元，类似 hadoop 中的 job，整个执行环形单位，从 Spouts 中获取数据，然后依次在 Bolts 中执行，不会终止，会一直执行直到显示结束。

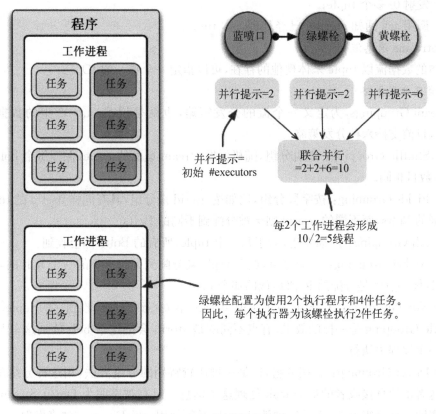

图 12.2　storm 的通信机制

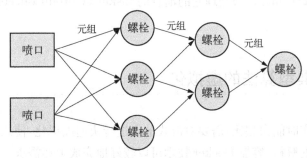

图 12.3　storm 的运行原理

2. 喷口

数据源泉，获取数据，是整个拓扑数据的生产者。主要涉及的方法如下。

（1）下一元组：发射新元组到程序/无元组时返回。

（2）ack：storm 检测到一个元组被整个程序处理成功时调用。

（3）fail：storm 检测到一个元组被整个程序处理失败时调用。

3. 螺栓

具体任务的执行者，具体消息处理逻辑实现，处理过程概述如下。

（1）螺栓处理一个输入的元组；

（2）发射 0/多个 tuple；

（3）调用 ack 通知 storm：已经处理过本 tuple。

4. Streams 消息流

具体的数据流以 tuple 来体现他的存在，可以指定一个唯一的 ID。

5. 消息分发策略

Stream Groupings，为定义一个流的分发策略，也就是说 Spouts 产生的数据怎么向 Bolts 流，目前支持六种分发策略。

（1）Shuffle Grouping：随机分组，随机派发 stream 里面的 tuple，保证每个 bolt 接收到的 tuple 数目相同。

（2）Fields Grouping：按字段分组，比如按 userid 来分组，具有同样 userid 的 tuple 会被分到相同的 Bolts，而不同的 userid 则会被分配到不同的 Bolts。

（3）All Grouping：广播发送，对于每一个 tuple，所有的 Bolts 都会收到。

（4）Global Grouping：全局分组，这个 tuple 被分配到 storm 中的一个 bolt 的其中一个 task，再具体一点就是分配给 id 值最低的那个 task。

（5）Non Grouping：不分组，意思是说 stream 不关心到底谁会收到它的 tuple。目前他和 Shuffle Grouping 是一样的效果，有点不同的是 storm 会把这个 bolt 放到这个 bolt 的订阅者同一个线程去执行。

（6）Direct Grouping：直接分组，这是一种比较特别的分组方法，用这种分组意味着消息的发送者由消息接收者的那个 task 处理这个消息。只有被声明为 Direct Stream 的消息流可以声明这种分组方法，而且这种消息 tuple 必须使用 emitDirect 方法来发射。消息处理者可以通过 TopologyContext 来处理它的消息的 taskid（OutputCollector.emit 方法也会返回 taskid）。

12.2 容器与典型算法的虚拟化

与流式处理的实时能力相比，需要对流式节点进行快速虚拟化，使之能够快速在各类平台上实现计算指令的解析，容器 Docker 技术可以较好地完成上述需求。

容器 Docker 是基于 Go 语言实现的云开源项目。Docker 的主要目标是"Build，Ship and Run Any App，Anywhere"，也就是通过对应用组件的封装、分发、部署、运行等生命周期的管理，使用户的 APP（可以是一个 WEB 应用或者数据库应用等）及其运行环境能够做到"一次封装，到处运行"。

12.2.1 容器的基本概念

1. 什么是 Docker？

Docker 引擎的基础是 Linux 自带的容器（Linux Containers，LXC）技术。IBM 对于容器技术的准确描述如下（图 12.4，图 12.5）。

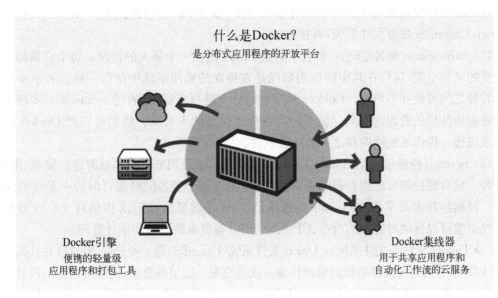

图 12.4　容 器 的 定 义

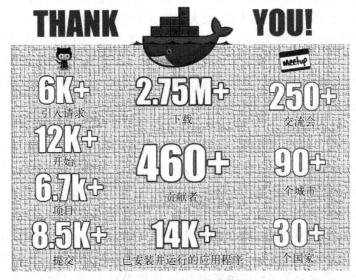

图 12.5　容器的使用范围

　　容器有效地将单个操作系统管理的资源划分到孤立的组中，以便更好地在孤立的组之间平衡有冲突的资源使用需求。与虚拟化相比，这样既不需要指令级模拟，也不需要即时编译。容器可以在核心 CPU 本地运行指令，而不需要任何专门的解释机制。此外，也避免了准虚拟化（paravirtualization）和系统调用替换中的复杂性。

　　我们可以将容器理解为一种沙盒。每个容器内运行一个应用，不同的容器相互隔离，容器之间可以建立通信机制。容器的创建和停止都十分快速（秒级），容器自身对资源的需求十分有限，远比虚拟机本身占用的资源少。

Docker 这种轻量级操作系统虚拟化解决方案,基于 Linux 容器技术(LXC),Namespace,Cgroup,UnionFS(联合文件系统)等技术。

(1) namespace(命名空间):命名空间是 Linux 内核一个强大的特性。每个容器都有自己单独的名字空间,运行在其中的应用都像是在独立的操作系统中运行一样。名字空间保证了容器之间彼此互不影响。Docker 实际上是一个进程容器,它通过 namespace 实现了进程和进程所使用的资源的隔离。使不同的进程之间彼此不可见。我们可以把 Docker 容器想象成进程+操作系统除内核之外的一套软件。

(2) cgroup(控制组):是 Linux 内核的一个特性,主要用来对共享资源进行隔离、限制、审计等。只有能控制分配到容器的资源,才能避免当多个容器同时运行时的对系统资源的竞争。控制组技术最早是由 Google 的程序员 2006 年起提出,Linux 内核自 2.6.24 开始支持。控制组可以提供对容器的内存、CPU、磁盘 IO 等资源的限制和审计管理。

(3) UnionFS(联合文件系统):Union 文件系统(UnionFS)是一种分层、轻量级并且高性能的文件系统,它支持对文件系统的修改作为一次提交来一层层的叠加,同时可以将不同目录挂载到同一个虚拟文件系统下(unite several directories into a single virtual filesystem)。Union 文件系统是 Docker 镜像的基础。镜像可以通过分层来进行继承,基于基础镜像(没有父镜像),可以制作各种具体的应用镜像。另外,不同 Docker 容器就可以共享一些基础的文件系统层,同时再加上自己独有的改动层,大大提高了存储的效率。Docker 中使用的 AUFS(AnotherUnionFS)就是一种 Union FS。AUFS 支持为每一个成员目录(类似 Git 的分支)设定只读(readonly)、读写(readwrite)和写出(whiteout-able)权限,同时 AUFS 里有一个类似分层的概念,对只读权限的分支可以逻辑上进行增量地修改(不影响只读部分的)。

Docker 在 2014 年 6 月召开 DockerConf 2014 技术大会吸引了 IBM、Google、RedHat 等业界知名公司的关注和技术支持,无论是从 GitHub 上的代码活跃度,还是 Redhat 宣布在 RHEL7 中正式支持 Docker,都给业界一个信号,这是一项创新型的技术解决方案,就连 Google 公司的 Compute Engine 也支持 docker 在其之上运行,国内"BAT"先锋企业百度 Baidu App Engine(BAE)平台也是以 Docker 作为其 PaaS 云基础。

2. Docker 产生的原因

(1) 环境管理复杂:从各种 OS 到各种中间件再到各种 App,一款产品能够成功发布,作为开发者需要关心的东西太多,且难于管理,这个问题在软件行业中普遍存在并需要直接面对。Docker 可以简化部署多种应用实例工作,比如 Web 应用、后台应用、数据库应用、大数据应用如 Hadoop 集群、消息队列等都可以打包成一个 Image 部署。

(2) 云计算时代的到来:AWS 的成功引导开发者将应用转移到云上,解决了硬件管理的问题,然而软件配置和管理相关的问题依然存在。Docker 的出现正好能帮助软件开发者开阔思路,尝试新的软件管理方法来解决这个问题。

(3) 虚拟化手段的变化:云时代采用标配硬件来降低成本,采用虚拟化手段来满足用户按需分配的资源需求以及保证可用性和隔离性。然而无论是 KVM 还是 Xen,在 Docker 看来都在浪费资源,因为用户需要的是高效运行环境而非 OS,GuestOS 既浪费资源又难于管理,更加轻量级的 LXC 更加灵活和快速。如图 12.6 所示:

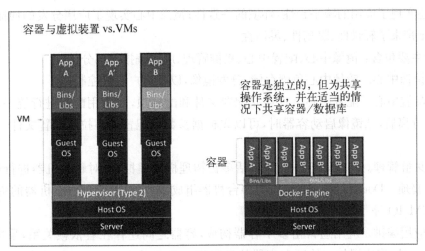

图 12.6 容器与虚拟技术

（4）LXC 的便携性：LXC 在 Linux 2.6 的 Kernel 里就已经存在了，但是其设计之初并非为云计算考虑的，缺少标准化的描述手段和容器的可便携性，决定其构建出的环境难于分发和标准化管理（相对于 KVM 之类 image 和 snapshot 的概念）。Docker 就在这个问题上做出了实质性的创新方法。

12.2.2 常见的容器例化方法

1. Docker 化流程

使用 Docker 后的整个流程如图 12.7 所示。从图中可以看出，镜像不仅统一了应用交付

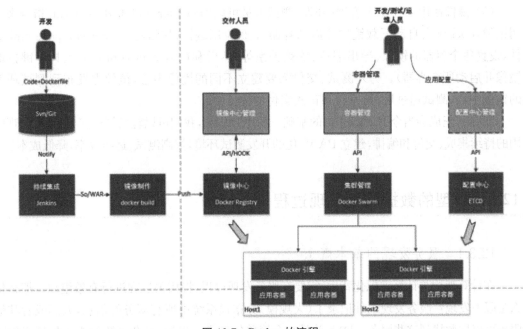

图 12.7 Docker 的流程

的形态,还实现了应用的跨平台性,环境的一致性;镜像中心实现了应用分发的便捷性;容器为 Docker 带来了轻量性、隔离性、灵活性。

图中主要包含:镜像中心、配置中心、集群管理、应用编排四部分。

(1)镜像中心。镜像中心负责存储、分发镜像,以及用户权限控制。

(2)配置中心。配置中心负责存储配置文件和配置项,对应用配置进行统一管理。镜像和配置分离后,从镜像启动容器时,可以先根据参数从配置中心拉取配置文件,然后再启动应用。

(3)集群管理。一般运行环境都包括多台物理机或虚拟机,对每台机器进行单独操作将会非常繁琐。Docker Swarm 可以将多台机器组成集群,统一管理所有机器的资源,包括CPU、MEM、IO 等。

(4)应用编排。应用通常由多个容器构成,容器之间还存在着依赖关系,采用 Docker Compose 工具,将应用包含的所有容器信息写到一个 docker-compose.yml 中,这样不仅可以一键启停应用,还可以管理应用各节点的依赖关系。

2. 具体流程

(1)编写 Dockerfile。开发人员除了编写代码,还要编写一份 Dockerfile 文件,Dockerfile 利用 FROM、COPY、RUN 等指令说明了本应用的镜像制作步骤。

(2)持续集成。Jenkins 等工具在检测到代码或 tag 变化后,执行集成任务,生成传统的WAR 包或 SO,这一步和传统一样。

(3)镜像制作。生成交付物后,再加上 Dockerfile,调用 docker build 指令制作出新的镜像。制作镜像时,需要设置镜像的版本号。

(4)镜像发布。利用 docker push 指令将新镜像上传到镜像中心。

(5)镜像使用:① 单个容器(开发、测试人员可以用 docker pull 或 docker run 指令来使用镜像,docker 会自动下载镜像并启动容器);② 应用编排(先编写 docker-compose.yml 文件,设置每个容器的镜像、导出端口、依赖关系等,然后利用 docker-compose 工具一键拉取镜像并启动所有容器)。另外测试、交付需要建立不同的镜像中心,镜像先发布到测试环境的镜像中心,测试通过后,再发布到正式交付的镜像中心。

Docker 正成为当今 PAAS 平台的基础。利用 Docker,我们可以轻松管理多台机器,实现应用的持续集成、交付和编排,建立 PAAS 化的开发测试环境,提高测试、运维效率,降低成本。

12.3 典型的数据服务发现过程

12.3.1 服务发现的基本概念

在计算架构与计算虚拟化背后,需要有服务发现过程,将相关过程进行有效组织。那么什么是服务发现? 服务发现组件记录了(大规模)分布式系统中所有服务的信息,人们或者其他服务可以据此找到这些服务。DNS 就是一个简单的例子。当然,复杂系统的服务发现组件要提供更多的功能，例如，服务元数据存储、健康监控、多种查询和实时更新等。不同的使用情境，服务发现的含义也不同。例如，网络设备发现、零配置网络（rendezvous）发现和 SOA 发现等。无论是哪一种使用情境，服务发现提供了一种协调机制，方便服务的发布和查找。

服务发现是支撑大规模 SOA 的核心服务，它必须是高可用的，提供注册、目录和查找三大关键特性，仅仅提供服务目录是不够的。服务元数据存储是服务发现的关键，因为复杂的服务提供了多种服务接口和端口，部署环境也比较复杂。一旦服务发现组件存储了大量元数据，它就必须提供强大的查询功能，包括服务健康和其他状态的查询。

服务发现的主要好处是"零配置"：不用使用硬编码的网络地址，只需服务的名字（有时甚至连名字都不用）就能使用服务。在现代的体系架构中，单个服务实例的启动和销毁很常见，所以应该做到，无需了解整个架构的部署拓扑，就能找到这个实例。服务发现可以让一个应用或者组件发现其运行环境以及其他应用或组件的信息。用户配置一个服务发现工具就可以将实际容器和运行配置分离开。常见配置信息包括：ip、端口号、名称等。当一项服务存在于多个主机节点上时，client 端如何决策获取相应正确的 IP 和 port。在传统情况下，当出现服务存在于多个主机节点上时，都会使用静态配置的方法来实现服务信息的注册。而当在一个复杂的系统里，需要较强的可扩展性时，服务被频繁替换时，为避免服务中断，动态的服务注册和发现就很重要。

12.3.2 etcd 的主要作用及工作模式

1. 需要 Etcd 的原因

所有的分布式系统，都面临的一个问题是多个节点之间的数据共享问题，这个和团队协作的道理是一样的，成员可以分头干活，但总是需要共享一些必需的信息，比如谁是 leader，都有哪些成员，依赖任务之间的顺序协调等。所以分布式系统要么自己实现一个可靠的共享存储来同步信息（比如 Elasticsearch），要么依赖一个可靠的共享存储服务，而 Etcd 就是这样一个服务。

2. Etcd 提供的能力

Etcd 主要提供以下能力，已经熟悉 Etcd 的读者可以略过本段。

（1）提供存储以及获取数据的接口，它通过协议保证 Etcd 集群中的多个节点数据的强一致性。用于存储元信息以及共享配置。

（2）提供监听机制，客户端可以监听某个 key 或者某些 key 的变更（v2 和 v3 的机制不同，参看后面文章）。用于监听和推送变更。

（3）提供 key 的过期以及续约机制，客户端通过定时刷新来实现续约（v2 和 v3 的实现机制也不一样）。用于集群监控以及服务注册发现。

（4）提供原子的 CAS(Compare-and-Swap)和 CAD(Compare-and-Delete)支持（v2 通过接口参数实现，v3 通过批量事务实现）。用于分布式锁以及 leader 选举。

etcd 是一个高可用的键值存储系统，主要用于共享配置和服务发现。etcd 是由 CoreOS 开发并维护的，灵感来自 ZooKeeper 和 Doozer，它使用 Go 语言编写，并通过 Raft 一致性算法处理日志复制以保证强一致性。Raft 是一个来自 Stanford 的新的一致性算法，适用于分布式系统的日志复制,Raft 通过选举的方式来实现一致性,在 Raft 中,任何一个节点都可能成为 Leader。Google 的容器集群管理系统 Kubernetes、开源 PaaS 平台 Cloud Foundry 和 CoreOS 的 Fleet 都广泛使用了 etcd。

在分布式系统中,如何管理节点间的状态一直是一个难题,etcd 像是专门为集群环境的服务发现和注册而设计,它提供了数据 TTL 失效、数据改变监视、多值、目录监听、分布式锁原子操作等功能,可以方便地跟踪并管理集群节点的状态。

3. etcd 的特性

(1) 简单:curl 可访问的用户的 API(HTTP+JSON)。

(2) 安全:可选的 SSL 客户端证书认证。

(3) 快速:单实例每秒 1 000 次写操作。

(4) 可靠:使用 Raft 保证一致性。

etcd 是 CoreOS 的核心组件,负责节点间的服务发现和配置共享,运行在 CoreOS 中的应用可以通过 etcd 读取或者写入数据。虽然 etcd 是为 CoreOS 而设计,但其可以运行在多个平台上,包括 OS X、Linux、BSD。

4. 架构(图 12.8)

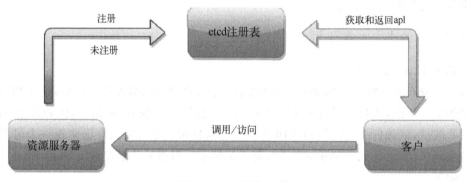

图 12.8 etcd 的过程

12.3.3 注册及服务发现

(1) etcd 注册表作为服务中心,提供注册与服务发现。

(2) 资源服务在准备完毕之后将服务实例注册到服务中心。

(3) 客户端到服务注册中心根据服务名称获取资源服务的地址。

(4) 客户端获取资源服务的地址后,调用资源服务。

(5) 资源服务器在关闭时需要将服务实例在服务中心进行注销操作。

12.4　构建无线环境的容器

利用 Docker 镜像可以确实简化编译环境的配置,现在 docker 的用处还是挺多的,例如

TensorFlow 也可以在 Docker 上玩。

Android 源码编译环境的搭建始终是比较繁琐的,网上也有数不清的文章介绍如何编译 android 源代码,但是它们要么方法复杂、步骤太多,要么自称解决了一些编译问题,但是需要修改头文件,系统配置等,让人对其可信度产生怀疑。

下面提供一个较为简单、稳定的方案,以期来解决 Android 源码的下载编译问题。

首先,下载问题可以通过镜像解决;清华镜像和科大镜像都是非常不错的选择,正常情况下一到两个小时即可下载完一个 Android 源码分支。

然后就是编译环境问题。由于 Android 源码庞大,依赖复杂;一旦使用的编译工具链有细微的不同就可能引发编译失败。官方文档推荐使用 Ubuntu 14.04 进行编译。如果我们用 Windows 或者 Mac 系统,传统方式是使用虚拟机;但是现在,我们完全可以使用 Docker 替代,借助 Docker,我们可以不用担心编译环境问题。不论我们的开发机是什么系统,都可以使用 Docker 创建 Ubuntu Image,并且直接在这个 Ubuntu 系统环境中创建编译所需要的工具链(JDK,ubuntu 系统的依赖库等等);而且,Docker 运行的 Ubuntu 的系统开销比虚拟机低得多,这样下载以及编译速度就有了质的提升。更重要的是,这个环境可以作为一个 Image 打包发布,这样,你在不同的开发机,还有你与你的同事之间有了同一套编译环境,这会省去很多不必要的麻烦。

12.4.1 使用步骤

1. 安装 Docker

Docker 的下载地址见 Docker 下载;下载完毕安装即可。

2. 准备工作

如果你不是 Mac 系统,可以直接略过这一步。

Mac 的文件系统默认不区分大小写,这不满足 Android 源码编译系统的要求(编译的时候直接 Error);因此需要单独创建一个大小写敏感的磁盘映像。步骤如下。

(1) 打开 Mac 的系统软件：磁盘工具。

(2) CMD＋N,创建新的磁盘映像,参数设置如图 12.9 所示。

其中磁盘大小设置为 50～100 G 合适,格式一定要选择带区分大小写标志的。

3. 开始下载编译

真正的下载编译过程相当简单,脚本会自动完成,步骤如下。

(1) 设置 Android 源码下载存放的目录;如果是 Mac 系统,这一步必须设置为一个大小写敏感的目录;不然后面编译的时候会失败。设置过程如下：

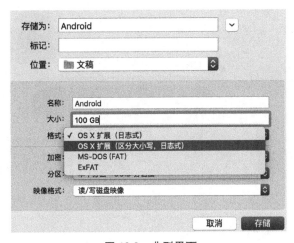

图 12.9 典型界面

```
    export AOSP_VOL=/Volume/Android/
```

（2）下载 wrapper 脚本；如果需要下载其他系统版本，直接修改下载完毕后的 build-nougat.sh 文件的 android-4.4.4_r2.0.1 改成你需要的分支即可，分支的信息见分支列表。

```
    curl -O https://raw.githubusercontent.com/kylemanna/docker-
    aosp/master/tests/build-nougat.sh
```

（3）运行脚本，开始自动下载安装过程；Windows 系统可以使用 Bash for Windows 或者 cygwin。

```
    bash ./build-nougat.sh
```

第13章　实践环节A：初步构建
移动互联网应用

在本节中，将通过开发一个简易的高仿版本微信朋友圈，完成对移动互联网应用的实践环节。

13.1　移动互联网编程的简要介绍

中国移动互联网的商用开始于 2000 年中国移动推出的"移动梦网计划"。在移动、联通、电信三大运营商主导下，互联网服务供应商（ISP，Internet Service Provider）和互联网内容服务商（ICP，Internet Content Provider）联手为中国的第一批移动互联网用户带来了彩铃、新闻、小说、音乐等服务。

2007 年，苹果推出了 iPhone，Google 推出了安卓手机操作系统，正式拉开了智能手机时代的大幕。人们纷纷在手机上体验搜索、QQ、视频、游戏等内容。移动互联网开始逐渐占据了用户的碎片时间。

2009 年，随着第三代移动通信技术（3G，3rd-Generation）的推广，移动互联网进入了飞速发展期。截至 2016 年年底，全球约 34 亿互联网用户共计保有智能手机约 28 亿台；2016 年全年，全球智能手机出货量约为 13.6 亿台，其中约 82％为安卓手机，约 17％为苹果手机，其他手机约占 1％；2016 年中国约 7 亿移动互联网用户平均每日在线时长接近 25 亿小时。

微信、支付宝、滴滴快车、共享单车，一个又一个移动端应用正在改变每一个中国移动互联网用户的生活。我们出门可以不带钱包，但是不能不带手机。

相信同学们一定非常好奇，这些几乎每一台智能手机必定会安装的移动端应用是如何开发出来的。我们就在本次的实践环节中，和同学们一起开发一个简易高仿版的微信朋友圈。

13.2　移动端产品设计与开发

13.2.1　移动端产品设计

1. 产品需求

在正式开发一款移动端应用之前，首先需要确定产品需求。通常我们要问自己以下三个问题：
- 原因：我们为什么要开发这个产品？
- 目标：这个产品帮助用户解决了什么核心需求？
- 方案：这个产品包含哪些细分的需求点？

现在我们将要开发一个简易高仿版的微信朋友圈，这个产品需要实现以下基本需求：
- 可以发送一条纯文字的状态；
- 可以点赞任意一条状态；
- 可以文字评论任意一条状态；
- 可以文字评论任意一条评论；
- 可以查看自己全部好友发送的所有状态及评论。

2. 产品草图

产品草图的主要目标是大致确定整个产品的用户交互界面（UI，User Interface）和基本功能点，如图 13.1。

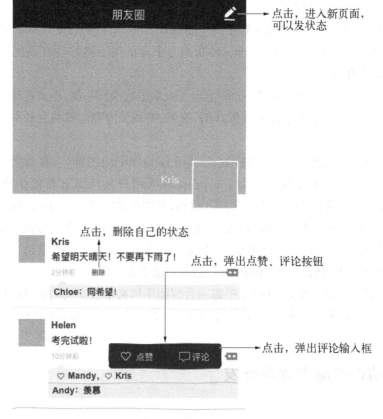

图 13.1　产 品 草 图

图 13.1 就是一张半手绘的产品草图示例。产品草图并不要求美观，只求用最简洁的方式直观表现出整个产品界面的结构与功能。

3. 产品效果图

产品效果图是在产品草图的基础之上，重点考虑整个产品界面的美观、配色、尺寸，使用专业的绘图软件制作而成。开发人员将根据产品效果图开发产品的用户交互界面。

图 13.2 是一张产品效果图示例，和真实版的微信非常接近，并简单标注了界面上每个组件的位置、大小、颜色、字号等信息。

图 13.2　产品效果图

13.2.2　移动端开发环境配置

1. 选择集成开发环境(IDE，Integrated Development Environment)

互联网上可以下载到很多通用 IDE 用于编写代码，同学们根据"最熟悉就是最好"的原则，选择一款自己最为熟悉的 IDE 作为本次实践环节的编码环境；也可以尝试使用以下两款免费但是功能非常强大的 IDE：

- Visual Studio Code，下载地址：https://code.visualstudio.com。
- Sublime Text 3，下载地址：http://www.sublimetext.com/3。

2. 选择合适的操作系统

Linux 和 MacOS 是本次实践环节推荐使用的操作系统。使用 Windows 操作系统的同学,可以在电脑里安装一个 Linux 虚拟机。在众多 Linux 公开发行版中,同学们选择一款自己最为熟悉的作为开发环境。对于 Linux 初学者,推荐使用 Ubuntu 14 桌面版。

3. 配置基础开发环境

安装 Node.js。在官方网站(https://nodejs.org/)上根据操作系统选择对应的安装文件下载安装;

(1) 在命令行中执行:

```
node -v
npm -v

# 如果没有报错，说明Node.js安装成功
```

(2) 继续在命令行中执行:

```
# 使用淘宝维护的cnpm国内镜像代替原版npm，避免由于npm服务器在国外导致的下载速度缓慢
npm install -g cnpm --registry=https://registry.npm.taobao.org

# 使用cnpm命令安装yarn
cnpm install yarn@latest -g

# 将yarn默认镜像源替换为淘宝维护的国内源
yarn config set registry https://registry.npm.taobao.org

# 安装typescript编译器
yarn global add typescript

# 安装React Native的快速构建工具包
yarn global add create-react-native-app
```

4. 新建 React Native 工程

(1) 选择一个文件夹作为项目目录,在命令行中切换至该目录下并执行:

```
# 创建一个React Native的空工程
create-react-native-app WechatMoment

# 切换到工程目录下
cd WechatMoment

# 新建一个文件夹存放源代码
mkdir src

# 通过命令生成typescript配置文件
tsc --init --pretty --sourceMap --target es2015 --outDir ./lib --module commonjs
--jsx react
```

（2）在工程目录下打开 tsconfig.json 文件，并添加上源代码路径：

```
{
        "compilerOptions": {
         ...
         // 自动生成的各种配置
         ...
        },

        // 新添加一行，注意别忘了在右大括号后面添加一个逗号
        "include": ["./src/"]
}
```

5. 配置手机端

React Native 支持同一套代码，分别运行在 Android 和 iOS 手机操作系统之上。同学们可以根据自己的实际情况在 Android 手机真机、Android 虚拟机、苹果手机真机、iOS 模拟器之中任选一个作为本次实践环节的手机端运行环境。

苹果手机真机可以在 APP Store 中搜索"Expo Client"，获取并安装。

其他三种手机端环境可以按照如下步骤安装 Expo Client：

（1）访问 Expo 官网（https://expo.io），根据自己的电脑操作系统选择对应的 XDE 版本，下载并安装；

（2）打开 Android/iOS 手机模拟器，或将 Android 真机连接电脑并打开调试模式；

（3）使用 XDE 安装对应的 Expo Client 版本。

6. Hello World!

（1）在命令行中切换至工程根目录（WechatMoment）并执行：

```
# 安装@types/react
yarn add @types/react

# 安装@types/react-native
yarn add @types/react-native

# 安装其他node包
yarn
```

（2）修改 App.js 文件：

```
// App.js

import React from 'react';
import {StyleSheet, View} from 'react-native';

import HelloWorld from './lib/hello_world';
```

```
export default class App extends React.Component {
    render() {
        return (
            <View style={styles.container}>
                <HelloWorld/>
            </View>
        );
    }
}

const styles = StyleSheet.create({
    container: {
        flex: 1,
        backgroundColor: '#fff',
        alignItems: 'center',
        justifyContent: 'center',
    },
});
```

（3）在 src 文件夹下新建文件 hello_world.tsx，并添加如下内容：

```
// src/hello_world.tsx

import * as React from 'react';
import {Text} from 'react-native';

export default class HelloWorld extends React.Component<any, any> {

    render() {
        return (
            <Text>hello world!</Text>
        )
    }
}
```

（4）在命令行中切换至工程根目录（WechatMoment）并执行：

```
# 将typescript文件编译成javascript文件
# 并监视typescript文件的变化，发生变化后会自动重新编译
# 请保持这个命令行不要中断或关闭
tsc --watch
```

（5）重新打开一个命令行，切换至工程根目录（WechatMoment）并执行：

```
yarn start
```

执行后，命令行中将会出现一个二维码和一个以"exp://"开头的 URL，使用手机端上

的 Expo Client 扫描二维码或输入 exp 地址，可以在手机端上显示出"Hello World!"。

保持以上两个命令行正常运行，修改 src 文件夹下 hello_world.tsx 文件第 8 行，可以将"Hello World!"替换成任意字符串，并保存。此时可以在手机上实时看到显示文字的变化。

恭喜！同学们已经正确配置好了 React Native 的开发环境，可以正式开始开发本次实践环节移动端的内容了。

7. 移动端开发

我们以这张朋友圈首页产品效果图为参考(图 13.3)，一步一步开始本次实践活动的开发工作。

8. 朋友圈首页标题栏

标题栏是产品效果图中标注序号 1 的部分，底色黑色，"朋友圈"三个字白色并居中。App 打开后进入一个比较简陋的首页以代替微信中的"发现"页面。首页上有一个按钮，点击按钮会跳转到"朋友圈"页面。我们使用 react-navigation 模块（https://github.com/react-community/react-navigation)作为基础库实现标题栏的功能。

图 13.3　参考产品效果图的实践

（1）在项目中引入 react-navigation 模块：

```
# 在项目根目录的命令行中执行：
yarn add react-navigation
yarn add @types/react-navigation

# 等待安装完成
```

（2）修改 App.js，设置程序入口文件：

```
// App.js
// 将程序入口文件设置为lib/main.js，而lib/main.js文件是由src/main.tsx编译生成
// 因此，我们将在src/main.tsx文件中写下朋友圈的入口代码
// 删除文件中原有的全部代码，并添加如下代码

import Main from './lib/main'

export default App = Main
```

（3）新建 src/main.tsx 文件，编写程序入口代码：

```
// src/main.tsx

import * as React from 'react';
import { Button } from 'react-native';

import { StackNavigator, NavigationComponentProps } from 'react-navigation';

import Moments from './moments';

class Home extends React.Component<NavigationComponentProps<any>, any> {

static navigationOptions = {
    title: '发现',
};

render() {
    const { navigate } = this.props.navigation;
    return (
        <Button
            title="打开朋友圈"
            onPress={() =>
                navigate('Moments')
            }
        />
    );
    }
}

const Main = StackNavigator({
Home: { screen: Home },
Moments: { screen: Moments },
}, {
    navigationOptions: {
        headerTitleStyle: {
            color: '#FFFFFF'
        },
        headerStyle: {
            backgroundColor: '#000000'
        }
    }
});

export = Main;
```

（4）新建 src/moments.tsx 文件，编写朋友圈首页代码：

```
// src/moments.tsx

import * as React from 'react';

import { StackNavigator, NavigationComponentProps } from 'react-navigation';
```

```
    export default class Moments extends
React.Component<NavigationComponentProps<any>, any> {

    static navigationOptions = {
        title: '朋友圈',
    };

    render() {
        return null;
    }
    }
```

（5）运行程序：

```bash
# 在项目根目录的命令行中执行：
yarn start
```

使用手机 expo client 扫描二维码,打开程序,可以看到如图 13.4 所示的页面。

点击"打开朋友圈",跳转到"朋友圈"页面,如图 13.5 所示。

图 13.4　打开程序页面　　　　图 13.5　朋友圈页面

细心的同学们一定发现了,与产品效果图相比,显示手机信号、电量的标题栏也变成了黑色,原本应该显示出来的信息不见了。这个小小的 bug 就作为思考题留给同学们解决(提示：可以去 react-navigation 官方网站搜索资料）。

9. 剩余需求点提示

现在已经可以正确地编写代码展现出黑底白字的标题栏。请同学们按照提示独立完成剩余的需求点开发。

（1）右上角发送状态的图标（朋友圈首页产品效果图标注 2）。图标可以在搜索引擎上或一些专业的图标网站上寻找。具体功能可以通过 react-navigation 模块完成。

（2）朋友圈相册封面（朋友圈首页产品效果图标注 3），可以使用 Image 控件实现。

（3）自己的头像（朋友圈首页产品效果图标注 4），可以使用 Image 控件实现。

（4）自己的昵称（朋友圈首页产品效果图标注 5），可以使用 Text 控件实现。

（5）文字状态头像（朋友圈首页产品效果图标注 6），可以使用 Image 控件实现。

（6）文字状态发送者的昵称（朋友圈首页产品效果图标注 7），可以使用 Text 控件实现。

（7）文字状态（朋友圈首页产品效果图标注 8），可以使用 Text 控件实现。

（8）文字状态的发送时间（朋友圈首页产品效果图标注 9），可以使用 Text 控件实现。

（9）点赞（朋友圈首页产品效果图标注 10），可以使用 Button 控件实现。

（10）评论（朋友圈首页产品效果图标注 11），可以使用 Button 控件实现。

（11）下拉刷新（朋友圈首页产品效果图标注 12），可以使用 Image 控件实现。

（12）文字状态容器，可以使用 ListView 控件实现。

（13）从服务端获取文字状态列表。可以使用 fetch 模块，通过 http 协议访问服务器获取数据；可以使用 react-redux 模块（https://github.com/reactjs/react-redux）展示从服务器获取的数据。

完成上述需求点之后，移动端的开发工作大约进行了 50%。同学们可以拿出自己绘制的产品效果图，与已经完成的功能进行对比，思考一下还需要再完成哪些功能才可以让朋友圈正常运转。相信同学们一定可以通过自己的努力，在搜索引擎的帮助下完成剩余 50% 的移动端开发工作。

13.3 服务端产品开发与配置

13.3.1 配置基础开发环境

1. 基础开发环境

（1）安装 RVM。访问官方网站（https://www.rvm.io），根据教程在命令行中执行：

```
gpg --keyserver hkp://keys.gnupg.net --recv-keys
409B6B1796C275462A1703113804BB82D39DC0E3 7D2BAF1CF37B13E2069D6956105BD0E739499BDB
\curl -sSL https://get.rvm.io | bash -s stable
```

等待安装结束，关闭命令行，并在新的命令行中执行：

```
ruby -v
gem -v

# 如果没有报错，说明安装成功
```

（2）安装 Ruby 最新版本。在命令行中执行：

```
rvm install ruby-head
rvm use ruby-head --default
```

等待安装结束，在命令行中执行：

```
ruby -v
gem -v

# 如果没有报错，说明安装成功
```

（3）将 gem 的更新地址设置为国内镜像。在命令行中执行：

```
gem sources --add https://gems.ruby-china.org/ --remove https://rubygems.org/
```

（4）安装 Ruby on Rails。在命令行中执行：

```
gem install rails
```

等待安装结束，在命令行中执行：

```
rails -v

# 如果没有报错，说明安装成功
```

（5）安装 MongoDB。在不同的操作系统下，MongoDB 的安装过程有细微差别，推荐同学们访问官方网站的安装页面（https：//docs. mongodb. com/manual/installation/＃tutorial-installation），根据自己的操作系统，选择对应的安装教程。安装结束后，在命令行中执行：

```
mongod --version

# 如果没有报错，说明安装成功
```

2. 新建 Ruby on Rails 工程

（1）选择一个文件夹作为项目目录，在命令行中切换至该目录下并执行：

```
# 请注意命令中最后一个字符是大写的字母o，而不是数字0
rails new WechatMomentsServer --api -O

# 等待命令运行结束
```

（2）进入 WechatMomentsServer 工程文件夹，修改 Gemfile 文件，将项目的 gem 更新地址设置为国内镜像：

```
# source 'https://rubygems.org' 注释掉这一行
source 'https://gems.ruby-china.org/' # 新添加这一行

...剩余内容保持不变
```

（3）在 Gemfile 文件末尾添加 MongoDB 相关的 gem 并保存：

```
# ...以上内容保持不变

gem 'mongoid', '~> 6.0.0'
gem 'rb-readline'
```

（4）保存文件，在 WechatMomentsServer 工程根目录的命令行中执行：

```
bundle

# 等待命令运行结束
```

（5）配置 mongoid。在工程根目录的命令行中执行：

```
rails g mongoid:config

# 命令会在config文件夹下创建mongoid.yml文件
```

（6）在工程根目录的命令行中执行：

```
rails s
```

保持命令行的运行，在浏览器中访问 127.0.0.1：3000，可以看见 Ruby on Rails 的欢迎页面。

13.3.2　数据库设计与代码实现

1. MongoDB 数据库表关系

在数据库设计的过程中，表与表之间的关系是非常重要的。合理、高效的表关系，可以极大地提升数据库运行效率。

在 MongoDB 中有五种比较重要的表关系，分别是：

2. embeds_one

严格来说 embeds_one 并不能算作表与表之间的关系，而是两个对象之间的关系，这两个对象最终会出现在一张表里。

A embeds_one B，表示 A 是 B 的父对象，并且 A 内部仅包含一个 B。与之对应，B 与 A 的关系为：B embedded_in A。

（1）示例代码：

```
class Band
  include Mongoid::Document
  embeds_one :label
end

class Label
  include Mongoid::Document
  field :name, type: String
  embedded_in :band
end
```

（2）实际的数据库存储结构：

```
{
  "_id" : ObjectId("4d3ed089fb60ab534684b7e9"),
  "label" : {
    "_id" : ObjectId("4d3ed089fb60ab534684b7e0"),
    "name" : "Mute",
  }
}
```

3. embeds_many

同 embeds_one 类似，embeds_many 是两个对象之间的关系，这两个对象最终会出现在一张表里。

A embeds_many B，表明 A 是 B 的父对象，并且 A 内部包含多个 B。与之对应，B 与 A 的关系为：B embedded_in A。

（1）示例代码：

```
class Band
  include Mongoid::Document
  embeds_many :albums
end

class Album
  include Mongoid::Document
  field :name, type: String
  embedded_in :band
end
```

（2）实际的数据库存储结构：

```
{
  "_id" : ObjectId("4d3ed089fb60ab534684b7e9"),
  "albums" : [
    {
      "_id" : ObjectId("4d3ed089fb60ab534684b7e0"),
      "name" : "Violator",
    },
    {
      "_id" : ObjectId("4d3ed089fb60ab534684b7e1"),
      "name" : "Apple",
    }
  ]
}
```

4. has_one

A has_one B，表明 A 是 B 的父对象，逻辑上 B 是在 A 的内部，但是在数据库实际存储时，A 和 B 分属两张不同的表，B 的内部仅仅保留 A 的 id。与之对应，B 与 A 的关系为：B belongs_to A。

（1）示例代码：

```
class Band
  include Mongoid::Document
  has_one :studio
end

class Studio
  include Mongoid::Document
  belongs_to :band
end
```

（2）实际的数据库存储结构：

```
# The parent band document.
{ "_id" : ObjectId("4d3ed089fb60ab534684b7e9") }

# The child studio document.
{
  "_id" : ObjectId("4d3ed089fb60ab534684b7f1"),
  "band_id" : ObjectId("4d3ed089fb60ab534684b7e9")
}
```

5. has_many

A has_many B，与 A has_one B 的关系类似，逻辑上 A 是 B 的父对象，并且 A 内部包含多个 B。与之对应，B 与 A 的关系为：B belongs_to A。

（1）示例代码：

```
# The parent band document.
{ "_id" : ObjectId("4d3ed089fb60ab534684b7e9") }

# The child studio document.
{
  "_id" : ObjectId("4d3ed089fb60ab534684b7f1"),
  "band_id" : ObjectId("4d3ed089fb60ab534684b7e9")
}
{
  "_id" : ObjectId("4d3ed089fb60ab534684b7f2"),
  "band_id" : ObjectId("4d3ed089fb60ab534684b7e9")
}
```

（2）实际的数据库存储结构：

```
# The parent band document.
{ "_id" : ObjectId("4d3ed089fb60ab534684b7e9") }

# The child studio document.
{
  "_id" : ObjectId("4d3ed089fb60ab534684b7f1"),
  "band_id" : ObjectId("4d3ed089fb60ab534684b7e9")
}
{
  "_id" : ObjectId("4d3ed089fb60ab534684b7f2"),
  "band_id" : ObjectId("4d3ed089fb60ab534684b7e9")
}
```

6. has_and_belongs_to_many

A has_and_belongs_to_many B 与 B has_and_belongs_to_many A 表明 A 和 B 之间是多对多的关系，分别存储在两张表内。

（1）示例代码：

```
class Band
  include Mongoid::Document
  has_and_belongs_to_many :tags
end

class Tag
  include Mongoid::Document
  has_and_belongs_to_many :bands
end
```

（2）实际的数据库存储结构为：

```
# The band document.
{
  "_id" : ObjectId("4d3ed089fb60ab534684b7e9"),
  "tag_ids" : [ ObjectId("4d3ed089fb60ab534684b7f2") ]
}

# The tag document.
{
  "_id" : ObjectId("4d3ed089fb60ab534684b7f2"),
  "band_ids" : [ ObjectId("4d3ed089fb60ab534684b7e9") ]
}
```

7. 朋友圈数据库结构设计

（1）朋友圈的数据关系。首先简单列举一下朋友圈的"关系"：① 任意一个用户可能有多个好友；② 一个用户可以发送多条文字状态；③ 一条文字状态可以有多个点赞；④ 一条文字状态可以有多个回复。回复包含发送者和接收者。

同学们思考一下，如何用前文介绍的数据库关系来描述朋友圈的"关系"呢？

（2）PlantUML。我们在数据库设计的过程中，经常使用 UML 来辅助绘制关系图。这里给同学们推荐其中一款比较常见的工具——PlantUML（http：//plantuml.com），很多成熟的 IDE 都有这个工具对应的插件。

朋友圈数据关系 UML 示例：

```
@startuml

database "MongoDB" {

    skinparam component {

        BorderColor black
        BackgroundColor White
        ArrowColor black

    }
```

```
    package "朋友圈用户(User)" as user {

        [昵称: String]
        [好友(friends: User)] as friends
        [文字状态(states: State)] as text_states

        friends -> other :has_and_belongs_to_many
        text_states -> state :has_many
    }

    package "文字状态(State)" as state {

        [内容(content: String)] as state_content
        [点赞(likes: User)] as likes
        [评论(comments: Comment)] as user_comments

        likes -> other :has_many
        user_comments -> comment :has_many
    }

    package "评论(Comment)" as comment {

        [内容(content: String)] as comment_content
        [来自(from: User)] as from_user
        [评论对象(to: User)] as to_user

        from_user ..> other :reference
        to_user ..> other :reference
    }

    package "另一个朋友圈用户(User)" as other {

        [好友(friends: User)]
        [文字状态(states: State)]
    }
}

@enduml
```

图形化结果如图 13.6 所示。

8. 参考代码

```
# app/models/user.rb
class User

  include Mongoid::Document

  field :nickname

  has_and_belongs_to_many :friends, class_name: 'User'
```

```
    has_many :states
end

# app/models/state.rb
class State

  include Mongoid::Document
  include Mongoid::Timestamps

  field :content

  has_and_belongs_to_many :likes, class_name: 'User', inverse_of: nil
  has_many :comments

  belongs_to :user
end

# app/models/comment.rb
class Comment

  include Mongoid::Document

  field :content
  field :from, type: ObjectId
  field :to, type: ObjectId

  belongs_to :state
end
```

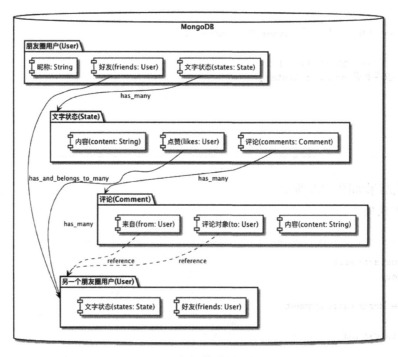

图 13.6 数据关系图形化

13.3.3 服务端开发

1. 查询指定用户的朋友圈信息

(1) 写一个任务模拟生成一条朋友圈状态：

```
# lib/tasks/database.rake

namespace :database do

    task seeds: :environment do

      x = User.new(nickname: '小x')
      y = User.new(nickname: '小y')
      z = User.new(nickname: '小z')

      x.friends << y
      x.friends << z

      state = State.new(content: '期末考试终于结束了！')
      y.states << state

      state.likes << x
      state.likes << y
      state.likes << z

      comment_a = Comment.new(content: '考得怎么样？', from: z._id)
      state.comments << comment_a

      comment_b = Comment.new(content: '感觉奖学金稳了', from: y._id, to: z._id)
      state.comments << comment_b

      comment_a.save
      comment_b.save

      state.save

      x.save
      y.save
      z.save
    end
  end
```

(2) 执行任务，将模拟的数据写入数据库：

```
# 在工程根目录下执行

rake database:seeds
```

（3）编写代码，查询数据库，获得指定用户的朋友圈信息：

```ruby
# app/models/user.rb

class User
    ...
    # 原代码保持不变
    ...

    def moments
      result = []
      friends.map do |friend|
        result.concat(friend.states.map do |state|
          {
          created_at: state.created_at,
          content: state.content,
          likes: state.likes.map(&:nickname),
          user: state.user.nickname,
          comments: state.comments.map do |comment|
          {
            content: comment.content,
            from:  User.where(_id: comment.from).first&.nickname,
            to: User.where(_id: comment.to).first&.nickname
          }
          end
          }
        end)
      end
      result
    end
end
```

（4）新建控制器，返回数据库查询结果：

```ruby
# app/controllers/user_controller.rb

class UserController < ApplicationController

    def moments
      user_id = params[:id] || ''
      render json: User.find(user_id)&.moments || []
    end
end
```

（5）控制器绑定路由：

```ruby
# config/routes.rb

Rails.application.routes.draw do

    # For details on the DSL available within this file, see
http://guides.rubyonrails.org/routing.html

    get '/user/:id/moments', to: 'user#moments'
end
```

（6）查询用户 ID：

```
# 在项目根目录下执行
rails c

# 再执行
User.all.map do |x| x end

# 得到输出
# => [#<User _id: 597081ff7a9663445986281d, nickname: "小y", friend_ids: nil>, #
<User _id: 597081ff7a96634459862820, nickname: "小x", friend_ids:
[BSON::ObjectId('597081ff9663445986281d'),
BSON::ObjectId('597081ff7a9663445986281e')]>, #<User _id: 597081ff7a9663445986281e,
nickname: "小z", friend_ids: nil>]

# 可以得到"小x"用户的id是"597081ff7a96634459862820"
```

（7）运行服务器：

```bash
# 在工程的根目录下执行

rails s
```

（8）浏览器访问 http://localhost：3000/user/⟨替换成小 x 的用户 ID⟩/moments，可以得到：

```
[
  {
    "created_at": "2017-07-20T10:12:15.517Z",
    "content": "期末考试终于结束了！",
    "likes": [
      "小y",
      "小z",
      "小x"
    ],
    "user": "小y",
    "comments": [
      {
        "content": "考得怎么样？",
        "from": "小z",
        "to": null
      },
      {
        "content": "感觉奖学金稳了",
        "from": "小y",
        "to": "小z"
      }
    ]
  }
]
```

2. 移动端与服务端进行数据对接

移动端通过 GET 访问"/user/：id/moments"接口，可以得到指定用户的朋友圈信息。根据接口返回的 json 数据，将该用户的朋友圈信息展示到移动端，就实现了朋友圈的基本展示功能。

完成一个高仿的朋友圈，还需要实现点赞、评论、回复等接口，请同学们独立思考完成。

13.4 社交数据分析

1. 六度分隔（Six Degrees of Separation）假说

1967 年，美国哈佛大学教授斯坦利·米尔格兰姆（Stanley Milgram）进行了一个非常著名的实验。他在美国堪萨斯州和内布拉斯加州招募了 300 名志愿者，请他们每人寄出一封信函给一位居住在波士顿的股票经纪人。因为这些志愿者均不认识这位收信人，米尔格兰姆教授要求志愿者们将信函寄给他们认为最有可能与收信人有联系的亲友，同时要求这些亲友也将信函转发给他们认为最有可能联系到收信人的亲友，并在转发信件的同时寄送一封信函给米尔格兰姆教授以便追踪信件发送的全过程。

最终，有 60 多封信件被成功寄送给收信人，而这些信件经过的中间人数目平均为 5 人，也就是任意两个陌生人之间的平均距离不超过 6 个人。1967 年 5 月，米尔格兰姆教授在《今日心理学》上发表了实验结果，提出了六度分隔假说。

2. 脸书（Facebook）的四点五度分隔假说

脸书在 2016 年 2 月 4 日公布了一组该公司的社交数据。其中提到，在 15.9 亿活跃的脸书用户中，任意两个陌生人之间平均相隔 3.57 人，这意味着在脸书用户中，人与人之间的平均距离为 4.57 人，这便是脸书的四点五度分割假说。

下面我们通过一个简单的程序来一起验证一下脸书的数据，并以此为例介绍一下简单的社交数据分析过程。

3. 脸书数据简介

（1）下载公开数据。访问斯坦福大学网站（https：//snap.stanford.edu/data）下载一份删除了用户敏感信息的脸书公开数据（facebook.tar.gz），并解压。

（2）我们关注以".edges"结尾的文件，比如"0.edges"表示 0 号用户的所有好友列表。

（3）以文本文件的形式打开 0.edges 文件，文件包含若干行，每一行有两个数字，之间以一个空格分开。例如第一行为"236 186"，表示 236 号和 186 号用户均为 0 号用户的好友，同时 236 号和 186 号用户也是好友关系。

4. 可视化脸书好友数据

（1）采用 python3 来展示 0 号用户的好友关系：

```
# coding:utf-8

import os
```

```python
import networkx as nx
import matplotlib.pyplot as plt


def read_edges_file(file):

    file_name = os.path.basename(file)
    node = file_name.split('.')[0]

    friends = []
    with open(file) as f:
        lines = f.readlines()
        for index, line in enumerate(lines):
            friends.append(line.strip('\n').split(' '))

    return node, friends


def add_friends_edges(graph, file):
    node, friends = read_edges_file(file)
    for index, friend in enumerate(friends):
        graph.add_edge(friend[0], node)
        graph.add_edge(friend[1], node)
        graph.add_edge(friend[0], friend[1])
    return

if __name__ == '__main__':
    graph = nx.Graph()

    file_path = r'{替换成脸书数据文件夹地址}/0.edges'
    add_friends_edges(graph, file_path)

    d = nx.degree(graph)
    nx.draw(graph, nodelist=d.keys(), node_size=[v * 5 for v in d.values()])

    plt.show()
```

（2）运行代码可以得到：

图 13.7 中每一个圆表示一个用户，圆越大表示好友越多。

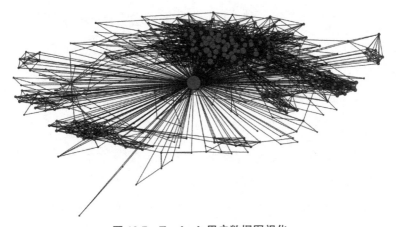

图 13.7　Facebook 用户数据图视化

5. 思考题

前文的代码仅读取了 0 号用户的好友关系。同学们可以尝试修改代码，读取并可视化数据集中所有用户的好友信息，同时计算任意两个用户之间的"平均距离"。

本次实践环节以高仿版微信朋友圈开发为切入点，向同学们介绍了移动端开发、服务端开发的基本流程；并以脸书数据为例，向同学们介绍了简单的社交数据分析方法。希望读者可以在本次实践环节代码的基础上，开发出一个完整的高仿版微信朋友圈，并可以通过代码验证脸书提出的四点五度分割理论。

第 14 章 实践环节 B：物联网 应用实践进阶

在本章中，通过对物联网应用为读者带来实践进阶操练，在通信环节基础上，进一步介绍如何操作数据库、可视化、移动计算等内容。

14.1 移动端的数据库实践

在本章中，将通过移动端数据库的介绍，使得读者能够进一步在移动端对数据进行全面的管理。而海量移动端的采集与处理，也是后续物联网数据的基础技术。

14.1.1 安卓（Android）手机端的 SQLite 数据库

Android 系统集成了一个轻量级的数据库：SQLite，SQLite 并不想成为像 Oracle、MySQL 那样的专业数据库。SQLite 只是一个嵌入式的数据库引擎，专门适用于资源有限的设备上（如手机、PDA 等）适量数据存取。

虽然 SQLite 支持绝大部分 SQL92 语法，也允许开发者使用 SQL 语句操作数据库中的数据，但 SQLite 并不像 Orade、mysql 数据库那样需要安装、启动服务器进程，SQLite 数据库只是一个文件。

从本质上来看，SQLite 的操作方式只是一种更为便捷的文件操作。后面我们会看到，当应用程序创建或打开一个 SQLite 数据库时，其实只是打开一个文件准备读写，因此有人说 SQLite 有点像 Microsoft 的 Access（实际上 SQLite 功能要强大得多）。

1. SQLiteDatabase 简介

Android 提供了 SQLiteDatabase 代表一个数据库（底层就是一个数据库文件），一旦应用程序获得了代表指定数据库的 SQLiteDatabase 对象，接下来就可通过 SQLiteDatabase 对象来管理、操作数据库了。

2. SQLite 的特点

（1）轻量级。SQLite 和 C/S 模式的数据库软件不同，它是进程内的数据库引擎，因此不存在数据库的客户端和服务器。使用 SQLite 一般只需要带上它的一个动态库，就可以享受它的全部功能。而且那个动态库的尺寸也挺小，以版本 3.6.11 为例，Windows 下 487 KB、linux 下 347 KB。

（2）不需要"安装"。SQLite 的核心引擎本身不依赖第三方的软件，使用它也不需要"安装"。有点类似那种绿色软件。

（3）单一文件。数据库中所有的信息（比如表、视图等）都包含在一个文件内。这个文件可以自由复制到其他目录或其他机器上。

（4）跨平台/可移植性。除了主流操作系统 windows，linux 之后，SQLite 还支持其他一些不常用的操作系统。

（5）弱类型的字段。同一列中的数据可以是不同类型。

（6）开源。

3. SQLite 数据类型

一般数据采用的固定的静态数据类型，而 SQLite 采用的是动态数据类型，会根据存入值自动判断。SQLite 具有的常用的数据类型：

NULL：这个值为空值

VARCHAR(n)：长度不固定且其最大长度为 n 的字串，n 不能超过 4 000。

CHAR(n)：长度固定为 n 的字串，n 不能超过 254。

INTEGER：值被标识为整数，依据值的大小可以依次被存储为 1,2,3,4,5,6,7,8。

REAL：所有值都是浮动的数值，被存储为 8 字节的 IEEE 浮动标记序号。

TEXT：值为文本字符串，使用数据库编码存储（TUTF－8，UTF－16BE or UTF－16－LE）。

BLOB：值是 BLOB 数据块，以输入的数据格式进行存储。如何输入就如何存储，不改变格式。

DATA：包含了 年份、月份、日期。

TIME：包含了 小时、分钟、秒。

4. 创建数据库以及升级

SQLiteOpenHelper 是 SQLiteDatabase 一个辅助类。这个类主要生成一个数据库，并对数据库的版本进行管理。当在程序当中调用这个类的方法 getWritableDatabase() 或者 getReadableDatabase() 方法的时候，如果当时没有数据，那么 Android 系统就会自动生成一个数据库。SQLiteOpenHelper 是一个抽象类，我们通常需要继承它，并且实现里面的 3 个函数：

（1）onCreate(SQLiteDatabase)。在数据库第一次生成的时候会调用这个方法，也就是说，只有在创建数据库的时候才会调用，当然也有一些其他的情况，一般我们在这个方法里边生成数据库表。

（2）onUpgrade(SQLiteDatabase,int,int)。当数据库需要升级的时候，android 系统会主动调用这个方法。一般我们在这个方法里边删除数据表，并建立新的数据表，当然是否还需要做其他的操作，完全取决于应用的需求。

（3）onOpen(SQLiteDatabase)。这是当打开数据库时的回调函数，一般在程序中不是很常使用。

5. 增删改查的实现

（1）SQLiteDatabase 的介绍。SQLiteDatabase 代表一个数据库对象，提供了操作数据库的一些方法。在 Android 的 SDK 目录下有 sqlite3 工具，我们可以利用它创建数据库、创建表和执行一些 SQL 语句。下面是 SQLiteDatabase 的常用方法。

（2）SQLiteDatabase 的常用方法：

● execSQL（Stringsql，Object[] bindArgs）：执行带占位符的 SQL 语句；

● execSQL（String sql）：执行 SQL 语句；

● insert（Stringtable，String nullColumnHack，ContentValues values）：向执行表中插入数据；

● update（Stringtable，ContentValues values，String whereClause，String [ ] whereArgs）：更新指定表中的特定数据；

● delete（Stringtable，String whereClause，String[] whareArgs）：删除指定表中的特定数据；

● Cursorquery（String table，String[] columns，String selection，String[] selectionArgs，String groupBy，String having，String orderBy）：对执行数据表执行查询；

● Cursorquery（String table，String [ ] columns，String selection，String [ ] selectionArgs，String groupBy，String having，String orderBy，String limit）：对执行数据表执行查询。Limit 参数控制最多查询几条记录（用于控制分页的参数）；

● Cursorquery（boolean distinct，String table，String[] columns，String selection，String[] selectionArgs，String groupBy，String having，String orderBy，String limit）：对指定表执行查询语句。其中第一个参数控制是否去除重复值；

● rawQuery（Stringsql，String[] selectionArgs）：执行带占位符的 SQL 查询。

（3）使用 SQL 语句操作 SQLite 数据库。SQLiteDatabase 的 execSQL 方法可执行任意 SQL 语句，包括带占位符的 SQL 语句。但由于该方法没有返回值，一般用于执行 DDL 语句或 DML 语句；如果需要执行查询语句，则可调用 SQLiteDatabase 的 rawQuery（String sql，String[] selectionArgs）方法。

（4）使用 Android 数据库操作的操作数据库。Android 的 SQLiteDatabase 提供了 insert、upate、delete 或 query 语句来操作数据库。

使用 insert 方法插入记录。SQLiteDatabase 的 insert 方法的签名为 longinsert（String table，String nullColumnHack，ContentValuesvalues），这个插入方法的参数说明如下：

table：代表想插入数据的表名；

nullColumnHack：代表强行插入 null 值的数据列的列名；

values：代表一行记录的数据。

insert 方法插入的一行记录使用 ComentValues 存放，ContentValues 类似于 Map，它提供了 put＜Stringkey，Xxxvalue＞其中 key 为数据列的列名，该方法用于存入数据、getAsXxx（String key）方法用于取出数据。

使用 update 方法更新记录。SQLiteDatabase 的 update 方法的签名为 update（String table，ContentValues values，String whereClause，String[]whereArs），这个更新方法的参数说明如下：

table：代表想更新数据的表名；

values：代表想更新的数据；

whereClause：满足该 whereClause 子句的记录将会被更新；

whereArgs：用于为 whereClause 子句传入参数；

该方法返回受此 update 语句影响的记录的条数。

使用 delete 方法删除记录。SQLiteDatabase 的 delete 方法的签名为 delete（String table，StringwhereClause，String[]whereArgs），这个删除的参数说明如下。

table：代表想删除数据的表名。

whereClause：满足该 whereClause 子句的记录将会被删除。

whereArgs：用于为 whereClause 子句传入参数。

该方法返回受此 delete 语句影响的记录的条数。

使用 query 方法查询记录。SQLiteDatabase 的 query 方法的签名为 Cursorquery（boolean distinct，String table，String[]。

columns，String selection，Stringl]selecrionArgs，String groupBy，String having.String orderBy，String limit）。这个 query 方法的参数说明如下：

distinct：指定是否去除重复记录；

table：执行查询数据的表名；

columns：要查询出来的列名，相当于 select 语句 select 关键字后面的部分 s；

selection：查询条件子句，相当于 select 语句 where 关键字后面的部分，在条件子句中允许使用占位符；

selectionArgs：用于为 selection 子句中占位符传入参数值，值在数组中的位置与占位符在语句中的位置必须一致，否则就会有异常；

groupBy：用于控制分组·相当于 select 语句 group by 关键字后面的部分；

having：用于对分组进行过滤。相当于 select 语句 having 关键字后面的部分；

orderBy：用于对记录进行排序。相当于 select 语句 order by 关键字后面的部分（如：personid desc，age asc）；

limit：用于进行分页，相当于 select 语句 limit 关键字后面的部分。

14.1.2 IOS 端的 CoreData

1. 简介

CoreData 出现在 iOS 3 中，是苹果推出的一个数据存储框架。CoreData 提供了一种对象关系映射（ORM）的存储关系，类似于 Java 的 hibernate 框架。CoreData 可以将 OC 对象存储到数据库中，也可以将数据库中的数据转化为 OC 对象，在这个过程中不需要手动编写任何 SQL 语句，而由系统帮我们完成。

CoreData 最大的优势就是使用过程中不需要编写任何 SQL 语句，CoreData 封装了数据库的操作过程，以及数据库中数据和 OC 对象的转换过程。所以在使用 CoreData 的过程中，很多操作就像是对数据库进行操作一样，也有过滤条件、排序等操作。

这就相当于 CoreData 完成了 Model 层的大量工作，例如 Model 层的表示和持久化，有效减少了开发的工作量，使 Model 层的设计更加面向对象。

2. CoreData 主要的几个类

（1）NSManagedObjectContext：托管对象上下文，进行数据操作时大多都是和这个类打交道。

（2）NSManagedObjectModel：托管对象模型，一个托管对象模型关联一个模型文件（.xcdatamodeld），存储着数据库的数据结构。

（3）NSPersistentStoreCoordinator：持久化存储协调器，负责协调存储区和上下文之间的关系。

（4）NSManagedObject：托管对象类，所有 CoreData 中的托管对象都必须继承自当前类，根据实体创建托管对象类文件。

3. CoreData 简单创建流程

（1）模型文件操作：

● 创建模型文件，后缀名为.xcdatamodeld。创建模型文件之后，可以在其内部进行添加实体等操作（用于表示数据库文件的数据结构）；

● 添加实体（表示数据库文件中的表结构），添加实体后需要通过实体，来创建托管对象类文件；

● 添加属性并设置类型，可以在属性的右侧面板中设置默认值等选项。（每种数据类型设置选项是不同的）；

● 创建获取请求模板、设置配置模板等；

● 根据指定实体，创建托管对象类文件（基于 NSManagedObject 的类文件）。

（2）实例化上下文对象：

● 创建托管对象上下文（NSManagedObjectContext）；

● 创建托管对象模型（NSManagedObjectModel）；

● 根据托管对象模型，创建持久化存储协调器（NSPersistentStoreCoordinator）；

● 关联并创建本地数据库文件，并返回持久化存储对象（NSPersistentStore）；

● 将持久化存储协调器赋值给托管对象上下文，完成基本创建。

4. 持久化存储调度器

在 CoreData 的整体结构中，主要分为两部分。一个是 NSManagedObjectContext 管理的模型部分，管理着所有 CoreData 的托管对象。一个是 SQLite 实现的本地持久化部分，负责和 SQL 数据库进行数据交互，主要由 NSPersistentStore 类操作。这就构成了 CoreData 的大体结构。

从图 14.1 中可以看出，CoreData 结构中的两部分都是比较独立的，两部分的交互由一个持久化存储调度器（NSPersistentStoreCoordinator）来控制。上层 NSManagedObjectContext 存储的数据都是交给持久化调度器，由调度器调用具体的持久化存储对象（NSPersistentStore）来操作对应的数据库文件，NSPersistentStore 负责存储的实现细节。这样就很好地将两部分实现了分离。

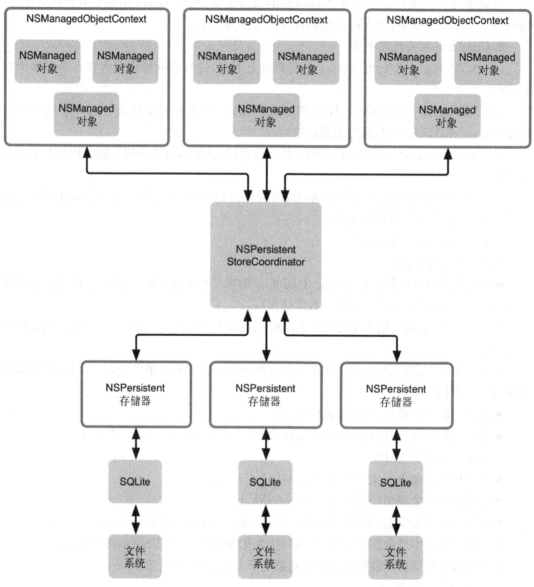

图 14.1 核心数据结构

5. CoreData 与 SQLite 进行对比

(1) SQLite：

● 基于 C 接口，需要使用 SQL 语句，代码繁琐；

● 在处理大量数据时，表关系更直观；

● 在 OC 中不是可视化，不易理解。

(2) CoreData：

● 可视化，且具有 undo/redo 能力；

● 可以实现多种文件格式：

* NSSQLiteStoreType
* NSBinaryStoreType
* NSInMemoryStoreType
* NSXMLStoreTyp

● 苹果官方 API 支持，与 iOS 结合更紧密。

14.2　数据可视化呈现方法与 HTML5 技术

HTML5 指的是万维网的核心语言、标准通用标记语言下的一个应用超文本标记语言（HTML）的第五次重大修改。

14.2.1　HTML5 主要的新特性

1. 语义特性（Class：Semantic）

HTML5 赋予网页更好的意义和结构，更加丰富的标签将随着对 RDFa 的微数据与微格式等方面的支持，构建对程序、对用户都更有价值的数据驱动的 Web。

2. 本地存储特性（Class：OFFLINE & STORAGE）

基于 HTML5 开发的网页 APP 拥有更短的启动时间，更快的联网速度，因为可以将一些常用、不常更新的内容存储在本地。

3. 设备兼容特性（Class：DEVICE ACCESS）

HTML5 提供了前所未有的数据与应用接入开放接口。使外部应用可以直接与浏览器内部的数据直接相连，例如视频影音可直接与 microphones 及摄像头相连。

4. 连接特性（Class：CONNECTIVITY）

HTML5 拥有更有效的服务器推送技术，Server – SentEvent 和 WebSockets 就是其中的两个特性，这两个特性能够帮助实现服务器将数据"推送"到客户端的功能。更有效的连接工作效率，可以实现基于页面的实时聊天，更快速的网页游戏体验，更优化的在线交流。

5. 网页多媒体特性（Class：MULTIMEDIA）

支持网页端的 Audio、Video 等多媒体功能，与网站自带的 APPS，摄像头，影音功能相得益彰。

6. 三维、图形及特效特性（Class：3D，Graphics & Effects）

基于 SVG、Canvas、WebGL 及 CSS3 的 3D 功能，视觉效果将大大增强，在线 3D 网游就是最典型的例子。

7. 性能与集成特性（Class：Performance & Integration）

HTML5 会通过 XMLHttpRequest2 等技术，帮助 Web 应用和网站在多样化的环境中更快速的工作。最直观的就是加载会更快。

8. CSS3 特性（Class：CSS3）

如果把网页比喻成舞台，文字图片视频这些比喻成演员，那么 CSS3 就是化妆师和舞美，它控制着网页所有元素的视觉和动作效果。相对于旧的 CSS 版本，HTML5 所支持的 CSS3 中提供了更多的风格和更显著的效果，也提供了更高的灵活性和控制性。

14.2.2　HTML5 案例：淘宝造物节邀请函的前端设计

1. 创意和目的

让消费者明白"淘宝造物节"不是一个类似双 11 的打折促销节，而是一个真正落地的一个聚集年轻人的线下 PRevent。

图 14.2　"淘宝造物节"邀请函设计图

2. 效果

重力感应＋360 度＋全景＋动画技术，画面颜色酷炫多彩搭配 360 度全景技术，节奏感强烈的音乐使人情绪激动。通过滑动页面或转动手机可以看到分别以红、蓝、紫三色为主色的场景。可以通过点击看到大量的造物节细节信息，用户可以发送邀请函邀请好友参与造物。可以说是一个内容丰富，形式多彩的 H5。

3. 主要技术点

css3 3D 与陀螺仪 API 的应用。

CSS3 Transform：

transform-origin：元素变形的原点；

perspective：指定了观察者与 z＝0 平面的距离，使具有三维位置变换的元素产生透视效果；

transform-style：用于指定其为子元素提供 2D 还是 3D 的场景，该属性是非继承的；

transform：该属性能让你修改 CSS 可视化模型的坐标空间，其中包括平移，旋转，缩放和扭曲。

4. 示意图

H5 空间原理示意图（见图 14.3）。

在后台，所有的元素都被等距离大小切割成了长条图，并将它们围成一个圆形，这样在体验上就创造了在体验上就创造了一个空间，利用一些算法和简单技术就可以创造比较丰富的视觉效果。

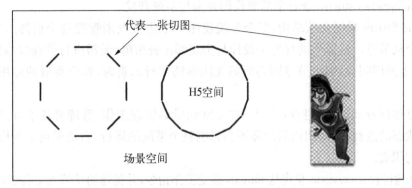

图 14.3　H5 空间原理示意图

一般情况下,想要在 H5 上实现现实 3D 展示,需要借助 webGL 这种编辑方式,想要绕过这个技术壁垒的话,常规有以下三种方式,视频,div＋css,canvas。canvas 可以处理数量更大的素材,并且不耗费请求数量,通常认为相比于 div＋css,canvas 是更好的解决办法。但是,在这个 H5 页面中,开发者选择了 div＋css 来实现 3D 展示。

可能的原因有以下两个：① 就该案例而言,案例使用的图片格式是 base64,不是常规的PNG 或者 JPG,这种格式是代码级的数字图片,有着更小的体积,而且图片数量并不大,所以本身对于性能的损耗就不高,而且对于一些低端机来说,css 的门槛更低,这样的展示方式使得受众更广更利于案例的传播；② 作品的技术团队对于 CSS3 的位置变化使用的频率很高,内部已经形成了成套的解决方案。

14.3　数据移动物联网的编程过程

14.3.1　基本背景

伴随着第三代移动通信技术(3G,3rd－Generation)的推广和普及,一部小小的智能手机将人们 24 小时地连接在互联网之上,人类社会由 PC 互联网时代进入了移动互联网时代。既然人可以 24 小时连接互联网,那么物也可以。将万物接入互联网,这便是物联网(Internet of things,IoT)。

过去十年,物联网技术飞速发展,大量设备接入了互联网,这些设备产生了海量的数据。如何有效整合数据,在其中挖掘出更多的价值,便成了很多物联网从业人员必须要解决的问题。

本次实践从一个实际案例入手,和同学们一起动手搭建一个基本的流式大数据处理平台并完成模拟实验。

14.3.2　Apache Storm

1. 结构

Apache Storm 是一个开源的分布式实时计算系统,可以在 Github 上（https://

github.com/apache/storm)查看全部源代码并参与系统开发。

Apache Storm 采用主从结构,整个系统使用一个主节点来管理整个集群的运行,集群中包含多个从节点。这样做的好处是设计与实现都比较简单,无需进行管理数据同步、仲裁等操作;缺点同样明显,当主节点因为故障无法继续履行职责时,整个集群的可用性将无法得到保障。

主节点运行着 nimbus 进程,负责一些非常轻量的管理工作,管理着各子节点。nimbus 是一个无状态的进程,短时间内的故障不会影响整个系统的运行,自动重启后可以继续正常履行自己的职责。

从节点运行着 supervisor,负责从 nimbus 接受工作指令,并传递给从节点上真正负责工作的 worker 进程,同时负责监控 worker 的状态,当 worker 的工作状态出现异常时重启 worker。

nimbus 和 supervisor 之间的通信由 zookeeper 来保障。整个系统的实际工作者是无数个 worker,而 nimbus 和 supervisor 只是负责管理和监控。

2. 流程

- 用户使用 Apache Storm 提供的 API 编写代码;
- 将代码编译、打包生成 jar 文件;
- 使用 Apache Storm 的客户端将 jar 文件提交给 nimbus;
- nimbus 将 jar 文件分发给足够多的 supervisor;
- 当计算开始后,nimbus 会将任务(task)分发给收到 jar 文件的 supervisor;
- supervisor 根据 nimbus 的指示为这些任务生成对应的 worker;
- worker 实际执行计算任务。

3. 基本概念

用户提交给 Apache Storm 的基本作业称作 topology(拓扑),一个 jar 文件中可以包含多个 topology。一个 topology 包含了若干数据源节点(spout)和若干计算节点(bolt),节点之间的连接称为数据流(stream),数据流中流动的每一条记录称作元组(tuple),这些节点共同构成了一个有向无环图。

每一个 spout 都会发送若干 tuple 给到下游的 bolt,一个 bolt 处理完数据后可以将 tuple 发送到下一个 bolt,也可以将 tuple 写到外部存储(如数据库或文件)中,或触发一些外部操作(如报警)。

通常 spout 是一个主动的角色,负责从外部(如队列、数据库)中读取数据,封装成 tuple,通过 stream 将数据发送给 bolt。bolt 是一个被动的角色,负责接收上游发送来的 tuple,并按照一定的规则处理 tuple,并将处理后的 tuple 发送给指定对象(可以是下一个 bolt,也可以是外部存储)。

14.3.3 配置开发环境

1. 安装 docker

访问 docker 的官方网站(https://www.docker.com),根据自己的操作系统选择合适的安装步骤。

```bash
# 安装完成后，在命令行中执行

docker -v

# 可以输出当前的docker版本
# Docker version 17.06.0-ce, build 02c1d87
```

2. 下载 Apache Storm 镜像
如果因为网络原因下载失败，请多尝试几次。

```
docker pull storm
```

3. 下载 zookeeper 镜像

```
docker pull zookeeper
```

4. 新建文件夹
新建一个项目文件夹，文件夹内新建文件 docker-compose.yml。

```yaml
version: '2'
services:
    zookeeper:
        image: zookeeper
        container_name: zookeeper
        restart: always

    nimbus:
        image: storm
        container_name: nimbus
        command: storm nimbus
        depends_on:
            - zookeeper
        links:
            - zookeeper
        restart: always
        ports:
            - 6627:6627

    supervisor:
        image: storm
        container_name: supervisor
        command: storm supervisor
        depends_on:
```

```
        - nimbus
        - zookeeper
    links:
        - nimbus
        - zookeeper
    restart: always
```

5. 在项目根目录下执行

```
docker-compose up

# 一个小型的Apache Storm节点就已经运行起来了
```

14.3.4 运行 Apache Storm 官方例子

1. 安装 git

访问 git 的官方网站(https://git-scm.com/downloads),根据自己的操作系统选择合适的安装步骤。

2. 安装 maven

访问 maven 的官方网站(http://maven.apache.org),根据自己的操作系统选择合适的安装步骤。

3. 下载 Apache Storm 源代码

```
# 在项目根目录下执行

git clone https://github.com/apache/storm
```

4. 编译并打包官方例子

```
# 在项目根目录执行，进入官方例子的目录
cd storm/examples/storm-starter

mvn clean install

# 在target目录下生成两个jar文件，文件大小比较大的那个便是包含所有官方例子编译结果的jar文件
```

5. 运行任意一个官方例子

```
docker run -it -v $(pwd)/target/{替换成jar文件名}:/topology.jar storm storm jar
/topology.jar org.apache.storm.starter.ExclamationTopology -c nimubus.host={替换成本机
ip地址} -c nimubus.thrift.port=6627
```

14.3.5 实际案例

一家工厂为了保障厂区安全生产,在整条流水线上安装了约 2 000 个传感器实时监控各关键数据。这些传感器以 100 ms 为周期采集数据并发送至处理节点。现已知一个元器件的设计工作温度为 90℃,如果工作温度过高就有损毁的危险,而这个元器件单价比较高,如果发生损坏更换流程非常复杂。因此我们需要实时处理对应温度传感器的读数,当任意一秒钟内所有的温度数值均大于 100℃时产生报警。

我们可以实现一个类用作 spout,在其 nextTuple 方法内每隔 100 ms 发送一个 tuple,包含一个温度数值。实现另一个类用作 bolt,在其 execute 方法里处理收到的每一个 tuple,当发现连续 10 个读数均大于 100℃时打印一行报警信息。

请同学们实际动手尝试完成这个实验。

14.3.6 数据可视化操作

数据可视化具体指借助图形化的手段,清晰地展现出数据包含的内在信息。本次实践中我们一起在开源代码的基础上将全球风速数据可视化地展现出来。

1. 搭建 nodejs 环境

这部分请参考实践环节 A 中安装配置 Node.js 和 npm 部分。

2. 下载开源代码并安装对应库文件

```
# 新建一个空的项目文件夹，并在项目根目录下一次执行

git clone https://github.com/cambecc/earth
cd earth
npm install

# 等待下载、安装完成
```

3. 运行程序

```
# 在earth文件夹下执行

node dev-server.js 8080

# 保持命令行不退出
```

4. 可视化展现

浏览器访问 http://localhost：8080,可以看到如图 14.4 的动态页面,可视化地展现出了全球风速信息。

14.3.7 小结

本次实践包含两个部分,第一个是使用 Apache Storm 流式大数据处理平台模拟处理温

图 14.4　可视化全球风速信息

度传感器异常报警的实验,第二个是在开源代码的基础上可视化地呈现全球风速信息的实验。

希望读者可以在本次实践环节代码的基础上完整地完成两个实验,实际体验一下在实际工作中处理物联网数据的基本方法。

第15章 领域拓展：信息金融交叉

随着通信能力不再是社会交互的技术瓶颈，并引发信息维度的海量增加，对其中的分布式数据处理环节就具备了战略要素。在本节中，将向读者介绍分布式环境中的认证过程、行业应用介绍以及数据处理方法。这些算法与方法，尽管起源于有线网络环境，但与无线系统天然的去中心化愿景保持着内涵的一致性，因此也代表了未来无线网络的重要发展一极。编者认为，本节所介绍的很多关键算法与技术趋势，必将形成在移动互联网端的新产业模式。

15.1 分布式认证与区块链技术

区块就是很多交易数据的集合，它被标记上时间戳和之前一个区块的独特标记。有效的区块获得全网络的共识认可以后会被追加到主区块链中。因此，所谓区块链，就是包含标记信息的区块从后向前有序链接起来的数据结构。因此，为了完成一个区块链系统，需要如下三个步骤：

1. 加密过程

在上述的标记过程中，必须用到哈希算法。哈希算法是一个从明文到密文的不可逆的映射，只有加密过程，没有解密过程。具体的哈希算法将任意长度的二进制值映射为较短的固定长度的二进制值，这个小的二进制值称为哈希值，这个哈希值是一段数据唯一且极其紧凑的数值表示形式。如果散列一段明文而且哪怕只更改该段落的一个字母，随后的哈希都将产生不同的值。要找到散列为同一个值的两个不同的输入，在计算上是不可能的，所以数据的哈希值可以检验数据的完整性，因此一般用于快速查找和加密算法。

2. 叠加过程

将加密后的数据，也称为区块，按照时间顺序进行叠加（链）生成的永久、不可逆向修改的记录。这些记录都有唯一的中央控制机构进行打印和保存（因为其他人没有权限），而每笔交易记录都是一条信息链，每一次交易的信息按照时间顺序形成了一个链条。假如每份纪录都被锁在一个独立的存储单元里，只有记录所有人拥有钥匙，那么新的交易记录可以被不断叠加成为信息链的最新一环，但是一旦塞进叠加的信息链里，纪录就不可以再被取出丢弃，或者被修改。叠加的结果相当于非数字化的区块链，即完成信息加密的信息链。每个秘钥持有人仅可以看到或者授权他人看到自己的记录信息，而通过叠加过程，每次给交易添加的信息都属于永久不可逆的过程。

3. 分布式账本(distributed ledger)

在上述叠加过程中,如果每次叠加都没有发生在唯一的中央控制机构,委托其进行打印和保存,而是所有人都有一个分布式的打印和保存机制,则每次交易可以打开自己交易相关的过程。当这样的每次交易过程发生后,所有原先不相关的叠加过程都会添加相关的一次记录,则情况会发生本质的变化:即使在整个系统中确实了部分数据,或者有人偷偷篡改了属于自己的数据,但从系统整个交易记录来看,因为绝大部分的记录数据依旧没有办法被统一修改,所以依旧不会产生偏差:根据多数原则确定统一的交易历史,并纠正存在错误的副本,就可以在即使发生一定偏差的情况下,运行整个信息链系统。

15.1.1 去中心化与两个相关问题

显然,基于分布式账本,任何局部的修改将不再能够对中央控制的全局信息进行攻击,对于处理过程则非常简单:在去中心化的处理过程中,只要买家和卖家交换信息,然后将交易信息在上述分布式账本的系统中进行声明,则这样一个交易过程就变得可行。

1. 理想信道条件下的拜占庭问题

拜占庭将军问题,是由莱斯利·兰伯特提出的在理想信道条件下的点对点通信中的基本问题。

拜占庭帝国幅员辽阔,为了抵御外敌入侵,每个军队都分隔很远,将军与将军之间只能靠通信兵传递消息。现在,拜占庭帝国想要进攻一座强大的城邦,为此,拜占庭帝国派出十位将军带领十支军队想要攻陷城邦以获得城邦内的财富。城邦墙高壁厚,虽然和拜占庭帝国的强大相比微不足道,但是也足以抵御五支拜占庭军队的袭击,也就是说,任何一支军队单独行动都无法取得胜利,至少六支军队同时进攻才能攻下这座城邦。

问题是,这些将军在地理上是分隔开来的,只能依赖通信兵互相通信来协商进攻意向和进攻时间,且将军中存在叛徒。叛徒可以任意行动来阻拦这次进攻:欺骗某些将军采取进攻行动;促成一个不是所有将军都同意的决定,如,当将军们不希望进攻时促成进攻行动;或者迷惑某些将军,使他们无法做出决定。如果叛徒达到了这些目的,则任何攻击行动的结果都是注定要失败的。

所以,拜占庭将军问题就是在讨论,在这种状态下,拜占庭将军们能否找到一种分布式协议来让他们远距离协商,从而赢得这场战斗,见图15.1。

2. 非理想信道条件下的两军问题

如图15.2所示,白军驻扎在山谷中,蓝军则分散驻扎在山谷两侧。白军比蓝军中的任意一支军队都要强大,但是两支蓝军合力进攻就能打败白军。由于两支蓝军分散驻扎,两军之间隔着驻扎着白军的山谷,两位蓝军将军想要取得通信的唯一方法就是派遣通信兵穿过山谷传送信件,问题是,山谷被白军所占据,所以,经此传送的信件很有可能会被白军的守卫军截获。虽然两位蓝军将领商量好了要同时对城市发起进攻,但是他们没有约定特定的攻击时间,为了保证取胜,他们必须同时发起攻击,否则任何单独发起进攻的军队都有可能全军覆没。是否存在一个能使蓝军必胜的通信协议,这就是两军问题。

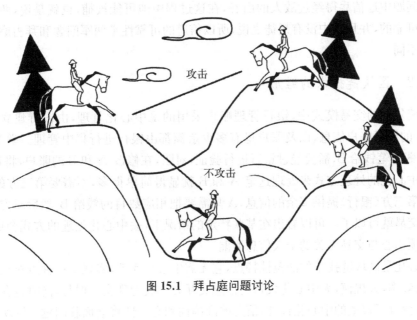

图 15.1　拜占庭问题讨论

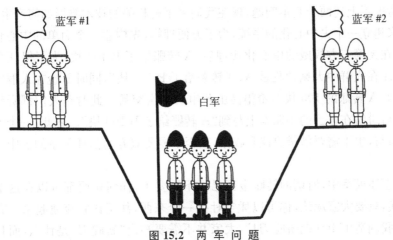

图 15.2　两军问题

　　两军问题在经典情境下已被证明是不可解的。倘若一号蓝军向二号蓝军派出通信兵约定攻击时间，若一号蓝军想要知道二号蓝军是否已经收到自己发出的信息，就必须要求二号蓝军给自己一个回执，类似于"我知道约定时间了"。只是，就算二号蓝军发送了这条回执，也并不能确认一号军收到了这条回执，所以也就不能确定一号军是否一定会在它所说的时间进攻，所以二号军也会要求一号军给它一个回执，"我知道你知道约定时间了"，但是一号军还是并不清楚二号军是否会收到这样一个回执，所以它还是会期待一个二号军的回执……

　　在这样一个系统中，永远需要存在一个回执，对于两方来说，都并不一定能达成十足的确信，由此可见，在经典情形下，两军问题是不可解的。

　　需要注意的是，两军问题和拜占庭将军问题有一定的相似性，但是存在根本性质上的不同。两军问题中通信兵得经过敌人的山谷，在这过程中他可能被捕，也就是说，两军问题中信道是不可靠的，并且其中没有叛徒之说，所以信道的可靠性是两军问题和拜占庭将军问题的根本性不同。

15.1.2　区块链技术的雏形

在传统货币的交易模式中，银行管理账户采用的是中心化管理，由银行建立中心数据库，每个人的银行账户信息，以及账户里有多少余额都由银行进行集中管理。举个例子，如果 A 要转账一笔钱给 B，需要经过银行进行验证，对账，在修改 A 和 B 的账户，将钱划给 B。而采用去中心化的处理方式来处理这笔 A 和 B 就显得简单得多，不需要第三方的参与，也不需要向第三方（银行）提供多余的信息，A 只需要把相应数目的钱给 B，然后双方都声称完成了这笔交易就可以了。可以看出在某些特定的情况下，去中心化处理的方式会更加便捷，同时也无须担心与交易无关的个人信息泄漏。

去中心化是区块链技术的颠覆性特点，它无需中心化代理，实现了一种点对点的直接交互，使得高效率，大规模，无中心化代理的信息交互方式成为现实。但是，同时也存在一个很大的问题，没有了权威的中心化代理，信息的准确性和有效性将会面临问题。区块链技术则非常详细地考虑了上述两个基本问题，现在我们来了解相关的技术雏形如何产生。

我们先来建立一个去中心化的系统，为了方便理解，先构建一个简单的中心化模型。如上面所说的，在无第三方权威的中心化代理后，A 转账给了 B 100 块，为了保证交易的准确性和有效性，A 在人群中大喊，"我是 A，我转账给了 B 100 块"，同时 B 也在人群中大喊，"我是 B，我收到了 A 转账的 100 块"，希望借由此申明这次交易。此时路人们都听到了这两条消息，确认之后纷纷在自己的小账本上写到"A 转账给了 B 100 块"。如此，一个不需要银行作为第三方参与，也不需要借贷协议和收据，甚至不需要双方的信任关系的去中心化系统就建立起来了。

其实，在上述模型中，所谓的转账金额已经不重要了，任何东西都可以在这个去中心化的模型中交换，只要大家承认，你可以凭空杜撰一个东西，甚至让它流通起来。我甚至可以中高喊一声"我创造了 100 把斩魄刀！"，大家并不需要知道"斩魄刀"是什么，而且世界上也肯定没有"斩魄刀"这种东西存在，只要大家听到，承认，然后在自己的账本上记下"某人 XX 有 100 把斩魄刀"，于是我就真有了这 100 把斩魄刀，之后，我便可以将这 100 把斩魄刀用于交易，可以声称我给了谁谁一把斩魄刀，只要大家承认这一交易，并在账本上记下，这样的交易就可以完成了。

在这样的系统中面临一个问题，当"斩魄刀"得到大家认可，并且在系统中流通起来以后，如果有人恶意声明"我有 100 把斩魄刀"，并且大家都在账本上记下这条虚假信息怎么办？要知道，整个系统中流通的应该只有我创造的那 100 把斩魄刀。为了防止这种现象的产生，我会给我创造的那 100 把斩魄刀打上标记，"我创造了 100 把斩魄刀，这是第一句喊话"，之后从任意一笔交易循链向后回溯，都将能到达这第一句如同创世一般的喊话，例如，我给了某人 10 把斩魄刀，我的喊话就应该变成"我给了 XX 10 把斩魄刀，这 10 把斩魄刀的来源是第一句喊话，同时，这句话是第二句喊话。"这样就可以解决伪造的问题了。

其实上述模型就是一个简化的中本聪第一版比特币区块链协议的雏形。

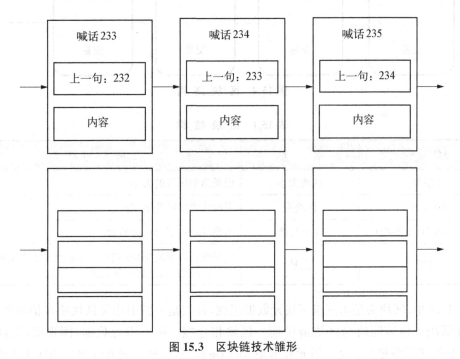

图 15.3　区块链技术雏形

15.1.3　区块链技术的技术细节

区块链是由节点参与的分布式数据库系统，它有不可更改，不可伪造的特点，也可以将其理解为账簿系统，它是比特币的一个重要概念。完整比特币区块链的副本，记录了其代币的每一笔交易，通过这些信息，我们可以找到每一个地址，在历史上任何一点所拥有的价值。区块链是由一串使用密码学方法产生的区块组成的，每一个区块都包含了上一个区块的哈希值。从创世区块开始链接到当前区块，形成区块链。

下面介绍一些区块链使用的主要技术，包括区块数据结构，P2P 网络，哈希算法与加密机制，共识机制，智能合约。

1. 区块数据结构

区块被从后向前有序低链接在区块链里，每个区块都指向前一个区块。区块链经常被视为一个垂直的栈，第一个区块作为栈底的首区块，随后的每个区块都被放置在其他区块之上。用栈来形象化表示区块依次堆叠这一概念，我们便可以使用一些术语，例如："高度"来表示区块和首区块之间的距离，以及"顶部"或"顶端"来表示最新添加的区块。

区块是一个包含在区块链里的聚合了交易信息的容器，它记录一段时间内发生的交易和状态结果，是对当前账本状态的一次共识。它由一个包含元数据的区块头，和紧跟其后的构成区块主体的一长串交易组成。

区块的结构如表 15.1 所示。

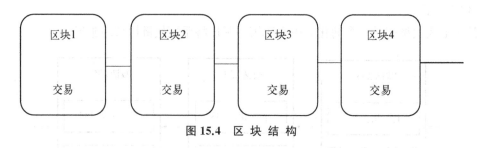

图 15.4　区 块 结 构

表 15.1　区 块 结 构

大　　小	名　　称	描　　述
4 字节	区块大小	记录当前区块的大小
80 字节	区块头	组成区块头的几个字段
1~9 字节(可变整数)	交易计数	当前区块所记录的交易数
可变	交易	记录在区块里的交易信息,一次操作,导致账本状态的一次改变,如添加一条记录

　　表 15.1 中,区块头是由三组区块元数据组成,首先是一组引用父区块哈希值的数据,这组元数据用于将该区块与区块链中前一区块相连接。第一组元数据,即难度,时间戳和 nonce,与挖矿竞争相关。第三组元数据是 Merkle 树根,一种用来有效地总结区块中所有交易的数据结构。

　　区块头结构如表 15.2 所示。

表 15.2　区 块 头 结 构

大　　小	名　　称	描　　述
4 字节	版本号	数据区块的版本号,用于跟踪软件/协议的更新
32 字节	父区块哈希值	引用区块链中父区块的哈希值
32 字节	Merkle 根	该区块中交易的 Merkle 树根的哈希值
4 字节	时间戳	该区块产生的近似时间(精确到秒的 Unix 时间戳)
4 字节	难度目标	该区块工作量证明算法的难度目标,应用于矿工工作量证明
4 字节	Nonce(随机数)	当前区块工作量证明的参数

　　需要注意的是,在比特币区块链的第一个区块,创建于 2009 年,我们称之为创世区块。它是比特币区块链里所有区块的共同祖先,这意味着你从任一区块循链向后回溯,最终都将到达创世区块。每一个节点都"知道"创世区块的哈希值,结构,被创建的时间和里面的一个交易。因此,每个节点都把该区块作为区块链的首区块,从而构建了一个安全可信的区块链的根。

2. P2P 网络

为了避免对中心化服务器的依赖，提供一个更为公平的网络运行环境，区块链的存储是基于一个分布式网络，每个网络节点存储全量的区块链，数据的传输和交互方式遵从 P2P（Peer-to-Peer）协议。

P2P 是指位于同一个网络中的每台计算机都彼此对等，各节点共同提供服务，不存在特殊的节点。在 P2P 网络中不存在任何服务器端，中央化服务，以及层级结构。P2P 网络的网络节点之间交互运作，协同处理：每个节点在对外提供服务的同时也使用网络中其他节点所提供的服务。P2P 网络也因此具有可靠性，去中心化，以及开放性。

3. 哈希算法与加密

由于区块链是一个放在非安全环境中的分布式数据库（系统），区块链需要采用密码学的方法来保证已有数据不可能被篡改。

哈希在区块链中用处广泛，其中之一我们称之为哈希指针。哈希指针是指该变量的值是通过实际数据计算出来的切指向实际的数据所在位置，即，哈希指针既可以表示实际数据内容又可以表示实际数据的存储位置。哈希指针在区块链中主要有两处使用，第一个就是构建区块链数据结构。区块链数据结构由创世区块向后通过区块之间的指针进行连接，这个指针使用的就是哈希指针。每个区块中都存储了前一个区块的哈希指针，这样的数据结构的好处在于后面区块可以查找前面所有区块中的信息且区块的哈希指针的计算包含了前面区块的信息从而一定程度上保证了区块链不易篡改的特性。第二个用处在于构建 Merkle Tree，Merkle Tree 的各个节点使用哈希指针进行构建。

区块链运用了很多优秀的加密算法来保证其系统的可靠性，其中，公钥加密算法是最主要的一种算法。

公钥密码体制分为三部分：公钥，私钥和加密解密算法。加密是指通过加密算法和公钥或私钥对明文进行加密，得到密文，加密过程需要用到公钥；解密是通过解密算法和私钥或公钥对密文进行解密，得到明文，解密过程需要用到解密算法和私钥。

公钥密码体制的公钥和算法都是公开的，私钥是保密的，针对不同的用途，可以选择采用公钥还是私钥进行加密，再用对应的私钥或者公钥进行解密。

加密算法分为对称加密算法和非对称加密算法，在对称加密算法中，加密的密钥和解密的密钥都是相同的；非对称加密算法中，加密使用的密钥和解密使用的密钥是不相同的。比特币的区块链上使用的是非对称加密算法中比较典型的代表"椭圆曲线算法"（ECC）。

4. 共识机制

区块链采用共识算法来达成对于新增数据的共识，也就是说，所有人都要认可新增的区块。对于有中心的系统，中心说什么大家同意就好了，但是放到去中心化的系统中，尤其是当有些节点有恶意的时候，事情变得非常复杂，产生相应的问题就是"拜占庭将军问题"，或称"拜占庭容错"（BFT）。

"拜占庭将军问题"提出之后，有无数的算法被提出来，这些算法统称 BFT（拜占庭容错）算法，但是有一个重要的问题是，所有目前的 BFT 算法，都只能应用在小型网络里，因为 BFT 这个问题是设计给类似于航天飞机控制系统这样的场景的，所以早期的算法也是针对小型网络提出的,就算是新提出的 BFT 算法,也只能应用在最多不超过 100 个节点这样的网络里。这个问题被搁置了很久,直到比特币的诞生。中本聪从某种意义上简化了这个问题,在比特币中,同样是共识问题,中本聪引入了一个重要的假设,奖励。他之所以能这么做的原因是,他考虑的是一个数字货币,也就是说共识这个东西是有价值的。

所以,目前两类共识算法的核心区别在于,BFT 共识模型默认恶意节点可以干任何事,比特币共识模型中有公认的"价值",诚实节点会收到奖励,恶意节点会受到惩罚。根据共识模型的不同,区块链也因此被分成了泾渭分明的两类。BFT 算法没法应用于大量节点,所以用 BFT 算法模型就无法作为公有链,而比特币共识得有个价值体系,所以比特币共识并不适合作为私有链和联盟链。

公有链,以比特币,以太坊和所有虚拟货币为代表,都采用比特币共识,共识算法基本上都采用工作证明机制。私有链和联盟链。以 IBM 的 hyperledger-fabric,以及一大堆其他的类似于 tendermint,甚至 R3 corda 和 ripple 为代表,都用 BFT 共识。

下面是现在区块链三种认证机制的比较,见表 15.3。

表 15.3 三种认证机制比较

	POW	POS	DPOS
简介	比特币的证明机制,通过挖矿来证明。通过与或运算,计算出一个 满足规则的哈希值,即可获得本次账权;发出本轮需要记录的数据,全网其他节点验证后一起存储	根据你持有数字货币的量和时间,分配给你相应的利息	类似于董事会投票,持币者投票决定出一定数量的节点,代理他们进行验证和记账
优点	完全去中心化,节点自由进出	避免了 POW 挖矿需要消耗大量算力资源的缺陷	大幅缩小参与验证和记账节点的数量,可以达到秒级的共识验证
缺点	挖矿造成大量的资源浪费;共识达成的周期较长,不适合商业应用	新获得 POS 的能力受已持有 POS 的绝对限制	整个共识机制还是依赖于代币,很多商业应用是需要代币存在的

（1）工作量证明机制 Proof of work (POW)。

（2）权益证明机制 Proof of stake (POS)。

（3）股份授权证明机制 Delegated Proof-of-stake (DPOS)。

5. 区块链分叉

比特币去中心化的共识机制的最后一步是将区块集合至有最大工作量证明的链中。一旦一个节点验证了一个新的区块,它将尝试将新的区块连接到现存的区块链,将它们组装起来。节点维护三种区块:第一种是连接到主链上的,第二种是从主链上产生分支的备用链,最后一种是在已知链中没有找到已知父区块的。在验证过程中,一旦发现有不符合标准的标准,验证就会失败,这样区块会被节点拒绝,所以也不会加入任何一条链中。任何时候,主链都是累积了最多难度的区块链。在一般情况下,主链也是包含最多区块的那个链,除非有两个等长的链,并且其中一个有更多的工作量证明。

因为区块链是去中心化的数据结构,所以不同副本之间不能总是保持一致。区块有可能在不同时间到达不同节点,导致节点有不同的区块链视角。解决的办法是,每一个节点总是选择并尝试延长代表累积了最大工作量证明的区块链,也就是最长的或最大累积难度的链。只要所有的节点选择最长累计难度的区块链,整个比特币网络最终会收敛到一致的状态。分叉即在不同区块链间发生的临时差异,当更多的区块添加到了某个分叉中,这个问题便会迎刃而解。

最终,只有一个子区块会成为区块链的一部分,同时解决了"区块链分叉"的问题,尽管一个区块可能会有不止一个子区块,但每一个区块只有一个父区块,这是因为一个区块只有一个"父区块哈希值"字段可以指向它的唯一父区块。

在区块链里,最近的几个区块可能会由于区块链分叉所引发的重新计算而被修改,但是,在超过六块之后,区块在区块链中的位置越深,被改变的可能性就越小。在 100 个区块以后,区块链已经足够稳定,几千个区块之后的区块链将变成确定的历史,永远不会改变。

6. 智能合约

根据区块链可编程的特点,人们将合同变成代码的形式放到区块链上,并在约定的条件下自动执行就是智能合约。它的执行不依赖任何组织或个人,只要条件满足就会触发执行,为便于理解,经常被描述为程序中的条件判断语句:

if ... else ...

智能合约的发展主要受以太坊的推动。

15.1.4　区块链实例说明

下面用一个区块实例 Block ♯480481 来具体详细地说明一下区块的结构。

表 15.4　区块结构实例

Block♯480481			
Summary	Number of Transactions	2 444	交易次数,当前区块所记录的交易数
	Output Total	27 706.104 242 93 BTC	总输出量,一天所有交易产生的价值总量(包含返还给发送人的比特币)
	Estimated Transaction Volume	1 835.058 402 75 BTC	预计交易量,一天预计的所有交易产生的价值总量(不包含返还给发送人的比特币)
	Transaction Fees	2.119 730 34 BTC	交易费,区块中所含交易的交易费
	Height	480 481（Main Chain)	高度,区块链上特定块之前的区块数
	Timestamp	2017 - 08 - 14 09:07:13	时间戳,该区块产生的近似时间(精确到秒的 Unix 时间戳)
	Received Time	2017 - 08 - 14 09:07:13	接收时间,当前区块中所记录交易被网络确认的时间

(续表)

	Block#480481		
概要	播报	未知	播报方,当前区块的播报方
	难度	923 233 068 448.91	难度系数,新数据区块产生的难度
	比特	402 731 232	计算目标,压缩存储当期 256 位目标值的 32 位的整数
	大小	998.233 KB	大小,记录当前区块大小
	版本	0x20000002	版本,用于跟踪软件或协议的更新
	随机数	2154162092	随机数,用于工作量证明算法的计数器
	新区块奖励	12.5 BTC	新区块奖励,创建新区块的新币奖励
哈希值	哈希值	000000000000000001308 baedaeaf613dec7bb3791c d3f5ba3810d087444f0e1	哈希值,当前区块的哈希值
	上一区块	000000000000000000e6ec 50dc772e2f3fb8aa832b5b7 68814b849b971b487e6	上一区块,上一区块的哈希值
	下一区块	000000000000000000110 67a55eca7f336d0093bd9f e64fff3bcd7d49e731160	下一区块,下一区块的哈希值
	二进制哈希树根	50f688eba3a154aa99c3c8 65cfd4326ee8a0104feb8e 1732d16e2cfbd0541c1c	二进制哈希树根,该区块中交易的二进制哈希树根的哈希值
	交易		交易详情,记录当前区块保存的所有交易细节

    下面我们来进一步详细地说明一下表 15.4。如图 15.5 所示,区块链是靠区块头中的上一个区块的头来链接的,把区块链链接到一起后,如果恶意节点想要修改一个区块中交易的信

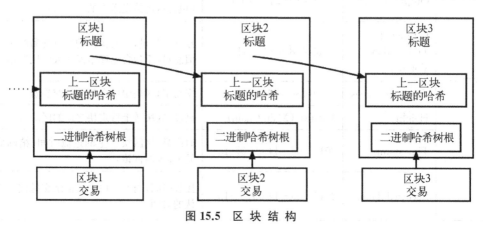

图 15.5 区块结构

息，它必须要修改这个区块以后的所有节点，结果是，修改一个区块的代价随着新节点的形成而增加。而恶意节点若是把这些算力用于产生新的区块，它会获益更多，所以，借此可以减少对网络系统的攻击。

分布式网络采用各种各样共识算法使每个节点对某件事情达成一致性。工作量证明（proof of work，PoW）是比特币网络采用的共识机制。PoW 有两个特点：（1）求解过程复杂，除了暴力尝试没有更好的方法；（2）求解的结果非常容易验证，在 PoW 中，只要验证结果小于目标值即可，即 SHA256D(Block header)<F(Bits)，其中 SHA256D(Block header) 就是挖矿结果，F(Bits) 是难度对应的目标值，两者都是 256 位，当成大整数处理，直接对比大小判断。

PoW 的过程可以简述如下：

（1）构建比特币交易，指定一个收益地址。构建当前区块接收到交易的二进制哈希树，获取二进制哈希树根；

（2）构建区块头，利用版本（version），前一区块哈希值（previous block hash），计算目标（Bits），带上当前时间的时间戳（curtime）等分别填充区块头对应字段，随机生成一个值 nonce，用于工作量证明算法的计数器；

（3）获取当前比特币网络中的目标值；

（4）计算当前区块区块头的哈希值；

（5）若以上计算结果小于目标值，则发现一个有效的区块，并向全网广播生成的区块信息；否则重新从第一步开始执行；

（6）若在生成当前区块的过程中，接收到生成其他节点广播的区块生成信息，验证通过后，加入当前区块链，立即停止当前区块的生成并开始寻找下一个区块。

15.2　区块链的行业应用简介

15.2.1　概述

实际上，区块链的几大信息特性（去中心化、开放性、独立性、安全性、匿名性）给金融领域带来的是全方位的变革。区块链技术能够提高系统的追责性，降低系统的信任风险，对优化金融机构业务流程、提高金融机构的竞争力具有相当重要的意义。

通过使用区块链技术，金融信息和金融价值能够得到更加严格的保护，能够实现更加高效、更低成本的流动，从而实现价值和信息的共享。相比传统互联网化减少中间环节、降低交易成本、扩大金融服务范围、提高金融服务质量等目的，区块链技术可通过程序化记录、存储、传递、核实、分析信息数据，从而形成信用，可以大量省去人力成本、中介成本，信用记录完整、难以造假，同时摧毁某些节点对系统没有影响。

这里主要对金融数据保护做一些简单探讨。

金融数据存在的安全隐患主要是以下三个方面。

(1) 数据以明文方式下载、存储和流转,缺少保护措施;

(2) 数据与当前人员无任何关联,可以任意发送给内部或外部人员,文件的内部分发和外发流向不可控;

(3) 人员对数据的使用情况无迹可寻,无法进行事后审查和追责。

安全对于金融行业来说,至关重要,尤其是在互联网金融盛行的时代,P2P卷钱跑路似乎已经成为司空见惯的现象,这对国内的互联网金融健康发展构成了极大的威胁。而在移动支付领域,经常还会有不法分子利用不同形式的欺诈短信或者软件,然后盗取手机用户的个人信息,对个人资金安全构成了极大的威胁。区块链的出现,则为金融行业的安全性带来了更多的安全保障(见图15.5)。

首先,用户数据以块链结构存储,具有自校验性,篡改之后可以迅速发现。其次数据在多个节点都有相同的备份,即使某个节点上的数据被修改,也可以从其他节点上自动恢复过来,从机制上杜绝了黑客的数据篡改袭击。借助区块链技术,用户能够随时随地查看自己真实的资金池。这一点尤其对于今天的P2P理财适用,可有效防止平台挪用投资用户的资金。中国平安、中银香港都开始借助区块链来打造更安全的金融交易服务。

其次,在移动支付领域,安全一直都是诸多用户存在的隐忧。区块链则可以通过多重签名验证等技术手段,不仅可以打造超级的安全性,同时还可以阻止诈骗行为,如欺诈、重复支付、哄抬物价等。

最后,通过借助智能合约,区块链技术在金融市场交易、防伪、数字身份验证等领域都能大显身手,这也为金融的安全提供了多重保障。

表 15.5 区块链的行业应用

主要应用领域	应 用 前	应 用 后
金融服务	流程复杂;中心化数据存储;第三方担保	简化流程;分布式数据存储,安全性提升;无需第三方,降低成本
供应链	低效、产品作假、低质量风险高	供应链各环节诚信保证高;产品信息可追溯,质量可保证
公证	需要政府、公信力第三方提供背书	数学加密做信用背书,自动完成公证;永久保存资料
投票	计票可能存在伪造;选民身份信息保护环节较弱	过程全网公开;选票可追溯;选民身份保密性好
IP版权	盗版成本低,无法遏制	版权保护成本低,许可条件灵活
分布式存储	中心化的存储在健壮性和效率上都有缺陷	基本没有存储上的限制,网络是不固定的、细粒度的、分布式的网络,可以很好地适应内容分发网络的要求
公益	公益信息不透明不公开,是社会舆论对公益机构、公益行业的最大质疑	利用分布式技术和共识算法重新构造的一种信任机制,用共信力助力公信力

15.2.2　金融服务

区块链技术具有数据不可篡改和可追溯特性，可以用来构建监管部门所需要的、包含众多手段的监管工具箱，以利于实施精准、及时和更多维度的监管。同时，基于区块链技术能实现点对点的价值转移，通过资产数字化和重构金融基础设施架构，可达成大幅度提升金融资产交易后清、结算流程效率和降低成本的目标，并可在很大程度上解决支付所面临的现存问题。

可能的应用场景包括：① 支付；② 资产数字化；③ 智能证券；④ 清算与结算；⑤ 客户识别。

相关案例：OKLink、Bex、Bigone、Chain、Abra、Overstock。

15.2.3　供应链

首先，区块链技术能使得数据在交易各方之间公开透明，从而在整个供应链条上形成一个完整且流畅的信息流，这可确保参与各方及时发现供应链系统运行过程中存在的问题，并针对性地找到解决问题的方法，进而提升供应链管理的整体效率。其次，区块链所具有的数据不可篡改和时间戳的存在性证明的特质能很好地运用于解决供应链体系内各参与主体之间的纠纷，实现轻松举证与追责。最后，数据不可篡改与交易可追溯两大特性相结合可根除供应链内产品流转过程中的假冒伪劣问题。

可能的应用场景包括：① 物流；② 溯源防伪。

相关案例：印链、唯链、Fluent。

15.2.4　公证

传统的公证一般是基于政府机关的信用及公信力。公证成本高、流程复杂。区块链的去中心化特征让数据资料利用数学加密来做信用背书，在没有政府机关的介入下，自动完成公证，且资料永久保留可追踪。

相关案例：公证通。

15.2.5　投票

传统的投票活动中，在计票、匿名性等环节均存在伪造和篡改的可能。基于区块链技术，则可以实时计票不间断，同时保证了投票人的身份保密。

相关案例：Agora Voting、选举链。

15.2.6　IP 版权

区块链不仅可以记录过往和现在发生的交易，如果愿意的话，它还可以用来登记和转移版权注册，无论是数字的还是实体的作品。

区块链可以作为一个去中心化的版权登记平台。在这个平台上，没有地域的限制，版权信息将以数字的形式，展现在世界上的所有人面前，无可争议。一旦在区块链上创建了记录，这些证明就将永远存在。在区块链上，将知识产权的消费与智能合约结合起来，就可以产生更加灵活的自动化许可协议，更好地满足买卖双方的实际需要，达到多方共赢的目的。

相关案例：Bullockchain、Mediachain。

15.2.7 分布式存储

网络的用户贡献出闲置的硬盘空间，这将成为网络节点。随后，这一网络利用大量用户的空闲计算资源形成互联的存储服务，因此存储功能不会集中于某些专门的数据中心。网络无需任何中间人来提供数据。用户可以直接访问网络，而网络也可以直接访问用户的电脑。同一份数据被拆分加密存储于多个节点，如果某些节点离线或数据丢失，区块链网络能重新创建完整数据。数据并不直接存储在区块链上，因为那样会造成区块链的臃肿，链上一般存储数据的 hash 值。

相关案例：IPFS、MaidSafe、SIA。

15.2.8 公益

区块链从本质上来说，是利用分布式技术和共识算法重新构造的一种信任机制，是用共信力助力公信力。区块链上存储的数据，高可靠且不可篡改，天然适合用在社会公益场景。公益流程中的相关信息，如捐赠项目、募集明细、资金流向、受助人反馈等，均可以存放于区块链上，在满足项目参与者隐私保护及其他相关法律法规要求的前提下，有条件地进行公开公示。

为了进一步提升公益透明度，公益组织、支付机构、审计机构等均可加入进来作为区块链系统中的节点，以联盟的形式运转，方便公众和社会监督，让区块链真正成为"信任的机器"，助力社会公益的快速健康发展。

区块链中智能合约技术在社会公益场景也可以发挥作用。在对于一些更加复杂的公益场景，比如定向捐赠、分批捐赠、有条件捐赠等，就非常适合于用智能合约来进行管理。使得公益行为完全遵从与预先设定的条件，更加客观、透明、可信，杜绝过程中的猫腻行为。

相关案例：益链、蚂蚁金服公益区块链。

15.2.9 布洛克链（Bullockchain）

Bullockchain 是国内优秀技术团队为支撑行业应用而打造的区块链，支持创造简单实用的去中心化应用。用区块链技术创新，升华业态的商业价值，丰富业态内的应用场景。未来，基于 Bullockchain 提供的不可篡改的数据，AI、物联网、大数据等技术能力在行业领域的应用将得到飞速发展。

IP 数字化版权交易是 Bullockchain 支持的第一个行业应用，其他如公益、物流、供应链金融等领域的应用也逐渐在 Bullockchain 上开始构建。

15.3 经济领域的信息方法

15.3.1 量化投资与回测

1. 量化投资

所谓量化投资，简单地说就是利用数学、统计学、信息技术的量化投资方法来管理投资组合。量化投资者搜集分析大量的数据后，借助计算机系统强大的信息处理能力，采用先进的数学模型替代人为的主观判断，利用计算机程序在全市场捕捉投资机会并付诸实施，克服了投资者情绪波动的影响，使投资的稳定性大为增加，避免因市场极度狂热或悲观的情况而导致做出非理性的投资决策，以保证在控制风险的前提下实现收益最大化。

2. 量化策略

一般所谓的量化策略是指整个交易过程完全实现为计算机程序，从数据接收、处理到交易执行都是由计算机程序自动完成。为了开发这样的量化策略，预先需要收集一定量的数据，并在其基础上建立一套基于数字的处理决策模型，通常把这一过程叫做量化策略的研究。

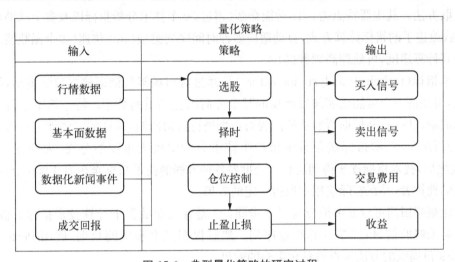

图 15.6 典型量化策略的研究过程

3. 回测的概念和回测结果的评价指标

投资策略的构建是量化投资的核心，但是无论是将一些投资经验加以量化并实现，还是从历史数据中发现投资规律，都需要搭建回测平台来让一个投资策略在过去一段时间里面执行，并最终根据投资策略的执行结果来对一个策略进行评价，找出问题最终再加以改进。回测，就是对交易策略（投资策略）在历史数据上的演算测试。也就是说，当我们对一个策略是否有盈利的可能性的时候，可以先将它在历史数据上"演练"一遍，看看是否能够盈利，以及盈亏的时机和多少，从而对该策略在未来的表现有一个基本的认识。

量化投资策略的主要评价指标有：年化收益率、夏普比率、收益波动率、信息比率、最大回撤以及换手率。计算某些评价指标时，需要用到基准序列作为一个比较的对象，常用的基准序列有上证综合指数、沪深 300 等。

4. 常用回测对应的数学工具

常用建模软件：R，Matlab，Python。

（1）R 语言。R 语言是一种自由软件编程语言与操作环境，主要用于统计分析、绘图、数据挖掘。R 本来是由来自新西兰奥克兰大学的 RossIhaka 和 RobertGentleman 开发（也因此称为 R），现在由"R 开发核心团队"负责开发。R 是基于 S 语言的一个 GNU 计划项目，所以也可以当作 S 语言的一种实现。

R 内置多种统计学及数字分析功能。R 的功能也可以通过安装包(Packages,用户撰写的功能)增强。

R 语言的程序包里有不少和投资组合或策略回测有关的方法。

quantmod(数据和图形)包是 R 平台用于金融建模的扩展包,其主要功能有:从多个数据源获取历史数据、绘制金融数据图表、在金融数据图表中添加技术指标、计算不同时间尺度的收益率、金融时间序列分析、金融模型拟合与计算等,是使用 R 平台做金融大数据处理几乎必用此扩展软件包。

TTR(技术分析)包主要提供各种技术指标的计算函数,以及从美国股市和雅虎财经数据的提取方法。其主要特点为:① 功能众多(超过 50 个技术分析指标以及多个辅助函数);② 灵活(改进了的指标计算方式,自动适应多种时间序列类型);③ 快速(多个函数使用编译模式提高计算速度,可处理高频数据)。

技术指标(technical analysis indicators)是通过对市场某些侧面建立数学模型,给出计算公式,得到的一个可能能够体现市场的某个方面内在实质的数字。将连续不断得到的技术指标值制成图表,并根据所制成的图表对市场进行行情研制,这样的方法就是技术指标法(技术分析法)。技术指标法是金融市场中技术分析中极为重要的分支,大约在 20 世纪 70 年代之后,技术指标逐步得到流行。全世界各种各样的技术指标至少有 1 000 个,它们都有自己的拥护者,并在实际应用中取得一定的效果。

量化策略回测可以简单地分为三个步骤:一是在历史数据下计算技术指标的值;二是构建交易策略的信号;三是计算收益序列。然后根据三个步骤的数据,使用 Performance Analytics 包提供的方法来查看量化策略的效果。

(2) Python。Python,是一种面向对象的解释型计算机程序设计语言,由荷兰人 Guido van Rossum 于 1989 年发明,第一个公开发行版发行于 1991 年。

Python 由于开发方便,工具库丰富,尤其科学计算方面的支持很强大,所以目前在量化领域的使用很广泛。市面上也出现了很多支持 Python 语言的量化平台。通过这些平台,可以很方便地实现自己的交易策略,进行验证,甚至对接交易系统。

以下总结一下常用的 Python 回测框架(库)。评价的尺度包括用途范围(回测、虚盘交易、实盘交易),易用程度(结构良好、文档完整)和扩展性(速度快、用法简单、与其他框架库的兼容)。

表 15.6　python 回测框架

	Zipline	PyAlgoTrade	Trading With Python	pybacktest
类型	事件驱动	事件驱动	向量处理	向量处理
社区	较大	一般	无	无
云计算	Quantopian	无	无	无
支持 IB	是	否	否	否

（续表）

	Zipline	PyAlgoTrade	Trading With Python	pybacktest
数据源	Yahoo，Google，NinjaTrader	Yahoo，Google，NinjaTrader，Xignite，Bitstamp 实时提供数据		
文档	完整	完整	$395	很少
事件可定制	是	是		
速度	慢	快		
支持 Pandas	是	否	是	是
交易日历	是	否	否	否
支持 TA - Lib	是	是	是	
适用于	仅用于美国证券交易	实盘交易 虚盘交易	虚盘测试交易	虚盘测试交易

在策略回测中应用最为广泛的就是事件驱动机制，当某个新的事件被推送到程序中时，程序立即调用和这个事件相对应的处理函数进行相关操作。比如开发一个股指策略，交易程序对股指 TICK 数据进行监听，当没有新的行情过来时，程序保持监听状态不进行任何操作；当收到新的数据时，数据处理函数立即更新 K 线和其他技术指标，并检查是否满足策略的下单条件，如果满足条件就执行下单。

主体有两个使用频率很高的函数：initialize 函数和 handle_data 函数，很多初始设置可以放在 initialize 函数里面，每个事件都会调用 handle_data 函数，于是很多逻辑策略部分就放在 handle_data 里。

开发回测的编写主要包含三个步骤：

一是确定策略参数，在回测的时候，会面临选哪只股票，回测从什么时期开始，到哪天结束这样的问题，所以要确定策略参数；

二是编写策略主体函数，即量化交易策略；

三是调用回测接口。两个主体函数构建完毕之后，在调用回测接口就完成开发。

完成策略回测之后，会得到一些图标和数据，包含了策略的主要信息，包括收益概况、交易详情、每日持仓及收益、输出日志。输出日志：输出日志主要为策略运行过程中的一些日志。包括涨跌停股票不能交易、停牌估计不能交易等。该日志可以便于我们检查回测结果的正确性。

收益概况以折线图的方式显示了策略在时间序列上的收益率。交易详情主要显示了策略在整个回测过程中每个交易日的买卖信息。包括买卖时间、股票代码、交易方向、交易数量、成交价格、交易成本。每日持仓及收益：每日持仓及收益主要呈现每日持有股票代码、当日收盘价、持仓股票数量、持仓金额、收益等指标。

此外,Python 有众多的量化包,包括获取数据、处理数据、回测、风险分析。

numpy:一个用 python 实现的科学计算包。包括:① 一个强大的 N 维数组对象 Array;② 比较成熟的(广播)函数库;③ 用于整合 C/C++和 Fortran 代码的工具包;④ 实用的线性代数、傅里叶变换和随机数生成函数。numpy 和稀疏矩阵运算包 scipy 配合使用更加方便,具体见图 15.7。

pandas:Python Data Analysis Library 或 pandas 是基于 NumPy 的一种工具,该工具是为了解决数据分析任务而创建的。Pandas 纳入了大量库和一些标准的数据模型,提供了高效地操作大型数据集所需的工具。pandas 提供了大量能使我们快速便捷地处理数据的函数和方法。你很快就会发现,它是使 Python 成为强大而高效的数据分析环境的重要因素之一。

quantdsl:quantdsl 包是 Quant DSL 语法在 Python 中的一个实现。Quant DSL 是财务定量分析领域专用语言,也是对衍生工具进行建模的功能编程语言。Quant DSL 封装了金融和交易中使用的模型(比如市场动态模型、最小二乘法、蒙特卡罗方法、货币的时间价值)。

BigQuant:人工智能量化交易平台,拥有丰富的金融数据,可直接使用 90%的主流机器学习,深度学习 Python 包。

TA-Lib:TA-Lib 的简称是 Technical Analysis Library,主要功能是计算价格的技术分析指标。是技术分析者和量化人员在策略开发中常用的量化分析包。

vnpy:vn.py-基于 python 的开源交易平台开发框架,在 github 上是一个比较火的项目,目前对接的交易接口特别丰富,无论是股票接口还是期货接口。

(3) MATLAB。MATLAB 是美国 MathWorks 公司出品的商业数学软件,用于算法开发、数据可视化、数据分析以及数值计算的高级技术计算语言和交互式环境。MATLAB 拥有强大的数值计算能力,但是同时也面临着软件过于臃肿,计算效率相对低下的问题。

回测的过程就是利用历史数据来模拟执行量化交易策略的过程,要模拟交易的过程并记录交易数据,总结分析交易过程。回测的交易周期可以是一天、一周或一个月。在一个投资周期中,回测过程是:将历史数据放入交易策略的框架之中,根据交易策略产生交易信号,根据交易信号进行调仓,最终根据调仓结果清算当前资产。

将常用的数据存储在一个变量中,如开盘价和收盘价等。将这一变量称为 Database,在接下来的过程中,用到的历史数据都从这一个变量中获取。声明一个投资组合(Portfolio)变量用于储存历史仓位、现金流、总资产和收益率等等。

编写策略(Strategy)函数,将历史数据 Database 作为输入变量。Strategy 根据历史数据以及自身内部相应的量化投资策略,返回一个记录交易信号的 Signal,其中记录着每一个标的股票的买入卖出计划、计划交易价格和计划交易数量。编写调仓(Transfer)函数,将Database、Portfolio 和 Signal 作为输入变量。Transfer 函数根据交易信号和历史数据调整投资组合中各标的股票的仓位。并根据历史数据,对不能执行的交易信号予以取消,如涨跌停、现金不足等。编写清算(ClearPortfolio)函数,将 Portfolio 作为输入变量。清算函数根据 Portfolio 中的当前各股票的持仓量,计算当前 Portfolio 剩余的现金、总资产以及当日收益率等等。资产清算完毕,一个策略执行周期就结束了,进入下一执行周期。回测结束后,根据 Portfolio 中现金、总资产和持仓情况来计算相应的评价指标。

可能存在的问题：上述过程基于面向过程的编程思想，在程序变得比较繁杂的时候开始出现效率下降，难以维护的情况。当股票或其他相关数据结构或格式发生变化的时候，要对这一平台进行许多修改以适应新的数据类型。此外，如果要加入一些新的模块，就需要对程序的很多地方做修改，比较繁琐。标的股票较多或回测周期较长使计算回测结果所需时间大大加长，不利于后续的研究。

整体的量化回测平台大致框架如图 15.7 所示。

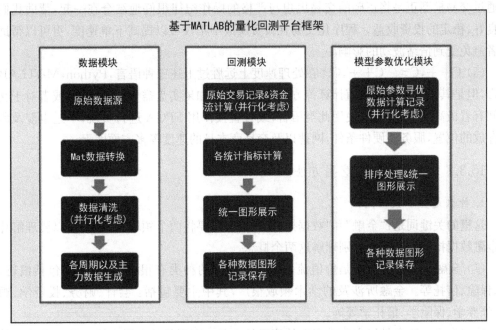

图 15.7　基于 MATLAB 的量化回测

在数据模块，通过.mat 数据格式转换后，MATLAB 直接调用.mat 文件会比从第三方的数据源（数据库）调用数据更加高效，数据的存贮格式推荐直接使用 double 型的矩阵来存贮，对于大数据量的回测不建议使用 struct、dataset 等复杂的数据格式，虽然 struct、dataset 等复杂的数据格式在数据的操作上会稍微方便一些，但进行大数据量的回测时这些复杂的数据格式的访问读写会比 double 型的耗时很多。事实上，在数据模块的数据清洗中也可以考虑进行并行化的计算处理，可以很大程度上的提高整体的工作效率。

在回测模块，可以把计算和图形展示分别实现，这样系统耦合性不高，扩展性强。

在模型参数寻优模块，可以考虑使用并行计算（相关 MATALB 函数 matlabpool、parfor）进行参数寻优，提高效率。

在实现细节层面，其中：数据模块中，生成主力的时候要注意保存期货合约的换月信息，这样才能回测的时候才能更加贴近实际的回测换月对于隔夜策略的影响。

回测模块中，最后资金流权益的计算一定要仔细，由于期货是 T+0 的所以可以在单个 Tick（单个 Bar）上进行两个方向的操作，比如空平且多开，这样资金流、权益的计算会稍微复杂一点,需要细心实现。

(4) TB。TB是现在比较专业的程序化交易软件,编写语言和 C 差不多,功能比较强大。程序化交易软件是在计算机和网络技术的支持下,瞬间完成预先设置好的组合交易指令的一种先进交易方式,是成千上万的对冲基金、投资银行和做市商都在使用各种类型的模型进行程序化交易。程序化交易软件又是一种个性化交易,每个投资者(或机构)都可以根据自己的投资经验和智慧,编写自己的交易模型,进行电脑自动交易。交易模型是交易思想的凝练和实际化,正确的交易思想在严格的操作纪律实行下将获得良好、稳定的投资收益,而通过交易模型正是将正确的交易思想与严格的操作纪律很好地结合在一起,帮助我们获取良好、稳定的投资收益。程序化交易在投资实战中不仅可以提高下单速度,更可以帮助投资者避免受到情绪波动的影响。

(5) C++,C♯。C++,C♯在处理速度上远胜过上述三种语言,Python,MATLAB,R语言,但是其在建模以及数值计算等方面有所欠缺。如果实盘需要高频回测,或者对于交易时间有着极高的要求,建议使用此类语言,或者直接使用 FPGA 进行实现,不过也涉及服务器存放的位置,服务器硬件条件,网速以及交易商本身的速度等多方面因素。

15.3.2 金融数据的挖掘方法

1. 什么是金融数据挖掘

这里的关键词是:"金融"和"数据挖掘"。也就是要将两个领域相结合,所以要理解什么是金融数据挖掘就需要先分别理解这两个概念。

(1) 金融。金融的本质是价值流通。金融产品的种类有很多,其中主要包括银行、证券、保险、信托等。金融所涉及的学术领域很广,其中主要包括:会计、财务、投资学、银行学、证券学、保险学、信托学等等。

传统金融的概念是研究货币资金的流通的学科。而现代的金融本质就是经营活动的资本化过程(见表 15.7)。

表 15.7　现代金融的资本化过程

帮有钱的赚取收益	帮没钱的寻找资金	帮不知道干嘛的匹配资源
国家政府	国家政府	国家政府
企业	企业	企业
个人	个人	个人

(2) 数据挖掘。数据挖掘(Data Mining)就是从大量的、不完全的、有噪声的、模糊的、随机的数据中,提取隐含在其中的、人们事先不知道的但又是潜在有用的信息和知识的过程。发现了的知识可以被用于信息管理、查询优化、决策支持、过程控制等,还可以进行数据自身的维护。

数据挖掘的主要技术:① 基于神经网络的方法;② 基于贝叶斯网络的方法;③ 遗传算法;④ 基于规则和决策树的工具。

数据挖掘的主要步骤有如下几项。

步骤 1. 定义问题：对目标有一清晰、明确的定义，也就是确定需要解决的问题，这个目标应是可行的、能够操作与评价的。

步骤 2. 数据收集：大量全面丰富的数据是数据挖掘的前提，没有数据，数据挖掘也就无从作起。因此，数据收集是数据挖掘的首要步骤。数据可以来自现有事务处理系统，也可以从数据仓库中得到。

步骤 3. 数据整理：数据整理是数据挖掘的必要环节。由数据收集阶段得到的数据可能有一定的"污染"，表现在数据可能存在自身的不一致性，或者有缺失数据的存在等，因此数据的整理是必需的。同时，通过数据整理，可以对数据做简单的泛化处理，从而在原始数据的基础之上得到更为丰富的数据信息，进而便于下一步数据挖掘的顺利进行。

步骤 4. 数据挖掘：利用人工智能、数理统计等各种数据挖掘方法对数据进行分析，发现有用的知识与模式。这是整个过程的核心步骤。

步骤 5. 数据挖掘结果的评估。数据挖掘的结果有些是有实际意义的，而有些是没有实际意义的，或是与实际情况相违背的，这就需要进行评估。评估可以根据用户多年的经验，也可以直接用实际数据来验证模型的正确性，进而调整挖掘模型，不断重复进行数据挖掘。

步骤 6. 分析决策：数据挖掘的最终目的是辅助决策。决策者可以根据数据挖掘的结果，结合实际情况，调整竞争策略等。

总之，数据挖掘过程需要多次的问题修改、模型调整、重新评估、检验等循环反复，才有可能达到预期的效果。

（3）金融数据挖掘。银行、证券公司、保险公司每天的业务都会产生大量数据，利用目前的数据库系统可以高效地实现数据的录入、查询、统计等功能，但无法发现数据中存在的关系和规则，无法根据现有的数据预测未来的发展趋势。如何才能不被信息的汪洋大海所淹没，从中及时发现有用的知识，提高信息利用率呢？答案是数据挖掘，它可以从大量的数据中抽取潜在的有用信息和模式，来帮助进行科学的决策。

2. 金融数据的应用

数据挖掘在金融领域应用广泛，包括：金融市场分析和预测、账户分类、银行担保和信用评估等。这些金融业务都需要收集和处理大量数据，很难通过人工或使用一两个小型软件进行分析预测。而数据挖掘可以通过对已有数据的处理，找到数据对象的特征和对象之间的关系，并可观察到金融市场的变化趋势。然后，利用学习到的模式进行合理的分析预测，进而发现某个客户、消费群体或组织的金融和商业兴趣等。

（1）客户关系管理。数据挖掘可以进行客户行为分析来发现客户的行为规律，包括整体行为表现和群体行为模式，市场部门可以根据这些规律制定相应的市场战略与策略；也可以利用这些信息找出客户的关注点及消费趋势，从而提高产品的市场占有率及企业的竞争能力。数据挖掘能够帮助企业找出对企业有重要意义的客户，包括能给企业带来丰厚利润的黄金客户和对企业进一步发展至关重要的潜在客户。

（2）风险识别与管理。可以建立一个分类模型，对银行贷款的安全或风险进行分类。也可利用数据挖掘技术进行信贷风险的控制。信贷风险管理主要包括：风险识别、风险测量、选择风险管理工具、效果评价。信息的庞杂造成手工评估、管理的难度大大增加。而现有的银行信贷系统一般都是业务运营系统,并非为决策分析应用而建立,其数据的集成性、完整性、可访问性、可分析性都难以满足信贷风险分析的需求。为此,可以建立一套独立于业务系统的数据仓库,专门解决信贷分析和风险管理的问题。

(3)市场趋势预测。数据挖掘技术可以进行数据的趋势预测,比如金融市场的价格走势预测、客户需求的变化趋势等。

(4)识别金融欺诈、洗钱等经济犯罪。金融犯罪是当今业内面临的棘手问题之一,包括恶意透支、盗卡、伪造信用卡、盗取账户密码以及洗黑钱等。要侦破洗黑钱和其他金融犯罪,重要的是要把多个数据库的信息集成起来,然后采用多种数据挖掘工具寻找异常模式,发现短时间内,少数人员之间的巨额现金的流动,发现可疑线索。

本篇参考文献

[1] Macker, Joseph. "Mobile ad hoc networking (MANET): Routing protocol performance issues and evaluation considerations." 1999.

[2] Perkins, Charles, Elizabeth Belding-Royer, and Samir Das. Ad hoc on-demand distance vector (AODV) routing. No. RFC 3561. 2003.

[3] Clausen, Thomas, and Philippe Jacquet. Optimized link state routing protocol (OLSR). No. RFC 3626. 2003.

[4] Lewis, Mark G., Richard G. Ogier, and Fred L. Templin. "Topology dissemination based on reverse-path forwarding (TBRPF)." Topology, 2004.

[5] Johnson, David, Yin-chun Hu, and David Maltz. The dynamic source routing protocol (DSR) for mobile ad hoc networks for IPv4. No. RFC 4728. 2007.

[6] Clausen, Thomas Heide, Justin W. Dean, and Christopher Dearlove. "Mobile ad hoc network (manet) neighborhood discovery protocol (nhdp)", 2011.

[7] T. Clausen, C. Dearlove, and P. Jacquet, "The optimized link-state routing protocol version 2." Internet draft, work in progress, draft-ietf-manetolsrv2 – 10. txt, September 2009.

[8] T. Clausen, C. Dearlove, J. Dean, and C. Adjih, "Generalized MANET packet/message format," February 2009. RFC 5444, Standards Track.

[9] IEEE Standard for Information Technology — Telecommunications and Information Exchange Between Systems — Local and Metropolitan Area Networks — Specific Requirements — Part 11: Wireless LAN Medium Access Control (MAC) and Physical Layer (PHY) Specifications, in IEEE Std 802. 11 – 2007 (Revision of IEEE Std 802. 11 – 1999), vol., no., pp. 1 – 1076, June 12, 2007.

[10] IEEE. Wireless Medium Access Control (MAC) and Physical Layer (PHY) Specifications for Low-Rate Wireless Personal Area Networks (LR – WPANs) [J]. IEEE Standard for Information Technology, 2003.

[11] IEEE Standard for Local and Metropolitan Area Networks Part 16: Air Interface for Fixed Broadband Wireless Access Systems, in IEEE Std 802. 16 – 2001, vol., no., pp. 0_1 – 322, 2002.

[12] 曾智慧,刘富强,陶健,等.IEEE 802.16 Mesh 模式下 MAC 调度机制的研究[J].计算机

工程与应用,2005,41(23):135-138.

[13] 陈向阳,谈宏华,巨修练.计算机网络与通信——高等学校教材·计算机科学与技术[M].北京:清华大学出版社,2005.

[14] IEEE Standard for Local and Metropolitan Area Networks — Part 20: Air Interface for Mobile Broadband Wireless Access Systems Supporting Vehicular Mobility — Physical and Media Access Control Layer Specification, in IEEE Std 802.20-2008, vol., no., pp.1-1039, Aug. 29 2008.

[15] 赵莉,张春业,张燕,等.IEEE802.20标准分析及研究[J].电气电子教学学报,2007.

[16] 李文峰.现代应急通信技术[M].西安:西安电子科技大学出版社,2007.

[17] Chiti F, Fantacci R. A broadband wireless communications system for emergency management [J]. IEEE Wireless Communications, 2008, 7(6):8-14.

[18] 胡宇峰.无线自组织网络在应急通信中的应用[D].上海,上海交通大学,2011.

[19] 王海涛,宋丽华.一种军用自组织网络体系结构的设计[J].通信世界,2003,(06):41.[2017-08-16]. DOI:10.13571/j.cnki.cww.2003.06.031.

[20] YOU T, YEH C H, HASSANEIN H. DRCE:a high throughput QoS MAC protocol for wireless Ad Hoc networks [J]. 10th IEEE Symposium on Computers and Communications Conference, 2005:671-676.

[21] M. Kumaraswamy, K. Shaila, V. Tejaswi, K. R. Venugopal, S. S. Iyengar and L. M. Patnaik, "QoS driven distributed multi-channel scheduling MAC protocol for multihop WSNs," 2014 International Conference on Computer and Communication Technology (ICCCT), Allahabad, 2014, pp.175-180.

[22] M. Anusha, S. Vemuru and T. Gunasekhar, "TDMA-based MAC protocols for scheduling channel allocation in multi-channel wireless mesh networks using cognitive radio," 2015 International Conference on Circuits, Power and Computing Technologies [ICCPCT-2015], Nagercoil, 2015, pp.1-5.

[23] R. Diab, G. Chalhoub and M. Misson, "Enhanced multi-channel MAC protocol for multi-hop wireless sensor networks," 2014 IFIP Wireless Days (WD), Rio de Janeiro, 2014, pp.1-6. doi:10.1109/WD.2014.7020815.

[24] 黄永峰.计算机网络教程[M].北京:清华大学出版社,2006.

[25] Karn P. MACA-a new channel access method for packet radio[C]//ARRL/CRRL Amateur radio 9th computer networking conference. 1990,140:134-140.

[26] Abramson N. The ALOHA System-Another Alternative for Computer Communications[C]//November 17-19, 1970, Fall Joint Computer Conference. ACM, 1970:281-285.

[27] 顾时豪,林成浴,杨峰,等.长距离CSMA/CA协议的系统设计[J].信息技术,2016(12):125-130.

[28] 朱庆,张衡阳,毛玉泉.航空自组网MAC协议综述[J].计算机应用与软件,2016,33(6):

7 - 12.

[29] 彭伟刚.AdH oc 网络中的路由技术[J].江苏通信技术,2002 - 8,18(4)：20 - 24.

[30] 王海涛,郑少仁.移动 Ad hoc 网络的路由协议及其性能比较[J].数据通信,2003(1)：7 - 10.

[31] Perkins，Charles E.，and Pravin Bhagwat. "Highly dynamic destination-sequenced distance-vector routing (DSDV) for mobile computers." ACM SIGCOMM computer communication review. Vol. 24. No. 4. ACM，1994.

[32] Chiang C C. Geral M. Routing and Multicast in multihop，Mobile Wireless Networks [A]. Proc. ICUPC'97[C]，Oct 1997：186 - 199.

[33] Murthy，Shree, and Jose Joaquin Garcia-Luna-Aceves. "An efficient routing protocol for wireless networks." Mobile Networks and applications 1. 2，1996：183 - 197.

[34] Iwata，Atsushi，et al. "Scalable routing strategies for ad hoc wireless networks." IEEE journal on selected areas in communications 17. 8，1999：1369 - 1379.

[35] Park，Vincent D.，and M. Scott Corson. "A performance comparison of the temporally-ordered routing algorithm and ideal link-state routing." Computers and Communications，1998. ISCC'98. Proceedings. Third IEEE Symposium on. IEEE，1998.

[36] Toh，Chai-Keong. "Associativity-based routing for ad hoc mobile networks." Wireless Personal Communications 4. 2，1997：103 - 139.

[37] 张亚飞.IP 级混合网络测试方案研究[D].上海：上海交通大学,2016.

[38] N. Hu，L. Li，Z. M. Mao. A measurement study of Internet bottlenecks[C]. Proc of 24th IEEE Infocom，Mar. 2005：41 - 54.

[39] M. Jain and C. Dovrolis. Pathload：a measurement tool for end-to-end available bandwidth[C]. Proc of PAM，March 2002：14 - 25.

[40] 丁良辉.无线自组织网络中的 TCP 协议研究[D].上海：上海交通大学,2008.

[41] IEEE 802. 11 WG. Part 11：Wireless lan medium access control (mac) and physical layer (phy) specification. Standard，IEEE，Aug 1999.

[42] RFC793. https：//tools.ietf.org/html/rfc793.Sep.1981.

[43] S. Floyd and T. Henderson. RFC2582：The NewReno modification to TCP's fast recovery algorithm，Apr 1999.

[44] K. Wang，F. Yang，Q. Zhang and Y. Xu, "Modeling path capacity in multi-hop IEEE 802. 11 networks for QoS services," in IEEE Transactions on Wireless Communications，vol. 6，no. 2，pp. 738 - 749，Feb. 2007.

[45] G. Bianchi, "Performance analysis of the IEEE 802. 11 distributed coordination function," in IEEE Journal on Selected Areas in Communications，vol. 18，no. 3，pp. 535 - 547，March 2000.

[46] The Network Simulator-ns2. https：//www.isi.edu/nsnam/ns/.

［47］ H. Xiao，K. C. Chua，J. A. Malcolm and Y. Zhang. Theoretical analysis of TCP throughput in adhoc wireless networks. In Proc.. GLOBCOM，St Louis，MO，Nov 2005.

［48］ M. Jain，C. Dovrolis，"Pathload：A measurement tool for end-to-end available bandwidth，" in Proceedings of Passive and Active Measurements (PAM) Workshop，2002，pp. 14 – 25.

［49］ V. Ribeiro，R. Riedi，R. Baraniuk，J. Navratil，and L. Cottrell，"pathchirp：Efficient available bandwidth estimation for network paths，" in Proccedings of Passive and active measurement workshop，vol. 4，2003.

［50］ E. Goldoni，G. Rossi，and A. Torelli，"Assolo，a new method for available bandwidth estimation，" in International Conference on Internet Monitoring and Protection，pp. 130 – 136，2009.

［51］ A. K. Paul，A. Tachibana，and T. Hasegawa，"NEXT：New enhanced available bandwidth measurement technique，algorithm and evaluation." in IEEE PIMRC，Washington DC，USA，pp. 443 – 447，2014.

［52］ Z. Hu，D. Zhang，A. Zhu，Z. Chen，and H. Zhou，"SLDRT：A measurement technique for available bandwidth on multi-hop path with bursty cross traffic，" Computer Networks，vol. 56，no. 14，pp. 3247 – 3260，2012.

［53］ Chi W，Zheng T，Xie Y，et al. End-to-end available bandwidth estimation using HybChirp[J]. International Journal of Computational Science and Engineering，2016，12(4)：360 – 369.

［54］ A. Botta，A. Davy，B. Meskill，and G. Aceto，"Active Techniques for Available Bandwidth Estimation：Comparison and Application，" Data Traffic Monitoring and Analysis，LNCS 7754，pp. 28 – 43，2013.

［55］ 黄沛芳.基于 NTP 的高精度时钟同步系统实现[J].电子技术应用,2009(7)：122 – 124.

［56］ J Peng，L Zhang，D Mclernon，"On the Clock Offset Estimation in an Improved IEEE 1588 Synchronization Scheme，" Proceedings of the 2013 19th European Wireless Conference，Apr 2013.

［57］ I. Hadzic，D. R. Morgan，"On packet selection criteria for clock recovery，" in proc. ISPCS International Symposium on Precision Clock Synchronization for Measurement，Control and Communication，Oct. 2009：1 – 6.

［58］ 杨虎.互联网端到端时延测量方法的研究与实现[D].西安电子科技大学,2010.